高等职业教育土建类新编技能型规划教材

建筑力学

主　编　丁晓玲　赵　霖
副主编　刘青宜　尉桂芬
任燕娟　姜润洲

黄河水利出版社
·郑州·

内 容 提 要

本教材依照高职高专土建类专业教学计划和建筑力学课程标准要求，遵循高职教育人才培养目标的特点，以“必需、够用”为度，以应用为目的而编写。本教材的主要内容包括4个项目：结构计算简图、力系的简化与平衡、构件承载力分析和结构受力分析与计算。具体包括以下子项目：绪论，静力学基础知识，平面力系，轴向拉伸和压缩变形时的强度计算，剪切、挤压与扭转变形时的承载力计算，平面图形的几何性质，弯曲变形时的承载力计算，组合变形杆的强度计算，压杆的稳定计算，平面杆件体系的几何组成分析，静定结构的内力计算，静定结构的位移计算，超静定结构计算等内容，每个子项目都配有知识目标和能力目标，并配有一定数量的思考题和习题，以助于学生学习掌握有关知识。本书最后还附有附录。

本教材可用于高职高专土建类专业建筑力学课程教学，亦可作为土建类工程技术人员的培训用书。

图书在版编目(CIP)数据

建筑力学/丁晓玲，赵霖主编．—郑州：黄河水利出版社，2013.12

高等职业教育土建类新编技能型规划教材

ISBN 978-7-5509-0630-3

Ⅰ.①建…　Ⅱ.①丁…②赵…　Ⅲ.①建筑科学-力学-高等职业教育-教材　Ⅳ.①TU311

中国版本图书馆 CIP 数据核字(2013)第 284457 号

策划编辑：贾会珍　电话：0371-66028027　E-mail：13783450219@163.com

出 版 社：黄河水利出版社

地址：河南省郑州市顺河路黄委会综合楼14层　邮政编码：450003

发行单位：黄河水利出版社

发行部电话：0371-66026940、66020550、66028024、66022620(传真)

E-mail：hhslcbs@126.com

承印单位：郑州海华印务有限公司

开本：787 mm×1 092 mm　1/16

印张：15.5

字数：378 千字　　　　印数：1—4 000

版次：2013 年 12 月第 1 版　　印次：2013 年 12 月第 1 次印刷

定价：34.00 元

前　言

土建类专业学生的就业岗位是建筑业生产一线的技术、质量、现场施工管理人员，这些岗位的人员都要求具备一定的建筑力学知识，才能理解设计图纸的意图与要求，保证工程质量，避免事故的发生。建筑力学是土建类专业各岗位的必修关键课程，也是培养学生职业素质的重要专业基础课程。通过本课程的学习，使学生具备必需的建筑力学基础知识和力学思维能力，具有对一般工程结构作受力分析、验算的能力；掌握杆件结构的组成规律，对常用杆件结构能合理选择计算简图，为今后学习后续课程、直接应用工程实践、解决实际工程问题打下扎实的力学基础。

本教材以培养职业能力为主线构建课程体系，在编写过程中，衔接建筑行业标准、职业资格标准，结合建筑施工一线生产过程和典型工作任务，合理设置课程、安排教学内容，构建以培养学生职业能力为主线的课程体系，强化专业课程的实践性和职业性，以工作岗位实际为导向创新教学模式。依据岗位能力需求，按照“必需、够用”的原则，构建教学目标和内容，使教学标准推行基于建筑施工一线工作岗位实际的项目教学、案例教学等教学模式，促进知识与能力相结合，体现力学为工程结构、施工服务的思想。教学标准根据建筑施工企业现实需求与发展趋势，教材内容与职业标准、教学过程与生产过程的深度对接，努力满足国家现代产业发展新体系建设对建筑行业技能人才的新要求。本教材一方面满足高职高专学生学习相关课程的需要，另一方面兼顾学生自我学习，自我提高发展的学习追求，促进中高职衔接和技术技能人才系统培养。

通过本课程的学习，构建一个满足建筑类专业知识学习要求的平台，既能为后续课程奠定基础，也能具备一定的专业素养，满足进一步学习专业知识及参加注册建造师等专业资格考试的要求。

本书编写分工如下：开封大学尉桂芬编写第 1 章、第 2 章、第 5 章；许昌职业技术学院刘青宜编写第 3 章、第 4 章、第 7 章、第 8 章，郑州城市职业学院赵霖编写第 6 章，河南建筑职业技术学院任燕娟编写第 9 章、第 10 章、第 11 章，濮阳职业技术学院丁晓玲和濮阳市质量技术监督检验测试中心姜润洲编写绪论、第 12 章。本书由丁晓玲、赵霖任主编，由刘青宜、尉桂芬、任燕娟、姜润洲任副主编。

由于编者水平有限，书中疏漏之处在所难免，敬请广大读者批评指正。

编　者

2013 年 3 月

目 录

项目4　结构受力分析与计算

0　绪　论

【知识目标】　了解建筑力学的研究对象、内容和任务；了解结构、构件、荷载、平衡、承载力的概念。

【能力目标】　掌握建筑力学学习的方法。

0.1　建筑力学的研究对象和杆件的基本变形形式

0.1.1　建筑力学的研究对象

任何建筑物在施工过程中和建成后的正常使用中，都要受到各种各样的力的作用，如建筑物的自重，人、物品和设备的重量，以及风压、雪压、地震力的作用等。这些力在工程上统称为**荷载**。

建筑物中支承和传递荷载而起骨架作用的部分称为**结构**。在房屋建筑中，结构由屋架、梁、板、柱、墙和基础等部件组成，这些组成结构的各个部件称为**构件**。图 0-1 是某民用建筑框架的结构和构件示意图，图 0-2 是一个单层工业厂房的结构和构件示意图。

图 0-1

（a）

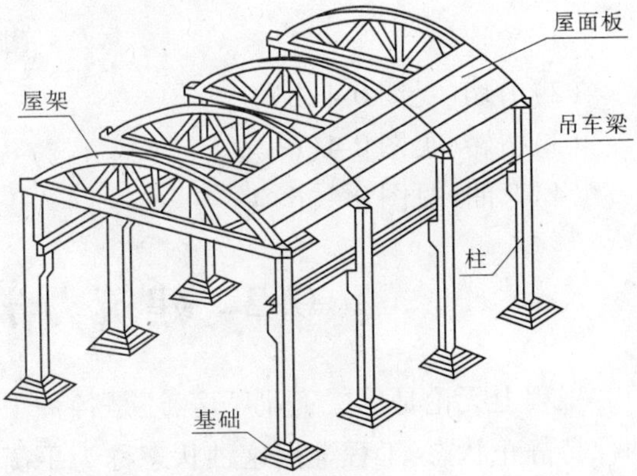

（b）

图 0-2

工程中的一般结构按宏观尺寸区分为以下结构：

(1)杆件结构。结构中构件3个方向的尺寸中某一方向的尺寸较其他两个方向的尺寸大得多的称为**杆件结构**，如图0-1和图0-2中梁、柱。

(2)板、壳结构。结构中构件3个方向的尺寸中某一方向的尺寸(如厚度)较其他两个方向的尺寸小得多的称为**板**(无曲率变化)、**壳**(有曲率变化)**结构**，图0-1中板和图0-2中屋面板为平板结构，图0-3国家大剧院是壳体结构。

(3)块体结构。结构中3个方向尺寸相差不大的称为**块体结构**，如重力挡土墙、水坝、建筑物基础等均属于块体结构。

建筑力学的研究对象主要是杆件结构和杆系结构。

图0-3

0.1.2 杆件的基本变形形式

杆件在不同的外力作用下，将发生不同形式的变形。杆件的基本变形形式有如下4种：

(1)轴向拉伸和轴向压缩(见图0-4(a))。

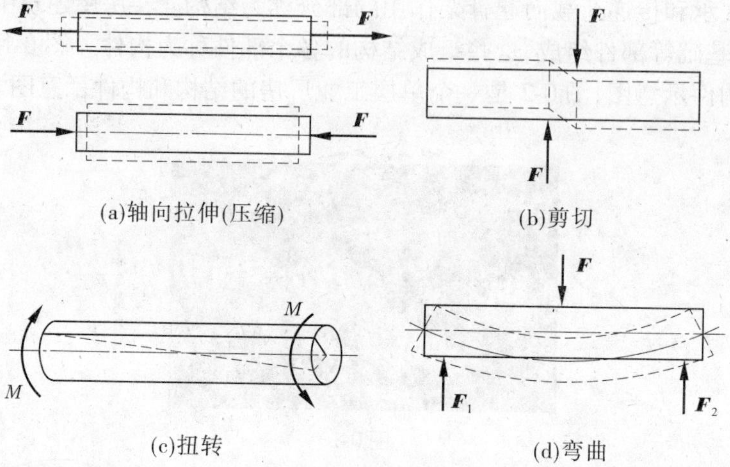

(a)轴向拉伸(压缩)　(b)剪切

(c)扭转　(d)弯曲

图0-4

(2)剪切(见图0-4(b))。

(3)扭转(见图0-4(c))。

(4)弯曲(见图0-4(d))。

0.2 建筑力学的任务及内容

工程上无论是单层工业厂房，还是各种工业和民用建筑，组成结构的各个构件均相对地面保持静止状态，工程上把这种状态称为**平衡**。

为研究结构或构件的平衡规律，需要对其进行受力分析，确定平衡时作用于其上的力所应满足的条件，称为**平衡条件**。同时，结构构件在荷载作用下要发生变形，并且存在破坏的可能，为保证结构构件安全正常的工作，必须使其具有足够的承载能力。承载能力主要包括强度、刚度和稳定性三方面的要求。

(1)强度是结构或构件抵抗破坏的能力。如果强度不足，结构或构件在荷载等作用下将产生显著的塑性变形或断裂而导致破坏。如房屋中的楼板，当强度不足时，在一定的荷载作用下就可能折断，这显然在工程上是绝对不允许的。因此，要使结构或构件能承受荷载而不发生破坏，就必须具有足够的强度。

(2)刚度是指结构或构件抵抗变形的能力。任何结构或构件在外力作用下都会产生变形，如果变形过大将影响其安全工作，因此需要对其变形加以限制，使其变形不超过一定的范围，这就要求结构或构件具有足够的刚度。

(3)稳定性是指结构或构件保持其原有直线状态的能力。例如，轴向受压的细长直杆，当压力增加到一定值时，杆件会突然变弯，这种现象称为丧失稳定性(简称失稳)。构件具有足够的稳定性，就是要求构件在工作时不能失稳。

结构及构件的承载能力不仅与其受力有关，还与其形状、尺寸、组成、工作条件、材料的力学性质等有关。在结构设计中，如果构件截面面积设计得过小，则构件不能满足强度条件或刚度条件；如果构件的截面面积设计得过大，则用料过多会造成浪费。显然，结构和构件的安全性和经济性是矛盾的，前者要求用好的材料、大的截面尺寸，而后者则要求用低廉的材料、最经济的截面尺寸。那么怎样才能使两者达到完美的统一？这就需要依靠科学理论和实践来探索材料的受力性能、确定构件的受力计算方法，使设计出的结构和构件既安全又经济。

因此，建筑力学的任务是：研究建筑结构及构件的平衡规律、承载能力和材料的力学性质，为保证结构或构件安全可靠又经济合理提供必要的计算理论。

要使杆件具有足够的强度、刚度和稳定性，防止出现相应失效，节约材料，建筑力学学习内容应包括以下 3 个方面：

(1)掌握建筑力学基础知识，合理选择结构计算简图，对物体进行受力分析。

(2)掌握杆件的承载力计算，能对基本变形的杆件进行强度、刚度和稳定性计算。

(3)掌握结构的内力分析与计算，讨论静定结构和超静定结构的几何组成规律与合理形式，能进行静定结构内力、位移的分析和计算及超静定结构内力的计算。

0.3 学习建筑力学的意义及其学习方法

显然，作为结构设计人员，必须掌握建筑力学，否则将无法正确地计算各个构件及结构的受力，设计也就无法进行。

同样，作为一名安全员或质量检查员也需要掌握建筑力学。安全员和质量检查员的主要任务是保证建筑施工过程中的绝对安全和保证结构的施工质量符合要求，这就需要知道结构或构件的受力情况、什么位置是危险截面、各种力的传递途径，以及结构和构件在这些力的作用下将会发生怎样的破坏等。这样才能制定出合理的安全措施和质量保证措施，做到心中有数，从而保证建筑施工过程中的绝对安全，保证工程质量，避免发生质量安全事故，使国家财产和人民生命免受损失，确保建筑施工正常进行。

近年来，在建筑施工中，尤其是由某些乡镇集体建筑企业承担的工程中，质量安全事故时有发生。其中,许多事故就是工地管理人员缺乏或不懂力学知识造成的,例如:由于没有力矩平衡的概念,造成阳台倾覆、塔吊倾翻;不懂内力的分布规律,使雨篷或阳台的受力筋放错,造成雨篷或阳台折断;不懂预应力知识,造成预应力圆孔板在运输、堆放、吊装过程中破坏;不懂几何不变体系的组成规则,少加或拆除必要支撑,使脚手架倒塌等。

因此,作为一名安全员或质量检查员负有重大的责任与使命。他必须以建筑力学为指南,去指导和改进工作。这正是建筑施工企业对安全员和质量检查员的基本要求之一。

结合建筑力学特点,在学习中,应注意以下学习方法。

(1)建筑力学内容的系统性较强。

由于建筑力学内容的系统性较强,后面的内容总是以前面的知识为基础,因此在学习过程中要及时掌握所学概念、原理和方法。

(2)注意理论联系实际。

建筑力学的发展正如其他学科一样,是由建筑的发展所推动的,同时它反过来也对建筑的实践起着重要的指导作用,因此在学习中必须理论联系实际。学会注意观察,了解建筑的性能和使用情况,能够使用所学理论知识来解决实际问题。

(3)注意分析方法和解题思路。

建筑力学中讲述的是各种具体的计算方法,学习时要着重理解力学的思维方法,掌握其常用的解题思路,特别是要掌握从这些具体计算方法中分析问题的过程和步骤,从已知条件探讨未知领域的途径,把整体分解为局部和局部合成整体的手段等。

(4)注意多预习、复习和练习。

建筑力学是一门理论性和实践性都很强的课程,单凭教师讲课很难完整地理解和掌握,所以学生在上课前应先预习有关章节和内容,带着问题听教师讲课,能够有目的地解决问题;复习又起到巩固和加强理解所学知识的作用;而多做练习,则对总结力学规律、归纳学习方法、掌握解题技巧起到事半功倍的作用。

项目1　结构计算简图

1　静力学基础知识

【知识目标】　掌握力的概念、静力学的基本概念、静力学公理、常见的约束类型及约束反力，确定计算简图的原则。

【能力目标】　掌握物体受力分析的基本方法及物体受力图的绘制。

静力学是研究物体的平衡问题的科学，主要讨论作用在物体上的力系的简化和平衡两大问题。在工程上，所谓平衡，是指物体相对于地球保持静止或匀速直线运动状态，它是物体机械运动的一种特殊形式。

工程力学中将物体抽象化为两种计算模型：刚体和理想变形固体。

所谓刚体，是指在任何外力的作用下，物体的大小和形状始终保持不变的力学模型。工程实际中的许多物体，在力的作用下，它们的变形一般很微小，对平衡问题影响也很小，为了简化分析，我们把物体视为刚体。静力学的研究对象仅限于刚体，所以又称之为刚体静力学。

变形固体受荷载作用时将产生变形。当荷载撤去后，可完全消失的变形称为弹性变形；不能恢复的变形称为塑性变形或残余变形。在多数工程问题中，要求构件只发生弹性变形。工程中，大多数构件在荷载的作用下产生的变形量若与其原始尺寸相比很微小，则称为小变形。小变形构件的计算可采取变形前的原始尺寸并可略去某些高阶无穷小量，可大大简化计算。理想变形固体是对实际变形固体的材料理想化，工程力学把所研究的结构和构件看作是连续、均匀、各向同性的理想变形固体，在弹性范围内和小变形情况下研究其承载能力。

1.1　力的基本概念和力的基本性质

1.1.1　力的基本概念

力的概念是人们在长期的生产劳动和生活实践中逐步形成的，通过归纳、概括和科学的抽象而建立的。力是物体之间相互的机械作用，这种作用使物体的机械运动状态发生改变，或使物体产生变形。物体间机械作用的形式是多种多样的，大体上可以分为两类：一类是通过物质的一种形式而起作用的，如重力、万有引力、电磁力等；另一类是由两个物体直接接触而发生的，如两物体之间的压力、摩擦力等。这些力的物理本质各不相同。在力学中，我们不研究力的物理本质，而只研究力对物体的效应。一个力对物体作用的效应一般可以分为两个方面：一是使物体的机械运动状态发生改变，叫作力的运动效应或外效应；二是使物体的形状发生改变，叫作力的变形效应或内效应。就力对物体的外效应来说，又可以分为两种情况：例如，人沿直线轨道推小车使小车产生移动，这是力的移动效应；人作用于汽车方向盘上的力使方向盘转动，这是力的转动效应。而一般情况下，一个力对物体作用时，既有移动效应，又有转动效应。如打乒乓球时，如果球拍作用于乒乓球的力恰好通过球心，将只有移动效应；如果此力不通过球心，则不仅会有移动效应，而且还会有绕球心的转动效应。

经验表明，力对物体作用的效应完全取决于力的大小、方向和作用点，力的大小、方向和作用点称为力的三要素。

力的大小表示物体间机械作用的强弱程度，它可通过力的运动效应或变形效应来度量，在静力学中常用测力器和弹性变形来测量。常用黑体字母 $\boldsymbol{F}$ 表示力的矢量；用普通字体 F 表示力的大小。在图示中可以用一带箭头的线段来表示，如图 1-1 所示，线段 AB 长度按一定的比例尺表示力 $\boldsymbol{F}$ 的大小。为了度量力的大小，必须确定力的单位。在国际单位制中，力的单位是牛[顿](N)或千牛[顿](kN)，1 kN = 10^3 N。

力的方向表示物体间的机械作用具有方向性。它包含方位和指向两层含义。如重力“铅直向下”，其中的“铅直”是指力的作用线在空间的方位，“向下”是指力沿作用线的指向。

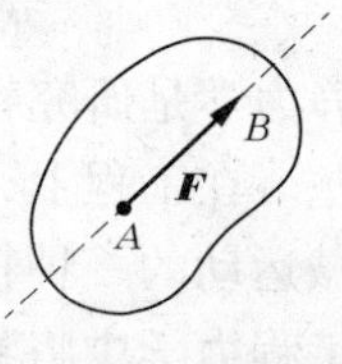

图 1-1　集中荷载表示图

力的作用点是指力作用在物体上的位置。如图 1-1 所示，线段的起点 A 或终点 B 表示力的作用点。线段 AB 的延长线(图中虚线)表示力的作用线。实际上，当两个物体直接接触时，力总是分布地作用在一定的面积上。如手推车时，力作用在手与车相接触的面积上。当力作用的面积很小以至于可以忽略其大小时，就可以近似地将力看成是作用在一个点上，而作用于一点上的力称为集中力。如果力作用的面积很大，这种力称为分布力。例如，作用在墙上的风压力或压力容器上所受到的气体压力，都是分布力。有的力不是分布地作用在一定的面积上，而是分布地作用于物体的每一点上，如地球吸引物体的重力。

如果改变了力的三要素中的任一要素，也就改变了力对物体的作用效应。

一般来说，作用在物体上的力不止一个，我们把作用于物体上的一群力称为力系。如果作用于物体上的某一力系可以用另一力系来代替，而不改变原有的状态，这两个力系互称等效力系。如果一个力与一个力系等效，则称此力为该力系的合力，这个过程称力的合成；而力系中的各个力称此合力的分力，将合力代换成分力的过程为力的分解。在研究力学问题时，为方便地显示各种力系对物体作用的总体效应，用一个简单的等效力系(或一个力)代替一个复杂力系的过程称为力系的简化。力系的简化是刚体静力学的基本问题之一。

1.1.2　力的基本性质

所谓公理，就是无须证明就为人们在长期生活和生产实践中所公认的真理。静力学公理是人们在长期的生活和生产实践中，经反复观察和实践检验总结出来的客观规律，是研究力系简化和平衡条件等问题的最基本的力学规律，是静力学全部理论的基础。

1.1.2.1　二力平衡公理

作用于同一刚体上的两个力平衡的必要与充分条件是：力的大小相等，方向相反，作用在同一直线上，可以表示为：$\boldsymbol{F}_1 = -\boldsymbol{F}_2$。

这一性质也称为二力平衡公理。

二力平衡公理给出了作用于刚体上的最简单的力系平衡时所必须满足的条件，是推证其他力系平衡条件的基础。对于刚体而言，这个条件是既必要又充分的，而对于变形体，这个条件虽必要但不充分。比如，一段软绳受到两个等值反向的拉力作用时可以平衡，但是受到两个等值反向的压力作用时就不能平衡了。

当一个构件或杆件只受两个力作用而处于平衡状态时称为二力构件或二力杆件，简称二力杆，如图 1-2 所示。由二力平衡公理可知，二力构件的平衡条件是两个力必定沿着二力作用点的连线，且等值、反向。二力构件是工程中常见的一种构件形式。

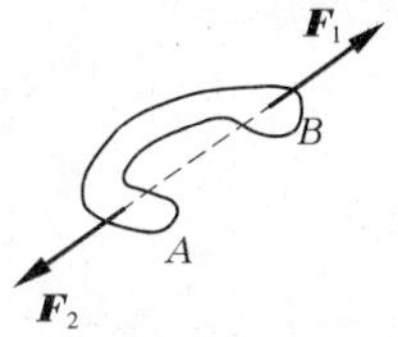

图 1-2　二力平衡图

在作用于刚体的任意力系中，加上或减去任一平衡力系，并不改变原力系对刚体的作用效应。也就是说，如果两个力系只相差一个或几个平衡力系，那么它们对刚体的作用效果完全相同，可以互相等效替换。这一性质称为加减平衡力系公理。

推论一　力的可传性原理

作用于刚体上的力可以沿其作用线移至刚体内任意一点，而不改变该力对刚体的作用效应。这个推论是由加减平衡力系公理得到的一个重要推论。

加减平衡力系公理推论的证明如下。

证明： 设力 $\boldsymbol{F}$ 作用于刚体上的点 A，如图 1-3 所示。在力 $\boldsymbol{F}$ 作用线上任选一点 B，在点 B 上加一对平衡力 $\boldsymbol{F}_1$ 和 $\boldsymbol{F}_2$，使

$$\boldsymbol{F}_1 = -\boldsymbol{F}_2 = \boldsymbol{F}$$

则 $\boldsymbol{F}_1$、$\boldsymbol{F}_2$、$\boldsymbol{F}$ 构成的力系与 $\boldsymbol{F}$ 等效。将平衡力系 $\boldsymbol{F}$、$\boldsymbol{F}_2$ 减去，则 $\boldsymbol{F}_1$ 与 $\boldsymbol{F}$ 等效。此时，相当于力 $\boldsymbol{F}$ 已由点 A 沿作用线移到了点 B，并不改变该力对刚体的作用效果。

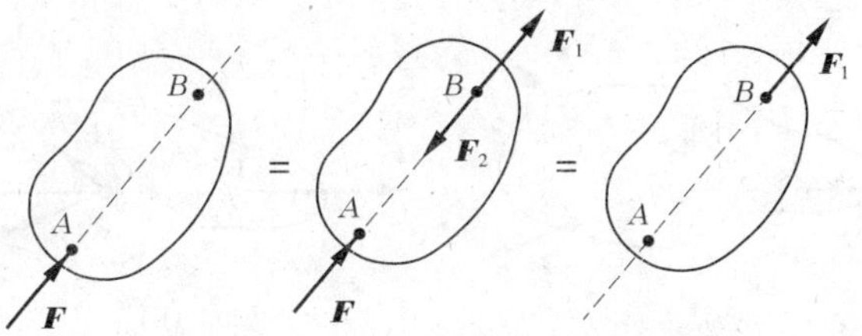

图 1-3　力的可传性原理图

加减平衡力系公理给出了力系等效变换的一种基本形式，这个公理及其推论是力系简化的重要工具。它们只适用于刚体，当所研究的问题中要考虑物体的变形时，其正确性就丧失了。变形杆在平衡力系 $\boldsymbol{F}_1$、$\boldsymbol{F}_2$ 作用下产生拉伸变形，如图 1-4(a)所示；若除去一对平衡力，则杆件就不会发生变形；若将平衡力 $\boldsymbol{F}_1$、$\boldsymbol{F}_2$ 分别沿作用线移到杆件的另一端，则杆件产生压缩变形，如图 1-4(b)所示。

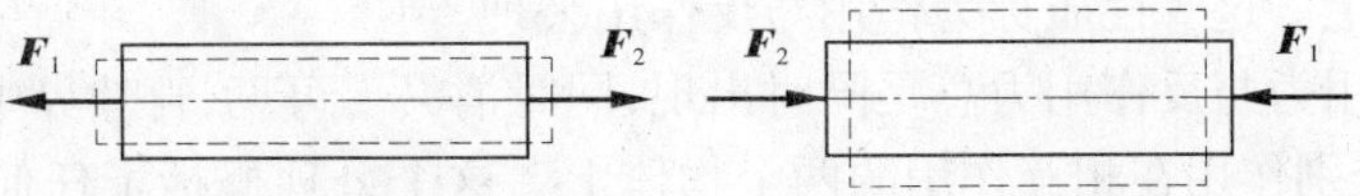

(a)拉伸变形　(b)压缩变形

图 1-4　拉压杆件变形图

1.1.2.2 力的平行四边形法则

作用于物体上同一点的两个力可以合成为作用于该点的一个合力，它的大小和方向由以这两个力的矢量为邻边所构成的平行四边形的对角线来确定。

如图1-5(a)所示，以 $\boldsymbol{F}_R$ 表示力 $\boldsymbol{F}_1$ 和力 $\boldsymbol{F}_2$ 的合力，则可以表示为：$\boldsymbol{F}_R=\boldsymbol{F}_1+\boldsymbol{F}_2$，即作用于物体上同一点的两个力的合力等于这两个力的矢量和。

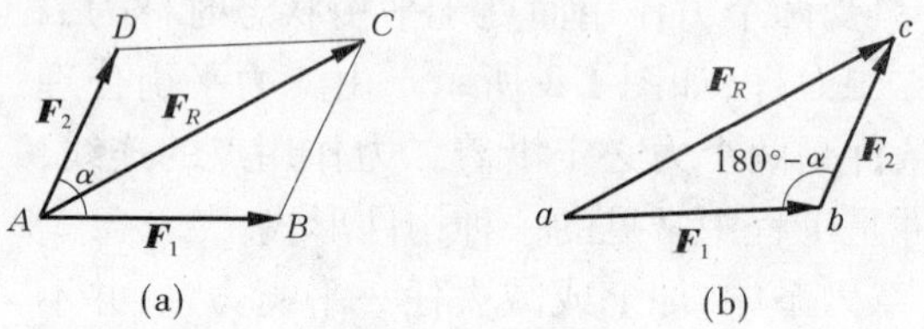

图1-5 力的合成图

在求共点两个力的合力时，我们常采用力的三角形法则，如图1-5(b)所示。从刚体外任选一点 a 作矢量 $\overrightarrow{ab}$ 代表力 $\boldsymbol{F}_1$，然后从终点 b 作 $\overrightarrow{bc}$ 代表力 $\boldsymbol{F}_2$，最后连接起点 a 与终点 c 得到矢量 $\overrightarrow{ac}$，则 $\overrightarrow{ac}$ 就代表合力矢 $\boldsymbol{F}_R$。分力矢与合力矢所构成的三角形 abc 称为力的三角形。这种合成方法称为力的三角形法则。

应该注意，力三角形只表示各力的大小和方向，并不表示各力作用线的位置；力三角形只是一种矢量运算方法，不能完全表示力系的真实作用情况。

力的平行四边形法则表达了最简单情况下合力与分力之间的关系，是力系合成与分解的基础，表明了最简单力系的简化规律，是复杂力系简化的基础。

如图1-6(a)所示，作用于刚体上的三个力，使刚体平衡，若其中两个力的作用线汇交于一点，则这三个力必定在同一平面内，且第三个力的作用线通过汇交点。这一性质称为三力平衡汇交定理。

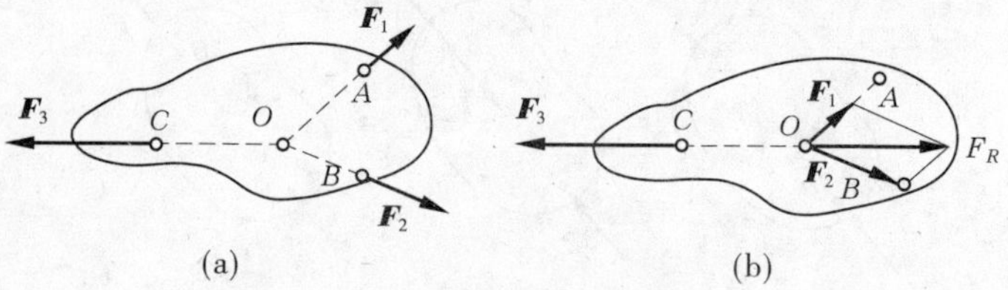

图1-6 三力汇交平衡图

三力平衡汇交定理实际上是二力平衡公理、加减平衡力系公理和力的平行四边形法则的推理。它说明了不平行的三个力平衡的必要条件，当两个力相交时，可用来确定第三个力的作用线的方位，如图1-6(b)所示。

1.1.2.3 作用与反作用公理

两个物体间的相互作用力，总是同时存在，且大小相等，方向相反，并沿同一直线分别作用在这两个物体上。这一性质称为作用与反作用公理。

物体间的作用力与反作用力总是同时出现，同时消失。可见，自然界中的力总是成对地存在，而且同时分别作用在相互作用的两个物体上。这个公理概括了任何两物体间的相互作用的关系，不论对刚体或变形体，不管物体是静止的还是运动的都适用。

应该注意，作用与反作用公理所建立的作用力与反作用力之间的关系，以及二力平衡公理所建立的两个平衡力之间的关系，都表达为两个力共线、等值、反向，但这两个公理存在着本质上的差别。二力平衡公理所指的是作用在同一刚体上的两个力；而作用与反作用公理所指的是分别作用在两个相互作用的刚体上的两个力。

如图 1-7 所示，灯给绳的力 $\boldsymbol{F}$ 与绳给灯的力 $\boldsymbol{F}'$ 是一对作用力与反作用力。

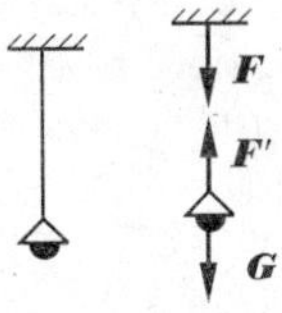

图 1-7　作用力与反作用力示例

1.2　约束的基本类型

1.2.1　约束与支座

工程上所遇到的物体通常分两种：自由体和非自由体。物体在空间的位移不受任何限制的称为自由体，如在空中自由飞行的飞机、火箭等；位移受到其他物体的限制的称为非自由体，如在铁轨上行驶的机车、支承在墙体上而静止不动的屋架、悬挂的重物等，因为受到其他物体的限制，在某些方向不能运动。这种阻碍物体运动的限制条件称为约束。通常，限制条件是由非自由体周围的其他物体构成的，因此也将这种限制非自由体某些位移的周围物体称为约束，如铁轨限制机车必须沿轨道行驶、吊绳索限制重物不能下落等，铁轨对于机车、绳索对于被吊起的重物等都是约束。

既然约束限制了物体的位移或者说阻碍了物体的运动，也就是约束能够改变物体的运动状态。因此，约束对物体的作用实际上就是力，这种力被称为约束反力或约束力，也简称反力。从约束对物体的作用可以看出，约束反力的作用点就在约束与被约束的物体的接触点，其方向总是与约束所能阻碍的物体的运动方向或运动趋势的方向相反，大小可以通过计算求得。

工程上将结构或构件连接在支承物上的装置，称为支座。在工程上常常通过支座将构件支承在基础或另一静止的构件上。支座对构件就是一种约束。支座对它所支承的构件的约束反力也叫支座反力。支座的构造是多种多样的，其具体情况也是比较复杂的，只有加以简化，归纳成几个类型，才能方便分析计算。建筑结构的支座通常分为固定铰支座、可动铰支座和固定端支座三类。

工程上通常把能使物体主动产生运动或运动趋势的力称为主动力，如重力、风力、推力、拉力等。通常主动力是已知的，而约束反力是未知的，它不仅与主动力的情况有关，同时也与约束类型有关。

1.2.2　常见的约束与约束反力

1.2.2.1　**柔性约束**

由柔软的绳索、链条或皮带等构成的约束都属于柔性约束。理想化条件：绝对柔软、无重量、无粗细、不可伸长或缩短。由于柔性约束本身只能承受拉力，所以它对物体的约束力也只可能是拉力。如图 1-8(a) 所示，用绳索悬挂一物体，绳索的约束反力作用于接触点，方向沿绳索的中心线而背离物体，为拉力，如图 1-8(b) 所示。柔性约束力一般用 $\boldsymbol{F}$ 表示。

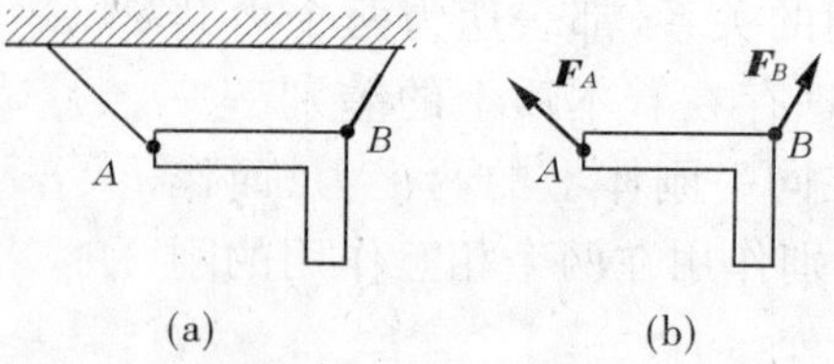

图 1-8 柔性约束示例

1.2.2.2 光滑接触面约束

当物体的接触面非常光滑,其摩擦力可以忽略时,就构成了光滑接触面约束。这时,不论接触面的形状如何,光滑接触面只能限制物体沿着接触表面公法线朝接触面方向的运动,而不能限制物体沿其他方向的运动。光滑接触面约束对物体的约束反力作用于接触点,方向为沿接触面的公法线且指向受力物体。这种约束反力也称为法向反力,一般用 $\boldsymbol{F}_N$ 表示,如图 1-9 所示。

物体与光滑接触面的接触形式一般有三种类型:

(1)面与面接触。约束力方向垂直于公切面指向受力物体,如图 1-9 所示 $\boldsymbol{F}_N$。

(2)点与面接触。约束力方向垂直于公切面在该点处的切线指向受力物体,如图 1-10 所示 $\boldsymbol{F}_{NA}$、$\boldsymbol{F}_{NB}$。

(3)点与线接触。约束力方向垂直于线指向受力物体,如图 1-10 所示 $\boldsymbol{F}_{NC}$。

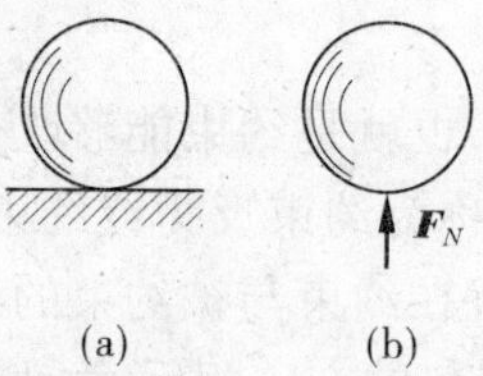

图 1-9 光滑接触面约束示例(曲面)

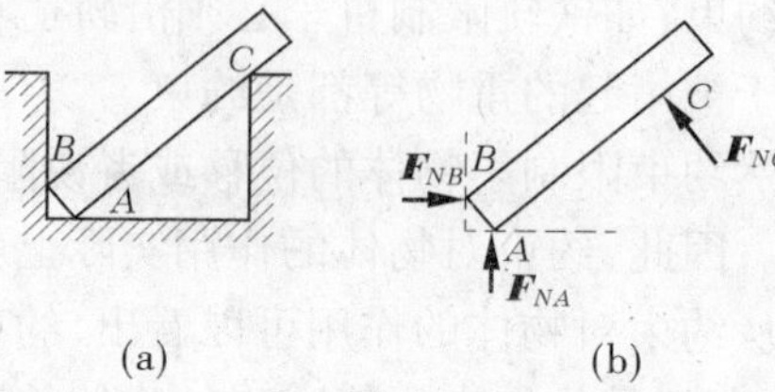

图 1-10 光滑接触面约束示例(平面)

1.2.2.3 铰链连接

工程上常用销钉来连接构件或零件,这类约束只限制相对移动,不限制转动,且忽略销钉与构件间的摩擦。若两个构件用销钉连接起来,这种约束称为铰链连接,简称铰连接,而连接件习惯上被简称为铰,如图 1-11(a)所示,铰链连接可简化为如图 1-11(b)所示。

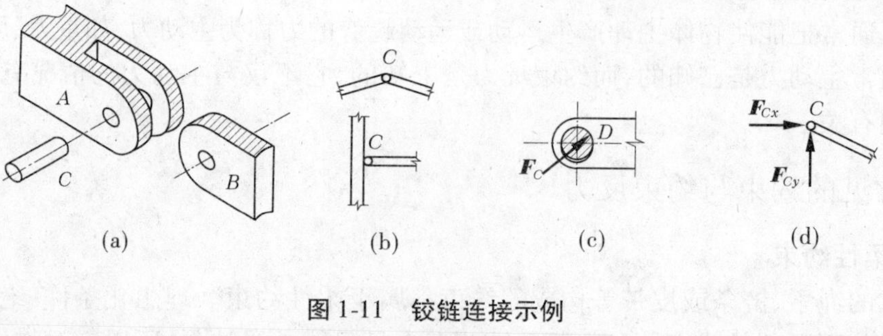

图 1-11 铰链连接示例

铰链连接只能限制物体在垂直于销钉轴线的平面内相对移动,但不能限制物体绕销钉轴线相对转动。如图 1-11(c)所示,铰链连接的约束反力作用在销钉与物体的接触点 D,但由于销钉与销钉孔壁接触点与被约束物体所受的主动力有关，一般不能预先确定，所以约束反力 $\boldsymbol{F}_C$ 的方向也不能确定。因此，铰链连接的约束反力作用在垂直于销钉轴线平面内，通过销钉中心，方向不定。为计算方便，铰链连接的约束反力常用过铰链中心的两个大小未知的正交分力 $\boldsymbol{F}_{Cx}$，$\boldsymbol{F}_{Cy}$ 来表示，如图 1-11(d)所示。两个分力的指向可以假设。

1.2.2.4 固定铰支座

将结构或构件用圆柱形光滑销钉与固定支座连接就构成了固定铰支座，如图 1-12(a)所示。固定铰支座又称铰链支座，简称铰支座。

销钉既不能阻止构件的转动，也不能阻止构件沿销钉轴线方向的移动，只能阻止构件在垂直销钉轴线的平面内移动。固定铰支座的约束反力与铰链连接的约束反力完全相同。

固定铰支座的简化方法和约束反力如图 1-12(b)和图 1-12(d)所示。

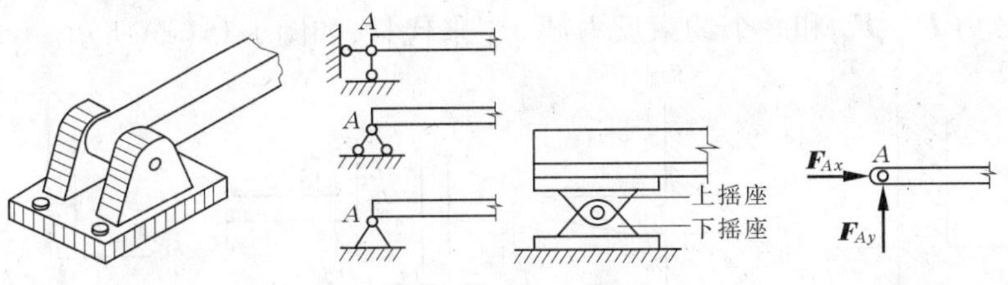

(a)　　(b)　　(c)　　(d)

图 1-12　固定铰支座示例

1.2.2.5 可动铰支座

工程上为了适应某些结构物的变形需要，经常采用可以滚动的辊轴支座，也称可动铰支座。一般的辊轴支座是在固定铰支座下装上几个辊轴构成的，如图 1-13(a)所示。辊轴支座可以沿支承面滚动，以便当温度等变化时构件伸长或缩短，两支座之间的距离有微小的变化。

辊轴支座只能限制物体沿支承面法线方向运动，而不能限制物体沿支承面切线方向移动，也不能限制物体绕销钉轴线转动。所以，其约束反力垂直于支承面，过销钉中心，可能是拉力也可能是压力，指向可假设。辊轴支座的简化表示方法如图 1-13(b)所示，约束反力如图 1-13(c)所示。

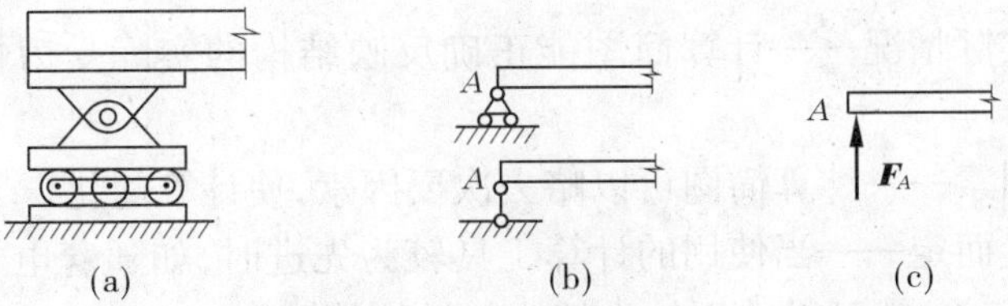

(a)　　(b)　　(c)

图 1-13　可动铰支座示例

1.2.2.6 链杆约束

两端以铰与其他物体连接，中间不受力且不计自重的刚性直杆称链杆，如图 1-14(a)所示。链杆只能限制物体沿链杆轴线方向运动，而不能阻止其他方向的运动，因此链杆的约束反力沿着链杆两端中心连线，可能为拉力也可能为压力。链杆的简化表示方法如图 1-14(b)所示，约束反力如图 1-14(c)所示。链杆属于二力杆的一种特殊情形。

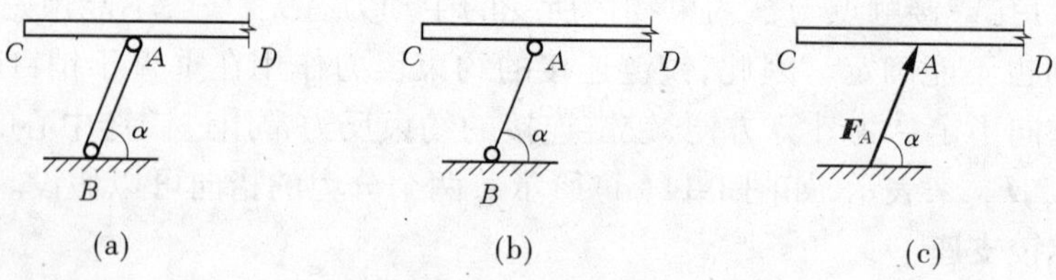

图 1-14　链杆约束示例

1.2.2.7　固定端支座

将构件的一端插入一固定物体（如墙）中，就构成了固定端约束，如图 1-15（a）、（b）所示。固定端支座的简化表示方法如图 1-15（c）所示。在固定端支座连接处具有较大的刚性，被约束的物体在该处被完全固定，既不能相对移动也不可转动。固定端的约束反力一般用两个正交分力 $\boldsymbol{F}_{Ax}$、$\boldsymbol{F}_{Ay}$ 和一个约束反力偶 M_A 来代替，如图 1-15（d）所示。

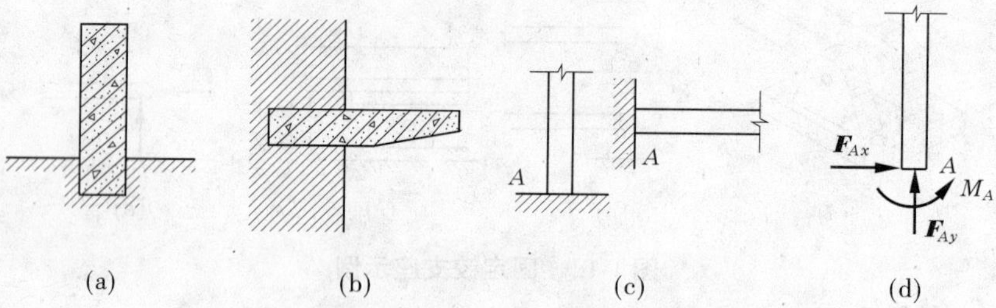

图 1-15　固定端支座示例

1.3　结构构件的计算简图绘制

1.3.1　确定计算简图的原则

工程结构的实际受力情况往往是很复杂的，完全按照其实际受力情况很不现实，也是不必要的。对实际结构的力学计算往往在结构的计算简图上进行，所以计算简图的选择必须注意下列原则：

（1）反映结构实际情况——计算简图能正确反映结构的实际受力情况，使计算结果尽可能精确。

（2）分清主次因素——计算简图可以略去次要因素，使计算简化。

（3）视计算工具而定——当使用的计算工具较为先进时，如随着电子计算机的普及，结构力学计算程序的完善，就可以选用较为精确的计算简图。

1.3.2　平面杆件结构的简化

一般工程结构是由杆件、结点、支座三部分组成的。要想得到结构的计算简图，就必须对结构的各组成部分进行简化。

1.3.2.1　杆件的简化

一般的实际结构均为空间结构，而空间结构常常可分解为几个平面结构来计算，结构的杆件均可用其杆轴线来代替。

1.3.2.2　**结点的简化**

杆系结构的结点通常可分为铰结点和刚结点。

(1)铰结点的简化原则：

①铰结点上各杆间的夹角可以改变。

②各杆的铰结端点不承受弯矩，能承受轴力和剪力，如图1-16(a)所示。

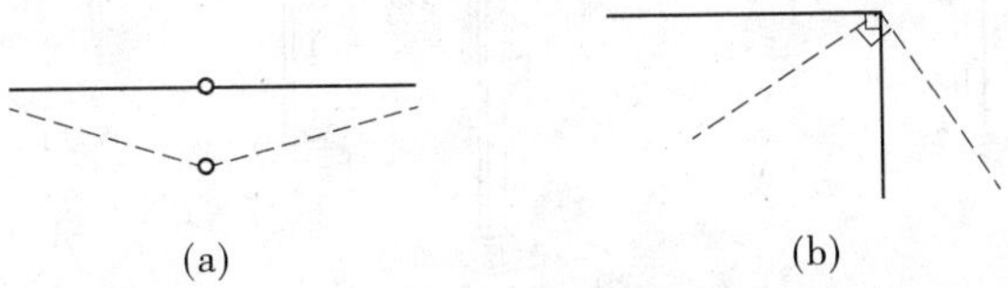

图1-16　结点简化示例

(2)刚结点的简化原则：

①刚结点上各杆间的夹角保持不变，各杆的刚结端点在结构变形时旋转同一角度。

②各杆的刚结端点既能承受弯矩，又能承受轴力和剪力，如图1-16(b)所示。

1.3.2.3　**支座的简化**

平面杆系结构的支座常用的有以下三种：

(1)可动铰支座(见图1-17(a))——杆端A沿水平方向可以移动，绕A点可以转动，但沿支座杆轴方向不能移动。

(2)固定铰支座(见图1-17(b))——杆端A绕A点可以自由转动，但沿任何方向均不能移动。

(3)固定端支座(见图1-17(c))——A端支座为固定端支座，使A端既不能移动，也不能转动。

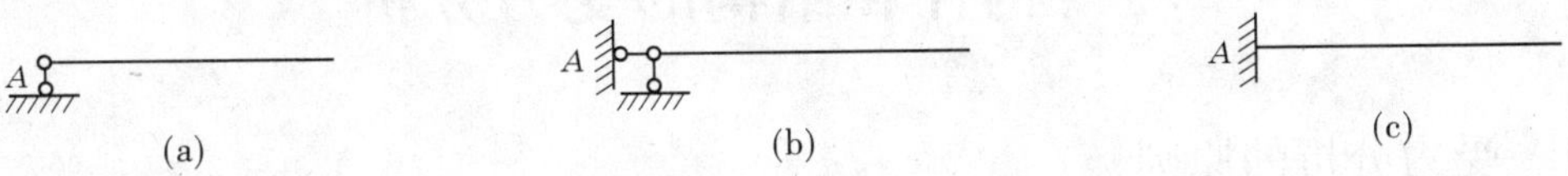

图1-17　支座简化示例

另外，必须指出，恰当地选取实际结构的计算简图，是结构设计中十分重要的问题。为此，不仅要掌握上面所述的基本原则，还要有丰富的实践经验。对于一些新型结构往往还要通过反复试验和实践，才能获得比较合理的计算简图。另外，由于结构的重要性、设计进行的阶段、计算问题的性质以及计算工具等因素的不同，即使是同样一个结构也可以取得不同的计算简图。对于重要的结构，应该选取比较精确的计算简图；在初步设计阶段可选取比较粗略的计算简图，而在技术设计阶段选取比较精确的计算简图；对结构进行静力计算时，应该选取比较复杂的计算简图，而对结构进行动力稳定计算时，由于问题比较复杂，则可以选取比较简单的计算简图；当计算工具比较先进时，应选取比较精确的计算简图等。

【例1-1】　如图1-18(a)所示单层工业厂房，试作其计算简图。

解　由图1-18(a)可知，该厂房是一个空间结构。但由于屋架与柱组成的各个排架的轴线均位于各自的同一平面内，而且由屋面板和吊车梁传来的荷载主要作用在各横向排架上，因而可以把空间结构简化为如图1-18(b)所示的平面结构进行分析。

如何选取合适的计算简图，是结构设计中十分重要而又比较复杂的问题，不仅要掌握选

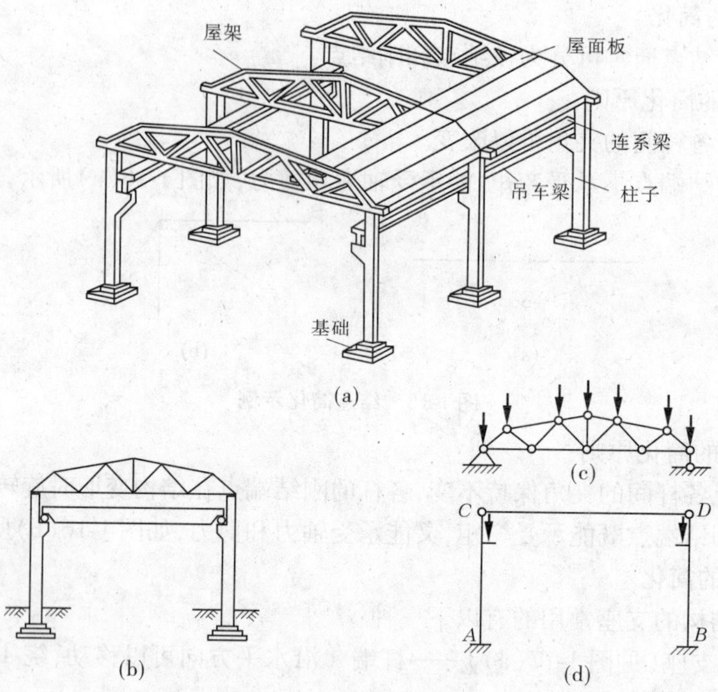

图 1-18

取的原则,而且要有较多的实践经验。对于新的结构形式,往往还需要反复试验和实践才能确定。

1.4　构件和结构的受力分析

1.4.1　受力分析的原则

在工程实践中,为了求出作用于物体上的未知约束力,需要根据已知力应用力学关系求解。因此,必须对物体的受力情况作全面的分析,确定物体受了几个主动力和约束力作用,并判断每一个力的作用位置和作用方向,这个过程称为物体的受力分析,它是力学计算的前提和关键。

物体的受力分析包含两个步骤:一是把需要研究的物体从与它相联系的周围物体中分离出来,解除全部约束,单独画出该物体的图形,称为取研究对象或取分离体;二是在研究对象上相应的位置画出全部主动力和约束反力,这种表示物体所有受力情况的图称为画受力图。

1.4.2　受力分析实例

1.4.2.1　单个物体的受力图

【例 1-2】　重力为 $\boldsymbol{G}$ 的小球置于光滑的斜面上,并用绳索系住,如图 1-19(a)所示。试画出小球的受力图。

解　(1)取小球为研究对象,并单独画出其简图(见图 1-19(b))。

(2)分析并画出主动力。作用在小球上的主动力是重力 $\boldsymbol{G}$,它作用于球心,铅垂向下。

(3)分析并画出约束反力。小球受到光滑面和绳索的约束,光滑面对球的约束反力 $\boldsymbol{F}_B$,通过切点 B,沿着公法线并指向球心;绳索的约束反力 $\boldsymbol{F}_A$,作用于接触点 A,沿着绳的中心线且背离球心。小球的受力图如图 1-19(b)所示。

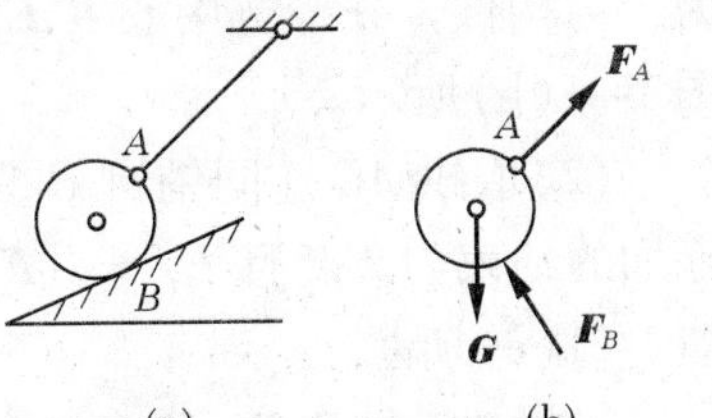

图 1-19　例 1-2 图

【例 1-3】　简支梁两端分别为固定铰支座和可动铰支座,在 C 处作用一集中荷载 $\boldsymbol{F}$(见图 1-20(a)),梁重不计,试画梁 AB 的受力图。

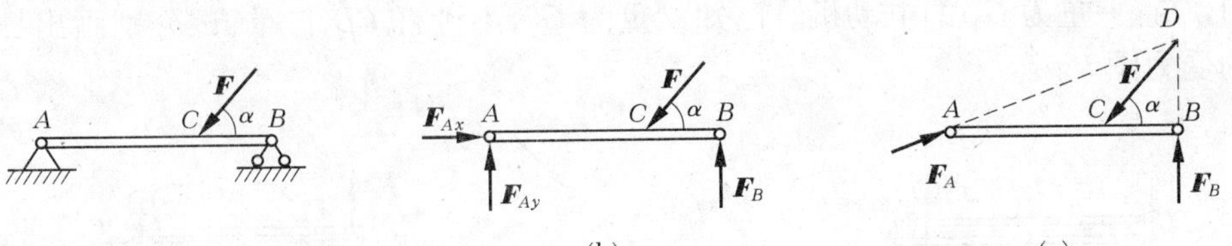

图 1-20　例 1-3 图

解　(1)取梁 AB 为研究对象。

(2)分析并画出主动力。作用于梁上的力有集中荷载 $\boldsymbol{F}$。

(3)分析并画出约束反力。可动铰支座 B 的支座反力 $\boldsymbol{F}_B$,铅垂向上,固定铰支座 A 的支座反力大小和方向未知,用 $\boldsymbol{F}_{Ax}$ 和 $\boldsymbol{F}_{Ay}$ 来代替(如图 1-20(b)所示),或可利用三力平衡汇交定理,梁受三个力作用而平衡,故可确定 $\boldsymbol{F}_A$ 的方向。用点 D 表示力 $\boldsymbol{F}$ 和 $\boldsymbol{F}_B$ 的作用线交点。$\boldsymbol{F}_A$ 的作用线必过交点 D,如图 1-20(c)所示。

1.4.2.2　物体系统受力图

由若干个物体通过适当的约束组成的系统,称为物体系统。物体系统的受力图与单个物体的受力图画法相同,只是所取的研究对象可能是整个系统或系统的某一部分或某一物体。画整体受力图时,只需把整体作为单个物体一样对待。画系统的某一部分或某一物体的受力图时,要注意被拆开的相互联系处有相应的约束反力,且约束反力是相互作用的,要遵循作用与反作用公理。

【例 1-4】　三铰拱桥由左、右两拱铰接而成,如图 1-21(a)所示。设各拱自重不计,在拱 AC 上作用荷载 $\boldsymbol{F}$。试分别画出拱 AC 和 CB 的受力图。

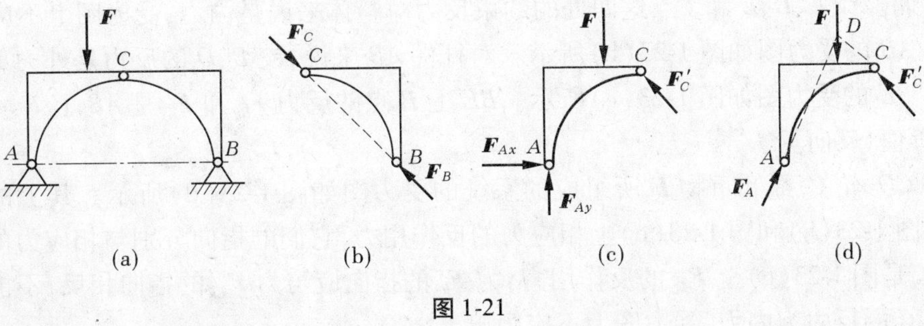

图 1-21

解　(1)取拱 CB 为研究对象。由于拱自重不计,且只在 B、C 处受到铰约束,因此 CB

为二力构件。在铰链中心 B、C 分别受到 $\boldsymbol{F}_B$ 和 $\boldsymbol{F}_C$ 的作用，且 $\boldsymbol{F}_B=-\boldsymbol{F}_C$。拱 CB 的受力图如图 1-21(b)所示。

(2)取拱 AC 连同销钉 C 为研究对象。由于自重不计，主动力只有荷载 $\boldsymbol{F}$；点 C 受拱 CB 施加的约束力 $\boldsymbol{F}_C'$，且 $\boldsymbol{F}_C'=-\boldsymbol{F}_C$；点 A 处的约束反力可分解为 $\boldsymbol{F}_{Ax}$ 和 $\boldsymbol{F}_{Ay}$。拱 AC 的受力图如图 1-21(c)所示。

又拱 AC 在 $\boldsymbol{F}$、$\boldsymbol{F}_C'$ 和 $\boldsymbol{F}_A$ 三力作用下平衡，根据三力平衡汇交定理，可确定出铰链 A 处约束反力 $\boldsymbol{F}_A$ 的方向。点 D 为力 $\boldsymbol{F}$ 与 $\boldsymbol{F}_C'$ 的交点，当拱 AC 平衡时，$\boldsymbol{F}_A$ 的作用线必通过点 D，如图 1-21(d)所示，$\boldsymbol{F}_A$ 的指向可先作假设，以后由平衡条件确定。

【例 1-5】 水平梁 AB 用斜杆 CD 支撑，A、C、D 三处均为光滑铰链连接，如图 1-22(a)所示。梁上放置一重为 $\boldsymbol{G}_1$ 的电动机。已知梁重为 $\boldsymbol{G}_2$，不计杆 CD 自重，试分别画出杆 CD 和梁 AB 的受力图。

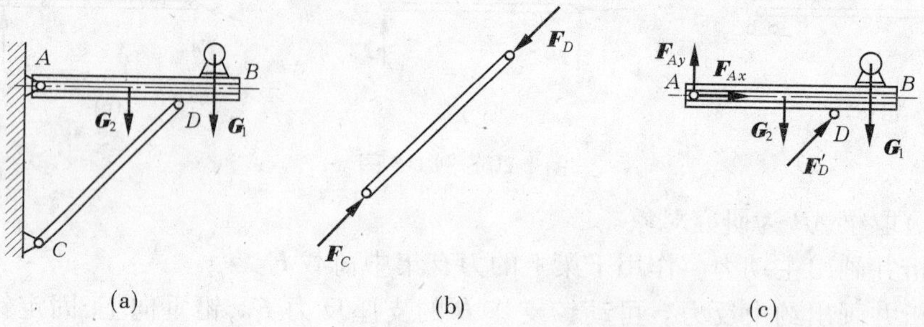

图 1-22 例 1-5 图

解 (1)取 CD 为研究对象。由于斜杆 CD 自重不计，只在杆的两端分别受有铰链的约束反力 $\boldsymbol{F}_C$ 和 $\boldsymbol{F}_D$ 的作用，由此判断 CD 杆为二力杆。根据二力平衡公理，$\boldsymbol{F}_C$ 和 $\boldsymbol{F}_D$ 两力大小相等、沿铰链中心连线 CD 方向且指向相反。斜杆 CD 的受力图如图 1-22(b)所示。

(2)取梁 AB(包括电动机)为研究对象。它受 $\boldsymbol{G}_1$、$\boldsymbol{G}_2$ 两个主动力的作用；梁在铰链 D 处受二力杆 CD 给它的约束反力 $\boldsymbol{F}_D'$ 的作用，根据作用与反作用公理，$\boldsymbol{F}_D'=-\boldsymbol{F}_D$；梁在 A 处受固定铰支座的约束反力，由于方向未知，可用两个大小未知的正交分力 $\boldsymbol{F}_{Ax}$ 和 $\boldsymbol{F}_{Ay}$ 表示。梁 AB 的受力图如图 1-22(c)所示。

【例 1-6】 图 1-23(a)所示系统中，物体 H 重 $\boldsymbol{G}$，其他构件不计自重。作整体、AB 杆、BE 杆，CD 杆、轮 C、绳和重物 H 所组成的系统的受力图。

解 整体受力图如图 1-23(a)所示。主动力 $\boldsymbol{G}$，固定支座 A 处有两个正交反力和一个约束反力偶。铰 C、D、E 和 I 点这四处的约束反力对整体来说是内力，受力图上不应画出。

杆件 AB 的受力图如图 1-23(b)所示。对杆件 AB 来说，铰 B、D 的反力是外力，应画出。

杆件 BE 的受力图如图 1-23(c)所示。BE 上 B 点的反力 $\boldsymbol{F}_{Bx}'$ 和 $\boldsymbol{F}_{By}'$ 是 AB 上 $\boldsymbol{F}_{Bx}$ 和 $\boldsymbol{F}_{By}$ 反作用力，等值、反向。

杆件 CD、轮 C、绳和重物 F 所组成的系统的受力图如图 1-23(d)所示。其上的约束反力分别是图 1-23(b)和图 1-23(c)上相应力的反作用力，它们的指向分别与相应力的指向相反。如 $\boldsymbol{F}_{Ex}'$ 是图 1-23(c)上 $\boldsymbol{F}_{Ex}$ 的反作用力，力 $\boldsymbol{F}_{Ex}'$ 的指向应与力 $\boldsymbol{F}_{Ex}$ 的指向相反，不能再随意假定。铰 C 的反力为内力，受力图上不应画出。

在画受力图时应注意如下几个问题：

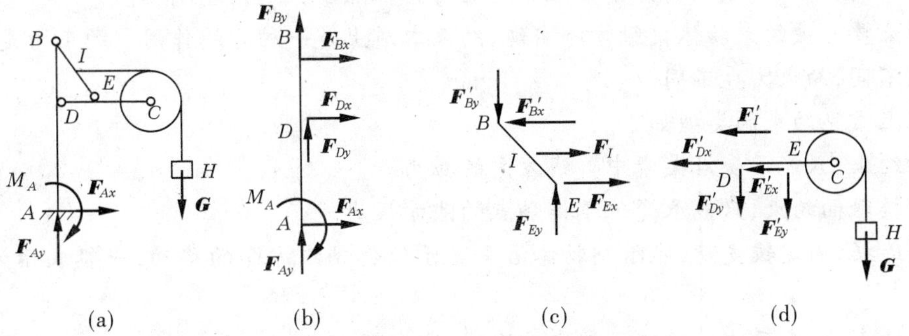

图1-23　例1-6图

(1)明确研究对象并画出分离体。分离体图作出后,观察分离体与哪些相邻的物体有机械作用,从而了解分离体受哪些力的作用。受力图上所有力的受力物体是分离体本身,所有力的施力物体都是分离体以外的与分离体有接触的其他物体。

(2)要先画出全部的主动力。

(3)明确约束反力的个数。凡是研究对象与周围物体相接触的地方,都一定有约束反力,不可随意增加或减少。要根据约束的类型画约束反力,即按约束的性质确定约束反力的作用位置和方向,不能主观臆断。

(4)二力杆要优先分析。正确判别二力构件,二力构件的受力必沿两力作用点的连线。固定铰支座的约束反力过铰链的方向未知,一般用两个正交的分力表示。但是,当固定铰支座或铰链连接二力构件时,其约束反力作用线的位置是确定的,所以不要再用两个正交分力表示。

(5)对物体系统进行分析时注意,同一约束在几个不同的受力图上出现时,各受力图上对同一约束力所假定的指向必须相同;在分析两个相互作用的力时,应遵循作用与反作用公理,作用力方向一经确定,则反作用力必与之相反,不可再假设指向。

(6)若研究对象不是单独一个物体,而是由几个物体组成时,研究对象内各物体之间的相互作用力是内力,不必画出。

(7)同一约束反力,在各受力图中假设的指向必须一致。

小　结

1. 力是物体之间相互的机械作用,其作用效果是使物体的运动状态发生变化,或者使物体发生变形。

力是矢量。力的三要素是力的大小、方向和作用点。

2. 刚体与质点是真实物体经过抽象化而得到的理想化模型,在自然界中并不存在。

3. 静力学公理阐明了力的基本性质。二力平衡公理是最基本的力系平衡条件;加减平衡力系公理是力系等效代换与简化的理论基础;力的平行四边形法则说明了力的矢量运算法则;三力平衡汇交定理实际上是二力平衡公理、加减平衡力系公理和力的平行四边形法则的推理;作用与反作用公理揭示了力的存在形式与力在物体系统内部的传递方式。

二力平衡公理、加减平衡力系公理和力的可传性原理仅适用于刚体。

4. 约束要与被约束物体接触才能实现，约束本质上是一种力的作用。约束力是被动力，约束类型不同，约束力也不同。

工程上常见约束的类型如下。

柔性约束，只能承受沿柔索中心线方向的拉力。

光滑接触面约束，只能承受位于接触点的法向压力。

铰链连接、固定铰支座，能限制物体沿垂直于销钉轴线方向的移动，一般表示为两个正交分力。

链杆约束，约束反力沿链杆两端中心连线，方向不确定。

固定端支座，能限制物体沿任何方向的移动和转动，可用两个正交约束力和一个约束力偶表示。

5. 结构计算简图是工程中代替实际结构进行受力分析的图，包括支座、结点、构件、荷载等各方面。简化的原则，既要反映建筑结构的实际工作性能，又要便于计算。

6. 画受力图的基本步骤如下：

①确定研究对象，取分离体。

②画主动力。

③画约束力。

④检查所画的受力图。

画约束力时要充分考虑约束的性质，然后在解除约束的位置上画出相应的约束力。系统的受力图上只画外力，不画内力；凡属二力构件的物体，其约束力必须按二力平衡公理来画；若研究对象受力情况满足三力平衡汇交定理的条件，则应按其特点画约束力；各物体间的相互作用力要符合作用与反作用的关系。

思考题

1-1　已知两个矢量 $\boldsymbol{F}_1$ 和 $\boldsymbol{F}_2$，试说明下列式子的意义和区别：

(1) $F_1 = F_2$　　$\boldsymbol{F}_1 = \boldsymbol{F}_2$　　(2) $F_R = F_1 + F_2$　　$\boldsymbol{F}_R = \boldsymbol{F}_1 + \boldsymbol{F}_2$

1-2　分力一定小于合力吗？为什么？试举例说明。

1-3　二力平衡条件和作用力与反作用力都是说二力等值、反向、共线，二者有什么区别？

1-4　为什么说二力平衡公理、加减平衡力系公理和力的可传性原理都只适用于刚体？

1-5　凡是两端铰接且不计自重的链杆都是二力构件吗？二力构件与其形状有关吗？

1-6　力的可传性原理的适用条件是什么？如图 1-24 所示，能否根据力的可传性原理，将作用于杆 AC 上的力 $\boldsymbol{F}$ 沿其作用线移至杆 BC 上而成力 $\boldsymbol{F}'$？

1-7　图 1-25 中力 $\boldsymbol{F}$ 作用在销钉 C 上，试问销钉 C 对 AC 的力与销钉 C 对 BC 的力是否等值、反向、共线？为什么？

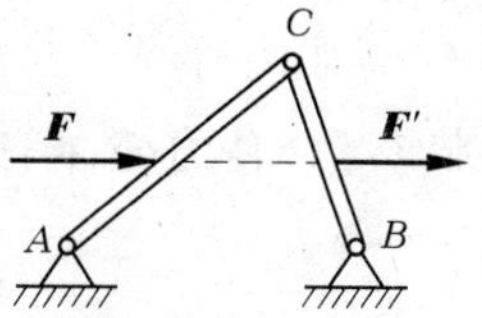

图 1-24　习题 1-6 图

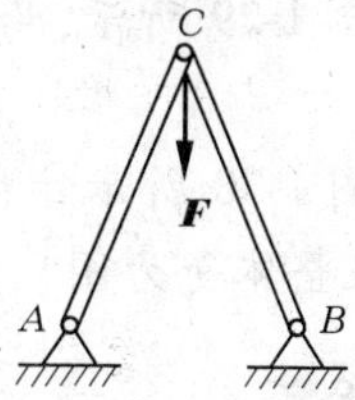

图 1-25　习题 1-7 图

习　题

1-1　画出图 1-26 中 C 处约束对物体 A 的约束反力。

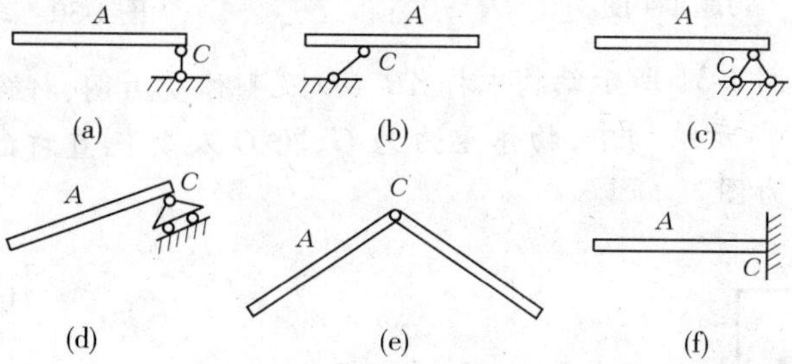

图 1-26　习题 1-1 图

1-2　作如图 1-27 所示杆件的受力图。各接触面均为光滑面，并且杆件自重不计。

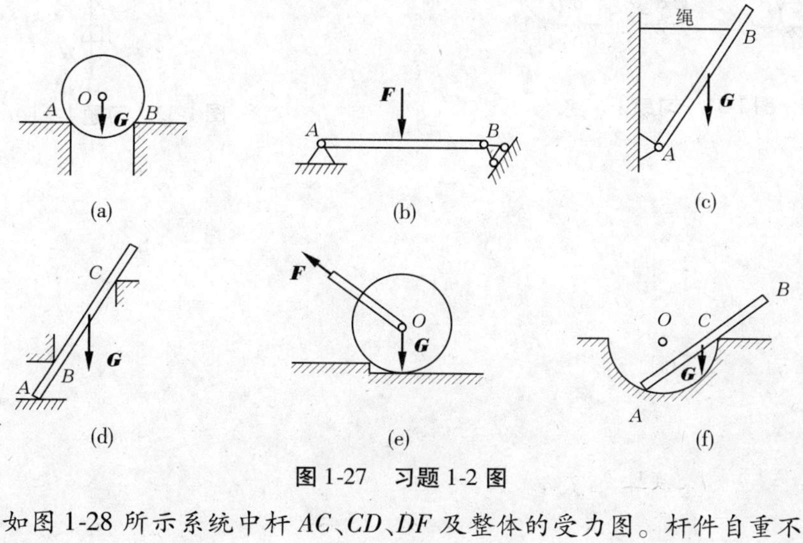

图 1-27　习题 1-2 图

1-3　作如图 1-28 所示系统中杆 AC、CD、DF 及整体的受力图。杆件自重不计。

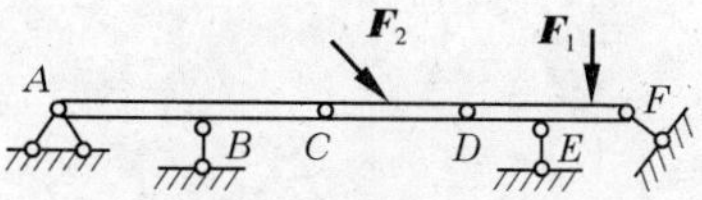

图 1-28　习题 1-3 图

1-4　如图 1-29 所示，物体重力为 $\boldsymbol{G}$，轮 O 及其他直杆的自重不计。作杆 BC 及轮 O 的受力图。

1-5　如图 1-30 所示结构在力 $\boldsymbol{F}$ 的作用下处于平衡状态，杆件自重不计。试画出各杆件的受力图及整体受力图。

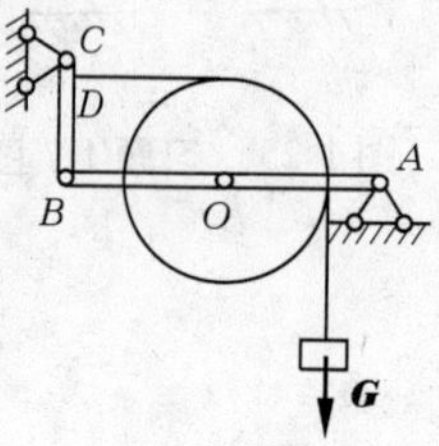

图 1-29　习题 1-4 图

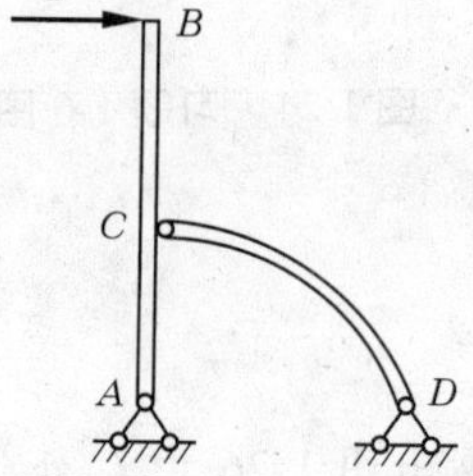

图 1-30　习题 1-5 图

1-6　试画出如图 1-31 所示结构中杆 AB、CD 及整体受力图，杆件自重不计。

1-7　如图 1-32 所示结构中，物体重力为 $\boldsymbol{G}$，轮 O 及其他直杆的自重不计。作杆 BC、AB、CD 及轮 O 的受力图。

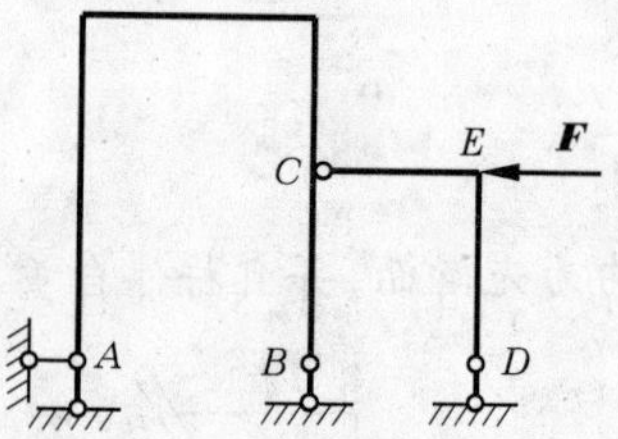

图 1-31　习题 1-6 图

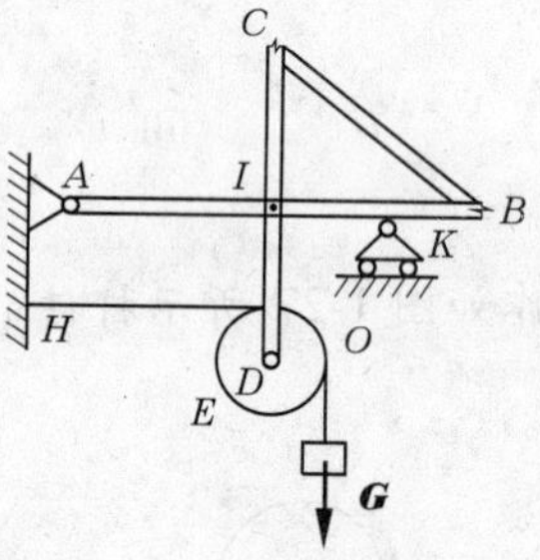

图 1-32　习题 1-7 图

项目2　力系的简化与平衡

2　平面力系

【知识目标】　熟悉力系、投影、力矩、力偶的概念，合力矩定理，力矩的性质，力偶的性质，力的平移定理，平面力系合成的方法，平面力系的平衡条件。

【能力目标】　掌握平面一般力系的平衡条件及应用。

2.1　概　述

2.1.1　力系

一般来说，作用在物体上的力不止一个，我们把作用于物体上的一群力称为**力系**。

在静力学中，为了便于研究问题，我们通常按力系中各力作用线分布情况的不同分为**平面力系**和**空间力系**两大类。各力的作用线均在同一平面上的力系叫**平面力系**；作用线不全在同一平面上的力系称为**空间力系**。力系又可以按其作用线的相互关系，分为汇交力系、力偶系、平行力系和一般力系。

在平面力系中，各力的作用线均汇交于一点的力系，称为**平面汇交力系**。例如，简支梁 AB 上作用力 $\boldsymbol{F}$，如图2-1(a)所示。可动铰支座 B 的支座反力 $\boldsymbol{F}_B$，假设铅垂向上；固定铰支座 A 的支座反力大小、方向未知，可利用三力平衡汇交定理，梁受三个力作用而平衡，故可确定 $\boldsymbol{F}_A$ 的作用线。用点 D 表示力 $\boldsymbol{F}$ 和 $\boldsymbol{F}_B$ 的作用线交点，$\boldsymbol{F}_A$ 的作用线必过交点 D，如图2-1(c)所示。以上各力的作用线都在铅垂平面内且汇交于 D 点，这是平面汇交力系。

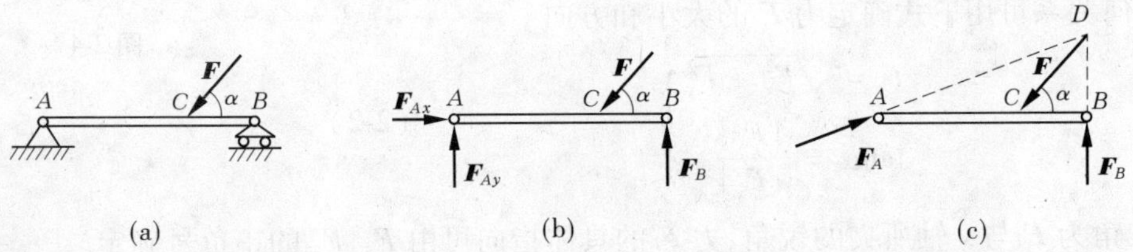

图2-1

平面一般力系是指各力的作用线位于同一平面内但不全汇交于一点，也不全互相平行的力系。平面一般力系是工程上最常见的力系，很多实际问题都可简化成平面一般力系问题处理。例如，如图2-1(a)所示，可动铰支座 B 的支座反力 $\boldsymbol{F}_B$，假设铅垂向上；固定铰支座 A 的支座反力大小、方向未知，可用 $\boldsymbol{F}_{Ax}$ 和 $\boldsymbol{F}_{Ay}$ 来代替（见图2-1(b)）。这些力组成一个平面一般力系。

平面力偶系是指平面力系中各力可以组成若干力偶或力系由若干力偶组成的力系，如图 2-2 所示。

平面平行力系是平面力系中各力作用线相互平行的力系，如图 2-3 所示。

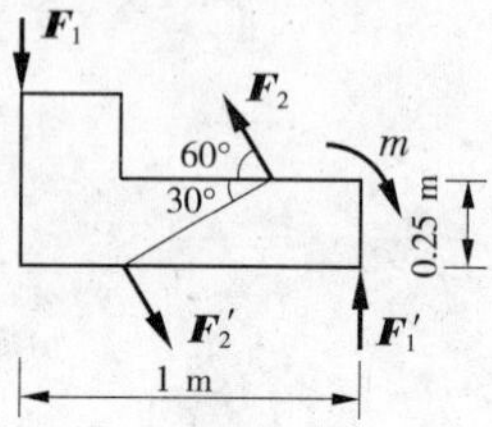

图 2-2

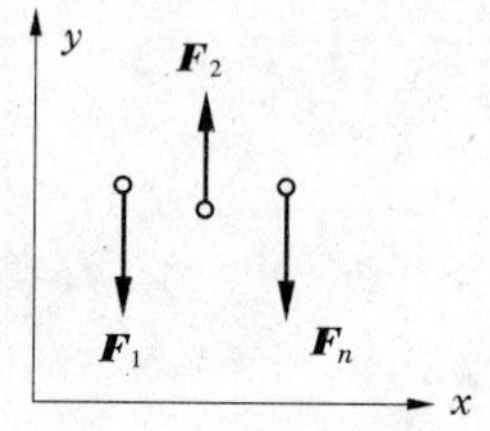

图 2-3

2.1.2 力在坐标轴上的投影

2.1.2.1 力在坐标轴上的投影

为了便于计算，在力学计算中常常通过力在直角坐标轴上的投影将矢量运算转化为代数运算。

设力 $\boldsymbol{F}$ 作用在物体上某点 A 处，用 $\overrightarrow{AB}$ 表示。通过力 $\boldsymbol{F}$ 所在的平面的任意点 O 作直角坐标系 xOy，如图 2-4 所示。从力 $\boldsymbol{F}$ 的起点 A、终点 B 分别作垂直于 x 轴的垂线，得垂足 A' 和 B'，并在 x 轴上得线段 $A'B'$，线段 $A'B'$ 的长度加以正负号称为力 $\boldsymbol{F}$ 在 x 轴上的投影，用 F_x 表示。同样方法也可以确定力 $\boldsymbol{F}$ 在 y 轴上的投影为线段 $A''B''$，用 F_y 表示，并且规定：从投影的起点到终点的指向与坐标轴正方向一致时，投影取正号；从投影的起点到终点的指向与坐标轴正方向相反时，投影取负号。

从图 2-4 中的几何关系得出投影的计算公式为

$$\left.\begin{aligned} F_x &= \pm F\cos\alpha \\ F_y &= \pm F\sin\alpha \end{aligned}\right\} \tag{2-1}$$

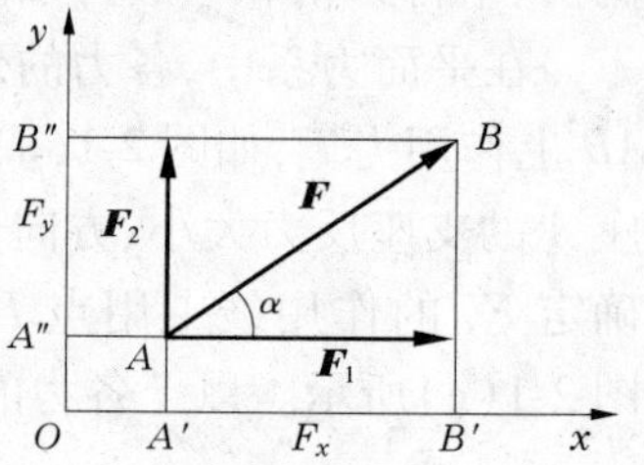

图 2-4

式中，α 为力 $\boldsymbol{F}$ 与 x 轴所夹的锐角；F_x 和 F_y 的正负号可按上面提到的规定直观判断得出。

如果 $\boldsymbol{F}$ 在 x 轴和 y 轴上的投影 F_x 和 F_y 已知，则由图 2-4 中的几何关系可用下式确定力 $\boldsymbol{F}$ 的大小和方向

$$\left.\begin{aligned} F &= \sqrt{F_x^2 + F_y^2} \\ \tan\alpha &= \frac{|F_y|}{|F_x|} \end{aligned}\right\} \tag{2-2}$$

式中，α 角为 $\boldsymbol{F}$ 与 x 轴所夹的锐角，力 $\boldsymbol{F}$ 的具体指向可由 F_x、F_y 的正负号确定。

特别要指出的是，当力 $\boldsymbol{F}$ 与 x 轴（或 y 轴）平行时，$\boldsymbol{F}$ 的投影 F_y（或 F_x）为零；F_x（或 F_y）的值与 $\boldsymbol{F}$ 的大小相等，方向按上述规定的符号确定。

另外，在图 2-4 中可以看出 $\boldsymbol{F}$ 的分力 $\boldsymbol{F}_1$ 与 $\boldsymbol{F}_2$ 的大小与 $\boldsymbol{F}$ 在对应的坐标轴上的投影 F_x 与 F_y 的绝对值相等，但力的投影与力的分力却是两个不同的概念。力的投影是代数量，由力 $\boldsymbol{F}$ 可确定其投影 F_x 和 F_y，但是由投影 F_x 和 F_y 只能确定力 $\boldsymbol{F}$ 的大小和方向，不能确定其

作用位置。而力的分力是力沿该方向的分作用，是矢量，由分力能完全确定力的大小、方向和作用位置。

【例 2-1】 试求图 2-5 中各力在 x 轴与 y 轴上的投影，F_i = 100 N。

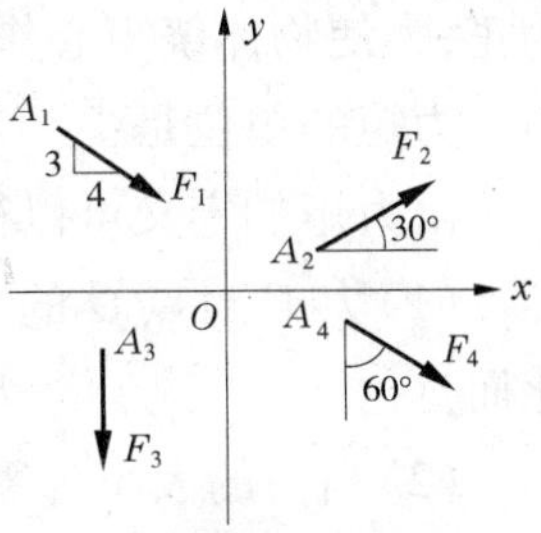

图 2-5

解 F_1 的投影：

$$F_{x1} = F_1\cos\alpha = 100\times 0.8 = 80(\mathrm{N})$$
$$F_{y1} = -F_1\sin\alpha = -100\times 0.6 = -60(\mathrm{N})$$

F_2 的投影：

$$F_{x2} = F_2\cos30° = 100\times 0.866 = 86.6(\mathrm{N})$$
$$F_{y2} = F_2\sin30° = 100\times 0.5 = 50(\mathrm{N})$$

F_3 的投影：

$$F_{x3} = F_3\cos90° = 100\times 0 = 0$$
$$F_{y3} = -F_3\sin90° = -100\times 1 = -100(\mathrm{N})$$

F_4 的投影：

$$F_{x4} = F_4\cos30° = 100\times 0.866 = 86.6(\mathrm{N})$$
$$F_{y4} = -F_4\sin30° = -100\times 0.5 = -50(\mathrm{N})$$

2.1.2.2 合力投影定理

合力在任一轴上的投影，等于各分力在同一轴上投影的代数和，这就是合力投影定理，即

$$\left.\begin{aligned} F_{Rx} &= F_{x1} + F_{x2} + \cdots + F_{xn} = \sum F_{xi} \\ F_{Ry} &= F_{y1} + F_{y2} + \cdots + F_{yn} = \sum F_{yi} \end{aligned}\right\} \tag{2-3}$$

式中“Σ”表示求代数和。必须注意式中各投影的正、负号。

2.2 力矩与平面力偶系的概念

2.2.1 力矩的基本概念

力对物体的作用效果除能使物体移动外，还能使物体转动，力矩就是度量力使物体转动效果的物理量。

如图 2-6 所示，加在扳手上的力 $\boldsymbol{F}$，使扳手带动螺帽绕中心 O 转动。力 $\boldsymbol{F}$ 越大，转动越快；力的作用线离转动中心越远，转动也越快。另外，当力的大小和作用线不变而指向相反时，将使物体向相反的方向转动。通过大量的实践总结出以下规律：力使物体绕某点转动的效果，与力的大小成正比，与转动中心到力的作用线的垂直距离 d 也成正比。这个垂直距离称为力臂，转动中心 O 称为力矩中心（简称矩心）。力的大小与力臂的乘积称为力 $\boldsymbol{F}$ 对点 O 之矩（简称力矩），记作 $M_O(\boldsymbol{F})$。计算公式可写为

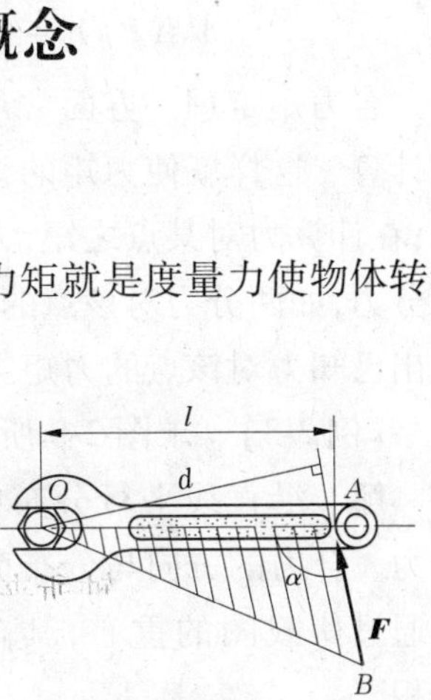

图 2-6

$$M_O(\boldsymbol{F}) = \pm Fd \tag{2-4}$$

式中的正负号表示力矩的转向。在平面内规定:力使物体绕矩心作逆时针方向转动时,力矩为正;力使物体绕矩心作顺时针方向转动时,力矩为负。因此,力矩是个代数量。

力矩的单位是牛·米(N·m)或千牛·米(kN·m)。

由力矩的定义可以得到力矩的性质:

(1)力 $\boldsymbol{F}$ 对点 O 的矩,不仅取决于力的大小,同时与矩心的位置有关。力矩随矩心的变化而变化。

(2)当力的大小为零或力臂为零时,则力矩为零。

(3)力沿其作用线移动时,因为力的大小、方向和力臂均没有改变,所以力矩不变。

(4)相互平衡的两个力对同一点的矩的代数和等于零。

【例 2-2】 计算图 2-7 中各力分别对 A、B 两点的力矩。

解 $M_A(\boldsymbol{F}_1) = -F_1 d_1 = -30\times3 = -90(\text{kN}\cdot\text{m})$

$M_B(\boldsymbol{F}_1) = F_1 d_1 = 30\times3 = 90(\text{kN}\cdot\text{m})$

$M_A(\boldsymbol{F}_2) = -F_2 d_2 = -3\times7.8 = -23.4(\text{kN}\cdot\text{m})$

$M_B(\boldsymbol{F}_2) = -F_2 d_2 = -3\times1.8 = -5.4(\text{kN}\cdot\text{m})$

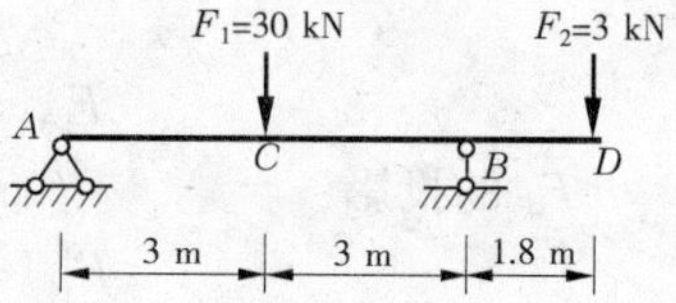

图 2-7

2.2.2 合力矩定理

在计算力对点的力矩时,有些问题往往力臂不易求出,因而直接按定义求力矩难以计算,而计算该力的分力对该点的力矩却很方便。因为合力与分力等效,故合力的转动效应与其分力的转动效应相同,因此可利用分力对某点之矩来计算合力对该点之矩。

平面内合力对平面内任一点之矩,等于力系中各分力对同一点力矩的代数和。这就是合力矩定理,即

$$M_O(\boldsymbol{F}_R) = M_O(\boldsymbol{F}_1) + M_O(\boldsymbol{F}_2) + \cdots + M_O(\boldsymbol{F}_n) = \sum M_O(\boldsymbol{F}_i) \tag{2-5}$$

合力矩定理一方面常常可以用来确定物体的重心位置,另一方面也可以用来简化力矩的计算。这样就使力矩的计算有两种方法:在力臂已知或方便求解时,按力矩定义进行计算;在计算力对某点之矩,力臂不易求出时,按合力矩定理求解,可以将此力分解为相互垂直的分力,如两分力对该点的力臂已知,即可方便地求出两分力对该点的力矩的代数和,从而求出已知力对该点的力矩。

【例 2-3】 求图 2-8 所示均布荷载对 A 点的矩。

解 沿直线平行分布的线荷载可以合成为一个合力。合力的方向与分布荷载的方向相同,合力作用线通过荷载图的重心,其合力的大小等于荷载图的面积。

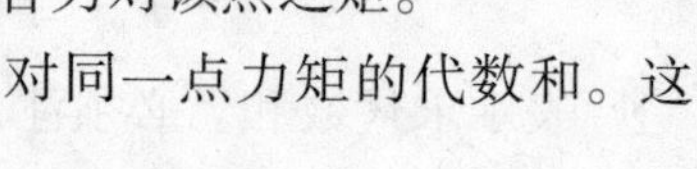

图 2-8

根据合力矩定理可知,分布荷载对某点之矩就等于其合力对该点之矩。

$$M_A(q) = -4\times3\times1.5 = -18(\text{kN}\cdot\text{m})$$

【例 2-4】 计算图 2-9 中力 $\boldsymbol{F}$ 对 A 点的力矩。

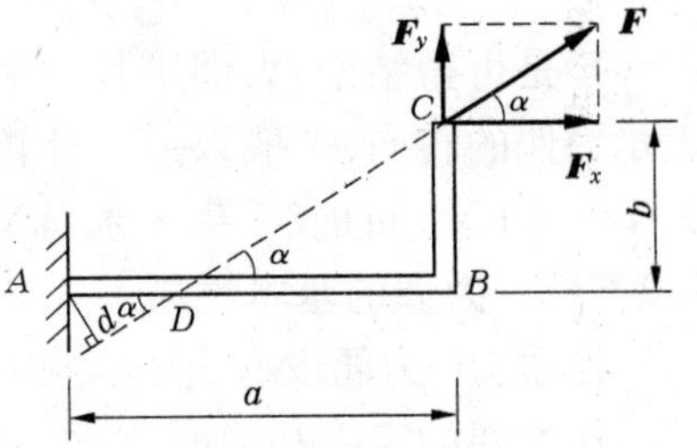

图 2-9

解 本题有两种解法。

(1)由力矩的定义计算力 $\boldsymbol{F}$ 对 A 点之矩。先求力臂 d。由图中几何关系有

$$d = (a - b\cot\alpha)\sin\alpha = a\sin\alpha - b\cos\alpha$$

$$M_A(\boldsymbol{F}) = Fd = F(a\sin\alpha - b\cos\alpha)$$

(2)根据合力矩定理计算力 $\boldsymbol{F}$ 对 A 点之矩。

将力 $\boldsymbol{F}$ 在 C 点分解为两个正交的分力 $\boldsymbol{F}_x$ 和 $\boldsymbol{F}_y$，由合力矩定理可得

$$M_A(\boldsymbol{F}) = F_y a - F_x b = F\sin\alpha \times a - F\cos\alpha \times b = F(a\sin\alpha - b\cos\alpha)$$

本例两种解法的计算结果是相同的，当力臂不易确定时，用后一种方法较为简便。

必须注意：一般情况下力臂并不等于矩心与力的作用点的距离。

2.2.3 力偶与力偶矩

2.2.3.1 力偶与力偶矩

为了使物体发生转动，常常在物体上施加两个大小相等、方向相反、不共线的平行力。例如，汽车司机用双手转动驾驶盘，钳工用丝锥攻螺纹(见图 2-10)。

当大小相等、方向相反、不共线的两个平行力 $\boldsymbol{F}$ 和 $\boldsymbol{F}'$ 作用在同一物体时，它们的合力 $F_R = 0$，即 $\boldsymbol{F}$ 和 $\boldsymbol{F}'$ 没有合力。但因二力不共线，所以也不能平衡。它们的作用效果是使物体发生转动。

力学上把这样大小相等、方向相反、不共线的两个平行力叫力偶，用符号$(\boldsymbol{F},\boldsymbol{F}')$表示。两个相反力之间垂直距离 d 叫力偶臂(见图 2-11)，两个力的作用线所在的平面称为力偶作用面。力偶不能再简化成比力更简单的形式，所以力偶与力一样被看成是组成力系的基本元素。

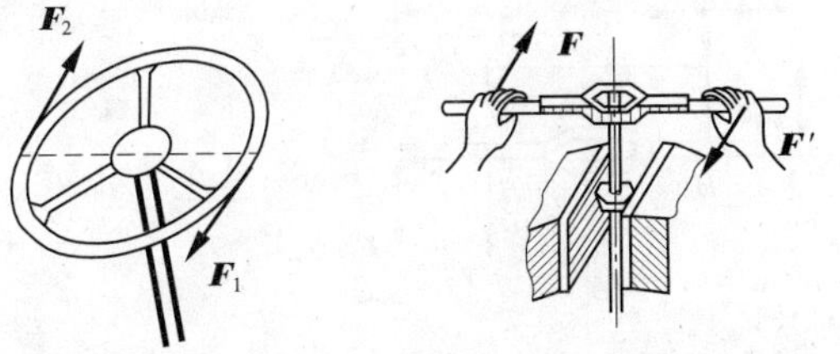

图 2-10

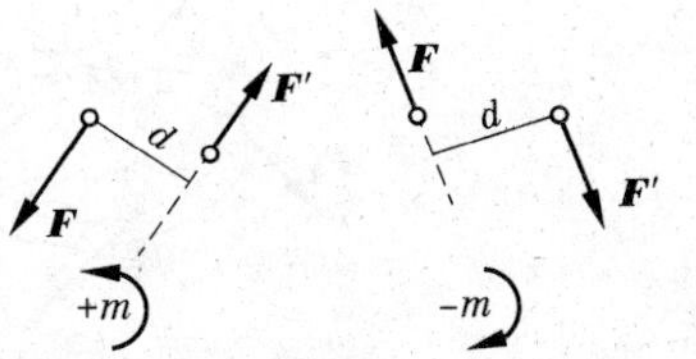

图 2-11

力偶是由两个力组成的特殊力系，它的作用是只改变物体的转动状态。因此，力偶对物体的转动效应可用力偶矩来度量，而力偶矩的大小为力偶中的两个力对其作用面内某点的矩的代数和，其值等于力与力偶臂的乘积，即 Fd，与矩心位置无关。

力偶在平面内的转向不同，其作用效应也不相同。因此，平面力偶对物体的作用效应由以下两个因素决定：

(1)力偶矩的大小。

(2)力偶在作用面内的转向。

因此，平面力偶矩可视为代数量，以 M 或 $M(\boldsymbol{F},\boldsymbol{F}')$ 表示，即

$$M(\boldsymbol{F},\boldsymbol{F}') = \pm Fd \tag{2-6}$$

于是可得结论:力偶矩是一个代数量,其绝对值等于力的大小与力偶臂的乘积,正负号表示力偶的转向,一般以逆时针转向为正,反之为负。力偶矩的单位与力矩相同,常用单位为牛·米(N·m)或千牛·米(kN·m)。

2.2.3.2 力偶的基本性质

性质1 力偶没有合力,所以力偶不能用一个力来代替,也不能与一个力来平衡。

从力偶的定义和力的合力投影定理可知,力偶中的二力在其作用面内的任意坐标轴上的投影的代数和恒为零,所以力偶没有合力,力偶对物体只有转动效应,而一个力在一般情况下对物体有移动和转动两种效应。因此,力偶与力对物体的作用效应不同,所以其不能与一个力等效,也不能用一个力代替,也就是说力偶不能和一个力平衡,力偶只能和转向相反的力偶平衡。

性质2 力偶对其作用面内任一点之矩恒等于力偶矩,且与矩心位置无关。

性质3 在同一平面内的两个力偶,如果它们的力偶矩大小相等、转向相同,则这两个力偶等效,称为力偶的等效条件。

从以上性质可以得到两个推论。

推论1 力偶可在其作用面内任意转移,而不改变它对物体的转动效应,即力偶对物体的转动效应与它在作用面内的位置无关。

例如图2-12(a)作用在方向盘上的两个力偶($\boldsymbol{F}_1,\boldsymbol{F}'_1$)与($\boldsymbol{F}_2,\boldsymbol{F}'_2$),只要它们的力偶矩大小相等、转向相同,作用位置虽不同,转动效应是相同的。

推论2 在力偶矩大小不变的条件下,可以改变力偶中的力的大小和力偶臂的长短,而不改变它对物体的转动效应。

如图2-12(b)所示,工人在利用丝锥攻螺纹时,作用在螺纹杆上的($\boldsymbol{F}_1,\boldsymbol{F}'_1$)与($\boldsymbol{F}_2,\boldsymbol{F}'_2$),虽然 d_1 和 d_2 不相等,但只要调整力的大小,使力偶矩 $F_1d_1 = F_2d_2$,则两力偶的作用效果是相同的。

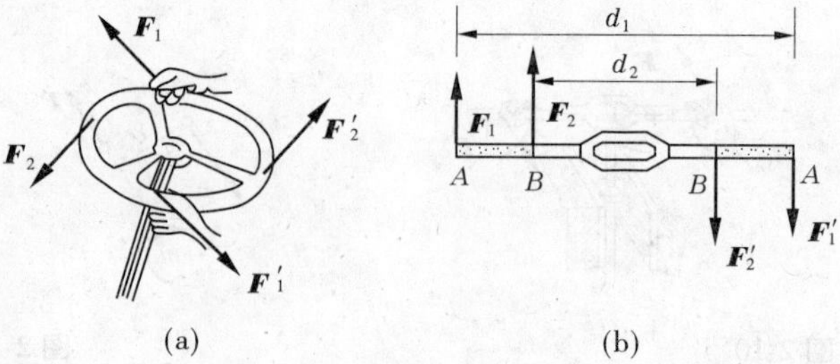

图2-12

由此可见,力偶的臂和力的大小都不是力偶的特征量,只有力偶矩是平面力偶作用的唯一量度。今后常用图2-13所示的符号表示力偶,M 为力偶矩。

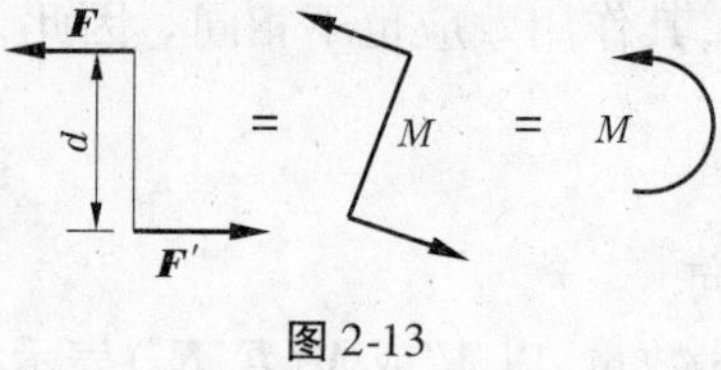

图2-13

2.3　平面一般力系的合成与平衡

2.3.1　力的平移

通过第1章中力的可传性原理的学习，我们知道力只能沿其作用线进行移动。当力平行于原来的作用线移动到刚体上任意一点时，力对刚体的作用效应将会改变。

力的平移定理：可以把作用在刚体上点 A 的力 $\boldsymbol{F}$ 平行移到刚体上任意一点 B，但必须同时附加一个力偶，这个附加力偶的矩等于原来的力 $\boldsymbol{F}$ 对新作用点 B 的矩。

证明：刚体的点 A 作用力 $\boldsymbol{F}$（见图2-14(a)），在刚体上任取一点 B，并在点 B 加上一对平衡力 $\boldsymbol{F}'$ 和 $\boldsymbol{F}''$，令 $\boldsymbol{F}'=\boldsymbol{F}=-\boldsymbol{F}''$（见图2-14(b)）。显然，这三个力组成的力系与原力 $\boldsymbol{F}$ 等效，这三个力又可视作一个作用在点 B 的力 $\boldsymbol{F}'$ 和一个力偶 $(\boldsymbol{F},\boldsymbol{F}'')$，这个力偶称为附加力偶（见图2-14(c)）。显然，附加力偶的矩为

$$M = Fd = M_B(\boldsymbol{F}) \tag{2-7}$$

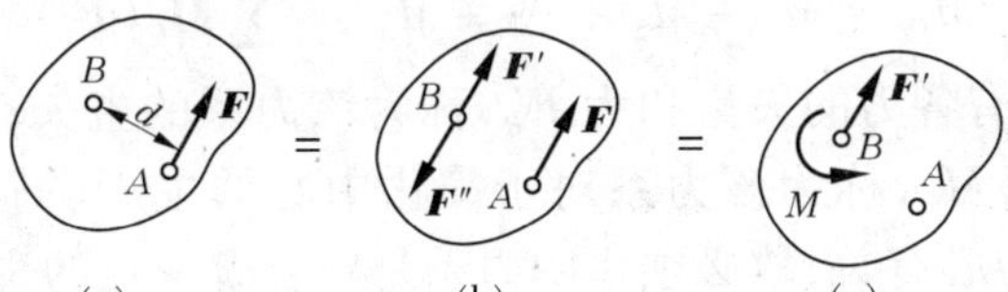

图2-14

于是定理得证。

【例2-5】　如图2-15所示，在柱子的 A 点受有吊车梁传来的集中力 $F=200$ kN。求将这力 $\boldsymbol{F}$ 平移到柱轴上 O 点时所应附加的力偶矩 M，其中 $e=0.5$ m。

解　根据力的平移定理，力 $\boldsymbol{F}$ 由 A 点平移到 O 点，必须附加一力偶，如图2-15(b)所示，它的力偶矩 M 等于力 $\boldsymbol{F}$ 对 O 点的矩，即

$$M = M_B(\boldsymbol{F}) = -F \times e = -200 \times 0.5 = -100(\text{kN}\cdot\text{m})$$

负号表示该附加力偶的转向是顺时针的。

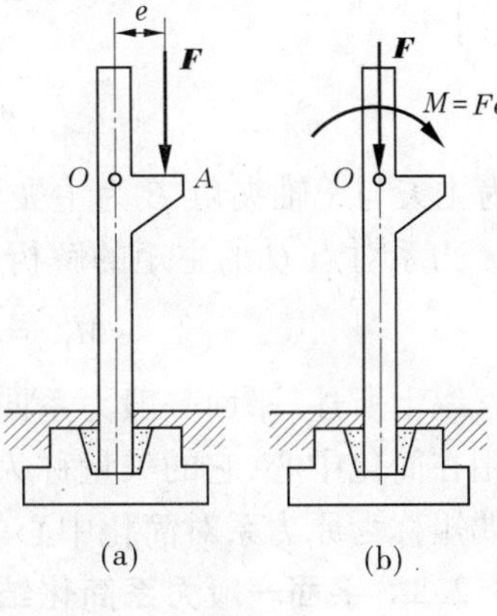

图2-15

2.3.2　平面一般力系的合成

2.3.2.1　平面一般力系向其作用面内任一点的简化

刚体上作用有 n 个力 $\boldsymbol{F}_1,\boldsymbol{F}_2,\cdots\boldsymbol{F}_n$ 组成的平面一般力系，如图2-16(a)所示。在平面内任取一点 O，称为简化中心；应用力的平移定理，把各力都平移到点 O。这样，得到作用于点 O 的力 $\boldsymbol{F}'_1,\boldsymbol{F}'_2,\cdots,\boldsymbol{F}'_n$，以及相应的附加力偶，其力偶矩分别为 $M_1,M_2,\cdots,M_n$，如图2-16(b)所示。这些附加的力偶矩分别为

$$M_i = M_O(\boldsymbol{F}_i) \quad (i=1,2,\cdots,n)$$

这样，平面一般力系等效为两个简单力系：平面汇交力系和平面力偶系。然后，分别合成这两个力系。

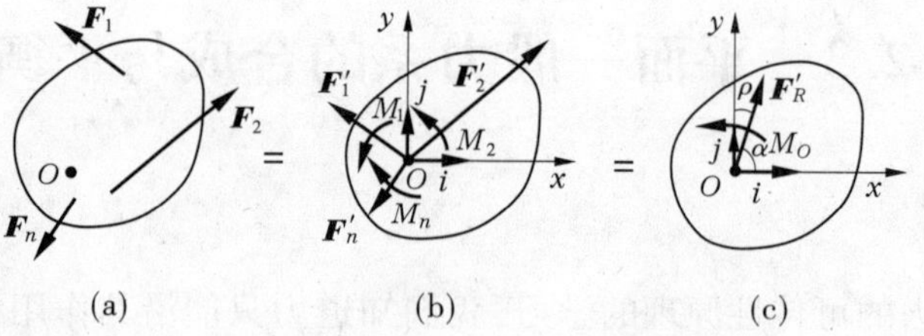

图 2-16

平面汇交力系可合成为作用线通过点 O 的一个力 $\boldsymbol{F}'_R$，如图 2-16(c)所示。因为各力矢 $\boldsymbol{F}'_i=\boldsymbol{F}_i(i=1,2,\cdots,n)$，所以

$$\boldsymbol{F}'_R=\boldsymbol{F}'_1+\boldsymbol{F}'_2+\cdots+\boldsymbol{F}'_n=\sum\boldsymbol{F}_i \tag{2-8}$$

即力矢 $\boldsymbol{F}'_R$ 等于原来各力的矢量和。

平面力偶系可合成为一个力偶，这个力偶的矩 M_O 等于各附加力偶矩的代数和，又等于原来各力对点 O 的矩的代数和，即

$$M_O=M_1+M_2+\cdots+M_n=\sum M_O(\boldsymbol{F}_i) \tag{2-9}$$

平面一般力系中所有各力的矢量和为 $\boldsymbol{F}'_R$，称为该力系的主矢；而这些力对于任选简化中心 O 的矩的代数和为 M_O，称为该力系对于简化中心的主矩。显然，主矢与简化中心无关，而主矩一般与简化中心有关，故必须指明力系是对于哪一点的主矩。

在一般情形下，平面一般力系向作用面内任选一点 O 简化，可得一个力和一个力偶。这个力等于该力系的主矢，作用线通过简化中心 O。这个力偶的矩等于该力系对点 O 的主矩。

取坐标系 xOy，如图 2-16(c)所示，主矢 $\boldsymbol{F}'_R$ 的大小和方向余弦为

$$\left.\begin{aligned}F'_R&=\sqrt{\left(\sum F_x\right)^2+\left(\sum F_y\right)^2}\\ \cos\alpha&=\frac{\sum F_x}{F'_R},\quad \cos\beta=\frac{\sum F_y}{F'_R}\end{aligned}\right\} \tag{2-10a}$$

α 为主矢与 x 轴夹角，β 为主矢与 y 轴夹角。

力系对点 O 的主矩的解析表达式为

$$M_O=M_1+M_2+\cdots+M_n=\sum M_O(\boldsymbol{F}_i) \tag{2-10b}$$

综上所述，平面一般力系向作用面内任一点简化的结果，是一个力和一个力偶。这个力作用在简化中心，它的矢量称为原力系的主矢，并等于原力系中各力的矢量和；这个力偶的力偶矩称为原力系对简化中心的主矩，并等于原力系中各力对简化中心力矩的代数和。

2.3.2.2 平面一般力系简化结果的讨论

平面一般力系向一点简化，一般可得到一个力和一个力偶，但这并不是最后简化结果。根据主矢与主矩是否存在，可能出现下列几种情况：

(1)若 $F'_R=0$，$M_O\neq0$，说明原力系与一个力偶等效，而这个力偶的力偶矩就是主矩。

由于主矢 $\boldsymbol{F}'_R$ 与简化中心的位置无关，当力系向某点 O 简化时，其 $F'_R=0$，则该力系向作用面内任一点简化时，其主矢也必然为零。在这种情况下，简化结果与简化中心的位置无关。也就是说，无论向哪一点简化，都是一个力偶，而且力偶矩保持不变，即原力系与一个力

偶等效,这个力偶称为原力系的合力偶。

(2)若 $F'_R \neq 0, M_O = 0$,则作用于简化中心的主矢 $\boldsymbol{F}'_R$ 就是原力系的合力 $\boldsymbol{F}_R$,作用线通过简化中心。

(3)若 $F'_R \neq 0, M_O \neq 0$,这时根据力的平移定理的逆过程,可以进一步简化成一个作用于另一点 O' 的合力 $\boldsymbol{F}_R$,如图 2-17(a)所示。

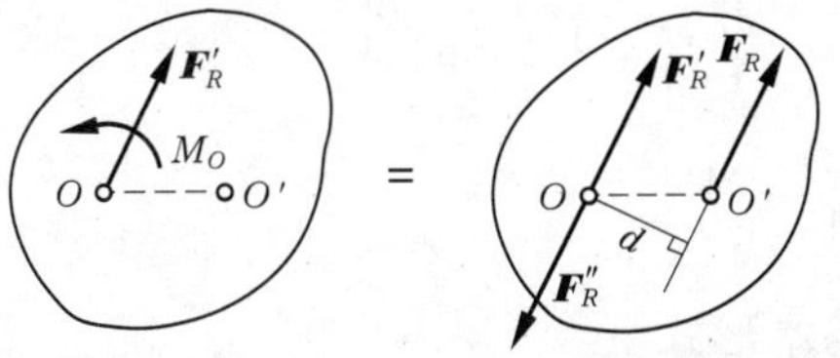

图 2-17

现将矩为 M_O 的力偶用两个力 $\boldsymbol{F}_R$ 和 $\boldsymbol{F}''_R$ 表示,并令 $\boldsymbol{F}'_R = \boldsymbol{F}_R = -\boldsymbol{F}''_R$,如图 2-17(b)所示;再去掉一对平衡力 $\boldsymbol{F}'_R$ 与 $\boldsymbol{F}''_R$,于是就将作用于点 O 的力 $\boldsymbol{F}'_R$ 和力偶($\boldsymbol{F}_R, \boldsymbol{F}''_R$)合成为一个作用在点 O' 的力 $\boldsymbol{F}_R$,如图 2-17(c)所示。

这个力 $\boldsymbol{F}_R$ 就是原力系的合力。合力矢等于主矢;合力的作用线在点 O 的哪一侧,需根据主矢和主矩的方向确定;合力作用线到点 O 的距离 d 为

$$d = \left| \frac{M_O}{F_R} \right|$$

(4)$F'_R = 0, M_O = 0$,则力系是平衡力系(这种情况将在后面讨论)。

综上所述,平面一般力系简化的最后结果(即合成结果)可能是一个力偶,或者是一个合力,或者是平衡。

【例 2-6】 试求图 2-18(a)所示平面力系简化的最终结果。

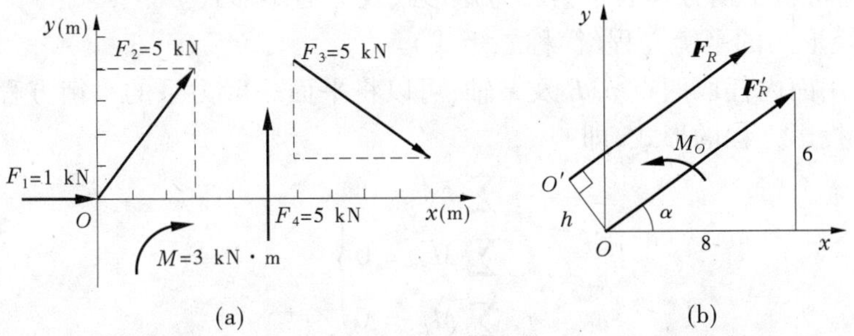

图 2-18

解 (1)将各力向 O 点简化,主矢为

$$F'_{Rx} = \sum F_x = F_1 + F_{2x} + F_{3x} = 1 + 3 + 4 = 8(\text{kN})$$

$$F'_{Ry} = \sum F_y = F_{2y} - F_{3y} + F_4 = 4 - 3 + 5 = 6(\text{kN})$$

$$F'_R = \sqrt{{F'_{Rx}}^2 + {F'_{Ry}}^2} = 10(\text{kN})$$

主矢 $\boldsymbol{F}'_R$ 与 x 轴的夹角 α 为 $\quad \tan\alpha = \left| \dfrac{F'_{Ry}}{F'_{Rx}} \right| = \dfrac{3}{4} \quad \alpha = 36.87°$

因为 $F'_{Ry} > 0, F'_{Rx} > 0$,故 α 在第一象限,如图 2-18(b)所示。

主矩为

$$M_O = \sum M_O(\boldsymbol{F}_i) = -4F_{3x} - 6F_{3y} + 5F_4 - M = -16 - 18 + 25 - 3 = -12(\mathrm{kN \cdot m})$$

(2)计算合力。因为 $F'_R \neq 0, M_O \neq 0$,力系合成一个合力,且 $F'_R = F_R = 10$ kN,作用线距简化中心 O 点为

$$d = \left| \frac{M_O}{F'_R} \right| = 1.2(\mathrm{m})$$

2.3.3 平面一般力系的平衡条件

2.3.3.1 平面一般力系平衡方程的基本形式

平面一般力系向任一点简化时,当主矢、主矩同时等于零时,该力系为平衡力系。因此,平面一般力系处在平衡状态的必要与充分条件是:力系的主矢与力系对于任一点的主矩都等于零,即

$$F'_R = 0 \quad M_O = 0$$

根据式(2-10(a))和式(2-10(b)),可得到平面一般力系的平衡条件为

$$\left.\begin{aligned} \sum F_x &= 0 \\ \sum F_y &= 0 \\ \sum M_O(\boldsymbol{F}) &= 0 \end{aligned}\right\} \tag{2-11}$$

式(2-11)说明,平面一般力系的平衡条件是:力系中各力在两个任选的坐标轴上投影的代数和均等于零,所有各力对任一点的矩的代数和等于零。

2.3.3.2 平面一般力系平衡方程的其他形式

前面我们通过平面一般力系的平衡条件导出了平面一般力系平衡方程的基本形式,除这种形式外,还可将平衡方程表示为二力矩形式及三力矩形式。

(1)二力矩形式的平衡方程(简称二矩式)。

在力系作用面内任取两点 A、B 及 x 轴,可以将平面一般力系的平衡方程改写成两个力矩方程和一个投影方程的形式,即

$$\left.\begin{aligned} \sum F_x &= 0 \\ \sum M_A &= 0 \\ \sum M_B &= 0 \end{aligned}\right\} \tag{2-12}$$

式中,x 轴不与 A、B 两点的连线垂直。

(2)三力矩形式的平衡方程(简称三矩式)。

在力系作用面内任意取三个不在一直线上的点 A、B、C,则

$$\left.\begin{aligned} \sum M_A &= 0 \\ \sum M_B &= 0 \\ \sum M_C &= 0 \end{aligned}\right\} \tag{2-13}$$

式中,A、B、C 三点不在同一直线上。

综上所述,平面一般力系共有三种不同形式的平衡方程,即式(2-11)、式(2-12)、式(2-13),但无论采用哪种形式,都只能写出三个独立的平衡方程。应用平面一般力系的三个独立的平衡方程,最多只能解出三个未知数。

2.3.3.3 平面汇交力系的平衡条件

平面汇交力系是指各力的作用线均汇交于一点的平面力系。如图 2-19 所示,各力在 A 点的力偶为零,即 $\sum M_A=0$,则平衡方程只剩下两个独立的方程

$$\left.\begin{aligned}\sum F_x &= 0\\ \sum F_y &= 0\end{aligned}\right\} \tag{2-14}$$

这是相互独立的两个方程,所以只能求解两个未知量。

2.3.3.4 平面平行力系的平衡条件

平面平行力系是指其各力作用线在同一平面内并相互平行的力系,如图 2-20 所示,选择 Oy 轴与力系中的各力平行,则各力在 x 轴上的投影恒为零,即 $\sum F_x=0$,则平衡方程只剩下两个独立的方程

$$\left.\begin{aligned}\sum F_y &= 0\\ \sum M_O(\boldsymbol{F}) &= 0\end{aligned}\right\} \tag{2-15}$$

若采用二力矩式(2-12),可得

$$\left.\begin{aligned}\sum M_A(\boldsymbol{F}) &= 0\\ \sum M_B(\boldsymbol{F}) &= 0\end{aligned}\right\} \tag{2-16}$$

式中,A、B 两点的连线不与各力作用线平行。

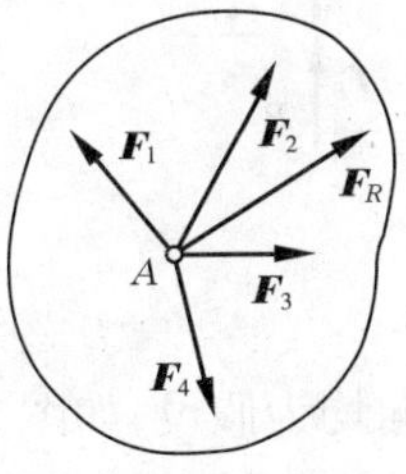

图 2-19

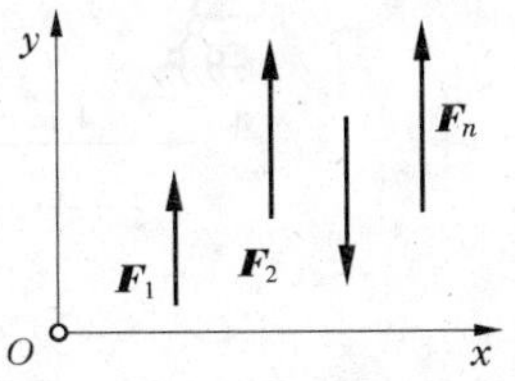

图 2-20

平面平行力系只有两个独立的平衡方程,只能求解两个未知量。

2.3.3.5 平面力偶系的平衡条件

平面力偶系是指平面力系中各力可以组成若干力偶或力系由若干力偶组成。力偶系中所有各力在任何轴线上投影的代数和等于零,即 $\sum F_x=0$,$\sum F_y=0$,则平衡方程只剩下一个独立的方程

$$\sum M_A = 0 \tag{2-17}$$

应用式(2-17)解决平面力偶系的平衡问题,只能求出一个未知量。

【例 2-7】 如图 2-21(a)所示简支梁 AB,受一力偶 $m=20$ kN · m 的作用,梁长 $l=4$ m,梁的自重不计。求梁 A、B 支座处的反力。

解 (1)取梁 AB 为研究对象,作出受力图。梁 AB 上作用一集中力偶 m 且保持平衡,

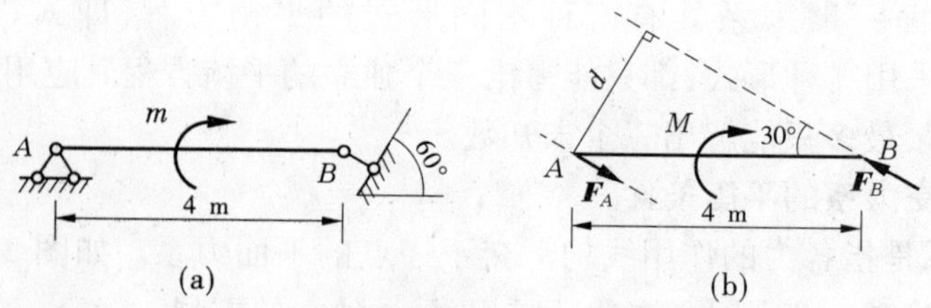

图 2-21

由于力偶只能用力偶来平衡，则 A、B 处的支座反力必形成一对力偶且与已知力偶 m 反向。B 处的支座反力垂直于支撑面，要形成与已知力偶 m 反向的力偶，B 处的支座反力 $\boldsymbol{F}_B$ 的方向只能斜向上，A 处的支座反力 $\boldsymbol{F}_A$ 的方向斜向下，作用线与 $\boldsymbol{F}_B$ 平行，且有 $F_A = F_B$，如图 2-21(b)所示。

(2)由平衡条件 $\sum M_i = 0$，得

$$F_A \times d - m = 0$$

$$F_A \times (4 \times \sin 30°) - 20 = 0$$

解得

$$F_A = 10\ \text{kN} \quad F_B = F_A = 10\ \text{kN}$$

2.3.4 求支座反力

【例 2-8】 计算如图 2-22(a)所示刚架 AB 的支座反力。

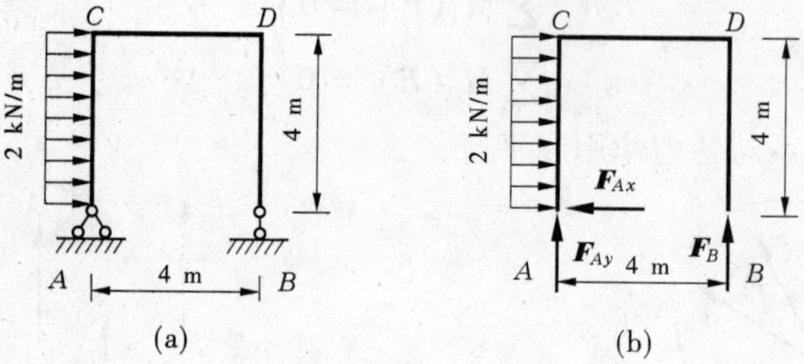

图 2-22

解 (1)取刚架 AB 为研究对象，作受力图，各支座反力方向均为假设，如图 2-22(b)所示。

(2)建立坐标系，以水平方向向右为 x 轴，以铅垂方向向上为 y 轴。

由平衡条件得

$$\sum F_x = 0, \quad 2 \times 4 - F_{Ax} = 0, \quad F_{Ax} = 8\ \text{kN} \quad (\text{方向如图})$$

$$\sum M_A = 0, \quad -2 \times 4 \times 2 + F_B \times 4 = 0, \quad F_B = 4\ \text{kN} \quad (\text{方向如图})$$

$$\sum F_y = 0, \quad F_B + F_{Ay} = 0, \quad F_{Ay} = -4\ \text{kN} \quad (\text{方向与假设方向相反})$$

力系平衡，则力系中各力在任一轴上的投影代数和必然等于零，力系中各力对任一点之矩的代数和也必然为零。因此，我们可再列出其他的平衡方程，用以校核计算有无错误。

校核：$\sum M_B = -2 \times 4 \times 2 - F_{Ay} \times 4 = -2 \times 4 \times 2 - (-4) \times 4 = 0$，可见计算无误。

【例 2-9】 梁 AB 一端固定在墙体上，受力如图 2-23(a)所示。已知 $F = ql$，$\alpha = 45°$，梁的自重不计，求支座 A 的反力。

解 取梁 AB 为研究对象，其受力图及选定坐标系如图 2-23(b)所示。

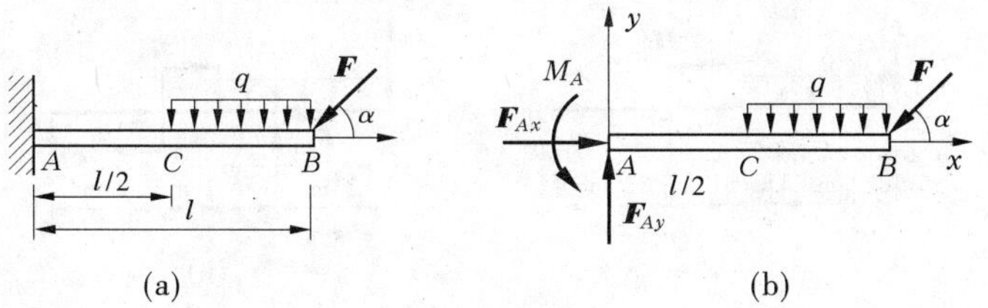

图 2-23

$$\sum F_x = 0,\quad F_{Ax} - F\cos\alpha = 0,\quad F_{Ax} = \frac{\sqrt{2}}{2}ql \quad (\text{方向如图})$$

$$\sum F_y = 0,\quad F_{Ay} - \frac{ql}{2} - F\sin\alpha = 0,\quad F_{Ay} = \frac{1+\sqrt{2}}{2}ql \quad (\text{方向如图})$$

$$\sum M = 0,\quad M_A - \frac{ql}{2}\left(\frac{l}{2} + \frac{l}{4}\right) - Fl\sin\alpha = 0,\quad M_A = \frac{3+4\sqrt{2}}{8}ql^2 \quad (\text{方向如图})$$

校核

$$\sum M_B = M_A - F_{Ay}l + \frac{ql^2}{8} = \frac{3+4\sqrt{2}}{8}ql^2 - \frac{1+\sqrt{2}}{2}ql^2 + \frac{ql^2}{8} = 0$$

可见计算无误。

【例 2-10】 求图 2-24(a)简支梁 AB 的支座反力。

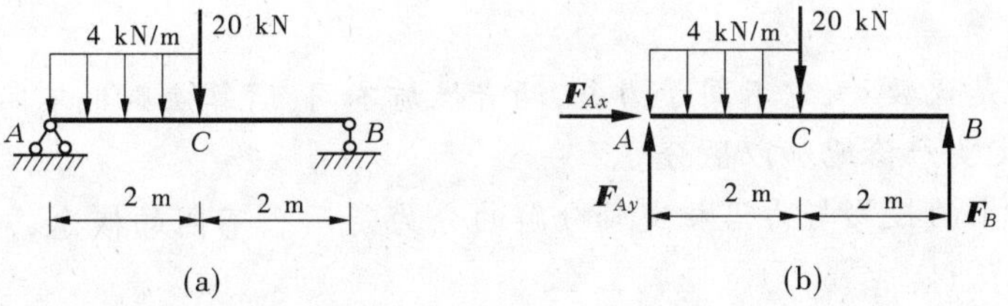

图 2-24

解 取梁 AB 为研究对象,其受力图如图 2-24(b)所示。

$$\sum F_x = 0, F_{Ax} = 0 (\text{方向如图})$$

$$\sum M_A = 0,\quad -4\times2\times1 - 20\times2 + F_B\times4 = 0,\quad F_B = 12\ \text{kN} \quad (\text{方向如图})$$

$$\sum F_y = 0,\quad F_{Ay} - 4\times2 - 20 + F_B = 0,\quad F_{Ay} = 16\ \text{kN} \quad (\text{方向如图})$$

校核:

$$\sum M_B = -16\times4 + 4\times2\times3 + 20\times2 = 0$$

可见计算无误。

【例 2-11】 外伸梁 AB 受荷载作用如图 2-25(a)所示。已知均布荷载 $q = 20\ \text{kN/m}$,力偶矩 $M = 38\ \text{kN}\cdot\text{m}$,集中力 $F_P = 10\ \text{kN}$。试求 A、B 处的支座反力。

解 (1)取梁 AB 为研究对象,作受力图,如图 2-25(b)所示。

(2)梁 AB 在荷载作用下保持平衡,由平衡条件得

$$\sum F_x = 0,\quad F_{Ax} = 0$$

$$\sum M_A = 0,\quad F_P\times2 + q\times3\times0.5 + M + F_B\times4 = 0$$

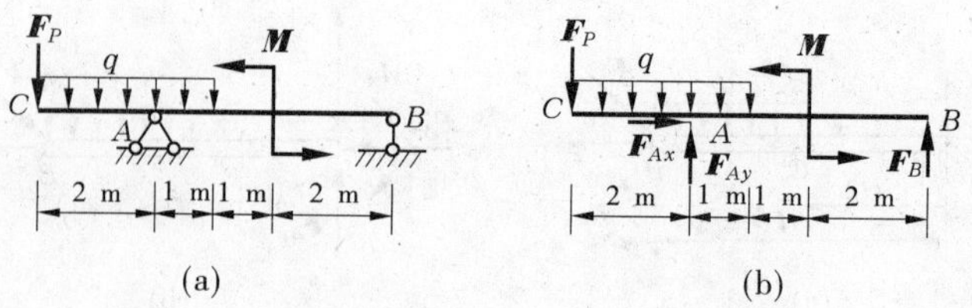

图 2-25

$$\sum M_B = 0,\quad F_P \times 6 + q \times 3 \times 4.5 - F_{Ay} \times 4 + M = 0$$

解得

$F_{Ax} = 0$，$F_{Ay} = 92\ \text{kN}$ （方向如图），$F_B = -22\ \text{kN}$ （方向与假设方向相反）

(3)校核

$$\sum F_y = F_{Ay} - q \times 3 - F_P + F_B = 0$$

可见计算无误。

从上述例题可见,选取适当的坐标轴和力矩中心,可以减少每个平衡方程中的未知量的数目。在平面一般力系情形下,矩心应取在多个未知力的交点上,而坐标轴应当与尽可能多的未知力相垂直。

小　结

1. 力的投影是代数量,它不同于力矢,两者性质不同,运算法则也不同,因而表示的符号也不同,读者一定要严格地加以区分。

力在相交轴上的投影与力沿相交轴分解的分力是两个不同的概念,对两者之间的联系和区别应有明确认识。

2. 合力投影定理:合力在任一轴上的投影,等于各分力在同一轴上投影的代数和。

3. 力矩是力使物体绕某一点转动效应的度量。力矩的大小等于力与矩心到力的作用线的垂直距离的乘积,力矩的转向用正、负号来表示;因而在平面问题中,力矩可看成是代数量。

4. 力偶是由大小相等、方向相反、作用线平行但不重合的两个力所组成的一个特殊力系。

力偶对刚体只有转动效应,没有移动效应。力偶既不能用一个力代替,也不能与一个力平衡,力偶只能用力偶来平衡。

力偶使刚体转动的效应用力偶矩来度量。力偶矩的大小等于力偶中任一力的大小与两力之间的垂直距离的乘积,力偶矩的转向用正、负号来表示。

力偶在任一轴上的投影恒等于零;力偶对其作用面内任一点的矩恒等于力偶矩,而与矩心的位置无关;力偶可以在其刚体的作用面内任意移动,也可以在力偶矩保持不变的条件下同时改变力偶中力的大小和力偶臂的长短,而不改变它对刚体的效应。但必须注意,所谓任意移动,是指在所作用的刚体内移动,而不能将它移动到另外的刚体上。

5. 力的平移定理:在不改变力的大小和方向的前提下,力的作用线可平行移动到刚体内任一指定点,但必须附加一个力偶,该力偶的力偶矩等于原力对指定点的矩。

6. 平面一般力系向任一点简化得到一个主矢和一个主矩。力系的主矢是原力系中各力的矢量和，力系对简化中心的主矩是原力系中各力对简化中心的矩的代数和。主矢与简化中心的位置无关，主矩一般与简化中心的位置有关。

7. 平面一般力系向任一点简化结果可能是一个合力偶，或者是一个合力，或者力系平衡。

8. 平面一般力系平衡的充分和必要条件是力系的主矢和主矩都等于零。由这个条件得出的平衡方程有三种形式：基本形式、二矩式和三矩式。虽然形式不同，独立的平衡方程都只有三个，所以只能求解三个未知量。

思考题

2-1　什么是投影？投影和分力有何区别？

2-2　什么是力矩？什么是力偶？有何异同？举例说明。

2-3　力偶有哪些性质？力偶的三要素是什么？

2-4　何谓力的平移定理？

2-5　平面汇交力系、平面力偶系、平面一般力系、平面平行力系的平衡条件是什么？平衡方程是什么？

2-6　主矢和主矩与简化中心的关系如何？

2-7　平面一般力系的平衡方程的其他形式有哪几种？有何限制条件？

习　题

2-1　电动机重 $W=5$ kN，放在水平梁 AC 的中间，如图 2-26 所示。梁的 A 端以铰链固定，另一端以撑杆 BC 支承，撑杆与水平的交角为 30°。如忽略梁和撑杆的重量，求撑杆 BC 的内力及铰支座 A 处的约束反力。

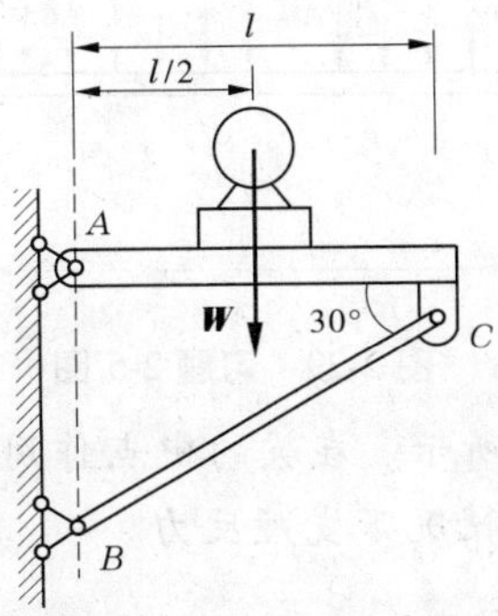

图 2-26　习题 2-1 图

2-2　计算图 2-27 中力 $\boldsymbol{P}$ 对 O 点之矩。

2-3　各梁受荷载情况如图 2-28 所示，试求 A、B 的支座反力。

2-4　如图 2-29 所示窗外阳台的水平梁承受强度为 $\boldsymbol{q}$ 的均布荷载及集中荷载 $\boldsymbol{F}$ 的作用。求梁根部的约束反力。

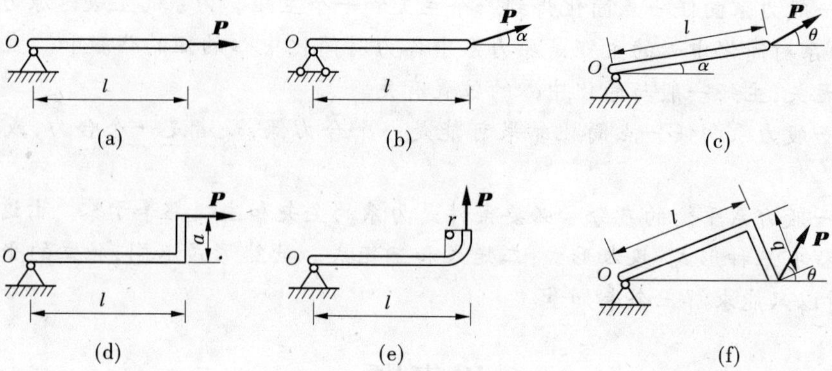

图 2-27　习题 2-2 图

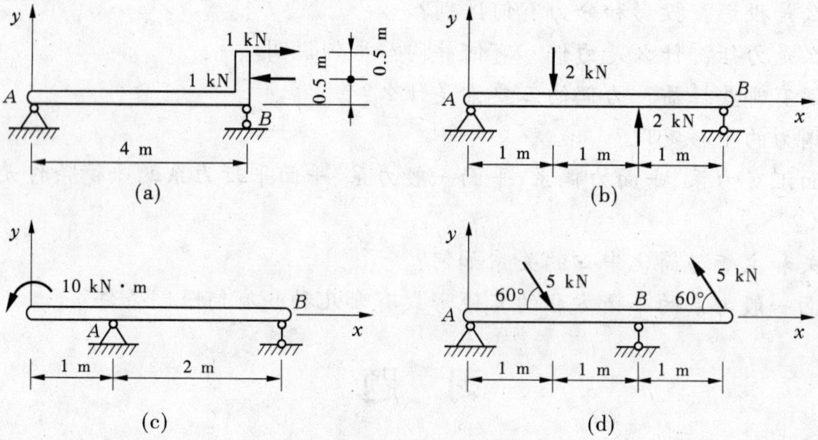

图 2-28　习题 2-3 图

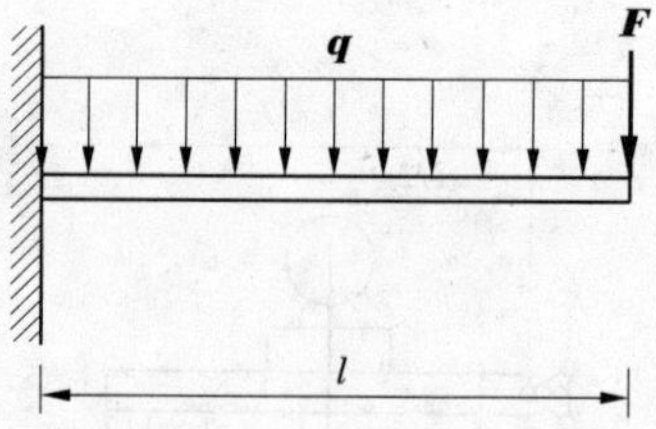

图 2-29　习题 2-5 图

2-5　梁 AB 的支座如图 2-30 所示。在梁的中点作用一力 $F = 20$ kN。如梁的自重忽略不计,分别求图 2-30(a)、(b)两种情况下支座反力。

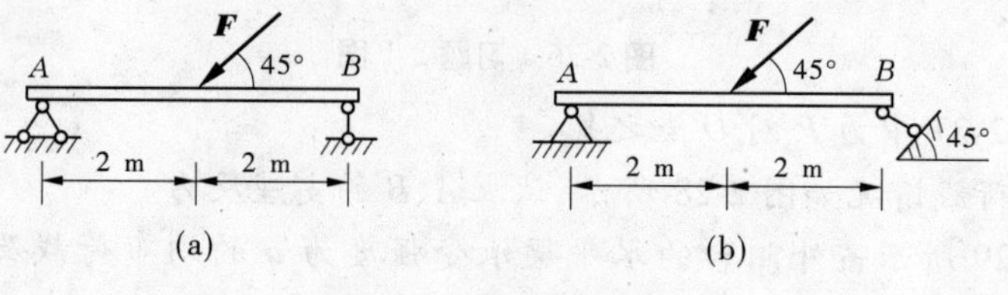

图 2-30　习题 2-6 图

2-6 求图 2-31 所示各结构的支座反力。

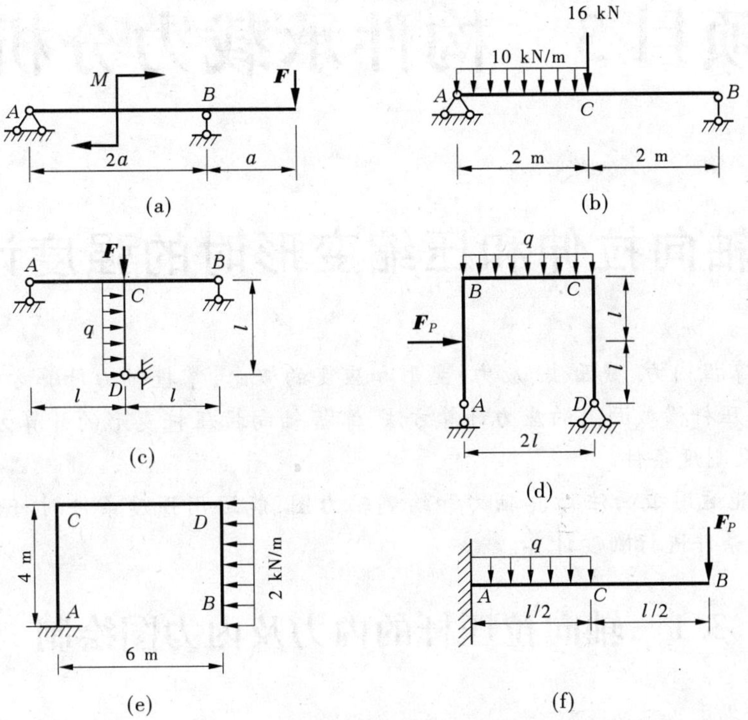

图 2-31 习题 2-7 图

项目3　构件承载力分析

3　轴向拉伸和压缩变形时的强度计算

【知识目标】　掌握内力、截面法、应力、变形和应变的概念，掌握轴力计算方法及轴力图绘制方法，掌握拉压杆横截面上的应力计算方法，掌握轴向拉压杆变形的计算方法，掌握拉压杆的强度条件及刚度条件。

【能力目标】　能运用截面法计算轴力和绘制轴力图，能运用强度条件对杆件进行强度计算，能运用刚度条件进行刚度计算。

3.1　轴向拉压杆的内力及内力图绘制

3.1.1　受力变形特点

在建筑物和机械等工程结构中，经常使用受拉伸或压缩的构件。如图3-1所示，拔桩机在工作时，油缸顶起吊臂将桩从地下拔起，油缸杆受压缩变形，桩在拔起时受拉伸变形，钢丝绳受拉伸变形。图3-2所示桥墩承受桥面传来的载荷，以压缩变形为主。

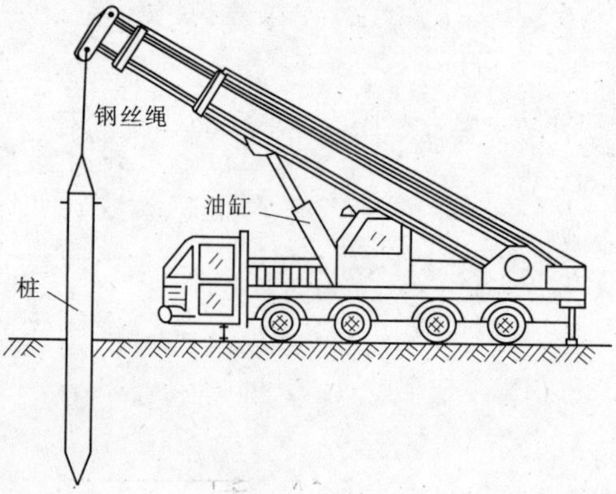

图3-1

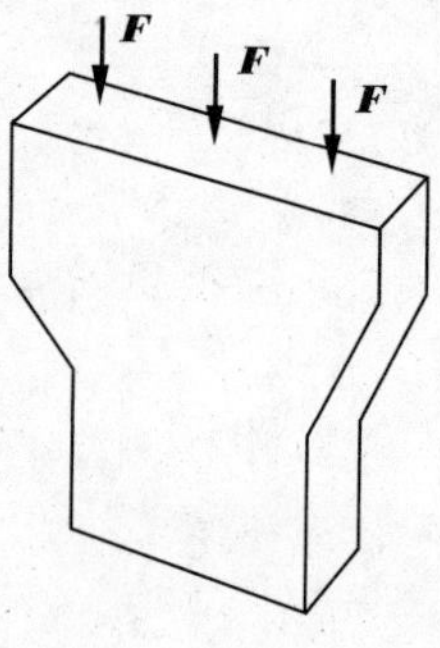

图3-2

图3-3所示钢木组合桁架中的竖杆、斜杆和上下弦杆，以拉伸和压缩变形为主。图3-4所示厂房用的混凝土立柱以压缩变形为主。

在工程中以拉伸或压缩为主要变形的杆件，称为**拉杆或压杆**，若杆件所承受的外力或外力合力作用线与杆轴线重合，称为**轴向拉伸**或**轴向压缩**。

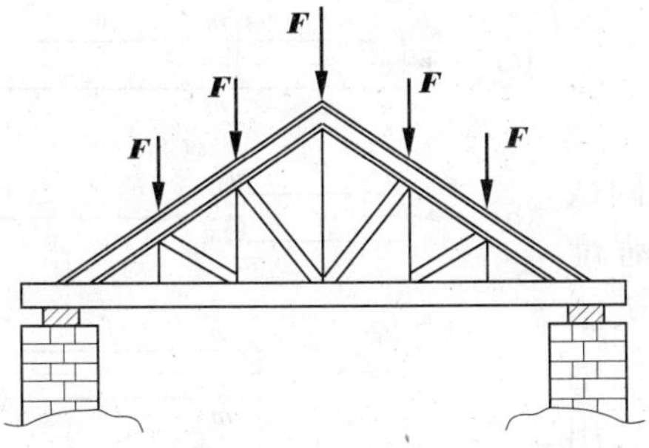

图 3-3

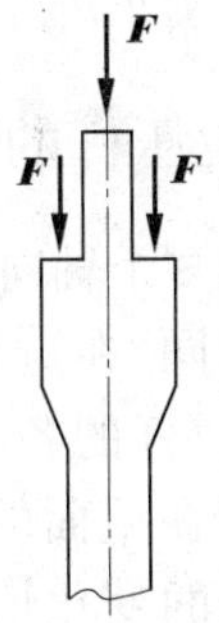

图 3-4

总结以上发生轴向拉伸或压缩变形的杆件,可以发现它们受力的共同特点是作用在它们上面的外力的作用线或外力合力的作用线与杆的轴线重合,变形的特点是杆件在纵向上伸长或缩短,同时在横向上缩短或伸长。

3.1.2 截面法求内力

杆件在外力作用下产生变形,从而杆件内部各部分之间就产生相互作用力,这种由外力引起的杆件内部之间的相互作用力,称为**内力**。内力随外力的增大、变形的增大而增大,当内力达到某一限度时,就会引起杆件的破坏。因此,要进行杆件的强度计算就必须先分析杆件的内力。

研究杆件内力的基本方法是截面法。截面法是假想地用一平面将杆件在需求内力的截面处截开,将杆件分为两部分;取其中一部分作为研究对象,此时,截面上的内力被显示出来,变成研究对象上的外力;再由平衡条件求出内力。

截面法可归纳为如下三个步骤:

(1)截开:用一假想平面将杆件在所求内力截面处截开,分为两部分。

(2)代替:取出其中任一部分为研究对象,以内力代替弃掉部分对所取部分的作用,画出受力图。

(3)平衡:列出研究对象上的静力平衡方程,求解内力。

如图 3-5(a)所示的在轴向外力 $\boldsymbol{F}$ 作用下的等直杆,利用截面法,可以确定 m—m 横截面上的内力。假想用一横截面将杆沿截面 m—m 截开,取左段为研究对象(见图 3-5(b))。由于整个杆件是处于平衡状态的,所以左段也保持平衡,由平衡条件 $\sum X=0$ 可知,截面 m—m 上的分布内力的合力必是与杆轴线相重合的一个力,且 $\boldsymbol{F}_N=F$,其指向背离截面。同样,若取右段为研究对象(见图 3-5(c)),可得出相同的结果。

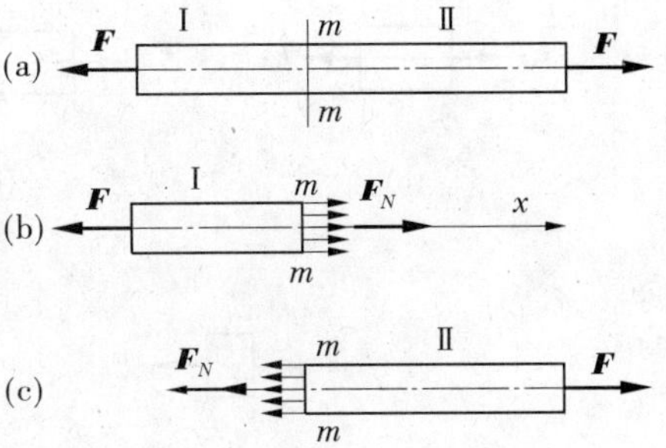

图 3-5

对于压杆,也可通过上述方法求得其任一横截面 m—m 上的轴力 $\boldsymbol{F}_N$,其指向如图 3-6 所示。

把作用线与杆轴线相重合的内力称为**轴力**,用符号 $\boldsymbol{F}_N$ 表示。背离截面的轴力称为拉力,指向截面的轴力称为压力。通常规定:**拉力为正,压力为负**。

轴力的单位为牛(N)或千牛(kN)。

3.1.3 轴向拉压杆的内力图——轴力图

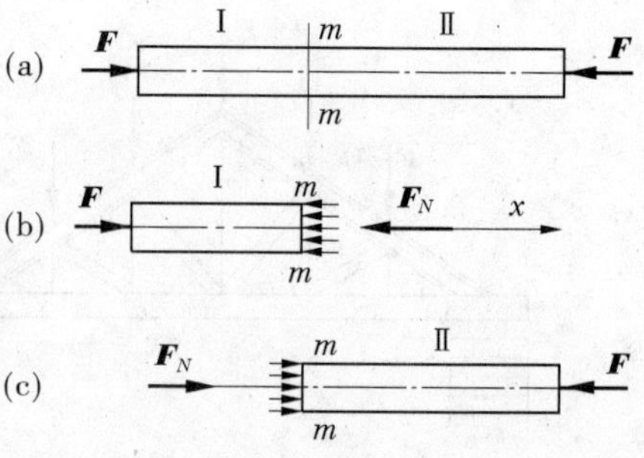

图 3-6

当杆件受到多个轴向外力作用时,在杆的不同截面上轴力将不相同,在这种情况下,对杆件进行强度计算时,必须知道杆的各个横截面上的轴力、最大轴力的数值及其所在截面的位置。为了直观地看出轴力沿横截面位置的变化情况,可按选定的比例尺,用平行于轴线的坐标表示横截面的位置,用垂直于杆轴线的坐标表示各横截面轴力的大小,绘出表示轴力与截面位置关系的图线,该图线就称为轴力图。画图时,习惯上将正值的轴力画在上侧,负值的轴力画在下侧。

【例 3-1】 杆件受力如图 3-7(a)所示。试求杆内的轴力并作出轴力图。

解 (1)为了运算方便,首先求出支座反力。根据平衡条件可知,轴向拉压杆固定端的支座反力只有 F_R,如图 3-7(b)所示,取整根杆为研究对象,列平衡方程

$$\sum F_x = 0$$

$$-F_R - F_1 + F_2 - F_3 + F_4 = 0$$

$$F_R = -F_1 + F_2 - F_3 + F_4 = -20 + 60 - 40 + 25 = 25(\text{kN}) \quad (\text{拉力})$$

(2)求各段杆的轴力。

在计算中,为了使计算结果的正负号与轴力规定的符号一致,在假设截面轴力指向时,一律假设为拉力。如果计算结果为正,表明内力的实际指向与假设指向相同,轴力为拉力;如果计算结果为负,表明内力的实际指向与假设指向相反,轴力为压力。

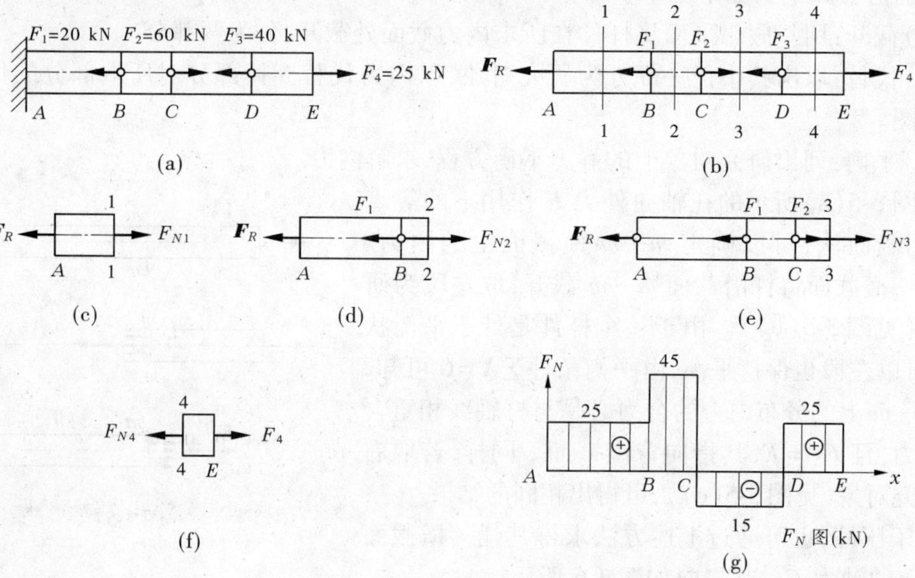

图 3-7

求 AB 段的轴力:用 1—1 截面将杆件截断,取左段为研究对象,如图 3-7(c)所示,以 $\boldsymbol{F}_{N1}$

表示截面上的轴力，由平衡方程得

$$\sum F_x = 0 \quad -F_R + F_{N1} = 0 \quad F_{N1} = F_R = 25\ \text{kN} \quad （拉力）$$

求 BC 段轴力：用2—2 截面将杆件截断，取左段为研究对象，如图 3-7(d)所示，由平衡方程得

$$\sum F_x = 0 \quad -F_R + F_{N2} - F_1 = 0 \quad F_{N2} = F_1 + F_R = 20 + 25 = 45 \quad (\text{kN}) \quad （拉力）$$

求 CD 段轴力：用3—3 截面将杆件截断，取左段为研究对象，如图 3-7(e)所示，由平衡方程得

$$\sum F_x = 0 \quad F_{N3} + F_2 - F_1 - F_R = 0 \quad F_{N3} = F_1 + F_R - F_2 = 20 + 25 - 60 = -15(\text{kN}) \quad （压力）$$

求 DE 段轴力：用4—4 截面将杆件截断，取右段为研究对象，如图 3-7(f)所示，由平衡方程得

$$\sum F_x = 0 \quad F_4 - F_{N4} = 0 \quad F_{N4} = 25\ \text{kN} \quad （拉力）$$

(3)画轴力图。

以平行于杆轴的 x 轴为横坐标，垂直于杆轴的坐标轴为 F_N 轴，按一定比例将各段轴力标在坐标轴上，可作出轴力图，如图 3-7(g)所示。

3.2　轴向拉压杆的应力

3.2.1　应力概念

用截面法可求出拉压杆横截面上分布内力的合力，它只表示截面上总的受力情况。单凭内力的合力的大小，还不能判断杆件是否会因强度不足而破坏，例如，两根材料相同、截面面积不同的杆，受同样大小的轴向拉力 F 作用，显然两根杆件横截面上的内力是相等的，随着外力的增加，截面面积小的杆件必然先断。这是因为轴力只是杆横截面上分布内力的合力，而要判断杆的强度问题，还必须知道，内力在截面上分布的密集程度（简称**内力集度**）。

内力在一点处的集度称为**应力**。为了说明截面上某一点 E 处的应力，可绕 E 点取一微小面积 ΔA，作用在 ΔA 上的内力合力记为 ΔF_N，如图 3-8(a)所示，则比值

$$p = \frac{\Delta F_N}{\Delta A}$$

称为 ΔA 上的应力。

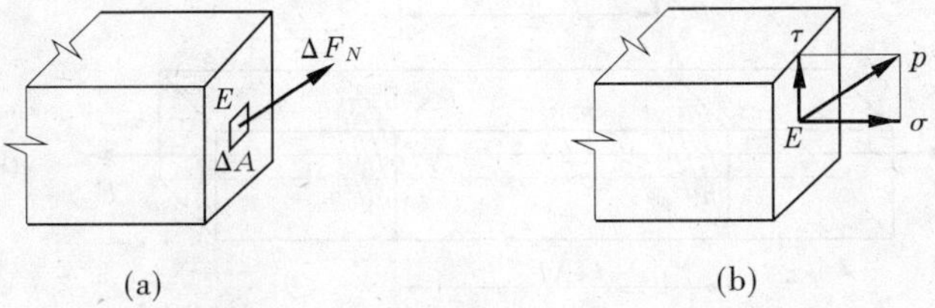

图 3-8

应力 p 也称为 E 点的总应力。通常应力 p 与截面既不垂直也不相切，力学中总是将它分解为垂直于截面和相切于截面的两个分量，如图 3-8(b)所示。与截面垂直的应力分量称为**正应力**（或**法向应力**），用 σ 表示；与截面相切的应力分量称为**剪应力**（或**切向应力**），用 τ 表示。

应力的单位是帕斯卡，简称为帕，符号为“Pa”。

$$1\ \text{Pa} = 1\ \text{N/m}^2$$

工程实际中应力数值较大，常用千帕(kPa)、兆帕(MPa)及吉帕(GPa)作为单位。

$$1\ \text{kPa} = 10^3\ \text{Pa} \qquad 1\ \text{MPa} = 10^6\ \text{Pa} \qquad 1\ \text{GPa} = 10^9\ \text{Pa}$$

工程图纸上，长度尺寸常以 mm 为单位，则

$$1\ \text{MPa} = 10^6\ \text{N/m}^2 = 10^6\ \text{N}/10^6\ \text{mm}^2 = 1\ \text{N/mm}^2$$

3.2.2 横截面上的应力

轴力是轴向拉压杆横截面上的唯一内力分量，但是，轴力不是直接衡量拉压杆强度的指标，因此必须研究拉压杆横截面上的应力，即轴力在横截面上分布的集度，试验是研究杆件横截面应力分布的主要途径。图 3-9(a)表示横截面为正方形的试样，其边长为 a，在试样表面相距 l 处画了两个垂直轴线的边框线 $m—m$ 和 $n—n$。试验开始，在试样两端缓慢加轴向外力，当到达 F 值时，可以观察到边框线 $m—m$ 和 $n—n$ 相对产生了位移 Δl，如图 3-9(b)所示，同时，正方形的边长 a 减小，但其形状保持不变，$m'—m'$ 和 $n'—n'$ 仍垂直轴线。根据试验现象，可作以下假设：受轴向拉伸的杆件，变形后横截面仍保持为平面，两平面相对移动了一段距离，这个假设称为**平面假设**。根据这个假设，可以推论 $m'—n'$ 段纵向纤维伸长一样。根据材料均匀性假设，变形相同，则截面上每点受力相同，即轴力在横截面上均匀分布，轴力在横截面上各点的分布集度相同，结论为：轴向拉伸等截面直杆，横截面上正应力均匀分布，表达式为

$$\sigma = \frac{F_N}{A} \tag{3-1}$$

式中 F_N——轴力；

A——杆件的横截面面积。

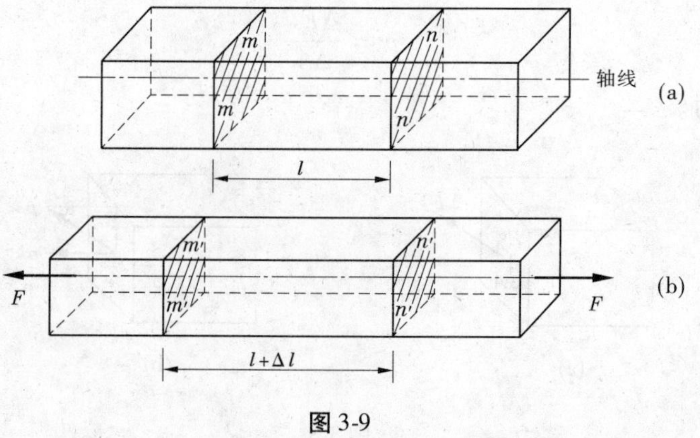

图 3-9

经试验证实，以上公式也适用于轴向压缩杆。正应力与轴力有相同的正、负号，即拉应力为正，压应力为负。

【例 3-2】 一阶梯形直杆受力如图 3-10(a)所示，已知横截面面积 $A_1=400\ \text{mm}^2$，$A_2=300\ \text{mm}^2$，$A_3=200\ \text{mm}^2$。试求各横截面上的应力。

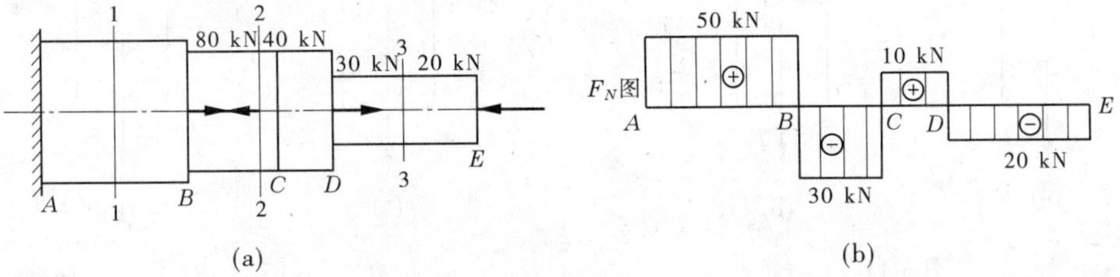

图 3-10

解 (1)计算轴力，画轴力图。

利用截面法可求得阶梯杆各段的轴力为 $F_{N1}=50\ \text{kN}$，$F_{N2}=-30\ \text{kN}$，$F_{N3}=10\ \text{kN}$，$F_{N4}=-20\ \text{kN}$。轴力图如图 3-10(b)所示。

(2)计算各段的正应力。

AB 段 $$\sigma_{AB}=\frac{F_{N1}}{A_1}=\frac{50\times10^3}{400}=125(\text{MPa})\quad(拉应力)$$

BC 段 $$\sigma_{BC}=\frac{F_{N2}}{A_2}=\frac{-30\times10^3}{300}=-100(\text{MPa})\quad(压应力)$$

CD 段 $$\sigma_{CD}=\frac{F_{N3}}{A_2}=\frac{10\times10^3}{300}=33.3(\text{MPa})\quad(拉应力)$$

DE 段 $$\sigma_{DE}=\frac{F_{N4}}{A_3}=\frac{-20\times10^3}{200}=-100(\text{MPa})\quad(压应力)$$

3.2.3 应力集中概念

等截面直杆受轴向拉伸和压缩时，横截面上的应力是均匀分布的。但是工程上由于实际的需要，常在一些构件上钻孔、开槽以及制成阶梯形等，以致截面的形状和尺寸发生了较急的改变。试验和理论研究表明，构件在截面突变处应力并不是均匀分布的。例如图 3-11(a)所示开有圆孔的直杆受到轴向拉伸时，在圆孔附近的局部区域内，应力的数值剧烈增加，而在稍远的地方，应力迅速降低而趋于均匀(见图 3-11(b))。又如图 3-12(a)所示具有浅槽的圆截面拉杆，在靠近槽边处应力很大，在开槽的横截面上，其应力分布如图 3-11(b)所示。这种由于杆件外形的突然变化而引起局部应力急剧增大的现象，称为**应力集中**。

对于变形能力较差的材料，当应力集中处的最大应力达到材料的承受应力的极限时，将导致构件的突然断裂，大大降低了构件的承载能力。因此，对于此类材料必须要考虑应力集中对其强度的影响。

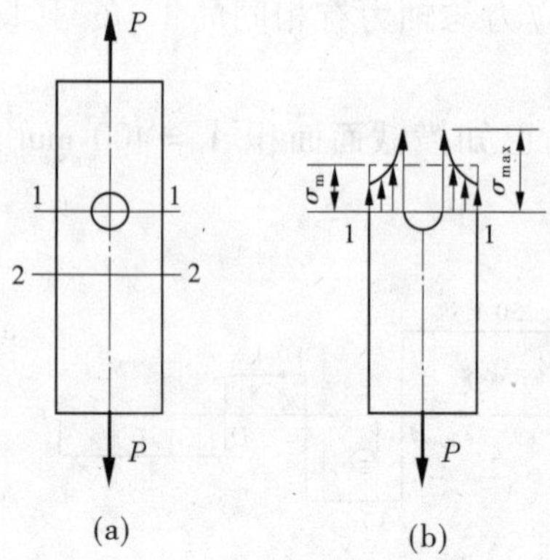

图 3-11

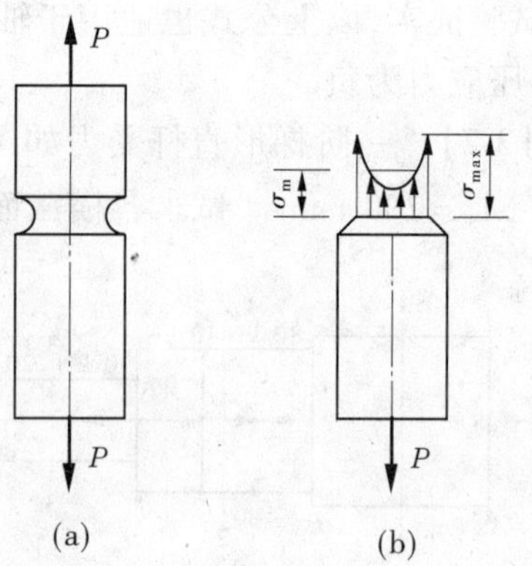

图 3-12

3.3 材料在拉伸与压缩时的力学性能

材料在拉伸和压缩时的力学性能,是材料在受力过程中的强度和变形方面表现出的特性,是解决强度、刚度和稳定性问题不可缺少的依据。

材料在拉伸和压缩时的力学性能,是通过试验得出的。拉伸与压缩通常在万能材料试验机上进行。拉伸与压缩的试验过程:把不同材料按标准制成的试件装夹到试验机上,试验机对试件施加荷载,使试件产生变形甚至破坏。试验机上的测量装置测出试件在受荷载作用时的变形过程中,所受荷载的大小及变形情况等数据,由此测出材料的力学性能。下面介绍在常温、静载条件下,塑性材料和脆性材料在拉伸和压缩时的力学性能。

3.3.1 材料拉伸时的力学性能

低碳钢为典型的塑性材料,其应力—应变图如图 3-13所示,从图中可以看出:

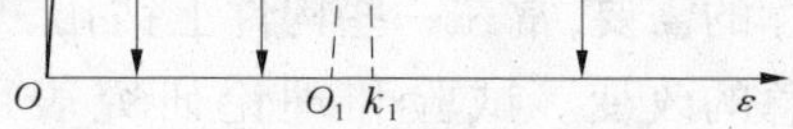

图 3-13

(1)弹性阶段(Oa'段)。

Oa 段为直线段,a 点对应的应力称为**比例极限**,用 σ_p 表示。此阶段内,正应力和线应变呈线性正比关系,即遵循胡克定律,$\sigma = E\varepsilon$。

a 和 a'点非常靠近,aa'线段微弯,若自 a'点以前卸载,试样无塑性变形,a'对应的应力称为**弹性极限**,用 σ_e 表示。弹性极限与比例极限非常接近,但是物理意义是不同的。

(2)屈服阶段(bc 段)。

超过比例极限之后,应力和应变之间不再保持正比关系。过 b 点,应力变化不大,应变急剧增大,曲线上出现水平锯齿形状,材料失去继续抵抗变形的能力,发生**屈服**现象,一般称试样发生屈服而力首次下降前的最高应力(b 点)为上**屈服强度**(上屈服极限);在屈服期间,不计初始瞬时效应时的最低应力(b'点)称为下屈服强度(下屈服极限)。工程上常称下屈服强度为材料的**屈服极限**,用 σ_s 表示。

(3)强化阶段(cd 段)。

经过屈服阶段，材料晶格重组后，又增加了抵抗变形的能力，要使试件继续伸长就必须再增加拉力，这阶段称为强化阶段。曲线最高点 d 处的应力，称为**强度极限**，用 σ_b 表示，代表材料破坏前能承受的最大应力。

(4)颈缩阶段(de 段)。

当应力增大到 σ_b 以后，即过 d 点后，试样变形集中到某一局部区域，由于该区域横截面的收缩，形成了"**颈缩**"现象。因局部横截面的收缩，试样再继续变形，所需的拉力逐渐减小，曲线自 d 点后下降，最后在"颈缩"处被拉断。

灰口铸铁、玻璃钢是典型的脆性材料，其应力—应变图是一微弯的曲线，如图 3-14 所示，图中没有明显的直线。无屈服现象，拉断时变形很小，强度指标只有强度极限 σ_b。

对于没有明显屈服阶段的塑性材料，通常以产生 0.2% 的塑性应变所对应的应力值作为屈服极限，称为**名义屈服极限**，用 $\sigma_{0.2}$ 表示。

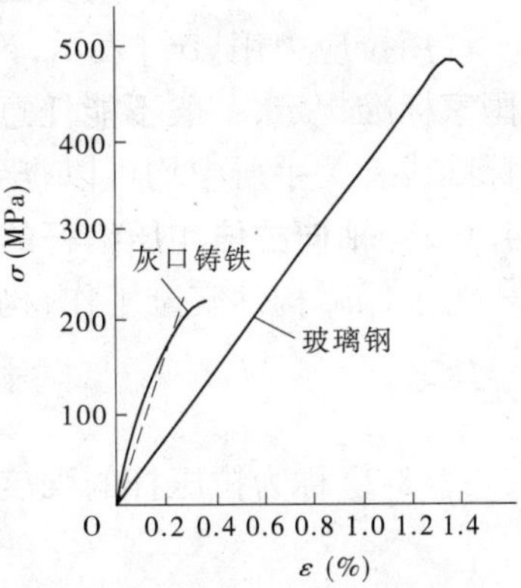

图 3-14

3.3.2 材料压缩时的力学性能

低碳钢是塑性材料，压缩时的应力—应变图如图 3-15 所示。和拉伸时的曲线相比较，可以看出，在屈服以前，压缩时的曲线和拉伸时的曲线基本重合，而且 σ_p、σ_s、E 与拉伸时大致相等，屈服以后随着压力的增大，试样被压成"鼓形"，最后被压成"薄饼"而不发生断裂，所以低碳钢压缩时无强度极限。

铸铁是脆性材料，压缩时的应力—应变图如图 3-16 所示，试样在较小变形时突然破坏，压缩时的强度极限远高于拉伸强度极限(为 3 ~6 倍)，破坏断面与横截面大致成 45° ~55°的倾角，根据应力分析，铸铁压缩破坏属于剪切破坏。

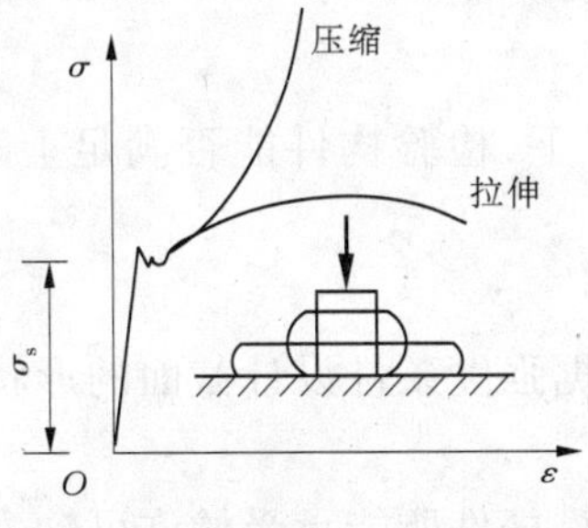

图 3-15

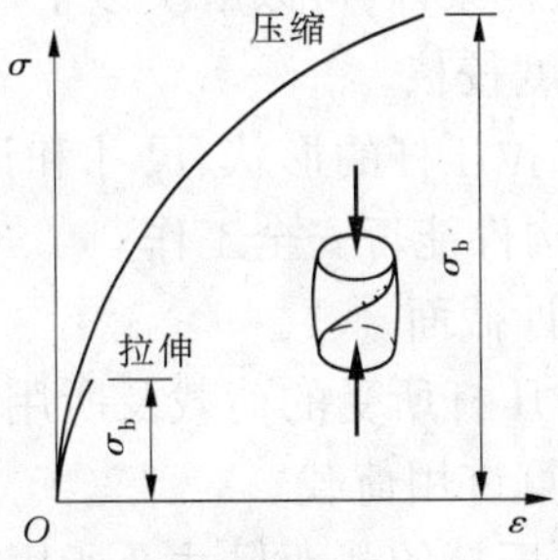

图 3-16

3.4 拉压杆的强度计算

3.4.1 轴向拉伸和压缩杆的强度条件

3.4.1.1 安全因数与许用应力

通过学习建筑材料课程，我们在做各种材料的力学性能试验中，测得了两个重要的强度指标：屈服极限 σ_s 和强度极限 σ_b。对于塑性材料，当应力达到屈服极限时，零、构件已发生明显的塑性变形，影响其正常工作，称之为**失效**，因此把屈服极限作为塑性材料的**极限应力**，对于脆性材料，直到断裂也无明显的塑性变形，断裂是失效的唯一标志，因而把强度极限作为脆性材料的极限应力。

根据失效的准则，将屈服极限与强度极限通称为**极限应力**，用σ^0表示。

为了保障构件在工作中有足够的强度，构件在荷载作用下的工作应力必须低于极限应力。为了确保安全，构件还应有一定的安全储备。在强度计算中，把极限应力σ^0除以一个大于1的因数，得到的应力值称为**许用应力**，用$[\sigma]$表示，即

$$[\sigma] = \frac{\sigma^0}{n}$$

式中，大于1的因数n称为**安全因数**。

许用拉应力用$[\sigma_t]$表示，许用压应力用$[\sigma_c]$表示。在工程中，安全因数n的取值范围由国家标准规定，一般不能任意改变。对于一般常用材料的安全因数及许用应力数值，在国家标准或有关手册中均可以查到。

3.4.1.2　轴向拉伸和压缩杆的强度条件

为了保障构件安全工作，构件内**最大工作应力**必须小于许用应力，表示为

$$\sigma_{max} = \frac{F_N}{A}_{max} \leqslant [\sigma] \tag{3-2}$$

式(3-2)称为拉压杆的**强度条件**。对于等截面拉压杆，表示为

$$\sigma_{max} = \frac{F_{Nmax}}{A} \leqslant [\sigma] \tag{3-3}$$

在计算中，若工作应力不超过许用应力的5%，在工程中仍然是允许的。

3.4.2　轴向拉伸和压缩杆的强度计算

利用强度条件，可以解决以下三类强度问题：

(1)强度校核。

在已知拉压杆的形状、尺寸和许用应力及受力情况下，检验构件能否满足上述强度条件，以判别构件能否安全工作。

(2)设计截面。

已知拉压杆所受的荷载及所用材料的许用应力，根据强度条件设计截面的形状和尺寸。

(3)计算许用荷载。

已知拉压杆的截面尺寸及所用材料的许用应力，计算杆件所能承受的许可轴力，再根据此轴力计算许用荷载。

【例3-5】　如图3-17所示，起重吊钩的上端借螺母固定，若吊钩螺栓内径$d=55$ mm，$F=170$ kN，材料许用应力$[\sigma]=160$ MPa。试校核螺栓部分的强度。

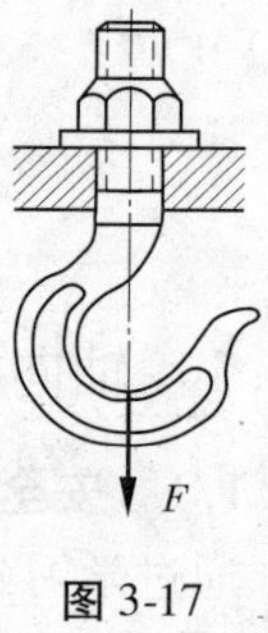

图3-17

解　计算螺栓内径处的面积

$$A = \frac{\pi d^2}{4} = \frac{\pi \times 55^2}{4} = 2\ 375(\text{mm}^2)$$

$$\sigma = \frac{F_N}{A} = \frac{F}{A} = \frac{170 \times 10^3}{2\ 375} = 71.6(\text{MPa}) < [\sigma] = 160\ \text{MPa}$$

吊钩螺栓部分安全。

【例 3-6】 如图 3-18 所示的一托架,AC 是圆钢杆,许用拉应力$[\sigma_t]=160$ MPa,BC 是方木杆,$F=60$ kN。试选定钢杆直径 d。

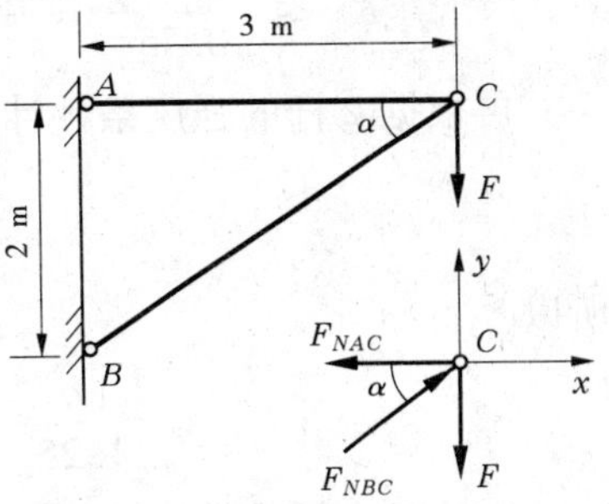

图 3-18

解 (1)轴力分析。取结点 C 为研究对象,并假设钢杆的轴力 F_{NAC}为拉力,木杆轴力 F_{NBC}为压力,由静力平衡条件

$$\sum F_y=0 \quad F_{NBC}\sin\alpha-F=0$$

$$F_{NBC}=\frac{F}{\sin\alpha}=\frac{60}{\frac{2}{\sqrt{2^2+3^2}}}=108.2(\text{kN})$$

$$\sum F_x=0 \quad -F_{NAC}+F_{NBC}\cos\alpha=0$$

$$F_{NAC}=F_{NBC}\cos\alpha=108.2\times\frac{3}{\sqrt{2^2+3^2}}=90(\text{kN})$$

(2)设计截面。

钢杆
$$A=\frac{\pi d^2}{4}\geqslant\frac{F_{NAC}}{[\sigma_t]}$$

$$d\geqslant\sqrt{\frac{4\times F_{NAC}}{\pi[\sigma_t]}}=\sqrt{\frac{4\times 90\times 10^3}{\pi\times 160}}=26.8(\text{mm})$$

取
$$d=27\ \text{mm}$$

【例 3-7】 如图 3-19(a)所示的支架,①杆为直径 $d=16$ mm 的钢圆截面杆,许用应力$[\sigma]_1=160$ MPa,②杆为边长 $a=12$ cm 的正方形截面杆,$[\sigma]_2=10$ MPa,在结点 B 处挂一重物 P。求许用荷载$[F]$。

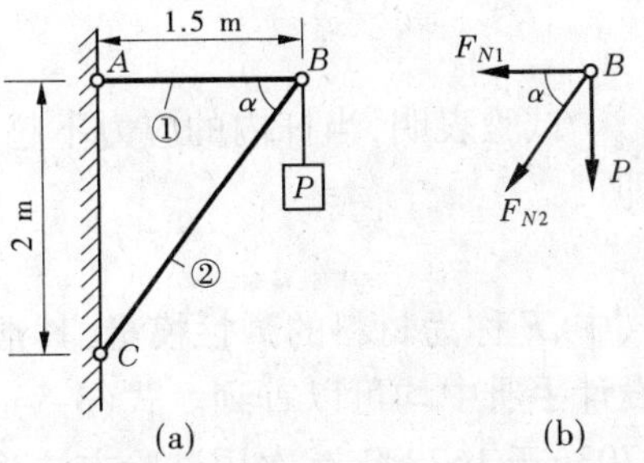

图 3-19

解 (1)计算杆的轴力。

取结点 B 为研究对象(见图 3-19(b)),列平衡方程

$$\sum F_x=0 \quad -F_{N1}-F_{N2}\cos\alpha=0$$

$$\sum F_y=0 \quad -P-F_{N2}\sin\alpha=0$$

式中 α 由几何关系得:$\tan\alpha=\frac{2}{1.5}=1.333$,则 $\alpha=53.13°$。

解方程得: $F_{N1}=0.75P$(拉力)

$$F_{N2}=-1.25P(\text{压力})$$

(2)计算许用荷载。

先根据①杆的强度条件计算①杆能承受的许用荷载

$$\sigma_1=\frac{F_{N1}}{A_1}=\frac{0.75P}{A_1}\leqslant[\sigma]_1$$

所以

$$[F] \leqslant \frac{A_1[\sigma]_1}{0.75} = \frac{\frac{1}{4} \times 3.14 \times 16^2 \times 160}{0.75} = 4.29 \times 10^4 (\mathrm{N}) = 42.9 \ \mathrm{kN}$$

再根据②杆的强度条件计算②杆能承受的许用荷载[F]

$$\sigma_2 = \frac{F_{N2}}{A_2} = \frac{1.25P}{A_2} \leqslant [\sigma]_2$$

所以

$$[F] \leqslant \frac{A_2[\sigma]_2}{1.25} = \frac{120^2 \times 10}{1.25} = 11.52 \times 10^4 (\mathrm{N}) = 115.2 \ \mathrm{kN}$$

比较两次所得的许用荷载,取其较小者,则整个支架的许用荷载为[F]≤42.9 kN。

3.5 轴向拉压杆的变形计算

等截面直杆在轴向外力作用下,其主要变形为轴向伸长或缩短,同时,横向缩短或伸长。若规定伸长变形为正,缩短变形为负,在轴向外力作用下,等截面直杆**轴向变形**和**横向变形**恒为异号。

3.5.1 轴向变形与胡克定律

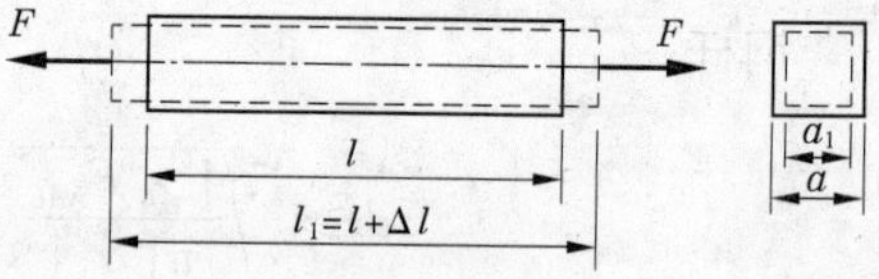

图 3-20

如图 3-20 所示的长为 l 的等截面直杆,在轴向力 F 作用下,伸长了 $\Delta l = l_1 - l$,杆件横截面上的正应力为

$$\sigma = \frac{F_N}{A} = \frac{F}{A}$$

轴向线应变为

$$\varepsilon = \frac{\Delta l}{l} \tag{3-4}$$

试验表明,当杆内的应力不超过材料的某一极限值时,正应力和应变成线性正比关系,即

$$\sigma = E\varepsilon \tag{3-5}$$

式中,E 称为材料的**弹性模量**,其常用单位为 GPa($1 \ \mathrm{GPa} = 10^9 \ \mathrm{Pa}$),各种材料的弹性模量在设计手册中均可以查到。式(3-5)称为**胡克定律**,是英国科学家胡克(Robet Hooke,1635 ~ 1703)于 1678 年首次用试验方法论证了上述线性关系后提出的。胡克定律的另一种表达式

$$\Delta l = \frac{F_N l}{EA} \tag{3-6}$$

式中,EA 称为杆的**拉压刚度**。式(3-6)只适用于杆长为 l 内 F_N、E、A 均为常值的情况,即在杆长为 l 内变形是均匀的情况。

3.5.2 横向变形和泊松比

横截面为正方形的等截面直杆,在轴向外力 F 作用下,边长由 a 变为 a_1,$\Delta a = a_1 - a$,则横向线应变为

$$\varepsilon' = -\frac{\Delta a}{a} \tag{3-7}$$

试验结果表明，当应力不超过一定限度时，横向线应变 ε' 与轴向线应变 ε 之比的绝对值是一个常数，即

$$\mu = \left|\frac{\varepsilon'}{\varepsilon}\right|$$

式中，μ 称为**横向变形系数**或**泊松比**，是法国科学家泊松（Sion Denis Poisson，1781～1840）于1829 年从理论上推演得出的结果，后又经试验验证。考虑到杆件轴向线应变和横向线应变的正负号恒相反，上式可以表达为

$$\varepsilon' = -\mu\varepsilon \tag{3-8}$$

3.5.3 轴向拉压杆的变形计算

等截面直杆在轴向外力作用下，发生变形，会引起杆上某点处在空间位置的改变，即产生了**位移**。位移与变形密切相关，一根轴向拉压杆的位移可以直接用变形来度量。在建筑行业，由于构件的自重较大，在求其变形和位移时往往要考虑自重的影响。

【例 3-4】 如图 3-21（a）所示阶梯形钢杆。所受荷载 $F_1 = 30$ kN，$F_2 = 10$ kN。AC 段的横截面面积 $A_{AC} = 500$ mm^2，CD 段的横截面面积 $A_{CD} = 200$ mm^2，弹性模量 $E = 200$ GPa。试求：

（1）各段杆横截面上的内力和应力。

（2）杆件内的最大正应力。

（3）杆件的总变形。

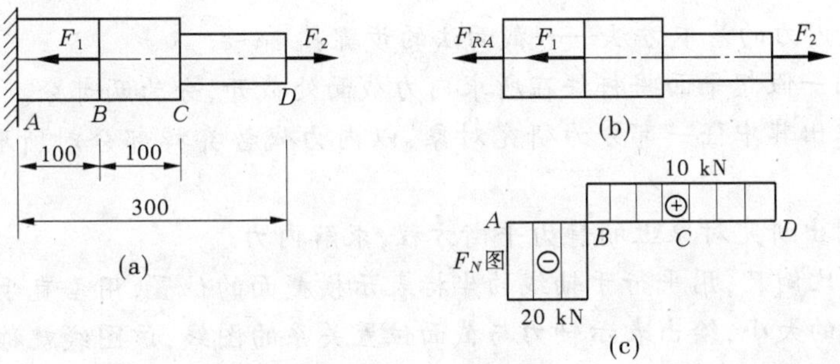

图 3-21

解 （1）计算支反力。以杆件为研究对象，受力图如图 3-21（b）所示。由平衡方程

$$\sum F_x = 0 \quad F_2 - F_1 - F_{RA} = 0$$

$$F_{RA} = F_2 - F_1 = 10 - 30 = -20(\text{kN}) \quad （压力）$$

（2）计算各段杆件横截面上的轴力。

AB 段： $F_{NAB} = F_{RA} = -20$ kN （压力）

BD 段： $F_{NBD} = F_2 = 10$ kN （拉力）

（3）画出轴力图，如图 3-21（c）所示。

（4）计算各段应力。

AB 段： $\sigma_{AB} = \dfrac{F_{NAB}}{A_{AC}} = \dfrac{-20 \times 10^3}{500} = -40(\text{MPa})$ （压应力）

BC 段：$\sigma_{BC} = \dfrac{F_{NBD}}{A_{AC}} = \dfrac{10 \times 10^3}{500} = 20(\text{MPa})$ （拉应力）

CD 段：$\sigma_{CD} = \dfrac{F_{NBD}}{A_{CD}} = \dfrac{10 \times 10^3}{200} = 50(\text{MPa})$ （拉应力）

(5)计算杆件内最大正应力。

最大正应力发生在 CD 段，其值为

$$\sigma_{\max} = \sigma_{CD} = 50\ \text{MPa}$$

(6)计算杆件的总变形。

由于杆件各段的面积和轴力不一样，则应分段计算变形，再求代数和。

$$\begin{aligned}\Delta l &= \Delta l_{AB} + \Delta l_{BC} + \Delta l_{CD} = \frac{F_{NAB} l_{AB}}{EA_{AC}} + \frac{F_{NBD} l_{BC}}{EA_{AC}} + \frac{F_{NBD} l_{CD}}{EA_{CD}} \\ &= \frac{1}{200 \times 10^3} \times \left(\frac{-20 \times 10^3 \times 100}{500} + \frac{10 \times 10^3 \times 100}{500} + \frac{10 \times 10^3 \times 100}{200}\right) \\ &= 0.015(\text{mm})\end{aligned}$$

整个杆件伸长 0.015 mm。

小　结

1. 由外力引起的杆件内部之间的相互作用力，称为内力。

2. 作用线与杆轴线相重合的内力称为轴力，背离截面的轴力称为拉力，指向截面的轴力称为压力。拉力为正，压力为负。

3. 计算杆件内力的基本方法——截面法的步骤：

(1)截开：用一假想平面将杆件在所求内力截面处截开，分为两部分。

(2)代替：取出其中任一部分为研究对象，以内力代替弃掉部分对所取部分的作用，画出受力图。

(3)平衡：列出研究对象上的静力平衡方程，求解内力。

4. 按一定的比例尺，用平行于轴线的坐标表示横截面的位置，用垂直于杆轴线的坐标表示各横截面轴力的大小，绘出表示轴力与截面位置关系的图线，该图线就称为轴力图。画图时，习惯上将正值的轴力画在上侧，负值的轴力画在下侧。

5. 内力在一点处的集度称为应力，与截面垂直的应力称为正应力（或法向应力），用 σ 表示；与截面相切的应力称为剪应力（或切向应力），用 τ 表示。

6. 轴向拉伸等截面直杆，横截面上正应力均匀分布，表达为

$$\sigma = \frac{F_N}{A}$$

拉应力为正，压应力为负。

7. 胡克定律：当杆内的应力不超过材料的某一极限值时，正应力和应变呈线性正比关系，即

$$\sigma = E\varepsilon$$

式中，E 称为材料的弹性模量。

8. 轴向拉伸和压缩杆的强度条件：构件内最大工作应力必须小于许用应力，即

$$\sigma_{max} = \frac{F_N}{A_{max}} \leqslant [\sigma]$$

对于等截面拉压杆,可以表示为

$$\sigma_{max} = \frac{F_{Nmax}}{A} \leqslant [\sigma]$$

在计算中,若工作应力不超过许用应力的5%,在工程中仍然是允许的。

9. 利用强度条件,可以解决三类强度问题。

(1)强度校核:在已知拉压杆的形状、尺寸和许用应力及受力的情况下,检验构件能否满足上述强度条件,以判别构件能否安全工作。

(2)设计截面:已知拉压杆所受的荷载及所用材料的许用应力,根据强度条件设计截面的形状和尺寸。

(3)计算许用荷载:已知拉压杆的截面尺寸及所用材料的许用应力,计算杆件所能承受的许可轴力,再根据此轴力计算许用荷载。

思考题

3-1 试叙述轴向拉压杆的受力特点和变形特点。

3-2 试叙述利用截面法求内力的一般步骤。

3-3 讨论利用截面法求内力时把未知内力不设为正值好不好。

3-4 应力和内力的概念有何不同?

3-5 什么是危险截面和危险点?

3-6 正应力和剪应力的正负是如何规定的?

3-7 试叙述轴向拉压杆横截面的正应力分布规律。

3-8 利用强度条件可解决哪三种类型的问题?

习　题

3-1 计算图3-22所示杆各段横截面上的轴力,并绘出杆的轴力图。

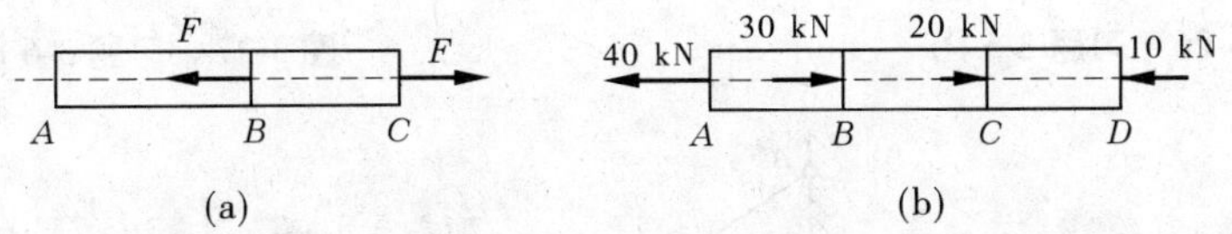

图3-22 习题3-1图

3-2 作出图3-23所示阶梯状直杆的轴力图,已知横截面的面积 $A_1 = 200$ mm, $A_2 = 300$ mm, $A_3 = 400$ mm,并计算各横截面上的应力。

3-3 一起重架由100 mm×100 mm的木杆 BC 和直径为30 mm的钢拉杆 AB 组成,如图3-24所示。现起吊一重物 $W = 40$ kN。求杆 AB 和 BC 中的正应力。

3-4 如图3-25所示横截面为正方形的阶梯形砖柱承受荷载 $P = 40$ kN 作用,材料的弹性模量 $E = 2 \times 10^5$ MPa,上、下柱截面尺寸如图3-25所示。试求:

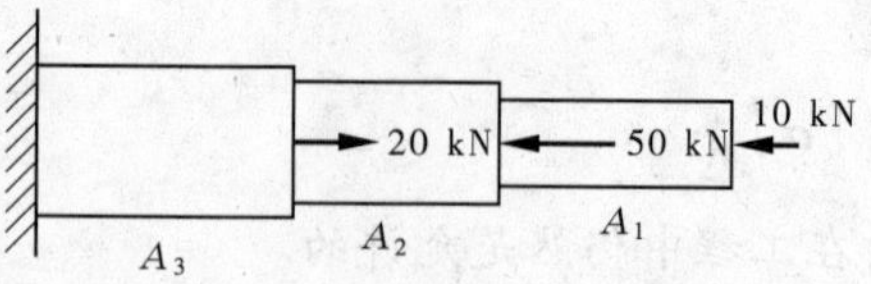

图 3-23　习题 3-2 图

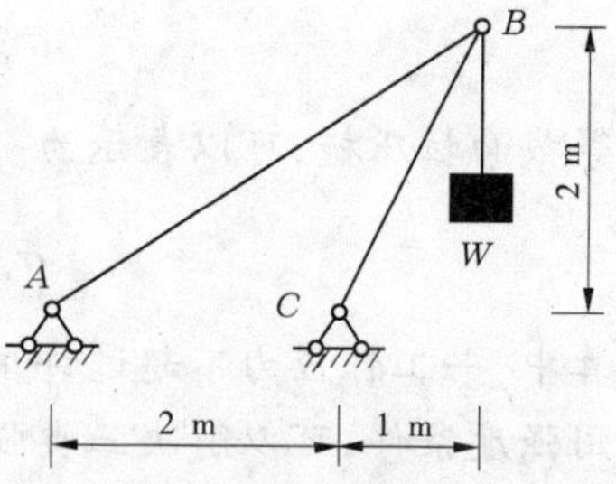

图 3-24　习题 3-3 图

(1)轴力图；

(2)上、下柱的正应力；

(3)上、下柱的线应变；

(4)A、B 截面位移。

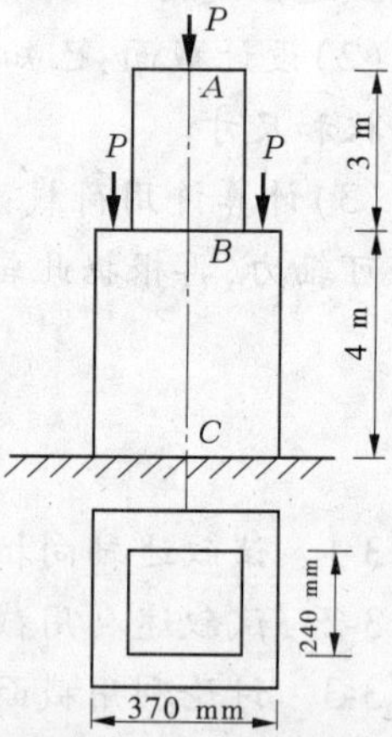

图 3-25　习题 3-4 图

3-5　如图 3-26 所示为一双层吊架，设 1、2 杆的直径为 8 mm，3、4 杆的直径为 12 mm。杆材料的许用应力 $[\sigma]=170$ MPa。试验算各杆的强度。

3-6　如图 3-27 所示的起重机，起重机的起重量 $P=35$ kN，绳索 AB 的许用应力 $[\sigma]=45$ MPa。试根据绳索的强度条件选择其直径 d。

3-7　如图 3-28 所示的吊架中拉杆 AB 是用直径 $d=6$ mm 钢筋制成的，已知许用应力 $[\sigma]=170$ MPa。试计算最大的许用荷载 $[q]$。

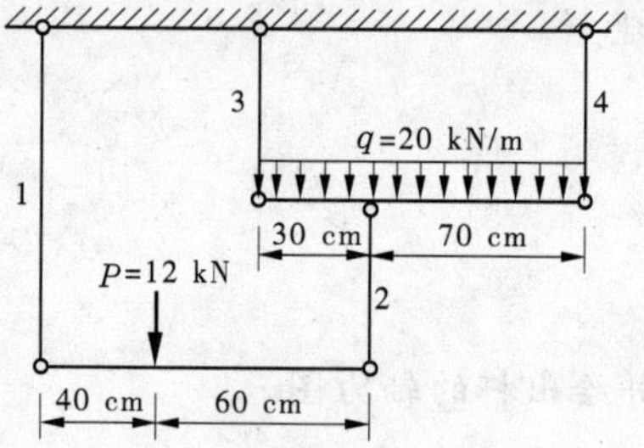

图 3-26　习题 3-5 图

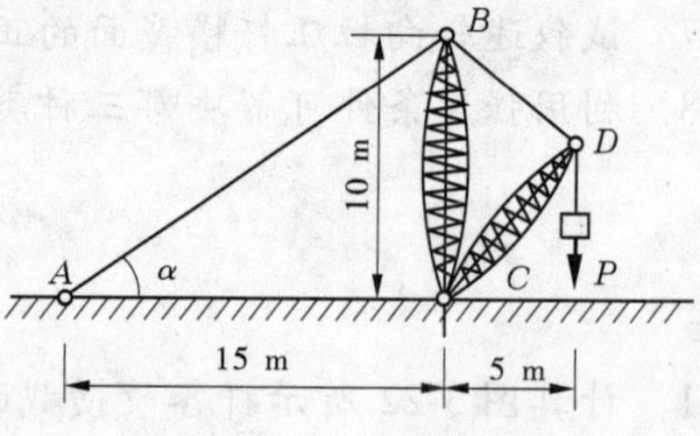

图 3-27　习题 3-6 图

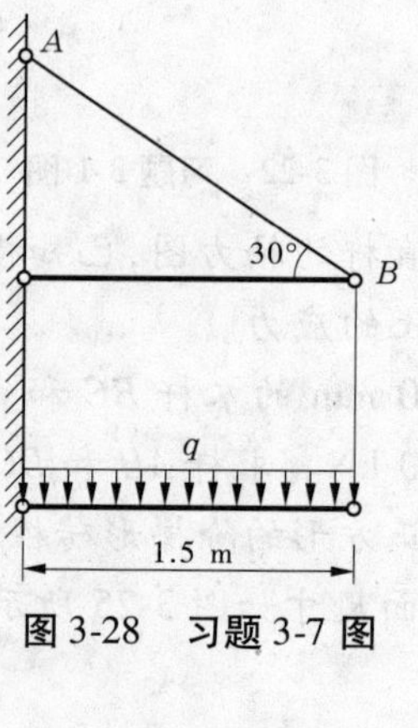

图 3-28　习题 3-7 图

4 剪切、挤压与扭转变形的承载力计算

【知识目标】 理解剪切和挤压的概念；掌握剪切和挤压的实用计算公式；了解剪切胡克定律和剪应力互等定理；掌握圆截面杆扭转时的扭矩概念、应力计算公式。

【能力目标】 能运用实用计算公式计算剪应力、挤压应力并进行强度校核；能运用公式对圆杆扭转进行内力计算。

4.1 剪切与挤压强度计算

4.1.1 剪切、挤压的概念及工程实例

4.1.1.1 剪切的概念

剪切变形是杆件的基本变形之一。它是指杆件受到一对垂直于杆轴方向的大小相等、方向相反、作用线相距很近的外力作用所引起的变形，如图4-1(a)所示。此时，截面 cd 相对于 ab 将发生相对错动，即剪切变形。若变形过大，杆件将在两个外力作用面之间的某一截面 m—m 处被剪断，被剪断的截面称为**剪切面**，如图4-1(b)所示。

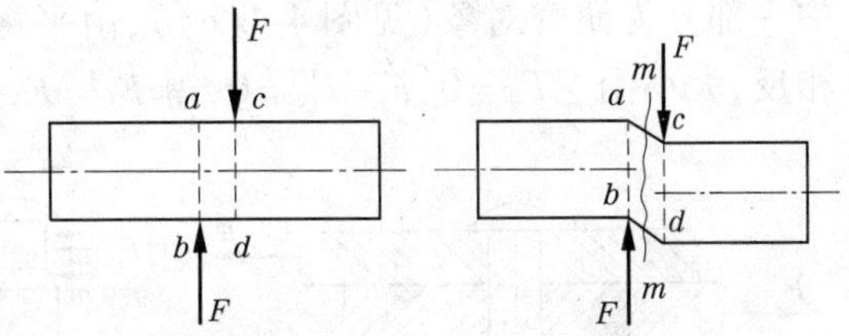

(a)受力形式 (b)破坏形式

图4-1

工程中遇到的剪切变形常常发生在一些连接零件中，例如铆钉连接件中的铆钉(见图4-2(a))及销轴连接件中的销钉(见图4-2(b))等都是以剪切变形为主的构件。

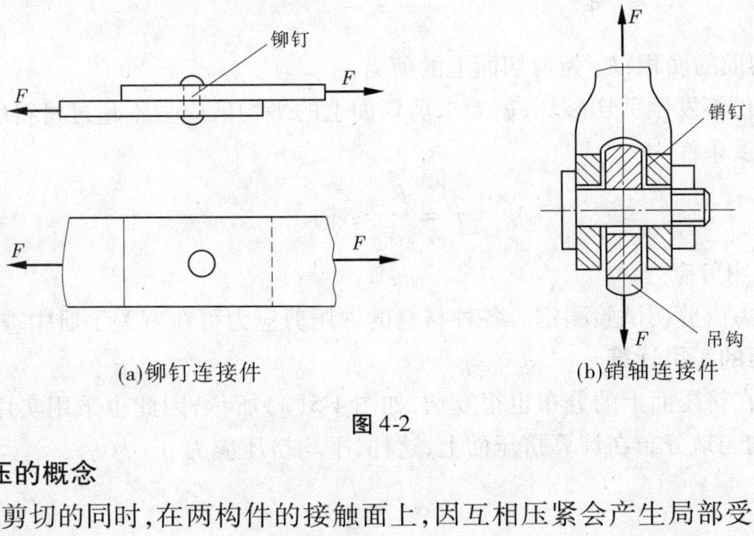

(a)铆钉连接件 (b)销轴连接件

图4-2

4.1.1.2 挤压的概念

构件在受剪切的同时，在两构件的接触面上，因互相压紧会产生局部受压，称为**挤压**。

如图 4-3 所示的铆钉连接中,作用在钢板上的拉力 F,通过钢板与铆钉的接触面传递给铆钉,接触面上就产生了挤压。两构件的接触面称为**挤压面**,作用于接触面的压力称为**挤压力**,挤压面上的压应力称为**挤压应力**,当挤压力过大时,孔壁边缘将受压起“皱”(见图 4-3(a)),铆钉局部压“扁”,使圆孔变成椭圆,连接松动(见图 4-3(b)),这就是挤压破坏。因此,工程中的连接件除剪切强度需要计算外,还要进行挤压强度计算。

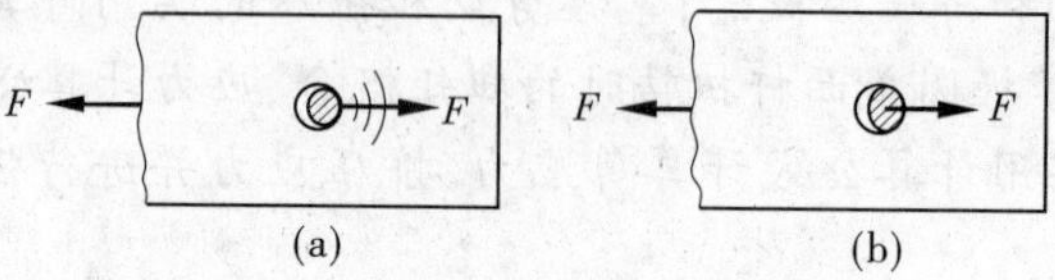

图 4-3　挤压变形

4.1.2　剪切强度和挤压强度的实用计算

4.1.2.1　剪切的实用计算

剪切面上的内力可用截面法求得。假想将铆钉沿剪切面截开分为上、下两部分,任取其中一部分为研究对象(见图 4-4(c)),由平衡条件可知,剪切面上的内力 F_S 必然与外力方向相反,大小由 $\sum F_x = 0, F - F_S = 0$,得 $F_S = F$,这种平行于截面的内力称为**剪力**。

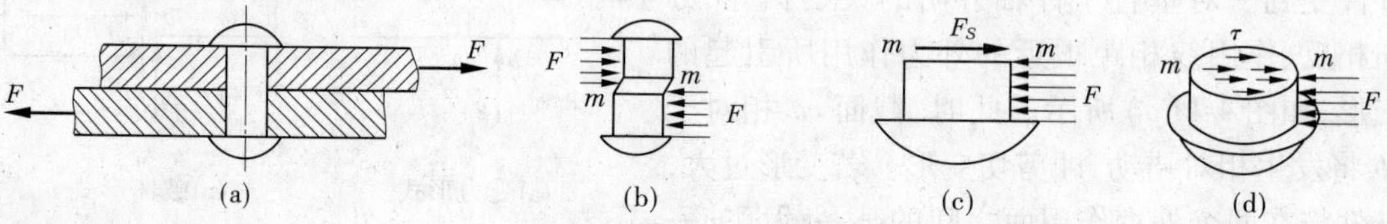

图 4-4　剪切的实用计算

与剪力 F_S 相应,在剪切面上有剪应力 τ 存在(见图 4-4(d))。剪应力在剪切面上的分布情况十分复杂,工程上通常采用一种以试验及经验为基础的实用计算方法来计算,假定剪切面上的剪应力 τ 是均匀分布的。因此,平均剪应力为

$$\tau = \frac{F_S}{A} \tag{4-1}$$

式中:A 为剪切面的面积;F_S 为剪切面上的剪力。

为保证构件不发生剪切破坏,就要求剪切面上的平均剪应力不超过材料的许用剪应力,即剪切时的强度条件为

$$\tau = \frac{F_S}{A} \leqslant [\tau] \tag{4-2}$$

式中:$[\tau]$ 为许用剪应力。

许用剪应力由剪切试验测定。各种材料的许用剪应力可在有关手册中查得。

4.1.2.2　挤压的实用计算

挤压应力在挤压面上的分布也很复杂,如图 4-5(a)所示,因此也采用实用计算法,假定挤压应力 σ_c 均匀地分布在计算挤压面上,这样,平均挤压应力 σ_c 为

$$\sigma_c = \frac{F_c}{A_c} \tag{4-3}$$

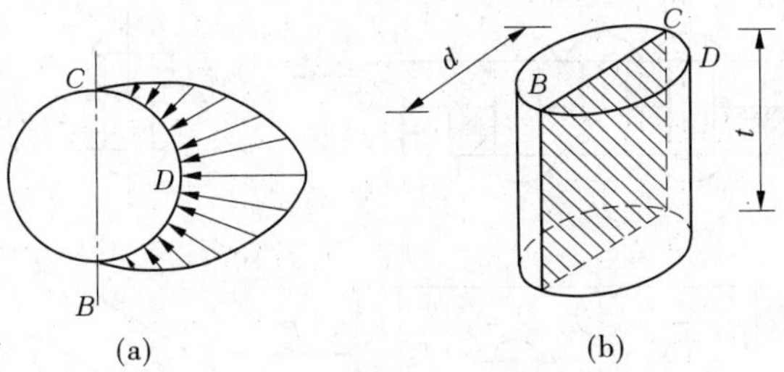

图 4-5 挤压的实用计算

式中：A_c 为挤压面的计算面积。当接触面为平面时，接触面的面积就是计算挤压面积，当接触面为半圆柱面时，取圆柱体的直径平面作为计算挤压面面积（见图 4-5(b)）。这样，计算所得的挤压应力和实际最大挤压应力值十分接近，由此可建立挤压强度条件

$$\sigma_c = \frac{F_c}{A_c} \leqslant [\sigma_c] \tag{4-4}$$

式中：$[\sigma_c]$为材料的许用挤压应力，可由试验测得。许用挤压应力$[\sigma_c]$比许用压应力$[\sigma]$大，为许用压应力的 1.7～2.0 倍，因为挤压时只在局部范围内引起塑性变形，周围没有发生塑性变形的材料将会阻止变形的扩展，从而提高了抗挤压的能力。

【例 4-1】 图 4-6(a)所示一铆钉连接件，受轴向拉力 F 作用。已知：$F = 100$ kN，钢板厚 $\delta = 8$ mm，宽 $b = 100$ mm，铆钉直径 $d = 16$ mm，许用剪应力$[\tau] = 140$ MPa，许用挤压应力$[\sigma_c] = 340$ MPa，钢板许用拉应力$[\sigma] = 170$ MPa。试校核该连接件的强度。

解 连接件存在三种破坏的可能：①铆钉被剪断；②铆钉或钢板发生挤压破坏；③钢板由于钻孔，断面受到削弱，在削弱截面处被拉断。要使连接件安全可靠，必须同时满足以上三方面的强度条件。

(1)铆钉的剪切强度校核。

当连接件有 n 个直径相同的铆钉，且对称于外力作用线布置时，可设各铆钉所受的力相等，则有

$$F_i = \frac{F}{n}$$

现取一个铆钉作为计算对象，画出其受力图（见图 4-6(b)），每个铆钉所受的作用力

$$F_1 = \frac{F}{n} = \frac{F}{4}$$

剪切面上的剪力

$$F_S = F_1$$

根据式(4-2)，得

$$\tau = \frac{F_S}{A} = \frac{F_1}{A} = \frac{F/4}{\pi d^2/4} = \frac{100 \times 10^3}{\pi \times 16^2} = 124.3(\text{MPa}) < [\tau] = 140 \text{ MPa}$$

所以铆钉满足剪切强度条件。

(2)连接件的挤压强度校核。

每个铆钉所受的挤压力

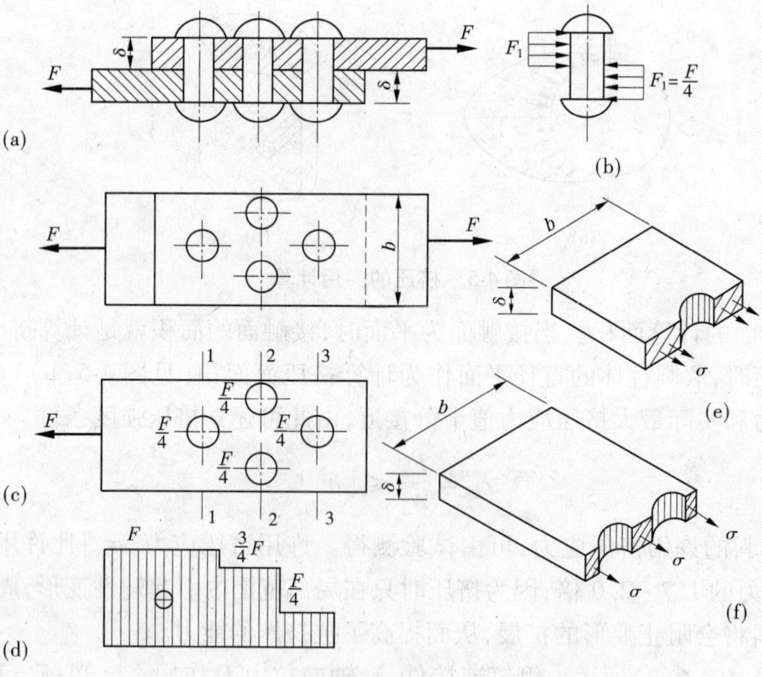

图 4-6

$$F_c = F_1 = \frac{F}{4}$$

根据式(4-4),得

$$\sigma_c = \frac{F_c}{A_c} = \frac{F/4}{d\delta} = \frac{100 \times 10^3}{4 \times 16 \times 8} = 195.3(\text{MPa}) < [\sigma_c] = 340\ \text{MPa}$$

所以连接件满足挤压强度条件。

(3)板的抗拉强度校核。

两块钢板的受力情况及开孔情况相同,只要校核其中一块即可。现取下面一块钢板为研究对象,画出其受力图(见图 4-6(c))和轴力图(见图 4-6(d))。

截面 1—1 和截面 3—3 的净面积相同(见图 4-6(e)),而截面 3—3 的轴力较小,故截面 3—3 不是危险截面。截面 2—2 的轴力虽比截面 1—1 小,但净面积也小(见图 4-6(f)),故需对截面 1—1 和截面 2—2 进行强度校核。

截面 1—1

$$\sigma_1 = \frac{F_{N1}}{A_1} = \frac{F}{(b-d)\delta} = \frac{100 \times 10^3}{(100-16) \times 8} = 148.8(\text{MPa}) < [\sigma] = 170\ \text{MPa}$$

截面 2—2

$$\sigma_2 = \frac{F_{N2}}{A_2} = \frac{3F/4}{(b-2d)\delta} = \frac{3 \times 100 \times 10^3}{4 \times (100 - 2 \times 16) \times 8} = 137.9(\text{MPa}) < [\sigma] = 170\ \text{MPa}$$

所以钢板满足抗拉强度条件。

经以上三方面的校核,该连接件满足强度要求。

4.2 扭转的内力计算

4.2.1 受力变形特点

扭转变形是杆件的基本变形之一。其受力特点是在垂直于杆件轴线的两个平面内，作用一对大小相等、方向相反的力偶，变形特点是各横截面绕杆的轴线发生相对转动。我们将杆件任意两横截面之间相对转过的角度 φ 称为**扭转角**，如图 4-7 所示。在工程中以扭转变形为主的杆件称为**轴**。

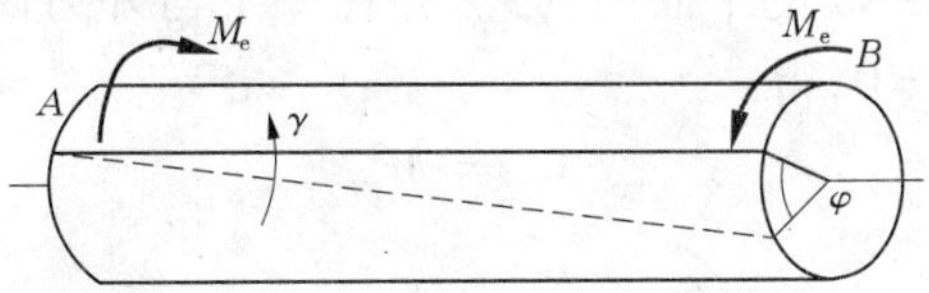

图 4-7

在工程实际中，有很多以**扭转**变形为主的杆件。如图 4-8 所示的用螺丝刀拧螺钉、如图 4-9 所示的用手电钻钻孔、螺丝刀杆和钻头、如图 4-10 所示的载重汽车的传动轴、如图 4-11 所示的挖掘机的传动轴都是受扭的杆件。

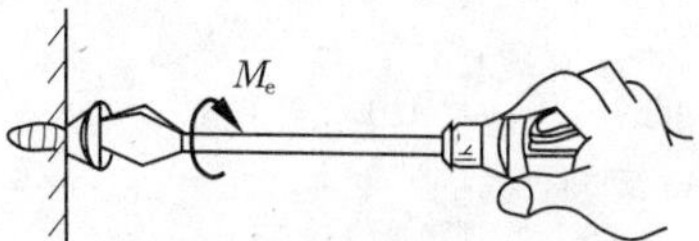

图 4-8

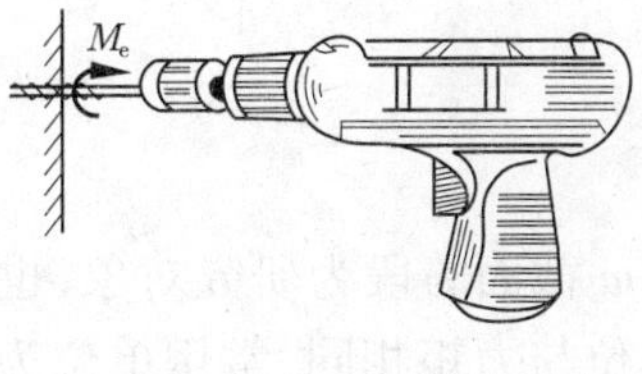

图 4-9

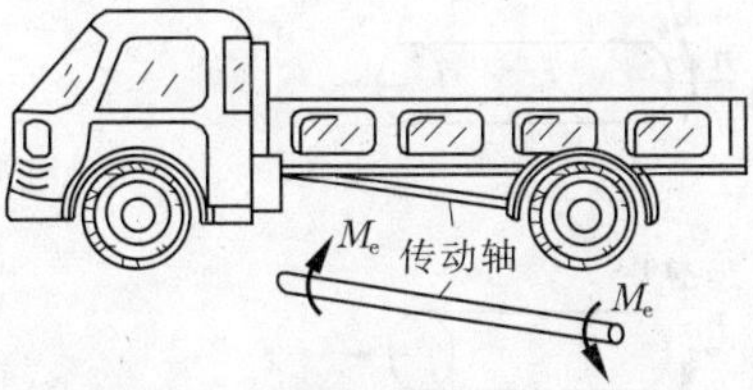

图 4-10

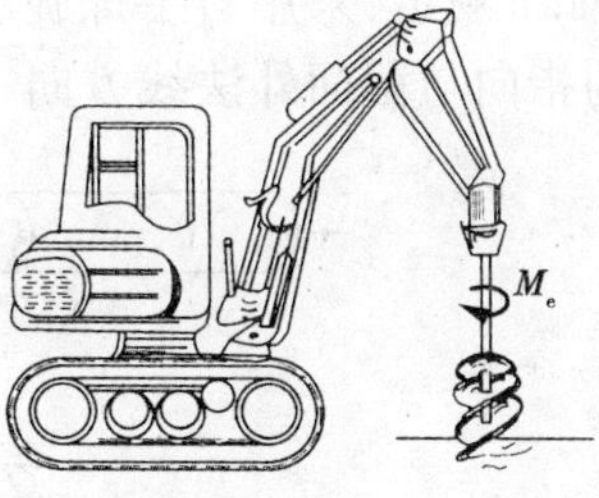

图 4-11

如图 4-12 所示，雨篷由雨篷梁和雨篷板组成（见图 4-12(a)），雨篷梁每米的长度上承受由雨篷板传来均布力矩，根据平衡条件，雨篷梁嵌固的两端必然产生与其大小相等、方向相反的反力矩（见图 4-12(b)），雨篷梁处于受扭状态。

4.2.2 圆截面杆扭转时横截面上的内力计算

如图 4-13(a)所示的圆截面杆，在垂直于轴线的两个平面内，受一对外力偶矩 M_e 作用，现求任一截面 $m—m$ 上的内力。

求内力的基本方法仍是截面法，用一个假想横截面在杆件的任意位置 $m—m$ 处将杆件

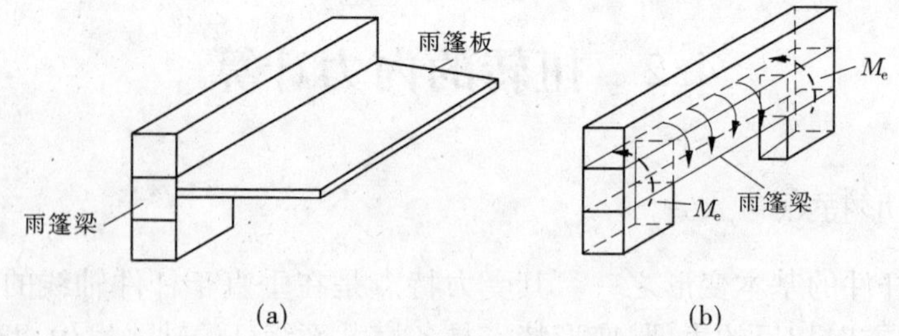

图 4-12

截开，取左段为研究对象，如图 4-13(b)所示。由于左端作用一个外力偶 M_e 作用，为了保持左段轴的平衡，在左截面 $m—m$ 的平面内，必然存在一个与外力偶相平衡的内力偶，其内力偶矩 M_n 称为扭矩，由 $\sum M_x = 0$，得

$$M_n = M_e \tag{4-5}$$

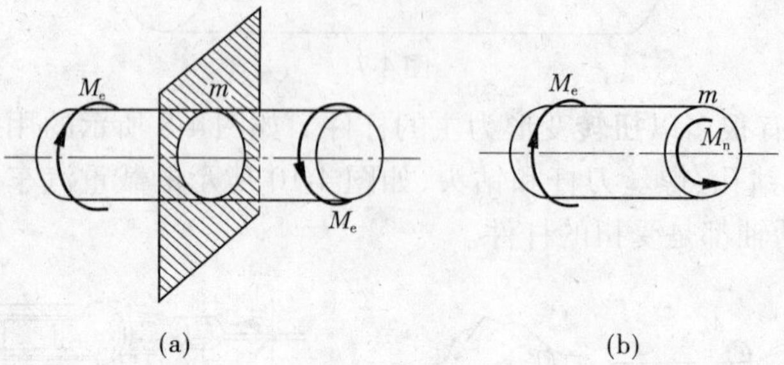

图 4-13

若取 $m—m$ 截面右段为研究对象，也可得到同样的结果，但扭矩的转向相反。

扭矩的单位与力矩相同，常用单位为 N · m 或 kN · m。

扭矩正负号的规定：为了使由截面的左、右两段求得的扭矩具有相同的正负号，对扭矩的正、负作如下规定，采用右手螺旋法则，以右手弯曲的四指表示扭矩的转向，当与四指相垂直的拇指的指向与截面外法线方向一致时，扭矩为正号；反之为负号，如图 4-14 所示。

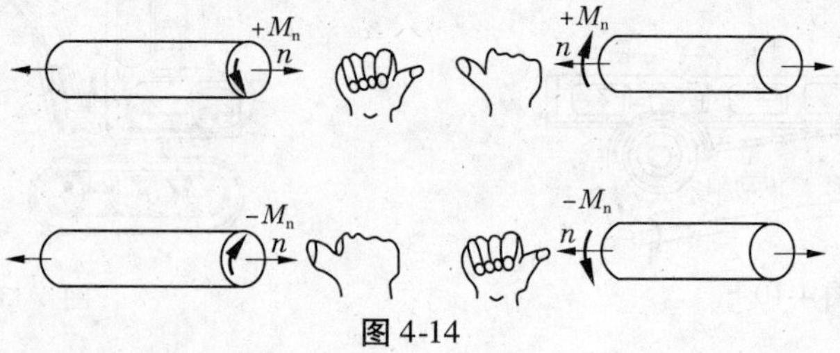

图 4-14

【例 4-2】 如图 4-15 所示传动轴，转速 $n = 300$ r/min，A 轮为主动轮，输入功率 $F_{NA} = 10$ kW，B、C、D 为从动轮，输出功率分别为 $F_{NB} = 4.5$ kW，$F_{NC} = 3.5$ kW，$F_{ND} = 2.0$ kW。试求各段扭矩。

解 (1)计算外力偶矩

$$M_{eA} = 9\ 549 \times \frac{F_{NA}}{n} = 9\ 549 \times \frac{10}{300} = 318.3(\text{N} \cdot \text{m})$$

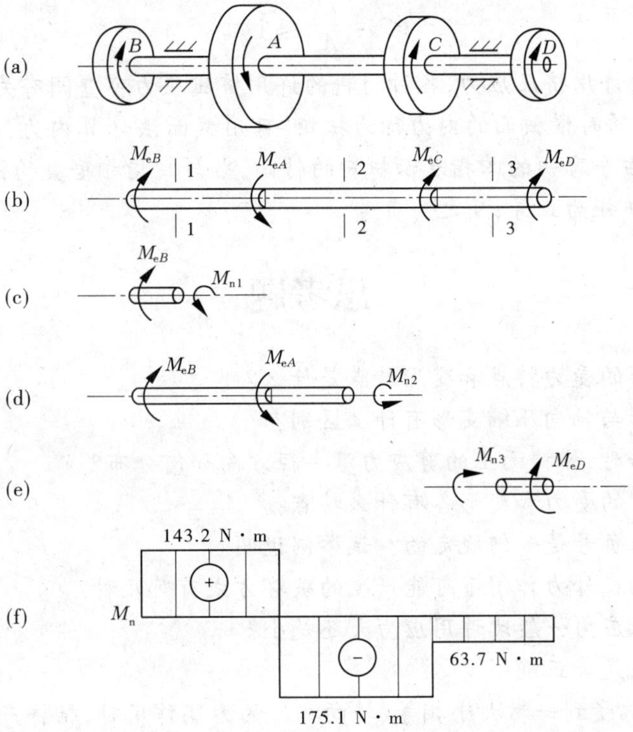

图 4-15

$$M_{eB} = 9\ 549 \times \frac{F_{NB}}{n} = 9\ 549 \times \frac{4.5}{300} = 143.2(\mathrm{N \cdot m})$$

$$M_{eC} = 9\ 549 \times \frac{F_{NC}}{n} = 9\ 549 \times \frac{3.5}{300} = 111.4(\mathrm{N \cdot m})$$

$$M_{eD} = 9\ 549 \times \frac{F_{ND}}{n} = 9\ 549 \times \frac{2.0}{300} = 63.7(\mathrm{N \cdot m})$$

(2)分段计算扭矩,设各段扭矩为正,用矢量表示,分别为

$$M_{n1} = M_{eB} = 143.2\ \mathrm{N \cdot m} \quad (见图 4\text{-}15(c))$$

$$M_{n2} = M_{eB} - M_{eA} = 143.2\ \mathrm{N \cdot m} - 318.3\ \mathrm{N \cdot m} = -175.1\ \mathrm{N \cdot m} \quad (见图 4\text{-}15(d))$$

$$M_{n3} = -M_{eD} = -63.7\ \mathrm{N \cdot m} \quad (见图 4\text{-}15(e))$$

(3)作扭矩图,如图 4-15(f)所示。

小　结

1. 连接件剪切的强度条件为

$$\tau = \frac{F_S}{A} \leqslant [\tau]$$

$[\tau]$为材料的许用剪应力,各种材料的许用剪应力可查阅有关手册。

连接件挤压的强度条件为

$$\sigma_c = \frac{F_c}{A_c} \leqslant [\sigma_c]$$

$[\sigma_c]$为材料的许用挤压应力,各种材料的许用挤压应力可查阅有关手册。

2. 圆截面杆扭转时横截面的内力称为扭矩,可用截面法计算内力,其正负规定为:采用右手螺旋法则,以右手弯曲的四指表示扭矩的转向,当与四指相垂直的拇指的指向与截面外法线方向一致时,扭矩为正号;反之为负号。

思考题

4-1 剪切变形的受力特点和变形特点是什么?

4-2 挤压变形与轴向压缩变形有什么区别?

4-3 圆轴扭转时,横截面上的剪应力沿半径方向如何分布?

4-4 轴扭转时的受力和变形各有什么特点?

4-5 扭矩的正负号是如何规定的? 试举例说明。

4-6 铆钉结构在外力作用下可能产生的破坏方式有哪几种?

4-7 许用挤压应力一般比许用应力大还是小?

4-8 下列说法是否正确:

(1)当轴的两端受到一对大小相等、转向相反的力偶作用时,轴将产生扭转变形。

(2)构件挤压和构件压缩时,挤压应力与压缩时压应力的分布是相同的。

(3)许用挤压应力和挤压应力大小基本相等。

习　题

4-1 如图4-16所示,正方形的混凝土柱,其横截面边长为 $b = 200$ mm,其基底为边长 $a = 1$ m的正方形混凝土板。柱受轴向压力 $F = 100$ kN 作用,假设地基对混凝土板的反力为均匀分布,混凝土的许用剪应力$[\tau] = 1.5$ MPa。试问:若使柱不致穿过混凝土板,所需的最小厚度δ应为多少?

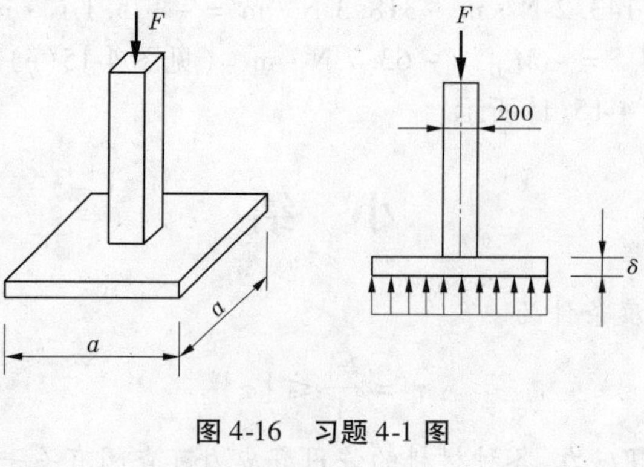

图4-16 习题4-1图

4-2 如图4-17所示,厚度 $\delta = 6$ mm 的两块钢板用三个铆钉连接,已知 $F = 50$ kN,连接件的许用剪应力$[\tau] = 100$ MPa,许用挤压应力$[\sigma_c] = 280$ MPa。试确定铆钉直径 d。

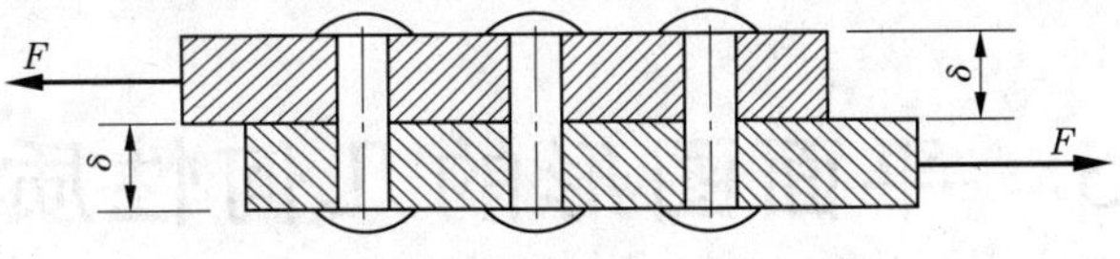

图 4-17　习题 4-2 图

4-3　试用截面法求图 4-18 所示两轴各段的扭矩 M_n。

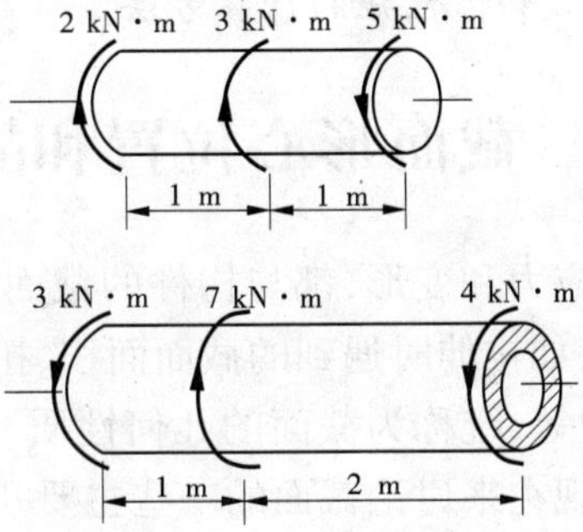

图 4-18　习题 4-3 图

4-4　木梁由柱支承，如图 4-19 所示，测得柱中的轴向压力为 $F_P = 75$ kN。已知木梁所能承受的许用挤压应力 $[\sigma_c] = 3.0$ MPa。试确定柱与木梁之间垫板的尺寸。

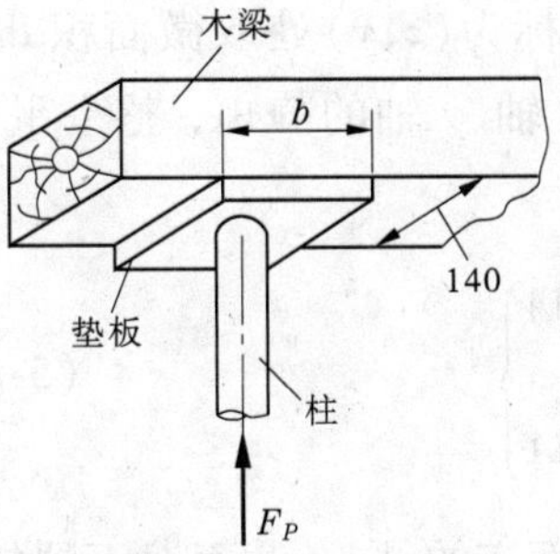

图 4-19　习题 4-4 图

5　平面图形的几何性质

【知识目标】　掌握静矩的概念、惯性矩的基本概念、形心的计算、组合图形惯性矩的计算。
【能力目标】　掌握组合图形形心和惯性矩的计算方法。

5.1　截面形心位置和静矩

构件在外力作用下产生的应力和变形,都与构件的截面形状和尺寸有关。反映截面形状和尺寸的某些性质的一些量,如拉伸时遇到的截面面积、扭转时遇到的极惯性矩及后面陆续用到的惯性矩、抗弯截面系数等,统称为截面的几何性质。为了计算弯曲应力和变形,需要知道截面的一些几何性质。现在来讨论截面的一些主要几何性质。

5.1.1　静矩

静矩是面积与它到轴的距离的乘积。

平面图形如图 5-1 所示。假设其面积为 A,y 轴和 z 轴为图形所在平面内的坐标轴。在坐标为 (z,y) 处取微面积 dA,则 ydA、zdA 分别为微面积 dA 对 z 轴、y 轴的静矩，整个平面图形对 z 轴、y 轴的静矩分别为

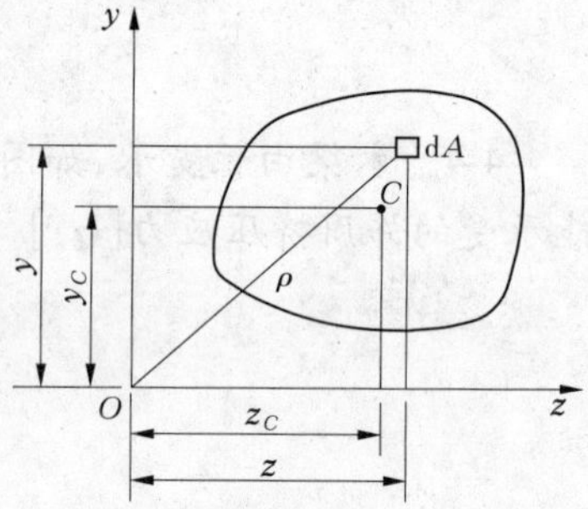

图 5-1

$$\left.\begin{aligned} S_z &= \int_A y\mathrm{d}A \\ S_y &= \int_A z\mathrm{d}A \end{aligned}\right\} \tag{5-1}$$

截面的静矩是对某一坐标轴而言的,同一截面对不同的坐标轴,其静矩不同。静矩的值可能为正,可能为负,也可能为零。

静矩的常用单位为 cm^3 或 mm^3。

当坐标轴过形心时,截面对该轴的静矩为零。

5.1.2　静矩与形心的关系

形心是平面图形的几何中心。通过形心的轴称为**形心轴**。

如图 5-1 所示平面图形,若形心坐标为 (z_C, y_C),y_C 和 z_C 的计算公式为

$$\left.\begin{aligned} y_C &= \frac{\int_A y\mathrm{d}A}{A} = \frac{S_z}{A} \\ z_C &= \frac{\int_A z\mathrm{d}A}{A} = \frac{S_y}{A} \end{aligned}\right\} \tag{5-2}$$

若已知平面图形的形心坐标，则静矩可表示为

$$\left.\begin{aligned}S_z &= Ay_C\\ S_y &= Az_C\end{aligned}\right\}\tag{5-3}$$

若平面图形对某一轴的静矩为零，则该轴必通过图形的形心；反之，若某一轴通过平面图形的形心，则平面图形对该轴的静矩为零。

当一个平面组合图形由若干个简单图形（如矩形、圆形等）组成时，组合图形对某一轴的静矩等于各简单图形对同一轴静矩的代数和，即

$$\left.\begin{aligned}S_z &= \sum_{i=1}^{n} S_{zi} = \sum_{i=1}^{n} A_i y_{C_i}\\ S_y &= \sum_{i=1}^{n} S_{yi} = \sum_{i=1}^{n} A_i z_{C_i}\end{aligned}\right\}\tag{5-4}$$

式中：S_{zi}为各简单图形对 z 轴的静矩；S_{yi}为各简单图形对 y 轴的静矩；A_i 为各简单图形的面积；y_{C_i}、z_{C_i}为各简单图形的形心坐标。

实际计算中，对于简单的、规则的图形，其形心位置可以直接判断。例如，矩形、正方形、圆形、正三角形等的形心位置是显而易见的。对于组合图形，则先将其分解为若干个简单图形（可以直接确定形心位置的图形），然后根据组合图形的形心坐标公式进行计算。

组合图形的形心坐标公式为

$$\left.\begin{aligned}z_C &= \frac{\sum A_i z_{C_i}}{\sum A_i}\\ y_C &= \frac{\sum A_i y_{C_i}}{\sum A_i}\end{aligned}\right\}\tag{5-5}$$

【例 5-1】 求图 5-2 所示图形的形心位置，并计算图形对 z 轴的静矩。（单位：m）

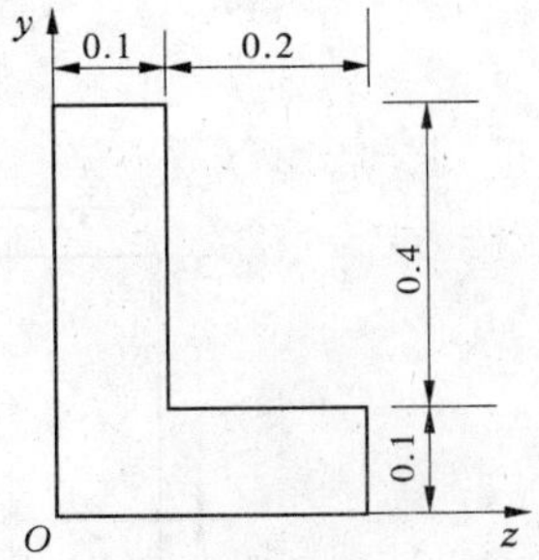

图 5-2

解 建立直角坐标系如图 5-2 所示。

图形的面积为

$$A = 0.1 \times 0.3 + 0.1 \times 0.4 = 0.07(\mathrm{m}^2)$$

形心坐标为(z_C, y_C)：

$$z_C = \frac{\sum A_i z_{Ci}}{\sum A_i} = \frac{0.1 \times 0.3 \times 0.15 + 0.1 \times 0.4 \times 0.05}{0.07} = 0.093(\mathrm{m})$$

$$y_C = \frac{\sum A_i y_{Ci}}{\sum A_i} = \frac{0.1 \times 0.3 \times 0.05 + 0.1 \times 0.4 \times 0.3}{0.07} = 0.193(\mathrm{m})$$

对 z 轴的静距为

$$S_z = \sum A_i y_{Ci} = 0.4 \times 0.1 \times \left(0.1 + \frac{0.4}{2}\right) + 0.1 \times 0.3 \times \left(\frac{0.1}{2}\right) = 0.013\ 5(\mathrm{m}^3)$$

5.2 惯性矩

5.2.1 简单图形的惯性矩

惯性矩是面积与它到轴的距离的平方之积。

如图 5-1 所示平面图形，则 $y^2\mathrm{d}A$、$z^2\mathrm{d}A$ 分别为微面积 $\mathrm{d}A$ 对 z 轴、y 轴的惯性矩，整个平面图形对 z 轴、y 轴的惯性矩分别为

$$\left.\begin{aligned} I_z &= \int_A y^2\mathrm{d}A \\ I_y &= \int_A z^2\mathrm{d}A \end{aligned}\right\} \tag{5-6}$$

截面对任一轴的惯性矩恒为正值，其常用单位为 mm^4 和 cm^4。

常见简单截面的惯性矩如下。

矩形截面，如图 5-3 所示。计算其对形心轴 z 轴的惯性矩时，可取宽为 b、高为 $\mathrm{d}y$ 的狭长矩形为微面积 $\mathrm{d}A=b\mathrm{d}y$，则由惯性矩定义得

$$I_z = \int_A y^2\mathrm{d}A = \int_{-h/2}^{h/2} y^2 b\mathrm{d}y = \frac{bh^3}{12}$$

同理可得

$$I_y = \frac{hb^3}{12}$$

圆形截面，如图 5-4 所示。计算其对形心轴 z 轴的惯性矩，取图中狭长矩形作为微面积 $\mathrm{d}A$，则：$\mathrm{d}A = 2\sqrt{R^2-y^2}\,\mathrm{d}y$，由惯性矩定义得

$$I_z = \int_A y^2\mathrm{d}A = 2\int_{-R}^{R} y^2\sqrt{R^2-y^2}\,\mathrm{d}y = \frac{\pi R^4}{4} = \frac{\pi D^4}{64}$$

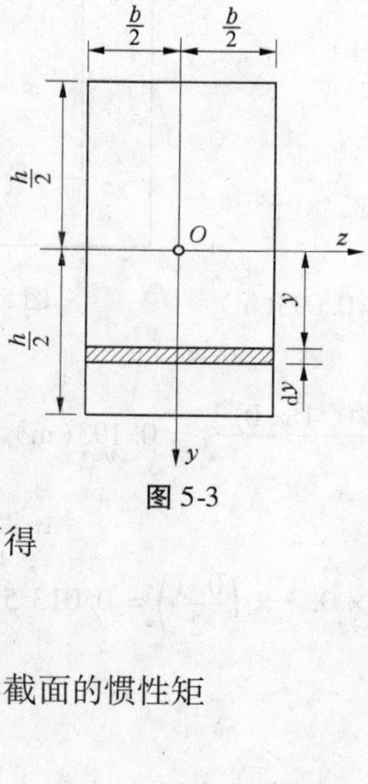

图 5-3

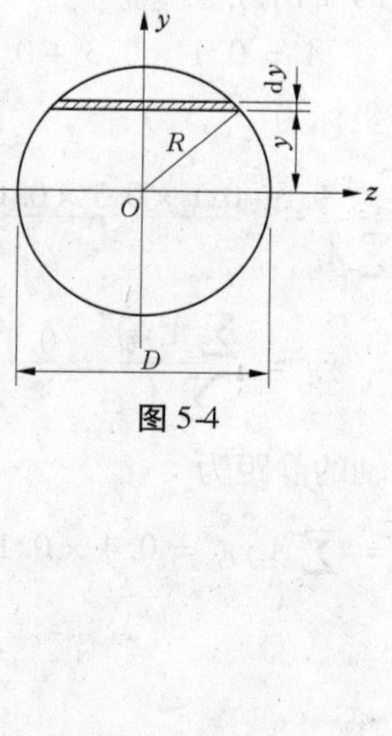

图 5-4

同理可得

$$I_z = I_y = \frac{\pi D^4}{64}$$

圆环形截面的惯性矩

$$I_z = I_y = \frac{\pi}{64}(D^4 - d^4)\ (D\text{ 为外径},d\text{ 为内径})$$

5.2.2　T 形梁的惯性矩

5.2.2.1　平行移轴公式

同一平面图形对不同坐标轴的惯性矩是不同的。在工程计算中，常常通过平面图形对形心轴的惯性矩推算出该图形对与其形心轴平行的其他轴的惯性矩。

任意平面图形，如图 5-5 所示。其形心在 O 点，z 轴与 y 轴为形心轴。z_1 轴、y_1 轴是分别与 z 轴、y 轴平行的轴，a 与 b 分别为两对平行轴的间距。其上任一微面积 dA 在 yOz 坐标系中的坐标为(z,y)，而在 $y_1O_1z_1$ 坐标系中的坐标为(z_1, y_1)，显然有

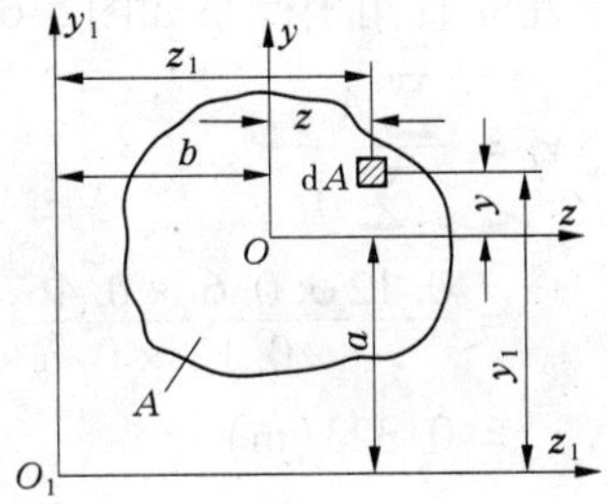

图 5-5

$$\left.\begin{aligned} y_1 &= y + a \\ z_1 &= z + b \end{aligned}\right\} \qquad (a)$$

平面图形对形心轴 z 与 y 的惯性矩分别为

$$\left.\begin{aligned} I_z &= \int_A y^2 dA \\ I_y &= \int_A z^2 dA \end{aligned}\right\} \qquad (b)$$

平面图形对 z_1 轴、y_1 轴的惯性矩分别为

$$\left.\begin{aligned} I_{z_1} &= \int_A y_1^2 dA \\ I_{y_1} &= \int_A z_1^2 dA \end{aligned}\right\} \qquad (c)$$

将式(a)中的第一式代入式(c)的第一式，展开可得

$$\begin{aligned} I_{z_1} &= \int_A (y + a)^2 dA = \int_A (y^2 + 2ya + a^2) dA \\ &= \int_A y^2 dA + 2a\int_A y dA + \int_A a^2 dA \\ &= I_z + 0 + a^2 A \\ &= I_z + a^2 A \end{aligned}$$

上式中 $\int_A y dA$ 是图形对 z 轴的静矩，由于 z 轴是形心轴，所以 $\int_A y dA = 0$，故有

$$I_{z_1} = I_z + a^2 A \qquad (5\text{-}7a)$$

同理

$$I_{y_1} = I_y + b^2 A \qquad (5\text{-}7b)$$

式(5-7(a))与式(5-7(b))称为惯性矩的平行移轴公式。注意 I_z、I_y 是平面图形对其形心轴的惯性矩。

5.2.2.2　T 形梁的惯性矩

工程实际中常会遇到由矩形、圆形和型钢截面组成的组合截面，组合截面图形对某一轴

的惯性矩等于各简单图形对该轴惯性矩之和，即

$$\left.\begin{aligned} I_z &= I_{z_1} + I_{z_2} + \cdots + I_{z_n} = \sum I_{z_i} \\ I_y &= I_{y_1} + I_{y_2} + \cdots + I_{y_n} = \sum I_{y_i} \end{aligned}\right\} \tag{5-8}$$

【例 5-2】 求图 5-6 所示 T 形梁对形心轴的惯性矩。

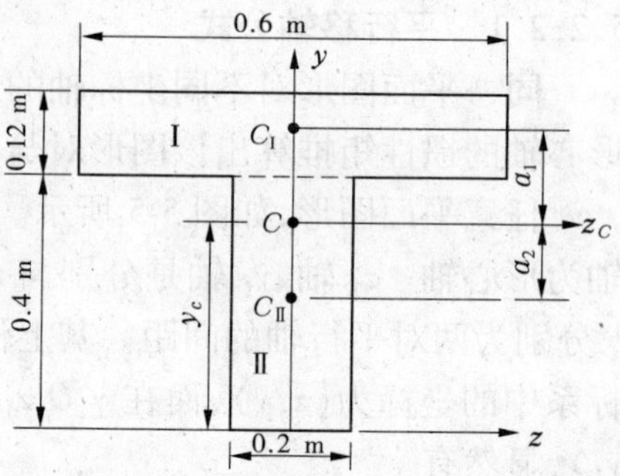

图 5-6

解 (1)求 T 形梁的形心(z_C,y_C)。

建立直角坐标系如图 5-6 所示。

$$y_C = \frac{\sum A_i y_{Ci}}{\sum A_i}$$

$$= \frac{0.12 \times 0.6 \times 0.46 + 0.2 \times 0.4 \times 0.2}{0.12 \times 0.6 + 0.2 \times 0.4}$$

$$= 0.323(\text{m})$$

$$z_C = 0$$

(2)求对 y 轴的惯性矩

$$I_y = \frac{0.12 \times 0.6^3}{12} + \frac{0.4 \times 0.2^3}{12}$$

$$= 2.43 \times 10^{-3}(\text{m}^4)$$

(3)求对 z_C 轴的惯性矩

$$a_1 = 0.137\ \text{m};a_2 = 0.123\ \text{m}$$

$$I_{zC_{Ⅰ}} = \frac{b_1 h_1^3}{12} + a_1^2 A_1 = \frac{0.6 \times 0.12^3}{12} + 0.137^2 \times 0.6 \times 0.12 = 1.44 \times 10^{-3}(\text{m}^4)$$

$$I_{zC_{Ⅱ}} = \frac{b_2 h_2^3}{12} + a_2^2 A_2 = \frac{0.2 \times 0.4^3}{12} + 0.123^2 \times 0.2 \times 0.4 = 2.28 \times 10^{-3}(\text{m}^4)$$

$$I_{zC} = I_{zC_{Ⅰ}} + I_{zC_{Ⅱ}} = 1.44 \times 10^{-3} + 2.28 \times 10^{-3} = 3.72 \times 10^{-3}(\text{m}^4)$$

小　结

1. 平面图形的静矩是对某一坐标轴而言的，故静矩与坐标轴有关。静矩的单位为 cm^3、mm^3。

2. 静矩的数值可正可负，也可为零。图形对形心轴的静矩必定为零；反之，若图形对某一轴的静矩为零，则该轴必通过图形的形心。

3. 平面图形的惯性矩是对某一坐标轴而言的，故惯性矩与坐标轴有关。惯性矩的单位为 mm^4、cm^4。

4. 惯性矩的数值均为大于零的正值。

思考题

5-1　截面对于形心轴的静矩等于多少？为什么？

5-2　为什么截面对于对称轴的静矩等于零？

5-3　截面的形心位置如何确定？一般步骤是什么？

5-4　截面对于对称轴的惯性积等于多少？为什么？

5-5　平行移轴公式的内容是什么？利用平行移轴公式可解决什么问题？

习　题

5-1　在图5-7所示的对称倒T形截面中，$b_1=0.3$ m，$b_2=0.6$ m，$h_1=0.5$ m，$h_2=0.14$ m。

(1)求形心C的位置；

(2)求阴影部分对z_0轴的静矩；

(3)问z_0轴以上部分的面积对z_0轴的静矩与阴影部分对z_0轴的静矩有何关系？

5-2　由22a号工字钢和18a槽钢组成左右对称的组合截面，如图5-8所示。试求该截面的形心位置。

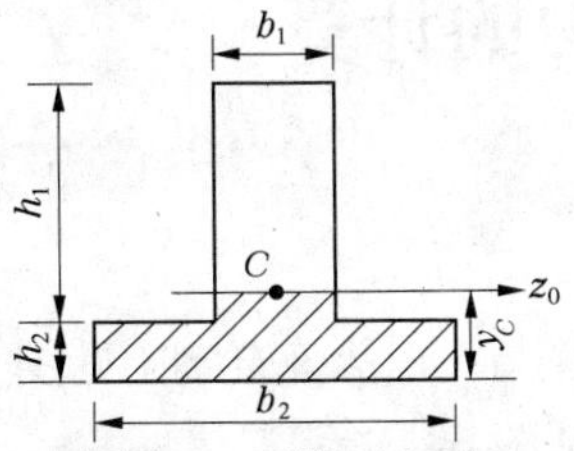

图5-7　习题5-1图

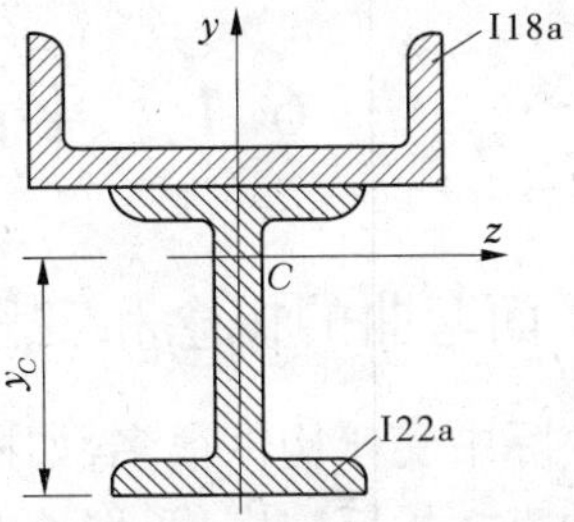

图5-8　习题5-2图

5-3　求图5-9所示截面的形心。

5-4　求图5-10所示箱形截面对其对称轴z的惯性矩I_z。

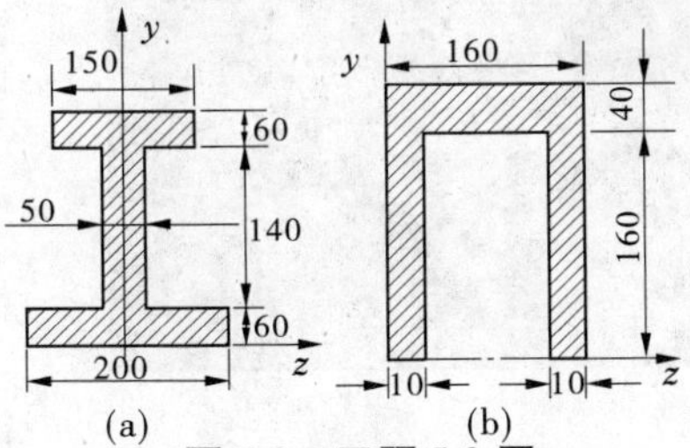

图5-9　习题5-3图

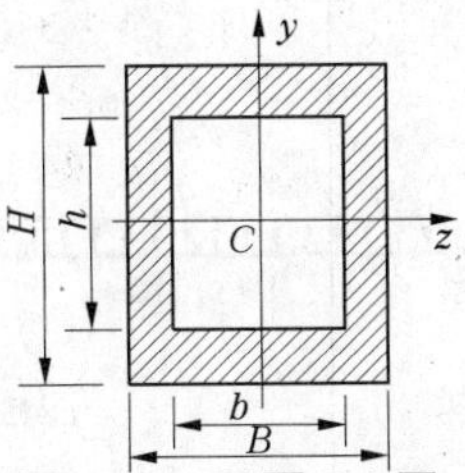

图5-10　习题5-4图

5-5　求图5-7所示图形对形心轴z_0轴的惯性矩。

5-6　求如图5-11所示图形对形心轴的惯性矩。

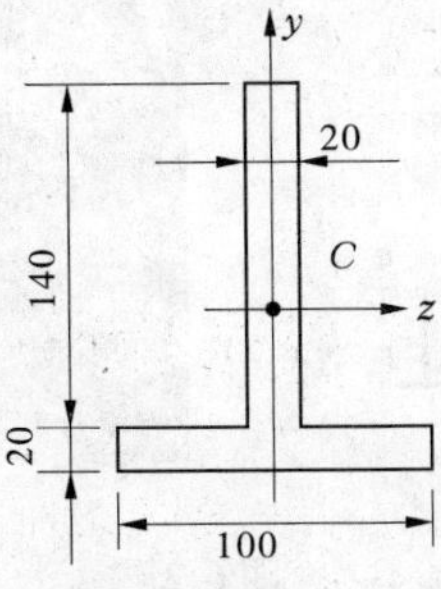

图5-11　习题5-6图　(单位:mm)

6 弯曲变形时的承载力计算

【知识目标】 理解平面弯曲的概念;理解梁的内力——剪力和弯矩;理解绘制梁的内力图的方法;理解弯曲正应力分布规律及计算公式;了解弯曲剪应力计算公式;理解梁的强度条件和强度计算典型问题;理解梁的变形计算和刚度校核;了解提高梁抗弯能力的措施。

【能力目标】 熟练掌握单跨静定梁的内力计算和用简捷法绘制梁的内力图;熟练掌握梁横截面上正应力计算公式并能进行常见截面梁的强度计算;能应用叠加法求梁的变形并对单跨梁进行刚度校核;具有综合运用本章基本知识,对平面弯曲梁的承载能力做出正确判断的初步能力。

6.1 平面弯曲梁的内力的计算

6.1.1 平面弯曲的概念和工程实例

工程实际中受弯构件很多,如桥式起重机的大梁(见图6-1)、火车轮轴(见图6-2)、化工设备中各种直立式反应塔(见图6-3)、房屋中的楼板梁(见图6-4)等。

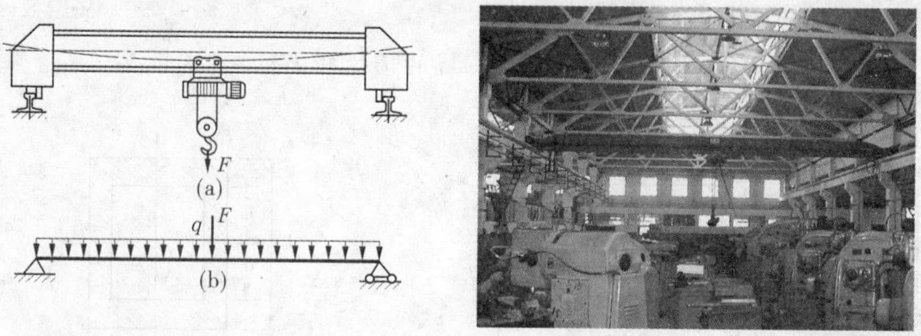

图6-1

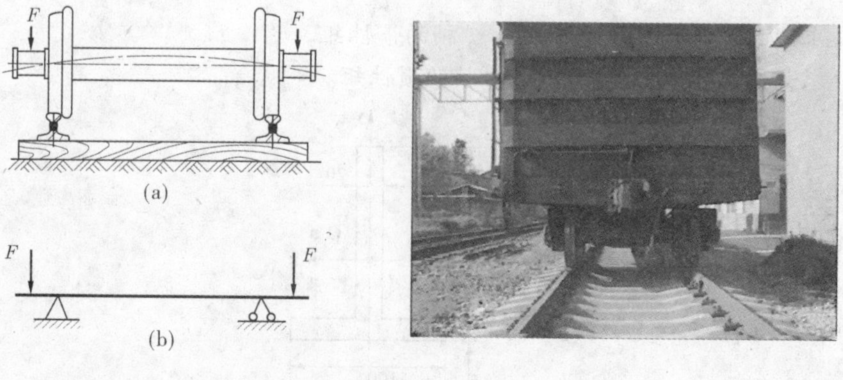

图6-2

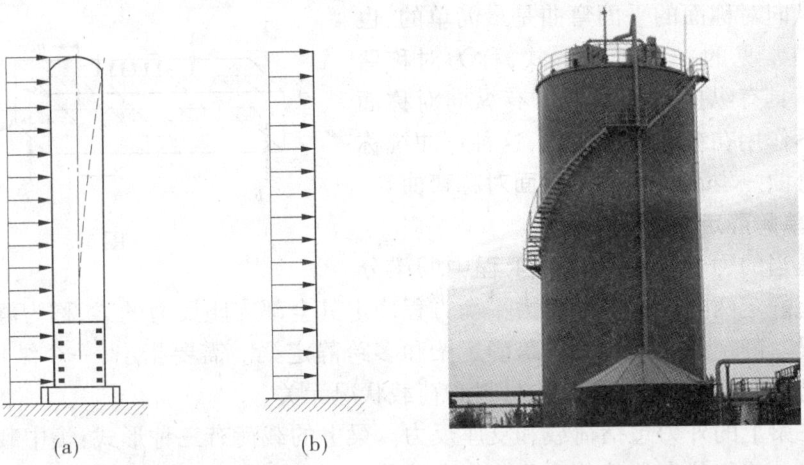

图 6-3

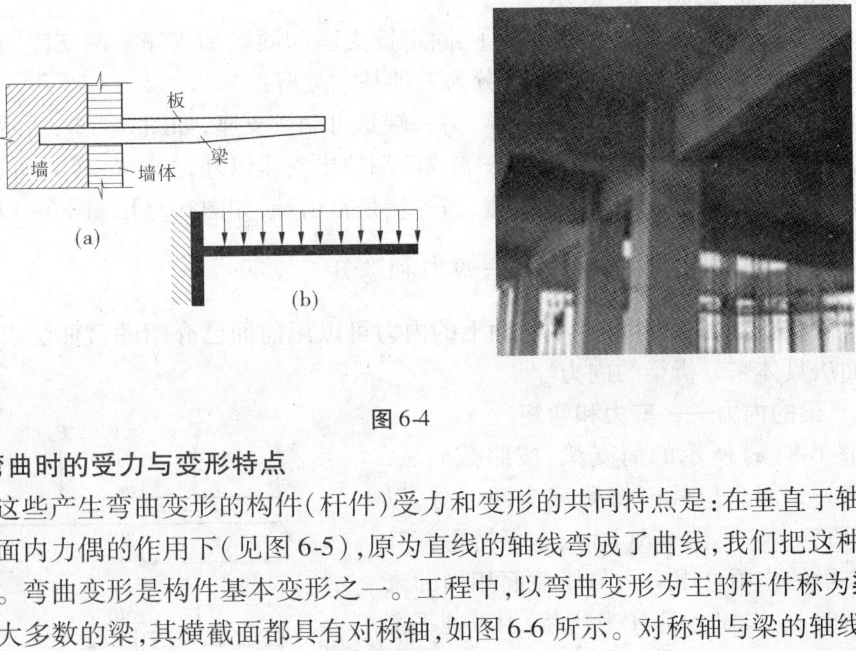

图 6-4

6.1.1.1 弯曲时的受力与变形特点

工程中这些产生弯曲变形的构件(杆件)受力和变形的共同特点是:在垂直于轴线的外力及纵向平面内力偶的作用下(见图 6-5),原为直线的轴线弯成了曲线,我们把这种变形称为**弯曲变形**。弯曲变形是构件基本变形之一。工程中,以弯曲变形为主的杆件称为**梁**。

工程中大多数的梁,其横截面都具有对称轴,如图 6-6 所示。对称轴与梁的轴线所组成的平面称为纵向对称面,如图 6-7 所示的阴影面。当作用于梁上的外力或外力偶都作用于梁的同一纵向对称面内时,梁的轴线将在这个纵向对称面内弯成一条平面曲线,这种弯曲平面与外力作用平面相重合的弯曲称为**平面弯曲**。

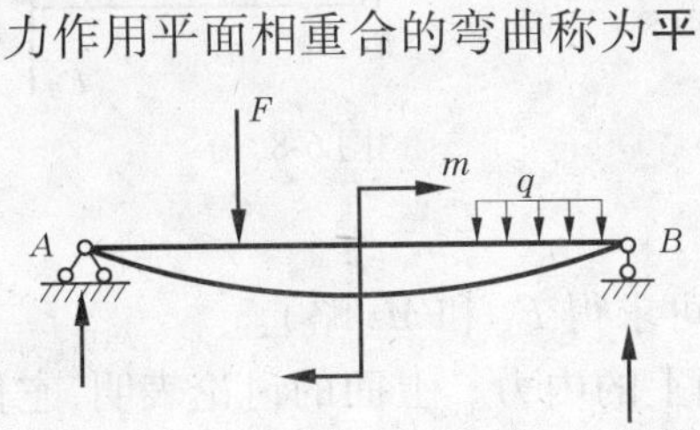

图 6-5

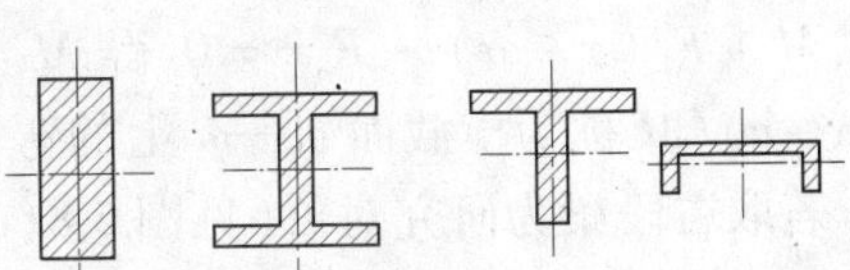

图 6-6

具有纵向对称面的平面弯曲是最简单的，也是工程中最常见的一种弯曲形式，称为**对称弯曲**。若梁不具有纵向对称面或虽有纵向对称面但外力并不作用在纵向对称面内，这种弯曲统称为非对称弯曲。本章将只讨论**平面对称弯曲**。

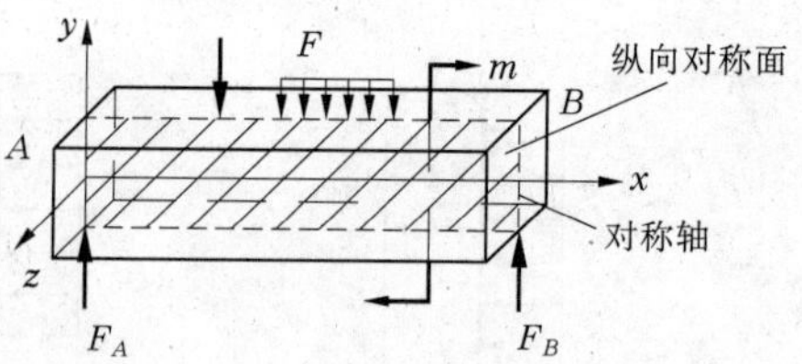

图 6-7

6.1.1.2 单跨静定梁的基本形式

通过适当的力学模型简化将工程中的梁分为静定和超静定两类。凡可由静力平衡方程确定其全部支座反力的梁，称为**静定梁**，否则称为**超静定梁**。静定梁又可分为单跨静定梁和多跨静定梁。需要指出，一个结构的静定性或超静定性是它的几何性质，与结构材料和荷载状况无关。

作用在梁上的外力包括荷载和支座反力。梁上的载荷有三种形式：集中载荷、分布载荷和集中力偶。均匀分布的载荷也称为均布载荷，分布于梁单位长度上的载荷量称为载荷集度，通常以 q(N/m 或 kN/m)表示。

梁的支承方式可简化为可动铰支座、固定铰支座和固定端支座。两支座间的距离称为梁的跨度。单跨静定梁按支座情况可分为三种基本类型：

(1)简支梁——一端是固定铰支座，另一端是可动铰支座，如图 6-1(b)所示。

(2)外伸梁——相当于简支梁的一端或两端伸出支座以外，如图 6-2(b)所示。

(3)悬臂梁——一端是固定端支座，另一端是自由端，如图 6-3(b)、图 6-4(b)所示。

6.1.2 用截面法求梁的内力——剪力和弯矩

梁在外载荷作用下，其任一横截面上的内力可以用前面已介绍的截面法求得。下面就通过截面法具体来分析梁的内力。

6.1.2.1 梁的内力——剪力和弯矩

如图 6-8(a)所示的简支梁，按照截面法，沿截面 $m—m$ 用假想截面将梁截为两部分，以左段为研究对象(见图 6-8(b))，为保持平衡其右段对左段的作用可用一个与横截面相切的未知力 F_S 和一个未知力偶 M 来代替，由下列平衡方程求得。

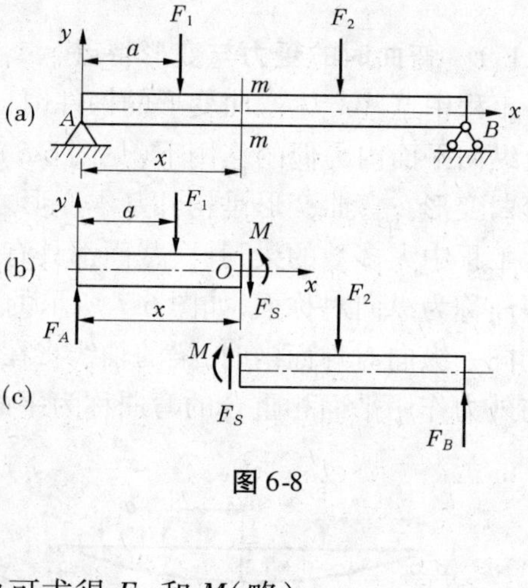

图 6-8

即 $\sum F_y=0$，$F_A-F_1-F_S=0$ 得 $F_S=F_A-F_1$(F_S 称为横截面 $m—m$ 上的剪力)。

$\sum M_O=0$(矩心 O 点为截面 $m—m$ 的形心)，$M+F_1(x-a)-F_Ax=0$ 得 $M=F_Ax-F_1(x-a)$(M 称为横截面 $m—m$ 上的弯矩)。

若取右段梁为研究对象(见图 6-8(c))，同样也可求得 F_S 和 M(略)。

因此，我们把剪力 F_S 和弯矩 M 统称为梁横截面上的内力。上面的讨论表明，它们都可由梁段的平衡方程来确定。

6.1.2.2 剪力和弯矩正负号规定

因为剪力和弯矩是梁左段和右段在截面 $m—m$ 上相互作用的内力，无论以左段为研究对象，还是以右段为研究对象来计算剪力 F_S 和弯矩 M，其数值一定是相等的，但方向相反。为了使所求得的同一截面上的剪力和弯矩不仅在数值上相等，而且正负号也一致，须按梁的变形情况来规定内力的正负号。

剪力符号：如图 6-9(a)所示，剪力使梁段产生顺时针转动的趋势时，截面上的剪力规定为正；反之为负，如图 6-9(b)所示。简言之，剪力左上右下为正，反之为负。

弯矩符号：如图 6-9(c)所示，弯矩使梁段产生向下凸的弯曲变形时，亦即梁的下部产生拉伸而上部产生压缩时，截面上的弯矩规定为正；反之为负，如图 6-9(d)所示。简言之，弯矩左顺右逆为正，反之为负。

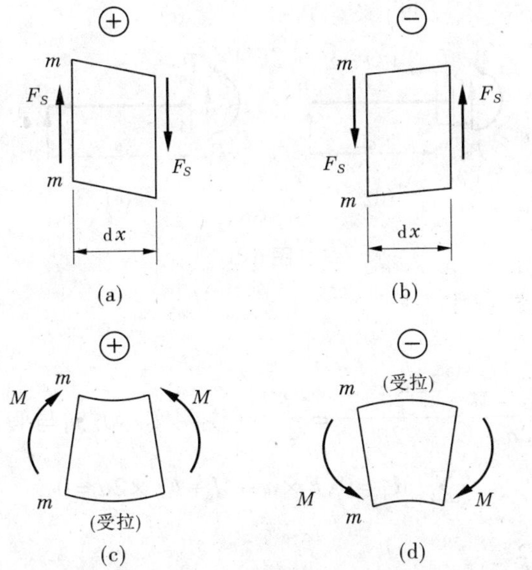

图 6-9

按照上述符号的规定，一个截面上的剪力和弯矩无论取截面左段还是右段为研究对象，即无论用这个截面左侧还是右侧的外力来计算，所得结果的数值和符号都是一致的。下面将举例说明剪力和弯矩的计算方法。

6.1.2.3 用截面法计算梁指定截面内力的步骤

用截面法计算梁指定截面内力的步骤可归纳如下：

(1)计算支座反力。

(2)用假想截面在欲求内力处将梁截成两部分，任取其中一部分为研究对象。

(3)画出研究对象的受力图。由平衡条件可知，除保留作用在梁段上的一切外力外，在截开的截面上还应有未知内力——剪力和弯矩，内力的方向先均假设为正向。

(4)建立平衡方程，求解内力。

【例 6-1】 外伸梁受荷载作用如图 6-10(a)所示。图中截面 1—1 和截面 2—2 均无限接近于截面 A，截面 3—3 和截面 4—4 均无限接近截面 D。试计算各截面的内力。

解 (1)求梁的支座反力。

取梁整体为研究对象，假设支座约束反力方向向上，列平衡方程，由

$$\sum M_B = 0 \quad F \times 3a - M - F_A \times 2a = 0$$

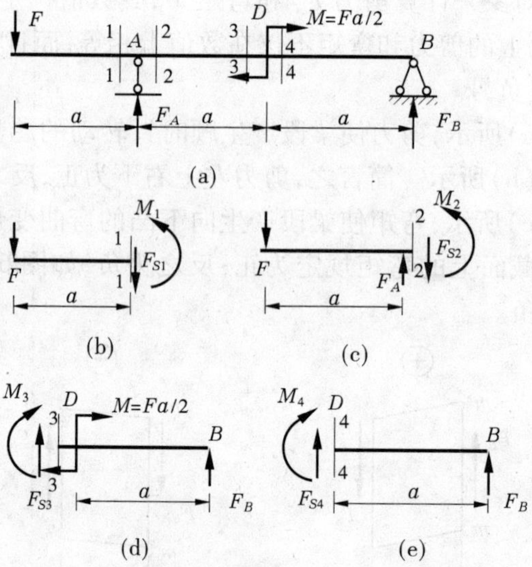

图 6-10

得

$$F_A=\frac{3Fa-M}{2a}=\frac{3Fa-\frac{Fa}{2}}{2a}=\frac{5F}{4}\quad（说明实际方向与假设一致）$$

由 $$\sum M_A=0, F\times a-M+F_B\times 2a=0$$

得 $F_B=\dfrac{-Fa+\dfrac{Fa}{2}}{2a}=-\dfrac{F}{4}$（说明实际方向与假设相反）

校核：$\sum F_y=F_A+F_B-F=\frac{5}{4}F-\frac{1}{4}F-F=0$，说明支座反力计算正确。

(2)计算各截面的内力。

1—1 截面的内力：用截面 1—1 截取左段梁为研究对象，可先设剪力和弯矩皆为正(见图 6-10(b))，由平衡方程

$$\sum F_y=0,\quad -F-F_{S1}=0$$

得 $$F_{S1}=-F\quad（实际方向与假设相反）$$

由 $$\sum M_A=0,\quad Fa+M_1=0$$

得 $$M_1=-Fa\quad（实际转向与假设相反）$$

2—2 截面的内力：用截面 2—2 截取左段梁为研究对象，可先设剪力和弯矩皆为正(见图 6-10(c))，由平衡方程

$$\sum F_y=0,\quad F_A-F-F_{S2}=0$$

得 $$F_{S2}=F_A-F=\frac{5}{4}F-F=\frac{1}{4}F$$

由 $$\sum M_A=0,\quad Fa+M_2=0$$

得　$$M_2 = -Fa \quad \text{（实际转向与假设相反）}$$

3—3 截面的内力：用截面 3—3 截取右段梁为研究对象，可先设剪力和弯矩皆为正（见图 6-10(d)），由平衡方程

$$\sum F_y = 0, \quad F_{S3} + F_B = 0$$

得　$$F_{S3} = -F_B = \frac{1}{4}F$$

由　$$\sum M_D = 0, -M_3 - M + F_B a = 0$$

得　$$M_3 = -M + F_B a = -\frac{1}{2}Fa - \frac{1}{4}Fa = -\frac{3}{4}Fa \quad \text{（实际转向与假设相反）}$$

4—4 截面的内力：用截面 4—4 截取右段梁为研究对象，可先设剪力和弯矩皆为正（见图 6-10(e)），由平衡方程

$$\sum F_y = 0, \quad F_{S4} + F_B = 0$$

得　$$F_{S4} = -F_B = \frac{1}{4}F$$

由　$$\sum M_D = 0, -M_4 + F_B a = 0$$

得　$$M_4 = F_B a = -\frac{1}{4}Fa \quad \text{（实际转向与假设相反）}$$

讨论：

(1) 比较截面 1—1 和截面 2—2 的内力，由于

$$F_{S2} - F_{S1} = \frac{1}{4}F - (-F) = \frac{5}{4}F = F_A$$

$$M_1 = M_2$$

可见，在集中力作用处左右两侧无限接近的截面上，弯矩相等，而剪力发生突变，突变值等于集中力的大小。因此，在集中力作用的截面，不能简单地说该截面上的剪力是多大，而应当说在集中力作用处左侧截面和右侧截面上的剪力各为多大。

(2) 比较截面 3—3 和截面 4—4 的内力，由于

$$F_{S4} = F_{S3}$$

$$M_4 - M_3 = -\frac{Fa}{4} - \left(-\frac{3}{4}Fa\right) = \frac{1}{2}Fa = M$$

可见，在集中力偶作用处左右两侧无限接近的截面上，剪力相等，而弯矩发生突变，突变值等于集中力偶矩的大小。同理，在集中力偶作用处也不能简单地说该截面的弯矩是多大，而应当说在集中力偶作用处左侧截面和右侧截面的弯矩各为多大。

【例 6-2】　如图 6-11 所示的简支梁，试计算 1—1 截面、2—2 截面上的剪力和弯矩。这里是指无限接近于 C 截面并位于其两侧的截面。

解　(1) 计算支座反力。取梁整体为研究对象，反力方向假设如图 6-11 所示。

由平衡方程

$$\sum M_A = 0, \; F_B \times 2a - qa \times \frac{a}{2} - qa^2 = 0 \text{ 得 } F_B = \frac{3}{4}qa$$

$\sum M_B = 0,\ -F_A \times 2a + qa \times \frac{3}{2}a - qa^2 = 0$

得 $F_A = \frac{1}{4}qa$

用平衡方程 $\sum F_y = 0$ 校核

$$\frac{1}{4}qa + \frac{3}{4}qa - qa = 0$$

说明支座反力计算正确。

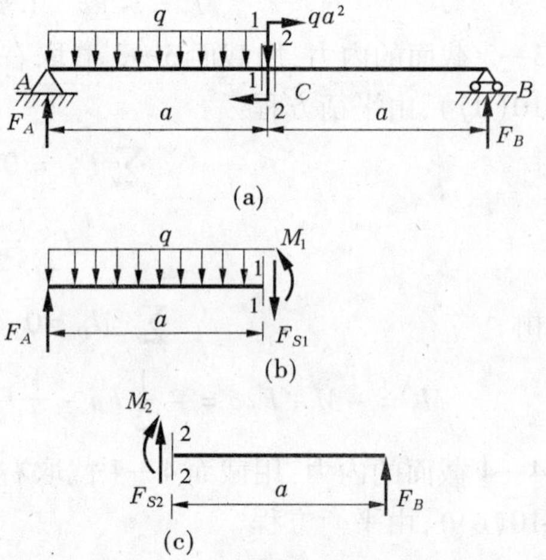

图 6-11

(2)计算各截面内力。

1—1 截面内力：用截面 1—1 截取左侧梁段为研究对象，设剪力和弯矩皆为正，方向如图 6-11(b)所示。

由平衡方程

$$\sum F_y = 0,\ F_A - qa - F_{S1} = 0$$

得
$$F_{S1} = -\frac{3}{4}qa \quad \text{（实际方向与假设相反）}$$

由 $\sum M_C = 0,\ -F_A \times a + qa \times \frac{1}{2}a + M_1 = 0$

得
$$M_1 = -\frac{1}{4}qa^2 \quad \text{（实际转向与假设相反）}$$

2—2 截面内力：用截面 2—2 截取右侧梁段为研究对象（见图 6-11(c)），设 F_{S2} 和 M_2 皆为正，由平衡方程 $\sum F_y = 0, F_{S2} + F_B = 0$，得

$$F_{S2} = -\frac{3}{4}qa \quad \text{（实际方向与假设相反）}$$

由 $\sum M_C = 0,\ -M_2 + F_B a = 0$

得
$$M_2 = \frac{3}{4}qa^2$$

讨论：比较截面 1—1 和截面 2—2 的内力，由于

$$F_{S2} = F_{S1}$$

$$M_2 - M_1 = \frac{3}{4}qa^2 - \left(-\frac{1}{4}qa^2\right) = qa^2 = M$$

可见，在分布载荷变化处，对剪力和弯矩都没有影响，本例仅在集中力偶作用处左右两侧无限接近的截面上，弯矩发生突变，突变值等于集中力偶矩的大小（与前例分析同理）。

因此，在应用截面法计算内力时，为简便和避免发生错误，需要注意以下两点：

(1)未知的内力方向均按正向设置。若计算结果为正值，则内力的实际方向与所设的方向一致；反之，则内力的实际方向与所设的方向相反。

(2)截面不能取在集中力或集中力偶的作用面上。

根据上述剪力和弯矩的求取过程，可总结出由外力直接计算梁指定截面上内力的规则，为便于记忆列表如表 6-1 所示。

利用上述规则求弯曲内力时，可不用再列平衡方程，而直接根据截面左侧或右侧梁上的

外力来确定梁任一横截面上的剪力和弯矩,我们称此为直接计算法求内力。

表 6-1 直接计算法求梁的内力规则

梁上任一指定截面	大小计算规则与正负号规定	说明	
		大小	方向
剪力	$F_S = \sum F_{y左}$ 或 $F_S = \sum F_{y右}$ 外力左上右下,使剪力为正;反之为负	由 $\sum F_y = 0$ 推得: 剪力在数值上等于该截面一侧(左侧或右侧)所有外力沿截面切向投影的代数和	若取左侧梁段,则所有向上的外力取正号,反之取负;若取右侧梁段,则所有向下的外力取正号,反之取负
弯矩	$M_C = \sum M_C(F_{左})$ 或 $M_C = \sum M_C(F_{右})$ 外力对截面形心之矩左顺右逆,使弯矩为正;反之为负	由 $\sum M_C(F) = 0$ 推得: 弯矩在数值上等于该截面一侧(左侧或右侧)所有外力对该截面形心之矩的代数和	若取左侧梁段,则所有的外力(力或力偶)对该截面形心之矩顺时针取正号,反之取负;若取右侧梁段,则所有的外力对该截面形心之矩逆时针取正号,反之为负

【例 6-3】 试用直接计算法重新计算例 6-2 中,1—1 截面、2—2 截面上的剪力和弯矩。

解 (1)求支座反力(同前略)

$$F_B = \frac{3}{4}qa \quad F_A = \frac{1}{4}qa$$

(2)求截面内力(直接计算剪力和弯矩)。

剪力是截面一侧外力沿 y 方向投影的代数和。1—1 截面左侧作用有两种外力:支座反力 F_A 和均布载荷 q。F_A 方向向上,因此将在 1—1 截面上引起正剪力;而 qa 向下方向,则引起负剪力,故剪力 F_{S1} 为

$$F_{S1} = F_A - qa = -\frac{3}{4}qa$$

弯矩是截面一侧外力对截面形心的力矩代数和。F_A 对该截面形心之矩为顺时针转向,在 1—1 截面上引起正弯矩,数值为 F_Aa;而均布载荷 q 对该截面形心之矩为逆时针转向,在 1—1 截面上引起负弯矩,数值为 $qa \times \frac{1}{2}a$。因此,弯矩 M_1 为

$$M_1 = F_Aa - qa \times \frac{1}{2}a = -\frac{1}{4}qa^2$$

2—2 截面右侧只有一个外力 F_B。F_B 方向向上,在 2—2 截面上引起负剪力。因此,剪力 F_{S2} 为

$$F_{S2} = -F_B = -\frac{3}{4}qa$$

F_B 对该截面形心之矩为逆时针转向,在 2—2 截面上引起正弯矩,数值为 F_Ba。因此,弯矩 M_2 为

$$M_2 = F_Ba = \frac{3}{4}qa^2$$

上述结果与例 6-2 中求得的一样,但求解过程相对简单。

【例 6-4】 外伸梁的受力情况如图 6-12 所示。已知 $F=4\ \text{kN}$, $q=1.5\ \text{kN/m}$, $m=3\ \text{kN}\cdot\text{m}$,试用直接法求梁 F、D 左截面的剪力和弯矩。

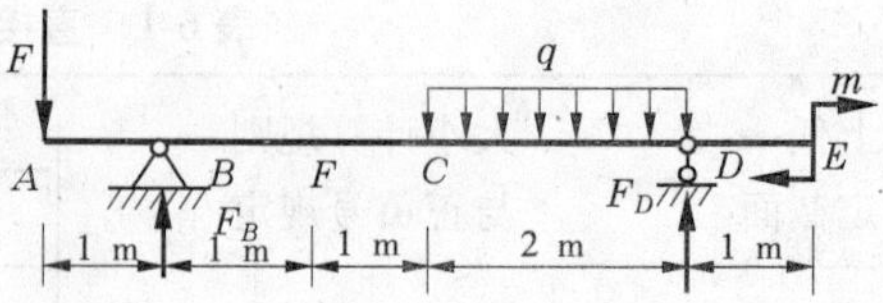

图 6-12

解 (1)求支座反力。取梁整体为研究对象,列平衡方程。

由

$$\sum m_D=0$$

得

$$F\times5+q\times2\times1-m-F_B\times4=0$$

$$F_B=\frac{F\times5+q\times2\times1-m}{4}=\frac{4\times5+1.5\times2\times1-3}{4}=5(\text{kN})$$

由

$$\sum m_B=0$$

得

$$F\times1-q\times2\times3+F_D\times4-m=0$$

$$F_D=\frac{-F\times1+q\times2\times3+m}{4}=\frac{-4\times1+1.5\times2\times3+3}{4}=2(\text{kN})$$

校核: $\sum F_y=F_B+F_D-F-q\times2=5+2-4-1.5\times2=0$,计算无误。

(2)求截面的内力。截面 F 的内力,可由截面 F 以左的外力直接写出。

$$F_{SF}=-F+F_B=-4+5=1(\text{kN})$$

$$M_F=F_B\times1-F\times2=5\times1-4\times2=-3(\text{kN}\cdot\text{m})$$

截面 $D_{左}$ 的内力,可由截面 $D_{左}$ 以右的外力直接写出

$$F_{SD左}=-F_D=-2\ \text{kN}$$

$$M_{D左}=-m=-3\ \text{kN}\cdot\text{m}$$

截面 $D_{左}$ 的内力,也可由 $D_{左}$ 以左的外力直接写出

$$F_{SD左}=F_B-F-q\times2=5-4-1.5\times2=-2(\text{kN})$$

$$M_{D左}=F_B\times4-F\times5-q\times2\times1$$
$$=5\times4-4\times5-1.5\times2\times1=-3(\text{kN}\cdot\text{m})$$

由此可见,无论以左侧还是右侧计算截面 $D_{左}$ 的内力其大小和符号都相同。

根据直接计算法求梁任一截面上的内力,使用起来非常简便,但须牢记表 6-1 中的规则并遵循有关正负号规定。

6.2 梁的内力图绘制

6.2.1 利用内力方程绘制内力图

一般情况下,梁横截面上的剪力和弯矩随截面位置不同而变化。在进行梁的强度计算时,需要知道梁中剪力、弯矩的最大值以及它们所在截面的位置,以此判断危险截面所在作为强度校核的依据。为了便于直观、形象地显示出内力的变化规律,通常是将剪力和弯矩沿梁轴线的变化情况用图形表示出来,这样的图形分别称为**剪力图**和**弯矩图**。

若以横坐标 x 表示横截面在梁轴线上的位置,则梁的各横截面上的剪力和弯矩都可以

表示为 x 的函数,即

$$F_S = F_S(x)$$
$$M = M(x)$$

上述函数表达式称为梁的**剪力方程**和**弯矩方程**,统称为内力方程。

利用内力方程绘制梁内力图与画轴力图相似,即选定比例尺,把剪力值和弯矩值作为纵坐标,梁轴线为横坐标,按照数学中作函数图形的方法,绘出 $F_S(x)$ 和 $M(x)$ 的图线。注意,绘剪力图时一般规定将正剪力画在横轴的上方,负剪力画在横轴的下方,要标正负号;但弯矩图对土建类专业习惯上总画在梁的受拉一侧,即正弯矩在下方,负弯矩在上方。下面通过例题来说明具体的作图方法和步骤。

【例 6-5】 如图 6-13 所示简支梁受集中力 F 作用,试画出梁的剪力图和弯矩图。

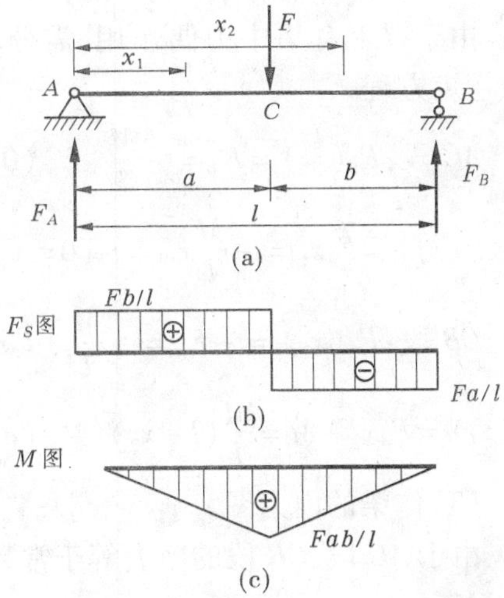

图 6-13

解 (1)求支座反力。取梁整体为研究对象。由平衡方程

$$\sum M_B = 0,\ -F_A l + Fb = 0 \quad 得 \quad F_A = \frac{b}{l}F$$

$$\sum M_A = 0,\ F_B l - Fa = 0 \quad 得 \quad F_B = \frac{a}{l}F$$

校核

$$\sum F_y = F_A + F_B - F = \frac{b}{l}F + \frac{a}{l}F - F = 0$$

计算无误。

(2)列内力方程。梁在 C 截面处有集中力作用,故 AC 段和 CB 段的内力方程不同,须分别列出。按直接计算法:

AC 段
$$F_S(x_1) = F_A = \frac{Fb}{l} \qquad (0 < x_1 < a)$$
$$M(x_1) = F_A x_1 = \frac{Fb}{l}x_1 \qquad (0 \leqslant x_1 \leqslant a)$$

CB 段
$$F_S(x_2) = -F_B = -\frac{Fa}{l} \qquad (a < x_2 < l)$$
$$M(x_2) = F_B(l - x_2) = \frac{Fa}{l}(l - x_2) \qquad (a \leqslant x_2 \leqslant l)$$

(3)作梁的内力图。

由 AC 段和 CB 段的剪力方程可知,AC 段梁的剪力图是一条在 x 轴上方的水平直线,CB 段梁的剪力图是一条在 x 轴下方的水平直线,梁的剪力图如图 6-13(b)所示。

由 AC 段和 CB 段的弯矩方程可知,两段梁的弯矩图均为斜直线。每段分别计算出两端截面的 M 值后可画出 M 图,列表计算如下:

x_1	0	a	x_2	a	l
M	0	$\frac{Fab}{l}$	M	$\frac{Fab}{l}$	0

标出上述弯矩值,连以直线,即为梁的弯矩图,如图 6-13(c)所示。

讨论：由 F_S 图、M 图可知，在集中力作用的截面，剪力图发生突变，突变的方向是从左到右和集中力的指向一致，其突变值等于集中力的大小，弯矩图出现"尖点"，即 M 图在此处的斜率发生改变。

【例 6-6】 如图 6-14（a）所示简支梁受集中力偶 M 作用，试作梁的内力图。

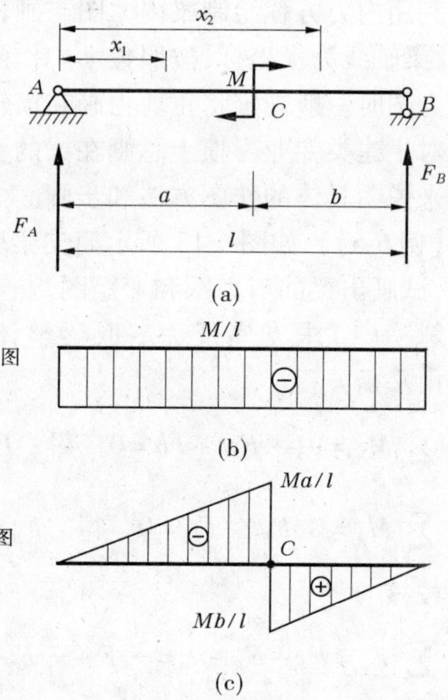

图 6-14

解 （1）求梁的支座反力。

$$F_A = -\frac{M}{l}, \quad F_B = \frac{M}{l}$$

（2）作梁的内力图。

由于梁上有集中力偶作用，需分段列出剪力、弯矩方程。

$$AC\text{ 段}: F_S(x_1) = F_A = -\frac{M}{l} \qquad (0 < x_1 \leqslant a)$$

$$M(x_1) = F_A x_1 = -\frac{M}{l}x_1 \qquad (0 \leqslant x_1 < a)$$

$$CB\text{ 段}: F_S(x_2) = -F_B = -\frac{M}{l} \qquad (a < x_2 \leqslant l)$$

$$M(x_2) = F_A x_2 + M = \frac{M}{l}(l - x_2) \qquad (a < x_2 \leqslant l)$$

（3）作梁的内力图。

由于 AC 段、CB 段的剪力等于常数，其值均为 $-\frac{M}{l}$，因此 F_S 图在全梁上为一水平线。

由于 AC、CB 段的 M 均为 x 的一次函数，两段梁的 M 图均为斜直线，求出各段梁两端截面的弯矩值如下：

x_1	0	a	x_2	a	l
M	0	$-\frac{Ma}{l}$	M	$\frac{Mb}{l}$	0

标出上述弯矩值，连以直线，即为梁的 M 图（图 6-14（c））。

讨论：由 F_S、M 图可知，在集中力偶作用处，剪力图无变化，弯矩图出现突变，突变值等于集中力偶矩的大小。

【例 6-7】 如图 6-15（a）所示简支梁受均布荷载作用，试画出梁内力图。

解 （1）求支座反力

$$F_A = F_B = \frac{1}{2}ql$$

（2）列内力方程，由于梁上无集中力和集中力偶，无须分段，由直接计算法可求得

$$F_S(x) = F_A - qx = \frac{1}{2}ql - qx \qquad (0 < x < l)$$

$$M(x) = F_A x - \frac{1}{2}qx^2 = \frac{1}{2}qlx - \frac{1}{2}qx^2 \qquad (0 \leqslant x \leqslant l)$$

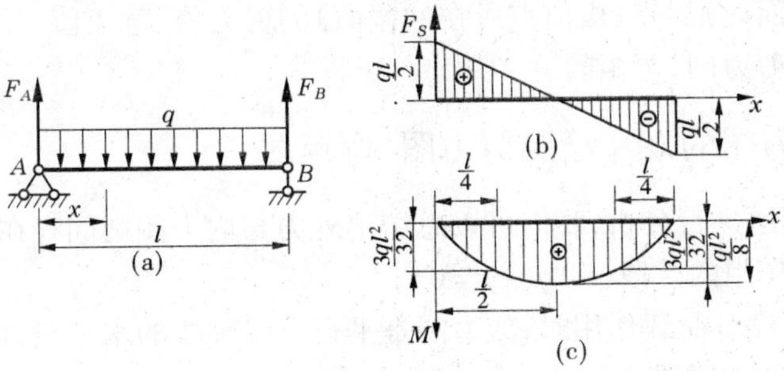

图 6-15

(3)画内力图。由剪力方程可知,F_S 图是斜直线,计算梁两端处的 F_S 值

$$x=0\text{处},F_{SA右}=F_A=\frac{1}{2}ql;x=l\text{处},F_{SB左}=-F_B=-\frac{1}{2}ql$$

由此可画出 F_S 图(见图 6-15(b))。

由弯矩方程可知,M 图是一条二次抛物线,作此抛物线,需确定几个坐标点,列表计算如下:

x_1	0	$l/4$	$l/2$	$3l/4$	l
M	0	$\frac{3ql^2}{32}$	$\frac{ql^2}{8}$	$\frac{3ql^2}{32}$	0

标出以上各点的 M 值,并连以光滑曲线,可画出弯矩图(见图 6-15(c))。

讨论:由 F_S 图、M 图可知,梁受均布荷载作用时,F_S 图为斜直线,M 图为二次抛物线,且 M 图的凸向与均布荷载的指向相同,在剪力等于零的截面上弯矩取极值。

【例 6-8】 如图 6-16(a)所示悬臂梁,试画出该梁的剪力图和弯矩图。

解 选取坐标轴如图 6-16 所示。悬臂梁可不用求反力,以右段梁为研究对象,直接列内力方程

$$F_S(x)=qx \qquad (0\leqslant x<l)$$

$$M(x)=-qx\frac{x}{2}=-\frac{qx^2}{2}\ (0\leqslant x<l)$$

可见剪力图为一斜直线,弯矩图为二次曲线,计算出两端点的值描图如下:

由图 6-16(b)、(c)可见,此梁横截面上的最大剪力值为 $F_{S\max}=ql$,最大弯矩(按绝对值)值为 $M_{\max}=\frac{1}{2}ql^2$,它们都发生在固定端右侧横截面上。

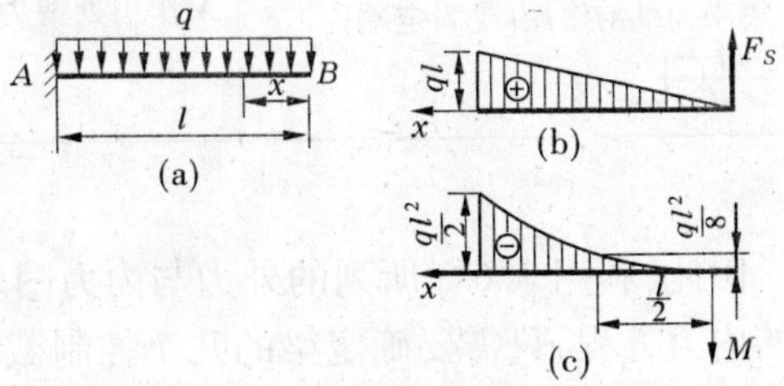

图 6-16

通过以上各例,可将由内力方程画内力图的步骤归纳如下:

(1)求支座反力(悬臂梁可以不求)。

(2)分段(集中力、集中力偶作用点及分布荷载的起、止点为分界处)列出内力方程。

(3)由内力方程判断各段剪力图、弯矩图的大致形状。

(4)求控制截面(分界点、极值点所在的截面)的剪力值、弯矩值。

(5)逐段作出剪力图、弯矩图。

6.2.2 利用内力图的规律绘制剪力图、弯矩图

通过对上述例题进行分析,我们可以总结出外力与内力图之间存在着一些规律:

(1)没有外力作用的区段(即 $q(x)=0$)。

当梁的某段上没有荷载作用时,剪力图是平行于梁轴线的水平线,弯矩图是斜直线。

(2)$q(x)$ = 常数的区段。

当梁在某段上作用有均布荷载时,剪力图是斜直线,弯矩图是二次曲线,并且其凹凸方向与 $q(x)$ 指向是一致的。剪力为零处,弯矩有极值。

(3)集中力作用处。在集中力作用处剪力图发生突变,突变值等于该集中力值,并且当从左向右作剪力图时突变方向与该集中力指向一致。

(4)集中力偶作用处。在集中力偶作用处剪力图不发生变化,而弯矩图发生突变,突变值等于该集中力偶矩值。

(5)简支梁铰支座处通常剪力不为零、弯矩为零;悬臂梁固定端处剪力、弯矩通常均不为零。

可将上述规律列成表 6-2,以便记忆和应用。

表 6-2 梁内力与外力的关系规律

梁上的外力情况	剪力图形状特征	弯矩图形状特征
无外力段 $q(x)=0$	水平线 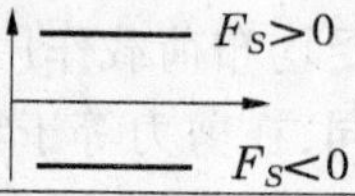	斜直线 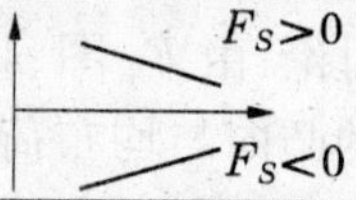
$q(x)$=常数>0 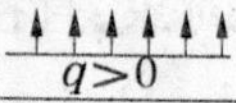	向上斜直线 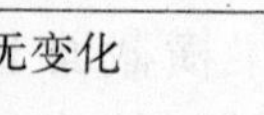	凹向下二次曲线 $F_S=0$, M有极值 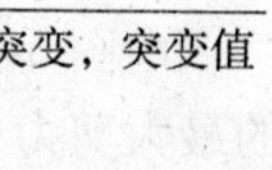
$q(x)$=常数<0 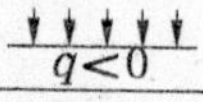	向下斜直线 	凹向上二次曲线 $F_S=0$, M有极值 
集中力P作用(或支座反力) 	P作用处F_S图发生突变,突变值等于P	P作用处M图发生转折
集中力偶M作用(或固定端) 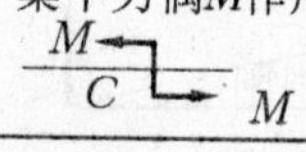	M作用处剪力图无变化	M作用处弯矩图发生突变,突变值等于M

因此,利用表 6-2 所列的外力与内力图之间的规律画梁的剪力图和弯矩图,不需要列出梁的内力方程,只需要确定梁的几个控制截面并算出其上的剪力、弯矩值,就可以做出各段梁的内力图,我们称这种方法为作梁内力图的**简捷法**。其具体作图步骤如下:

(1)求支座反力。以梁整体为研究对象,根据梁上的荷载和支承情况,由静力平衡方程求出支座反力。

(2)确定梁的分段和控制截面。确定梁的分段与控制截面的原则:以集中力和集中力

偶作用处、分布载荷的起止处、梁的支承处以及梁的端面为分段点和控制截面。

(3)求控制截面内力。用截面法或直接法计算各控制截面上的剪力值和弯矩值。对于剪力图,在集中力作用的截面上发生突变,需将集中力作用点两侧截面的剪力求出来;对于弯矩图,在集中力偶作用的截面上发生突变,需将集中力偶作用点两侧截面的弯矩求出来。

(4)分区段画剪力图和弯矩图。按照各控制截面的内力,分区段利用表6-2外力与内力的关系规律,依次绘制内力图。下面举例说明。

【例6-9】 外伸梁如图6-17(a)所示,已知 $q=4\ \text{kN/m}$, $F=10\ \text{kN}$。试用简捷法画出梁的剪力图和弯矩图。

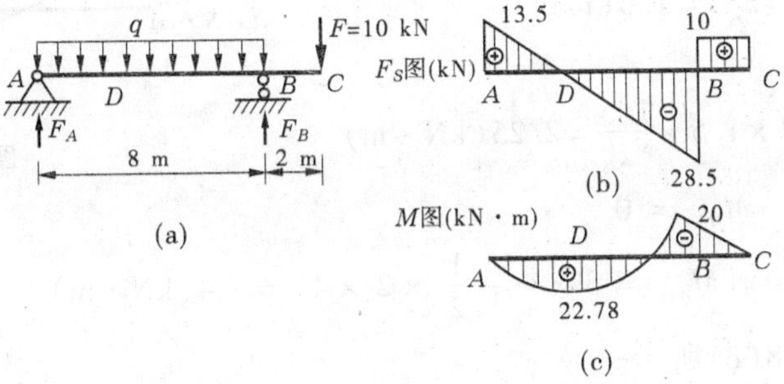

图6-17

解 (1)求支座反力。

选整体为研究对象,反力方向如图6-17(a)所示。

由平衡方程求得:$F_A=13.5\ \text{kN}$ $F_B=28.5\ \text{kN}$

(2)根据梁上的外力情况,将梁分为 AB 和 BC 两段。

控制截面为:两端面 A、C;支承 B 及弯矩极值点处。

(3)画剪力图。

BC 段上:无分布荷载作用,其剪力图为水平线。

AB 段上:作用向下的均布荷载,其剪力图从左到右为向下斜直线。

由
$$F_{SA右}=F_A=13.5\ \text{kN}$$
$$F_{SB左}=F_A-q\times8=13.5-4\times8=-18.5(\text{kN})$$
$$F_{SB右}=10\ \text{kN}\quad F_{SC左}=10\ \text{kN}$$

可分别画出 AB、BC 段的剪力图,如图6-17(b)所示。

(4)画弯矩图。

AB 段:梁上有向下均布荷载作用,其弯矩为凹向上的二次曲线,在 $F_S=0$ 的 D 截面上,弯矩取极值,由剪力图可求出截面 D 距 A 支座的距离 x 为

$$x=\frac{F_{SA右}}{q}=\frac{13.5}{4}=3.375(\text{m})$$

则
$$M_D=F_A\times3.375-q\times\frac{3.375^2}{2}=13.5\times3.375-4\times\frac{3.375^2}{2}=22.78(\text{kN}\cdot\text{m})$$

$M_A=0$, $M_B=-F\times2=-10\times2=-20(\text{kN}\cdot\text{m})$,画出 AB 段为二次曲线的弯矩图。

BC 段:无分布荷载作用,其弯矩图为斜直线:$M_C=0$,可画出 BC 段的弯矩图,如图6-17(c)所示。

【例6-10】 试用简捷法画如图6-18(a)所示悬臂梁的剪力图和弯矩图。

解 悬臂梁不用求支座反力，因梁上无集中力和集中力偶（两端面除外），所以不用分段，梁上作用有向下分布荷载，剪力图为向下斜直线，弯矩图为凹向上的二次曲线，控制截面为两端面及极值点处。由$F_{SB左}=-3\ kN$、$F_{SA右}=2\times4-3=5(kN)$求得两点，连线这两点即画出剪力图，如图6-18(b)所示。在$F_S=0$的C截面上，弯矩取极值，由剪力图可求出截面C距A端的距离x为

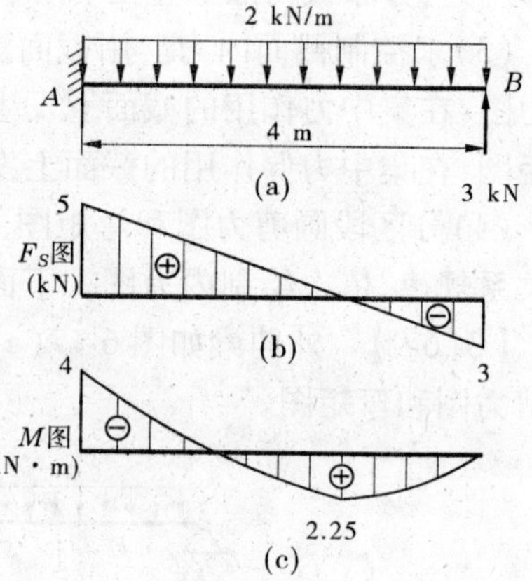

图 6-18

$$x=3/2=1.5(m)$$

则

$$M_C=3\times1.5-2\times1.5\times\frac{1.5}{2}=2.25(kN\cdot m)$$

$$M_{B左}=0$$

$$M_{A右}=3\times4-\frac{1}{2}\times2\times4^2=-4(kN\cdot m)$$

画出弯矩图如图6-18(c)所示。

【例6-11】 试用简捷法画如图6-19(a)所示梁的剪力图和弯矩图。

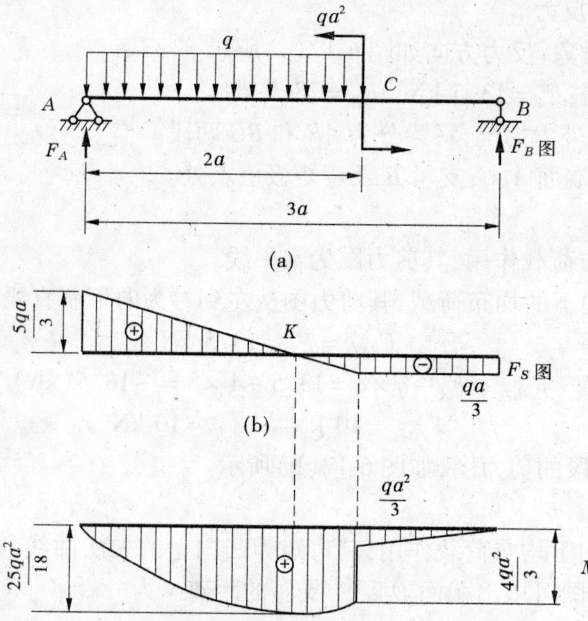

图 6-19

解 (1)整体平衡求支反力，其结果为

$$F_A=\frac{5}{3}qa(\uparrow)$$

$$F_B=\frac{1}{3}qa(\uparrow)$$

(2)根据梁上的外力情况,将梁分为 AC 和 CB 两段。

(3)画剪力图。

CB 段为无分布载荷,剪力图为水平线,由 $F_{SB左}=-F_B=-\frac{1}{3}qa$ 画出该段水平线。

AC 段为向下均布载荷,剪力图为斜向下直线,由 $F_{SA右}=F_A=\frac{5}{3}qa$、$F_{SC右}=-F_B=-\frac{1}{3}qa$ 求得两点,连线这两点即画出该梁的剪力图,如图 6-19(b)所示。

(4)画弯矩图。

CB 段无分布载荷,弯矩图为斜直线,由 $M_B=0$,$M_{C右}=F_B\times a=\frac{1}{3}qa^2$ 连此两点画出该斜直线。

AC 段的弯矩图是向上凹的二次曲线,且存在极值。

设弯矩具有极值的截面(K 截面)距左端的距离为 x,由该截面上剪力为零的条件,即由 $F_{SK}=F_A-qx=0$ 得 $x=F/q=\frac{5}{3}a$。

K 截面的弯矩值(极值)为:$M_{K\max}=F_A\times\frac{5}{3}a-q\times\frac{5}{3}a\times\frac{1}{2}\times\frac{5}{3}a=\frac{25}{18}qa^2$

$$M_{C左}=F_B\times a+qa^2=\frac{4}{3}qa^2,M_A=0$$

由此可画出 AC 段弯矩图,如图 6-19(c)所示。

【例 6-12】 试用简捷法作如图 6-20(a)所示梁的剪力图和弯矩图。

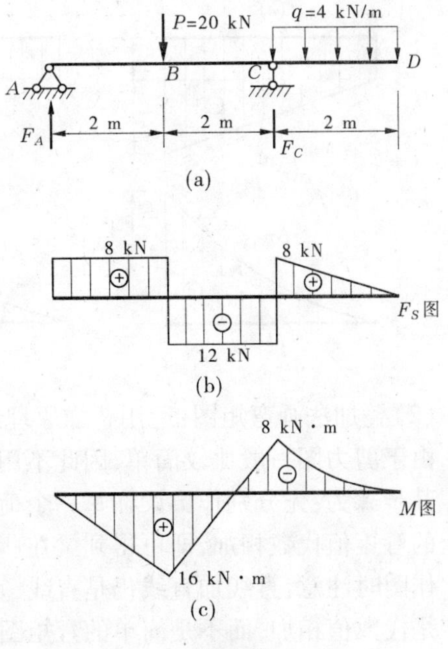

图 6-20

解 (1)求支座反力。整体平衡

由 $\sum M_C=0$ 得 $F_A=8\ \text{kN}$

$\sum M_A=0$ 得 $F_C=20\ \text{kN}$

根据外力情况需分为三段 AB、BC 和 CD 段画内力图。

(2)画剪力图。

AB 段为水平线:$F_{SA右}=F_A=8\ \text{kN}$

BC 段为水平线:$F_{SB右}=F_A-F=8-20=-12(\text{kN})$

CD 段为向下斜直线:

$F_{SC右}=F_A-F+F_C=8-20+20=8(\text{kN})$

$F_{SD}=0$

(3)画弯矩图。

AB 段为向下斜直线:

$$M_A=0,\quad M_B=F_A\times 2=8\times 2=16(\text{kN}\cdot\text{m})$$

BC 段为向上斜直线:

$$M_B=16\ \text{kN}\cdot\text{m},\quad M_C=F_A\times 4-F\times 2=-8\ \text{kN}\cdot\text{m}$$

CD 段为向上凹二次曲线：

$$M_C = -8\ \text{kN}\cdot\text{m},\qquad M_D = 0$$

注意此题中，B、C 处作用有集中力和支座反力，故剪力相应处有突变，所以须分别计算集中力的左侧和右侧两个截面的剪力值如上，弯矩在这些点上有转折，如图 6-20(c)所示。

从上面各例题可以看到，用简捷法画内力图的关键在于：

(1)理解并熟记表 6-2 中外力与内力图的关系规律。

(2)熟练掌握求指定截面内力的直接计算方法。

6.2.3 利用叠加法作梁的内力图

下面我们介绍力学中经常用到的叠加原理，由此可得叠加法作内力图。

(1)叠加原理：由于在小变形条件下，梁的内力、支座反力、应力和变形等参数均与荷载呈线性关系，每一荷载单独作用时引起的某一参数不受其他荷载的影响。所以，梁在多个荷载共同作用时所引起的某一参数(内力、反力、应力和变形等)，等于梁在各个荷载单独作用时所引起的该参数值的代数和，这种关系称为**叠加原理**，如图 6-21 所示。

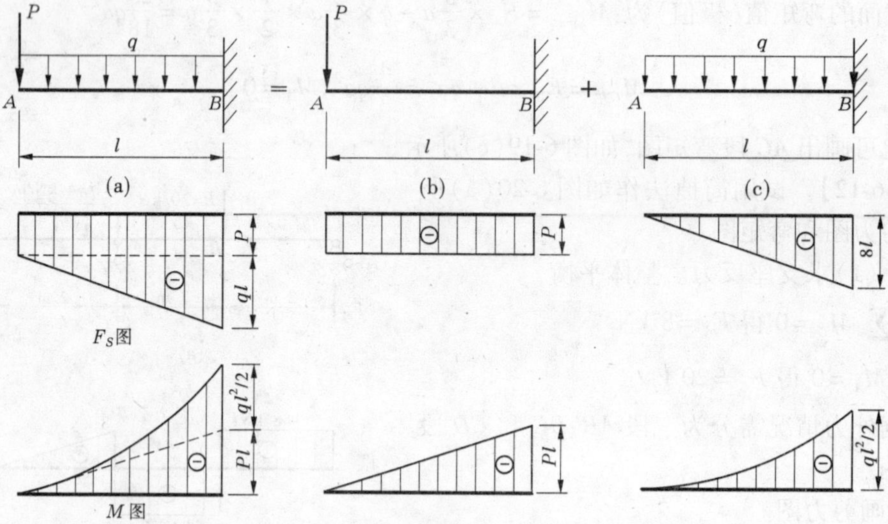

图 6-21

(2)叠加法画弯矩图：运用叠加原理绘制梁的内力图的方法叫**叠加法**。

由于剪力图一般比较简单，因此不用叠加法绘制。通常只用叠加法作梁的弯矩图。

其步骤为：先分别作出梁在每一个荷载单独作用下的弯矩图，然后将各弯矩图中同一截面上的弯矩值代数相加，即可得到梁在所有荷载共同作用下的弯矩图。

作图时注意：直线加直线仍是直线，直线加曲线是曲线，曲线加曲线还是曲线。叠加时，一定是代数值相加，而不是简单的弯矩图合并。宜先画直线形的弯矩图，再叠加曲线形或折线形的弯矩图。

【例 6-13】 某简支梁受荷载情况如图 6-22 所示，试用叠加法画出其弯矩图。

解 先将梁上荷载分为分布载荷 q 和两个集中力偶 M_A、M_B，分别画出在 q、M_A、M_B 单独作用下的弯矩图(见图 6-22(b)、(c))，然后将这两个弯矩图叠加，如图 6-22(a)所示。

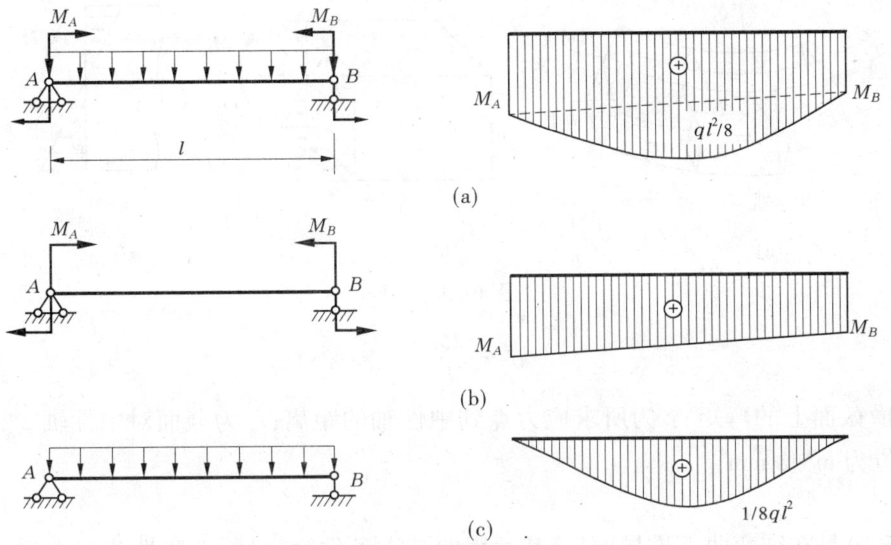

图 6-22

6.3 梁的正应力及其强度计算

6.3.1 弯曲时梁横截面上的正应力

前面讨论了梁的内力计算及内力图的绘制。为了计算梁的强度，还必须进一步研究梁横截面上的应力情况。通常梁的横截面上既有剪力，又有弯矩，被称为**横力弯曲**。与剪力对应的是横截面上的剪应力，或者说横截面上的剪应力构成剪力，亦即剪力是与横截面相切的分布内力的合力；与弯矩对应的是横截面上的正应力，或者说横截面上的正应力构成弯矩，亦即弯矩是与横截面相垂直的分布内力的合力偶矩。由于剪应力位于横截面内，不可能产生与梁轴线相垂直的力偶，故梁的弯矩与剪应力无关。梁横截面上的剪应力和正应力分别称为弯曲剪应力和弯曲正应力。下面介绍弯曲正应力在梁的横截面上的分布规律和计算公式。

6.3.1.1 弯曲正应力分布规律

为研究梁横截面上的正应力分布规律，需从几何、物理、静力平衡三方面考虑。作为工程应用，在此不作详细理论推导，仅将有关的概念和计算公式给予说明。

如果梁横截面上只有弯矩而无剪力，这时横截面上就只有正应力而无剪应力，我们称这样的弯曲为**纯弯曲**。在图 6-2 中，火车轮轴在两个车轮之间的一段就是纯弯曲。

通过试验观察和理论研究，纯弯曲时，梁中一定有一层纤维既不伸长也不缩短，此层称为**中性层**。中性层与梁横截面的交线称为**中性轴**，中性轴通过截面形心，见图 6-23(a)。纯弯曲时中性轴上正应力等于零，横截面上的正应力沿截面高度呈线性分布，且距中性轴距离相等的各点的正应力数值相等。即中性轴两侧，一侧受拉，另一侧受压，离中性轴愈远正应力愈大，最大正应力(绝对值)在离中性轴最远的上、下边缘处，如图 6-23(b)、(c)所示。

6.3.1.2 弯曲正应力计算公式

(1)横截面上任意点的正应力为

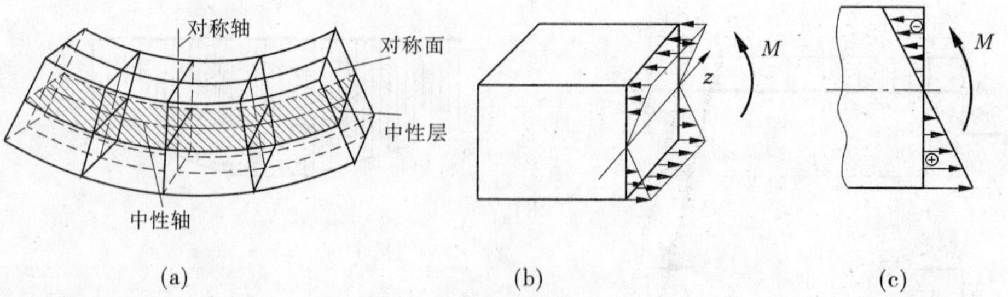

图 6-23

$$\sigma = \frac{My}{I_z} \tag{6-1}$$

式中：M 为横截面上的弯矩；y 为所求应力点到中性轴的距离；I_z 为截面对中性轴 z 的惯性矩，常用单位为 m^4 或 mm^4。

说明：

①式(6-1)是在纯弯曲下推导所得，其适用的基本条件为：材料在弹性范围内且外力使梁产生平面弯曲。

②公式推广使用。工程上常见的弯曲是横力弯曲，这时横截面上不仅有正应力，而且还有剪应力，此时横截面将发生翘曲(不符合纯弯曲时的平面假设，各纵向纤维之间也存在挤压)。但理论与试验证明，对于横力弯曲的**细长梁**(截面高度 h 和梁跨度 l 之比 $\frac{h}{l} \leqslant 0.2$ 的梁)，仍可按式(6-1)计算梁的正应力，误差不大，满足工程精度要求。因此，式(6-1)被称为弯曲正应力计算公式。

③注意事项：应用公式时，为了简便和不易发生错误，M 与 y 均代入绝对值，最后可由梁的变形情况来确定该点是拉应力还是压应力。当截面上的弯矩为正时，梁下端受拉，上端受压，即中性轴以下为拉应力，中性轴以上为压应力；当截面上的弯矩为负时，则相反。

(2)横截面上的最大正应力。横力弯曲时，弯矩随截面位置变化。一般情况下，最大正应力发生于弯矩最大的截面上，且离中性轴最远处。于是由式(6-1)得

$$\sigma_{max} = \frac{M_{max} y_{max}}{I_z} \tag{6-2}$$

引入记号

$$W_z = \frac{I_z}{y_{max}} \tag{6-3}$$

则式(6-2)可以改写为

$$\sigma_{max} = \frac{M_{max}}{W_z} \tag{6-4}$$

W_z 称为抗弯截面系数(或抗弯截面模量)。它与截面的几何形状有关，单位用 m^3 或 mm^3。

说明：

①当截面形状对称于中性轴时(如矩形、工字形、圆形等)，如图 6-24 所示，其受拉和受压边缘离中性轴的距离相等，即 $y_1 = y_2 = y_{max}$，因而 $\sigma_{t,max} = \sigma_{c,max}$。

②当截面形状不对称于中性轴时(如 T 形截面)，如图 6-25 所示，其 $y_1 \neq y_2$，所以横截面

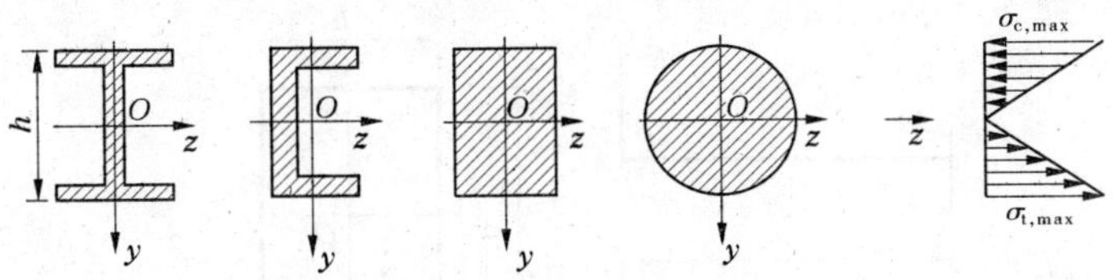

图 6-24

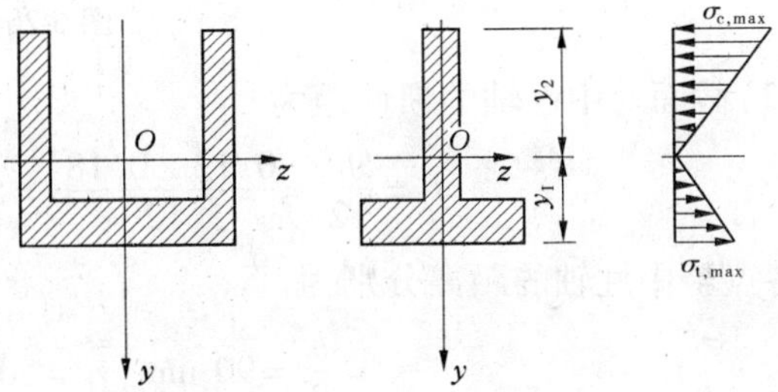

图 6-25

上 $\sigma_{t,max} \neq \sigma_{c,max}$ 分别为：

$$\sigma_{t,max} = M_{max} y_1 / I_z$$

$$\sigma_{c,max} = M_{max} y_2 / I_z$$

③轴惯性矩 I_z 和抗弯截面系数 W_z 是只与截面的形状、尺寸有关的几何量。截面面积分布离中性轴越远，截面对该轴的惯性矩越大，抗弯截面系数越大。常用截面的 I、W_z 计算公式如表 6-3 所示。工字钢、槽钢等轧制型钢的 I、W_z 可从型钢表(附录)中查得。

表 6-3　常用截面的 I、W_z 计算公式

截面形状	轴惯性矩	抗弯截面系数
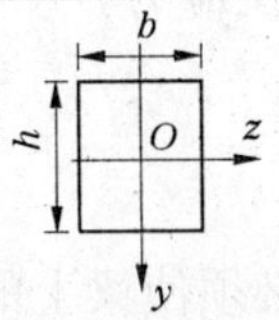	$I_z = \frac{bh^3}{12}$　$I_y = \frac{b^3 h}{12}$	$W_z = \frac{\frac{bh^3}{12}}{\frac{h}{2}} = \frac{bh^2}{6}$　$W_y = \frac{b^2 h}{6}$
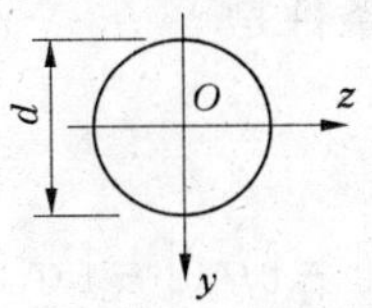	$I_z = I_y = \frac{\pi d^4}{64}$	$W_z = \frac{\frac{\pi d^4}{64}}{\frac{d}{2}} = \frac{\pi d^3}{32} = W_y$
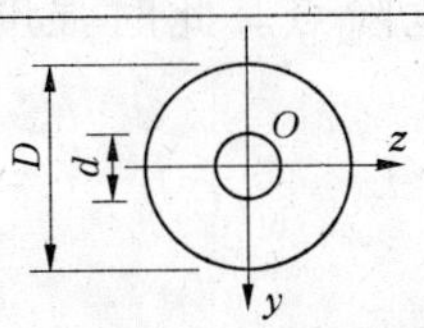	$I_z = \frac{\pi D^4}{64}(1-\alpha^4)$　$\alpha = \frac{d}{D}$	$W_z = \frac{\frac{\pi D^4}{64}(1-\alpha^4)}{\frac{D}{2}} = \frac{\pi D^3}{32}(1-\alpha^4)$

【例 6-14】　如图 6-26 所示悬臂梁，自由端承受集中荷载 F 作用，已知：$h = 18$ cm，$b = 12$ cm，$y = 6$ cm，$l = 2$ m，$F = 1.5$ kN。计算 A 截面上 a、b、c 三点的正应力。

解　(1)计算截面 A 弯矩

$$M_A = -Fl = -1.5 \times 2 = -3(\text{kN} \cdot \text{m})$$

弯矩为负，则上端受拉，下端受压。

(2)计算正应力：用 $\sigma = \frac{My}{I_z}$ 计算各点的正应力。

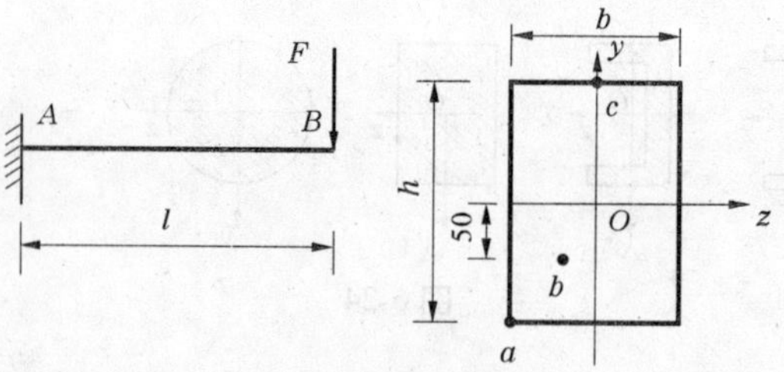

图 6-26

(3)截面对中性轴的惯性矩为

$$I_z = \frac{bh^3}{12} = \frac{0.12 \times 0.18^3}{12} = 58.32 \times 10^{-6}\ (\mathrm{m}^4)$$

各点至中性轴的距离分别为

$$y_a = \frac{h}{2} = 90\ \mathrm{mm};\ y_b = 50\ \mathrm{mm};\ y_c = 90\ \mathrm{mm}$$

则

$$\sigma_a = \frac{My_a}{I_z} = \frac{3 \times 10^3 \times 0.09}{58.32 \times 10^{-6}} = 4.63 \times 10^6\ (\mathrm{N/m^2}) = 4.63\ \mathrm{MPa}\ (\text{压应力})$$

$$\sigma_b = \frac{My_b}{I_z} = \frac{3 \times 10^3 \times 0.05}{58.32 \times 10^{-6}} = 2.57 \times 10^6\ (\mathrm{N/m^2}) = 2.57\ \mathrm{MPa}\ (\text{压应力})$$

$$\sigma_c = \frac{My_c}{I_z} = \frac{3 \times 10^3 \times 0.09}{58.32 \times 10^{-6}} = 4.63 \times 10^6\ (\mathrm{N/m^2}) = 4.63\ \mathrm{MPa}\ (\text{拉应力})$$

6.3.2 梁的正应力强度条件

为了保证梁在规定的条件下能够正常工作,并有一定的安全储备,必须使梁上的最大正应力 $\sigma_{\max}$ 不超过材料受弯时的许用正应力 $[\sigma]$,因此梁的正应力强度条件是

$$\sigma_{\max} = \frac{M_{\max} y_{\max}}{I_z} \leqslant [\sigma] \tag{6-5}$$

(1)对于塑性材料等截面梁,由于其抗拉和抗压强度相等,即 $[\sigma_t] = [\sigma_c] = [\sigma]$,则最大弯矩的所在面称为危险面,危险面上距中性轴最远的点称为危险点。此时强度条件式(6-5)可表达为

$$\sigma_{\max} = \frac{M_{\max}}{W_z} \leqslant [\sigma] \tag{6-6}$$

(2)对于脆性材料制成的梁,由于其抗拉强度和抗压强度相差甚大,即 $[\sigma_t] \neq [\sigma_c]$,所以要对最大拉应力点和最大压应力点分别进行校核,即

$$\sigma_{t,\max} = \frac{My_{\max}}{I_z} \leqslant [\sigma_t] \tag{6-7a}$$

$$\sigma_{c,\max} = \frac{My_{\max}}{I_z} \leqslant [\sigma_c] \tag{6-7b}$$

根据上述强度条件,可以解决工程中常见的三类强度计算问题:

(1)强度校核。在已知梁的截面尺寸、材料及所受荷载情况下,可以检查梁是否满足正应力强度条件,即对梁做正应力强度校核。

$$\sigma_{max} = \frac{M_{max}}{W_z} \leqslant [\sigma]$$

(2)截面设计。在已知梁的材料及荷载时,可根据强度条件计算抗弯截面系数 $W_z \geqslant \frac{M_{max}}{[\sigma]}$,再根据梁的截面形状进一步确定截面的具体尺寸。

(3)确定许用荷载。在已知梁的材料及截面尺寸时,可根据强度条件计算此梁能承受的最大弯矩 $M_{max} \leqslant W_z[\sigma]$。再由 M_{max} 与荷载的关系计算出许用荷载值。

综上所述,无论求解哪类强度计算问题,求出最大弯矩、判断危险截面和危险点位置所在都是关键。下面通过例题来说明。

【例6-15】 图6-27(a)所示工字钢制成的梁,其计算简图可取为如图6-27(b)所示的简支梁,钢的许用弯曲正应力 $[\sigma]=152$ MPa。试选择工字钢的型号。

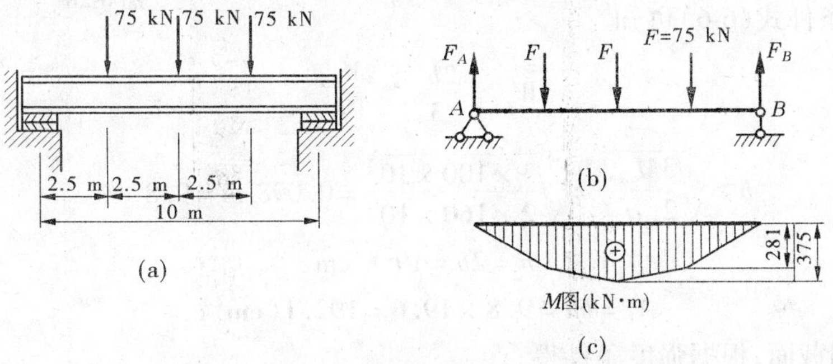

图6-27

解 (1)在不计梁的自重的情况下,弯矩图如图6-27(c)所示。

$$M_{max} = 375 \text{ kN} \cdot \text{m}$$

按强度条件要求

$$W_z \geqslant \frac{M_{max}}{[\sigma]} = \frac{375 \times 10^3}{152 \times 10^6} = 2\ 467 \times 10^{-6} (\text{m}^3)$$

由型钢规格表查得56b号工字钢的 W_z 为

$$W_z = 2\ 447 \text{ cm}^3 = 2\ 447 \times 10^{-6} \text{ m}^3$$

此值虽略小于要求的 W_z 但相差不到1%,故可以选用56b工字钢。

(2)如果计入梁的自重$\left(q=115\ \frac{\text{kg}}{\text{m}}=\frac{1.127\ \text{kN}}{\text{m}}\right)$,危险截面仍在跨中,相应的最大弯矩则为

$$M_{max} = 375 + \frac{ql^2}{8} = 375 + 14.1 = 389.1(\text{kN} \cdot \text{m})$$

此时危险截面上的最大工作应力为

$$\sigma_{max} = \frac{M_{max}}{W_z} = \frac{389.1 \times 10^3}{2\ 447 \times 10^{-6}} = 159(\text{MPa}) > [\sigma] = 152 \text{ MPa}$$

其值超过许用弯曲正应力,但 $\frac{\sigma_{max}-[\sigma]}{[\sigma]} \approx 4.6\%$。工程实践中,如果最大工作应力超过许用应力不到5%,则通常还是允许的。可见,自重对钢梁影响不是很大。

【例 6-16】 等截面外伸梁受力如图 6-28(a)所示，若材料的许用应力$[\sigma]=160$ MPa，试设计下述三种形状的截面尺寸：(1)高宽比$\dfrac{h}{b}=2$的矩形；(2)直径为d的圆形；(3)工字形截面。比较哪种截面形状的梁最省材料。

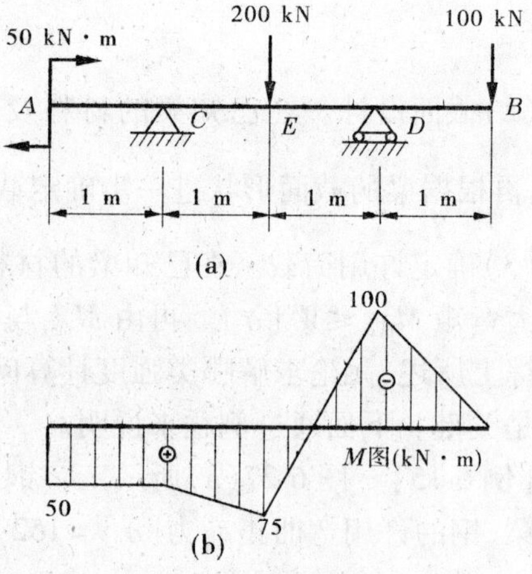

图 6-28

解 此为等截面梁，弯矩最大的截面即为危险截面，由图 6-28(b)所示的弯矩图可知，截面D为危险截面，最大弯矩$M_{max}=100$ kN · m。

(1)对于矩形截面，抗弯截面系数为

$$W_z=\frac{bh^2}{6}=\frac{b\times(2b)^2}{6}=\frac{2b^3}{3}$$

根据强度条件式(6-6)可知

$$W_z=\frac{2b^3}{3}\geqslant\frac{M_{max}}{[\sigma]}$$

得出

$$b\geqslant\sqrt[3]{\frac{3M_{max}}{2[\sigma]}}=\sqrt[3]{\frac{3\times100\times10^3}{2\times160\times10^6}}=0.098\ \text{m}=9.8\ \text{cm}$$

$$h=2b=19.6\ \text{cm}$$

则

$$A_1=bh=9.8\times19.6=192.1(\text{cm}^2)$$

(2)对于圆截面，根据强度条件得

$$W_z=\frac{\pi d^3}{32}\geqslant\frac{M_{max}}{[\sigma]}$$

$$d\geqslant\sqrt[3]{\frac{32M_{max}}{\pi[\sigma]}}=\sqrt[3]{\frac{32\times100\times10^3}{\pi\times160\times10^6}}=0.185(\text{m})=18.5\ \text{cm}$$

则

$$A_2=\frac{\pi d^2}{4}=\frac{\pi}{4}\times(18.5)^2=268.8(\text{cm}^2)$$

(3)工字形截面，抗弯截面系数为

$$W_z\geqslant\frac{M_{max}}{[\sigma]}=\frac{100\times10^3}{160\times10^6}=625\times10^{-6}(\text{m}^3)=625\ \text{cm}^3$$

经查表可知，32 号工字钢$W_z=692\ \text{cm}^3$，$A_3=67.1\ \text{cm}^2$。

计算表明，圆形截面最浪费材料，工字形截面最节约材料，工字形截面梁所用材料仅为圆形截面梁的 25%。大家思考一下这是为什么？

【例 6-17】 某倒 T 形截面的外伸梁，其受荷载情况如图 6-29(a)所示。已知$F_1=44$ kN、$F_2=20$ kN，材料的许用弯曲应力分别为$[\sigma_t]=45$ MPa、$[\sigma_c]=175$ MPa，截面各部分尺寸为$a=40$ mm、$b=30$ mm、$c=80$ mm，形心至上、下边的距离分别为$y_1=72$ mm、$y_2=38$ mm。试校核此梁的强度。

解 (1)危险截面与危险点判断。

画弯矩图如图 6-29(b)所示。C截面有最大正弯矩，B截面有最大负弯矩。因为截面不对称，因此C、B二截面均为危险截面。

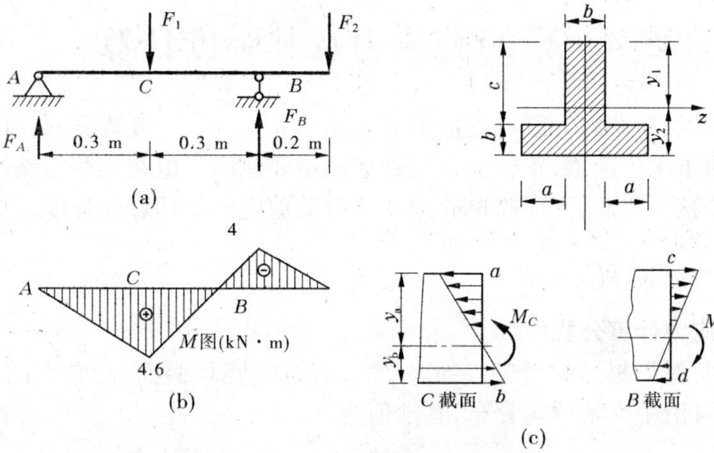

图 6-29

截面 C 与截面 B 的弯曲正应力分布分别如图 6-29(c)所示。

截面 C 的 a 点与截面 B 的 d 点处均受压；而截面 C 的 b 点与截面 B 的 c 点处均受拉。

由于 $|M_C| > |M_B|$，$|y_a| > |y_d|$，因此 $|\sigma_a| > |\sigma_d|$，即梁内的最大弯曲压应力 $\sigma_{c,\max}$ 发生在截面 C 的 a 点处。至于最大弯曲拉应力 $\sigma_{t,\max}$ 究竟发生在 b 点处，还是 c 点处，则须经计算后才能确定。

(2)计算截面对中性轴 z 的惯性矩及抗弯截面系数。

根据平行移轴公式，可得

$$I_z = \sum (I_C + a^2 A) = \frac{30 \times 80^3}{12} + 32^2 \times 30 \times 80 + \frac{110 \times 30^3}{12} + 23^2 \times 30 \times 110$$

$$= 128 \times 10^4 + 245.76 \times 10^4 + 24.75 \times 10^4 + 174.57 \times 10^4 = 573.1 \times 10^4 (\text{mm}^4)$$

$$W_1 = \frac{I_z}{y_1} = \frac{573.1 \times 10^4}{72} = 79.6 \times 10^3 (\text{mm}^3)$$

$$W_2 = \frac{I_z}{y_2} = \frac{573.1 \times 10^4}{38} = 150.8 \times 10^3 (\text{mm}^3)$$

(3)校核强度。

$$\sigma_b = \frac{M_C}{W_2} = \frac{4.6 \times 10^6}{150.8 \times 10^3} = 30.5(\text{MPa}) < [\sigma_t]$$

$$\sigma_a = \frac{M_C}{W_1} = \frac{4.6 \times 10^6}{79.6 \times 10^3} = 57.8(\text{MPa} < [\sigma_c]$$

$$\sigma_c = \frac{M_B}{W_1} = \frac{4.0 \times 10^6}{79.6 \times 10^3} = 50.3(\text{MPa}) > [\sigma_t]$$

经校核梁的强度不足。

由此可见，B 截面弯矩的绝对值并非最大，但是因为截面受拉区距中性轴较远，导致最大拉应力超过了许用拉应力值。所以，当截面不对称于中性轴时，最大正弯矩和最大负弯矩截面都要进行强度校核。如果把该截面倒过来放置，结果如何？

6.4 梁的剪应力及其强度计算

梁在横力弯曲时，横截面上既有正应力 σ 又有剪应力 τ。一般情况下，剪应力对梁的强度和变形的影响属于次要因素，正应力是梁破坏的主要原因。但在某些特殊情况下，需要对剪应力进行强度校核。因此，下面简单介绍一下有关剪应力的计算和强度校核问题。

6.4.1 梁的剪应力计算

6.4.1.1 最大剪应力计算公式

理论分析证明，对于矩形截面、工字形截面、圆截面、圆环截面等，它们的最大剪应力都发生在中性轴处，且沿中性轴均匀分布，其数值为

$$\tau_{\max} = K\frac{F_S}{A} = K\tau_m \tag{6-8}$$

式中：K 为截面形状系数（见表 6-4）；F_S 为横截面上的剪力；A 为横截面面积；τ_m 为横截面上的平均剪应力，对工字形截面是指腹板上的平均剪应力。

表 6-4 截面形状系数表

截面形状系数	矩形	工字形	圆形	圆环形
K	1.5	1	4/3	2

6.4.1.2 弯曲正应力与弯曲剪应力比较

如图 6-30 所示悬臂梁，其最大弯曲正应力发生在固定端截面，最大剪应力发生在各截面的中性轴上（因为全梁剪力均为 F）。

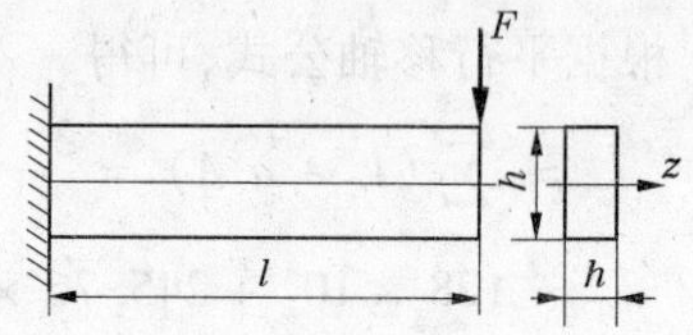

图 6-30

对于矩形截面：由于
$$\sigma_{\max} = \frac{M_{\max}}{W_z} = \frac{6Fl}{bh^2}$$

$$\tau_{\max} = \frac{3}{2}\frac{F}{bh}$$

因此
$$\frac{\tau_{\max}}{\sigma_{\max}} = \frac{h}{4l}$$

对于圆形截面：由于
$$\sigma_{\max} = \frac{M_{\max}}{W_z} = \frac{32Fl}{\pi d^3}$$

$$\tau_{\max} = \frac{4F}{3\times\pi\times\frac{d^2}{4}} = \frac{16F}{3\pi d^2}$$

因此
$$\frac{\tau_{\max}}{\sigma_{\max}} = \frac{d}{6l}$$

当 $l \gg h$ 或 $l \gg d$ 时，在横截面内的 $\tau_{\max} \ll \sigma_{\max}$，正如前所述，对实心截面的细长梁，弯曲正应力是影响梁强度的主要因素。

6.4.2 弯曲剪应力的强度校核

若以 $[\tau]$ 表示梁材料的许用剪应力，则可以得到对等截面直梁进行剪应力校核的强度

条件为

$$\tau_{\max}=K\frac{F_{S\max}}{A}\leqslant[\tau] \tag{6-9}$$

说明：

通常我们设计梁既要满足正应力强度条件又要满足剪力强度条件。但由上面的分析可知，工程上常见的实体细长梁，其最大正应力远大于最大剪应力，只要正应力强度条件得到满足，剪应力强度条件自然也能满足，所以一般不需要进行剪应力强度校核，但在以下几种特殊情况下，需要进行剪应力强度计算：

(1)特殊载荷或结构。如在支座附近有很大的集中力，或梁的跨度较短，这时弯矩较小而剪力较大。

(2)特殊的横截面形状。如焊接或铆接而成的组合工字梁，如果腹板较薄而截面高度却很大，从而造成腹板上的剪应力很大，这时虽然截面上的弯矩较小，正应力不大，但有可能发生剪切破坏。

(3)特殊材料或工艺。如木材在顺纹方向抗剪能力特别差，中性层处常发生剪切破坏；焊接、铆接或胶合而成的梁，焊缝、铆钉或胶合面处，因剪应力过大发生剪切破坏。

【例 6-18】 如图 6-31(a)所示简支矩形木梁，弯曲许用正应力$[\sigma]=15.6$ MPa，许用剪应力$[\tau]=1.7$ MPa，载荷$F=45$ kN 可沿梁水平移动，矩形截面尺寸比例为$b:h=2:3$，跨长$l=2$ m。试选择梁AB的截面尺寸。

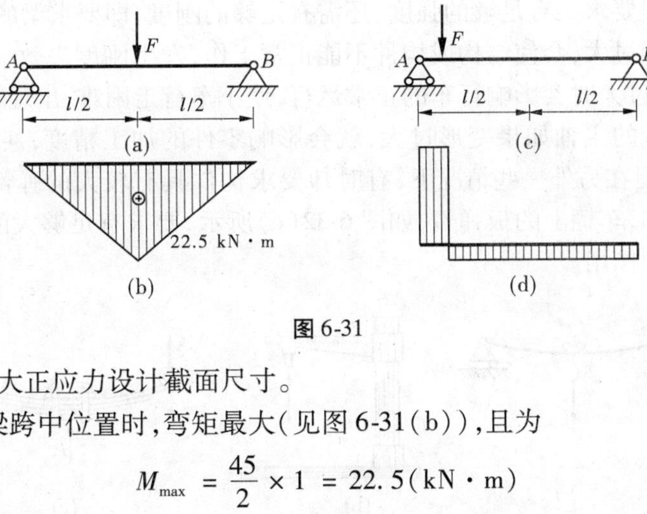

图 6-31

解 (1)按最大正应力设计截面尺寸。

载荷F移到梁跨中位置时，弯矩最大(见图 6-31(b))，且为

$$M_{\max}=\frac{45}{2}\times 1=22.5(\text{kN}\cdot\text{m})$$

由
$$\sigma_{\max}=\frac{M_{\max}}{W_z}\leqslant[\sigma]$$

即
$$\sigma_{\max}=\frac{22.5\times 10^6}{\dfrac{\frac{2}{3}h\times h^2}{6}}\leqslant 15.6$$

得
$$h^3\geqslant\frac{22.5\times 10^6\times 6\times 3}{2\times 15.6}=12.98\times 10^6(\text{mm}^3)$$

$$h\geqslant 235\ \text{mm}\quad 取\quad h=235\ \text{mm}\quad 则\quad b=157\ \text{mm}$$

(2)按最大剪应力校核。当载荷 F 移动到靠近支座 A(或 B)时,支座与载荷之间的梁横截面上剪力达到最大值,见图 6-32(c)、(d),且接近 F 值,取 $F_{max}=F=45$ kN。

由式(6-9)得

$$\tau_{max}=1.5\frac{F_{Smax}}{A}=\frac{1.5\times 45\times 10^3}{157\times 235}=1.83(\text{MPa})>[\tau]$$

由于
$$\frac{\tau_{max}-[\tau]}{[\tau]}\times 100\%=\frac{1.83-1.7}{1.7}\times 100\%=7.6\%>5\%$$

说明原设计的截面尺寸不能满足剪应力强度条件,需重新设计。

由 $\tau_{max}=1.5\frac{F_{Smax}}{A}<[\tau]$,即 $1.5\times\frac{45\times 10^3}{\frac{2}{3}h\times h}\leqslant 1.7$ 得

$$h^2\geqslant\frac{1.5\times 45\times 10^3\times 3}{2\times 1.7}=5.956\times 10^4(\text{mm}^2)$$

$h\geqslant 244$ mm,取 $h=244$ mm,则 $b=163$ mm,既满足正应力强度条件也满足剪应力强度要求。

6.5 平面弯曲梁的变形计算

在工程中不但要求梁有足够的强度,还需有足够的刚度,即要求梁的变形不能超过限定值;否则,由于变形过大,会使结构或构件不能正常工作,发生刚度失效。如图 6-32(a)所示吊车梁,当其变形过大时会影响行车的正常运行,使小车行走困难,出现爬坡现象;对于摇臂钻床的摇臂或车床的主轴如果变形过大,就会影响零件的加工精度,甚至会出现废品。如图 6-32(b)所示;但在另外一些情况下,有时却要求构件具有较大的弹性变形,以满足特定的工作需要。例如,车辆上的板弹簧,如图 6-32(c)所示,要求有足够大的变形,以缓解车辆受到的冲击和振动作用。

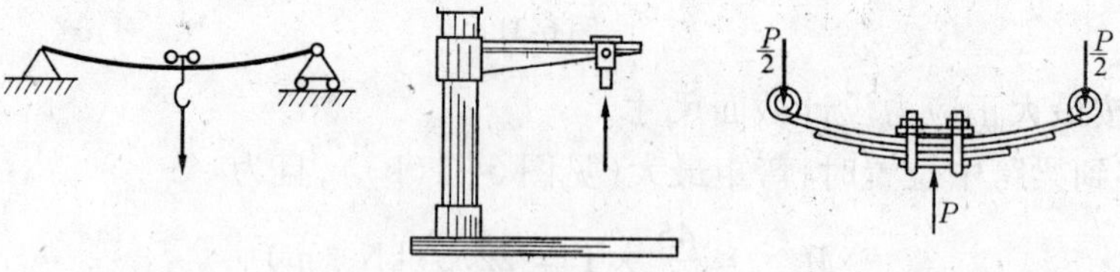

图 6-32

因此,只研究强度问题是不够的,还需要讨论梁的变形情况。

6.5.1 挠度和转角

通常用挠度和转角来描述梁的变形,如图 6-33 所示简支梁,梁任一截面的形心即轴线上的点的竖向位移,称为挠度,用 w 表示,并以向下为正,常用单位为 m 或 mm。

横截面绕中性轴转动的角度,称为该截面的转角,用 θ 表示,并以顺时针转向为正,转角的单位为弧度(rad)。

一般情况下，梁的各横截面的挠度和转角是不同的，梁变形后将挠度写成关于截面位置 x 的函数，用下式表示

$$w = f(x) \tag{6-10}$$

式(6-10)称为梁的挠曲线方程。

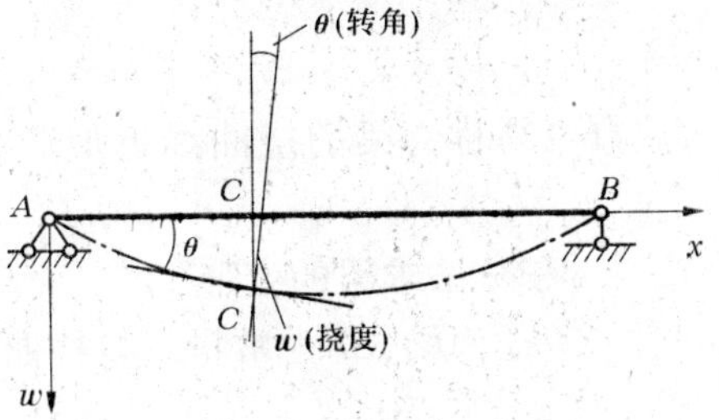

图 6-33

梁的挠度和转角存在内在的联系，横截面的转角 θ 也就是挠曲线在该点处的切线与 x 轴的夹角，即 $\tan\theta = w' = f'(x)$，在小变形的情况下，由于 θ 角很小，因此可取

$$\theta \approx \tan\theta = w' = f'(x) \tag{6-11}$$

式(6-11)称为梁的转角方程。

由式(6-11)可以看出，转角是挠度对 x 的一次导数，只要知道梁的挠曲线方程 $w=f(x)$，就可以求得梁任一横截面的挠度和转角。下面我们介绍梁的变形的求解方法。

6.5.2 积分法求梁的变形

6.5.2.1 挠曲线近似微分方程

纯弯曲情况下，在线弹性范围内，弯矩和挠曲线曲率之间的关系为

$$\frac{1}{\rho} = \frac{M}{EI} \tag{a}$$

如果忽略剪力对变形的影响，该式也可用于横力弯曲的情形。此时，弯矩 M 和曲率半径 ρ 都是 x 的函数，式(a)变为

$$\frac{1}{\rho(x)} = \frac{M(x)}{EI} \tag{b}$$

高等数学中研究了平面曲线的曲率，其表达式为

$$\frac{1}{\rho(x)} = \pm \frac{w''}{(1+w'^2)^{3/2}} \tag{c}$$

如图 6-34 所示，当取 x 轴向右为正和 w 轴向下为正的坐标系时，曲线向上凸时 $w''>0$，向下凸时 $w''<0$。同时，根据弯矩正负号规定，梁弯曲后向下凸时为正，向上凸时为负。因此，取图示坐标系时，弯矩和 w'' 的正负号相反。于是式(c)可写为

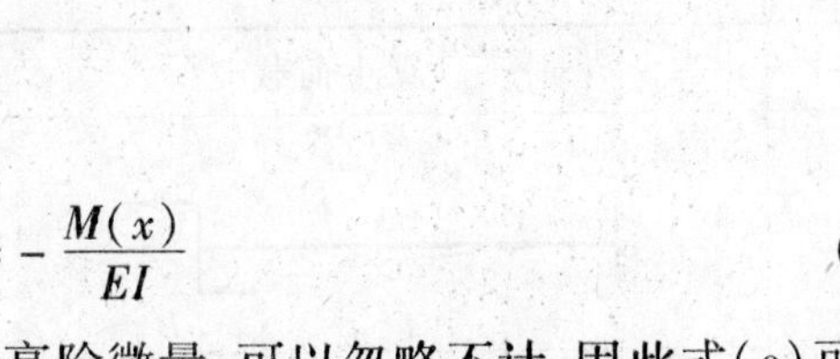

图 6-34

$$\frac{1}{\rho(x)} = -\frac{w''}{(1+w'^2)^{3/2}} \tag{d}$$

将式(d)代入式(b)得

$$\frac{w''}{(1+w'^2)^{3/2}} = -\frac{M(x)}{EI} \tag{e}$$

在小变形情况下，w'^2 和 1 相比十分微小，为高阶微量，可以忽略不计，因此式(e)可改写为

$$w'' = -\frac{M(x)}{EI} \tag{6-12}$$

式(6-12)称为梁的挠曲线近似微分方程，对它积分即可求出梁的转角方程和挠曲线方程。

6.5.2.2 积分法求梁的变形

对于等截面梁，EI 为常量。将挠曲线近似微分方程式(6-12)相继积分两次可得

$$EIw' = -\int M(x)\,\mathrm{d}x + C \tag{6-13}$$

$$EIw = -\int\left[\int M(x)\,\mathrm{d}x\right]\mathrm{d}x + Cx + D \tag{6-14}$$

式中：C 和 D 为积分常数，可以通过梁挠曲线的边界条件确定。例如，梁在固定端处的挠度 w 和转角 θ 均等于零，在铰支座处挠度 w 等于零。积分常数确定后，将其代入式(6-13)和式(6-14)，分别得到梁的转角方程和挠曲线方程。

若梁上的荷载不连续，即分布荷载在跨度中间某点处开始或结束，以及集中荷载或集中力偶作用处，梁的弯矩方程必须分段写出。此时，各梁段的转角和挠曲线方程也不相同，但在相邻梁段的交接截面有相同的转角和挠度，即满足交接处的连续条件。

6.5.3 叠加法求梁的变形

积分法是求解梁变形的基本方法，但当梁上作用载荷比较复杂时，其运算过程比较烦琐。在工程实际中，一般并不需要计算整个梁的挠曲线方程，只需要计算最大挠度和最大转角，所以用叠加法求指定截面的挠度和转角较方便。

在工程实际中，常将简单载荷作用下梁的挠度和转角的计算结果列成表格（见表6-5）。根据叠加原理，梁在多项载荷同时作用下引起某一截面的挠度和转角，就等于每项载荷单独作用下引起该截面挠度和转角的代数和，应用叠加法便可方便求得复杂荷载作用下梁的变形。下面举例说明。

表6-5 梁在简单载荷作用下的变形表

悬臂梁

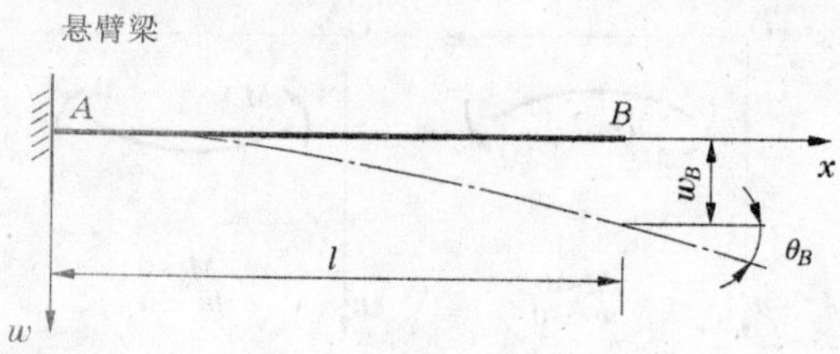

$w_B = w(l)$ = 梁右端处的挠度

$\theta_B = w'(l)$ = 梁右端处的转角

序号	梁上荷载	挠曲线方程	转角和挠度
1	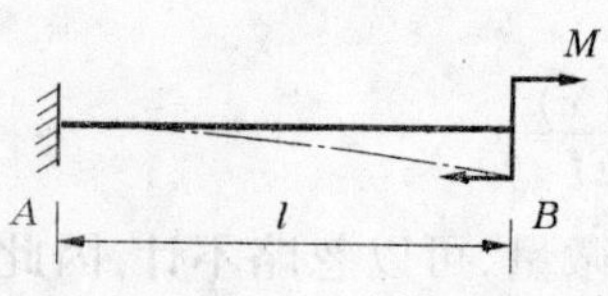	$w = \frac{Mx^2}{2EI}$	$\theta_B = \frac{Ml}{EI}$ $w_B = \frac{Ml^2}{2EI}$

续表 6-5

序号	梁上荷载	挠曲线方程	转角和挠度
2	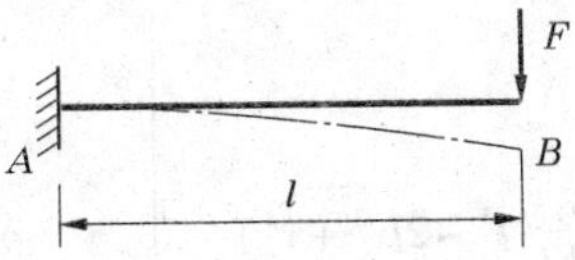	$w=\dfrac{Fx^2}{6EI}(3l-x)$	$\theta_B=\dfrac{Fl^2}{2EI}$ $w_B=-\dfrac{Fl^3}{3EI}$
3	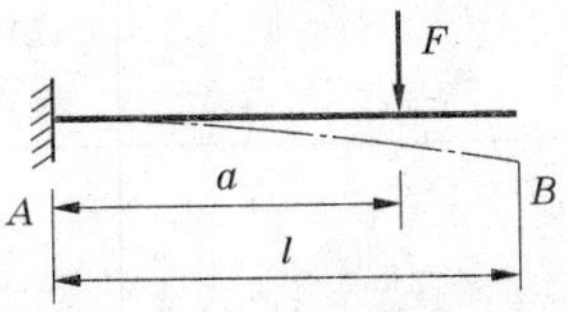	$w=\dfrac{Fx^2}{6EI}(3a-x)$ $(0\leqslant x\leqslant a)$ $w=\dfrac{Fa^2}{6EI}(3x-a)$ $(a\leqslant x\leqslant l)$	$\theta_B=-\dfrac{Fa^2}{2EI}$ $w_B=\dfrac{Fa^2}{6EI}(3l-a)$
4	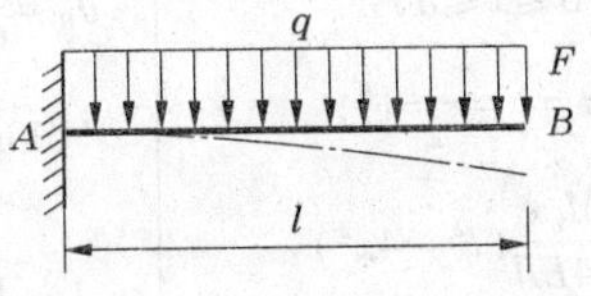	$w=\dfrac{qx^2}{24EI}(x^2+6l^2-4lx)$	$\theta_B=\dfrac{ql^2}{6EI}$ $w_B=\dfrac{ql^4}{8EI}$

简支梁

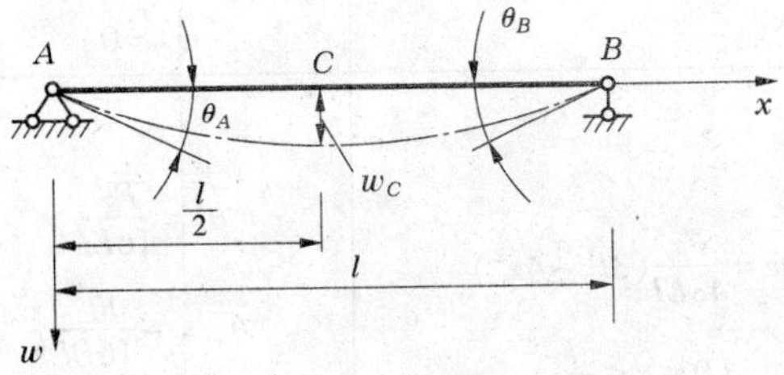

$w_C=w\left(\dfrac{l}{2}\right)=$梁的中点挠度

$\theta_A=w'(0)=$梁左端处的转角

$\theta_B=w'(l)=$梁右端处的转角

序号	梁上荷载	挠曲线方程	转角和挠度
1	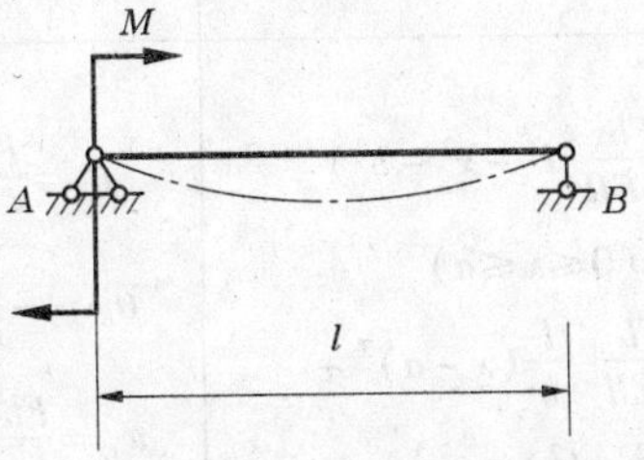	$w=\dfrac{Mx}{6EIl}(l^2-x^2)$	$\theta_A=\dfrac{Ml}{3EI}$ $\theta_B=-\dfrac{Ml}{6EI}$ $w_C=-\dfrac{Ml^2}{16EI}$
2	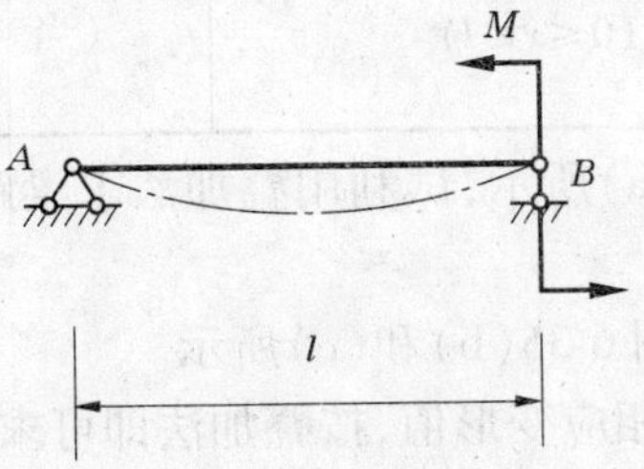	$w=\dfrac{Mx}{6EIl}(l^2-x^2)$	$\theta_A=\dfrac{Ml}{6EI}$ $\theta_B=-\dfrac{Ml}{3EI}$ $w_C=\dfrac{Ml^2}{16EI}$

续表 6-5

序号	梁上荷载	挠曲线方程	转角和挠度
3	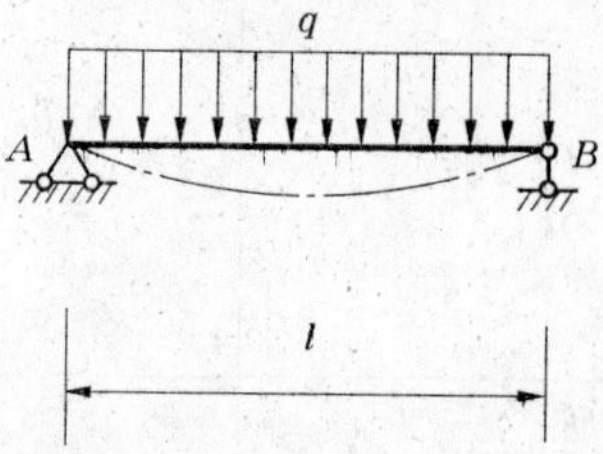	$w=-\dfrac{qx}{24EI}(l^3-2lx^2+x^3)$	$\theta_A=\dfrac{ql^3}{24EI}$ $\theta_B=-\dfrac{ql^3}{24EI}$ $w_C=\dfrac{5ql^4}{384EI}$
4	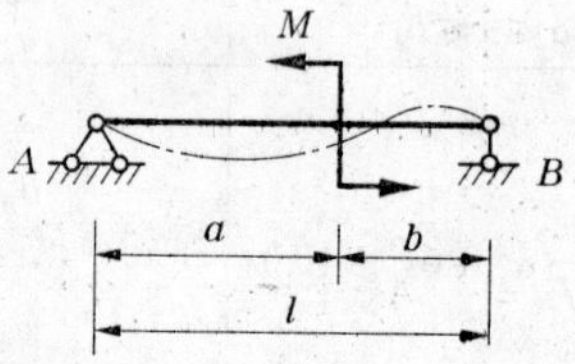	$w=\dfrac{Mx}{6EIl}(6al-3a^2-2l^2-x^2)$ $(0\leqslant x\leqslant a)$ 当 $a=b=\dfrac{l}{2}$ 时, $w=\dfrac{M_cx}{24EIl}(l^2-4x^2)$ $(0\leqslant x\leqslant \dfrac{l}{2})$	$\theta_A=\dfrac{M_c}{6EIl}$ $(6al-3a^2-2l^2)$ $\theta_B=\dfrac{M_c}{6EIl}(l^2-3a^2)$ 当 $a=b=\dfrac{l}{2}$ 时, $\theta_A=\dfrac{M_cl}{24EI}$ $\theta_B=\dfrac{M_cl}{24EI}$ $w_C=0$
5	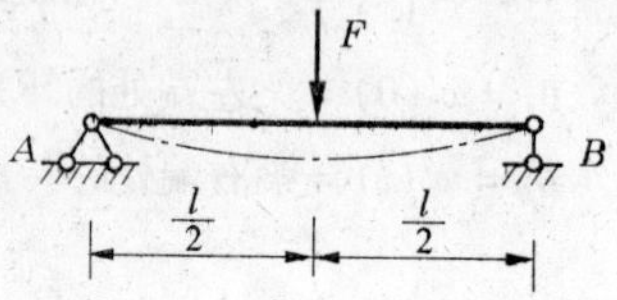	$w=\dfrac{Fx}{48EI}(3l^2-4x^2)$ $(0\leqslant x\leqslant \dfrac{l}{2})$	$\theta_A=\dfrac{Fl^2}{16EI}$ $\theta_B=-\dfrac{Fl^2}{16EI}$ $w_C=\dfrac{Fl^3}{48EI}$
6	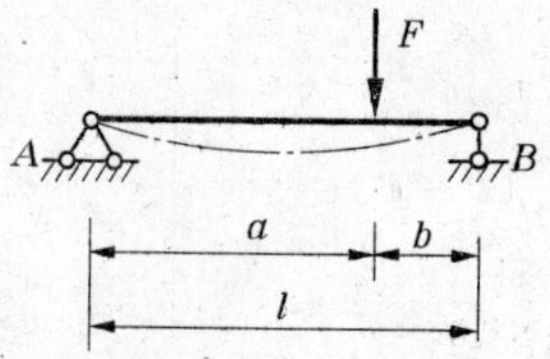	$w=\dfrac{Fbx}{6EIl}(l^2-x^2-b^2)$ $(0\leqslant x\leqslant a)$ $w=\dfrac{Fb}{6EIl}[\dfrac{l}{b}(x-a)^3+$ $(l^2-b^2)x-x^3]$ $(0\leqslant x\leqslant l)$	$\theta_A=\dfrac{Fab(l+b)}{6EIl}$ $\theta_B=-\dfrac{Fab(l+a)}{6EIl}$ $w_C=\dfrac{Fb(3l^2-4b^2)}{48EI}$ (当 $a\geqslant b$ 时)

【例 6-19】 简支梁 AB 受荷载作用,如图 6-35(a)所示,试利用叠加法求梁跨中 C 点挠度和支座截面处转角。

解 梁上的荷载可以分为两项简单的荷载,如图 6-35(b)和(c)所示。

表 6-5 中已列出这两种荷载单独作用下简支梁相应变形值,按叠加法即可求得

$$w_{Cq} = \frac{5ql^4}{384EI}, \quad w_{Cm} = \frac{Ml^2}{16EI}$$

则两种荷载作用下梁跨中挠度为

$$w_C = w_{Cq} + w_{CM} = \frac{5ql^4}{384EI} + \frac{Ml^2}{16EI}$$

同理,可以用叠加原理分别求得两端支座的转角为

$$\theta_A = \theta_{Aq} + \theta_{AM} = \frac{ql^3}{24EI} + \frac{Ml}{3EI}$$

$$\theta_B = \theta_{Bq} + \theta_{BM} = -\frac{ql^3}{24EI} - \frac{Ml}{6EI}$$

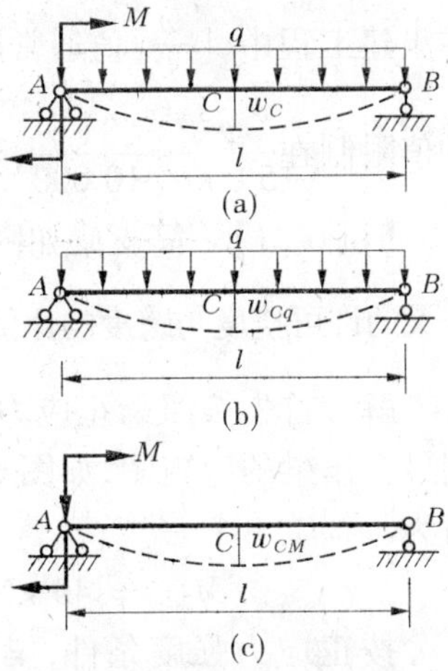

图 6-35

【例 6-20】 悬臂梁 AB 受图 6-36(a)示均布荷载作用,试用叠加原理计算自由端的挠度和转角。

解 将图 6-36(a)所示荷载看作是图 6-36(b)和图 6-36(c)的叠加。

图 6-36(b)中悬臂梁 B 截面的挠度和转角分别为

$$w_1 = \frac{ql^4}{8EI} \qquad \theta_1 = \frac{ql^3}{6EI}$$

图 6-36(c)中 $\frac{l}{3}$ 长度上的均布力在截面 C 产生的挠度和转角为

$$w_2' = -\frac{q\left(\frac{l}{3}\right)^4}{8EI} = -\frac{ql^4}{648EI}$$

$$\theta_2 = -\frac{q\left(\frac{l}{3}\right)^3}{6EI} = -\frac{ql^3}{162EI}$$

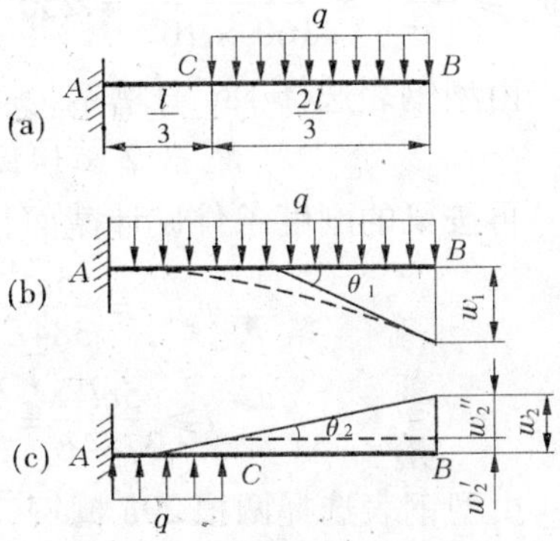

图 6-36

则由 θ_2 在 B 端产生的挠度为 $\quad w_2'' = \theta_2 \times \frac{2}{3}l = -\frac{ql^4}{243EI}$

则 B 端总的挠度和转角为 $w_B = w_1 + w_2 = w_1 + w_2' + w_2'' = \frac{232ql^4}{1\,944EI} = \frac{29ql^4}{243EI}$

$$\theta_B = \theta_1 + \theta_2 = \frac{13ql^3}{81EI}$$

6.5.4 梁的刚度条件和刚度校核

在梁的设计中,除满足强度条件外,还要求梁有足够的刚度,即需要把梁的变形控制在工程允许的范围之内。在梁的刚度计算中,通常是以挠度的允许值与跨长的比值$[\frac{w}{l}]$和允许截面转角$[\theta]$作为校核标准,故刚度条件可表达为

$$\frac{w_{max}}{l} \leqslant \left[\frac{w}{l}\right] \qquad (6\text{-}15)$$

$$\theta_{max} \leqslant [\theta] \qquad (6\text{-}16)$$

式中,允许变形$[\frac{w}{l}]$根据不同的工程用途而异,在有关规范中,均有具体的规定值。例如,

在土建工程中，$\left[\frac{w}{l}\right]$值通常限定在$\frac{1}{250}\sim\frac{1}{1\,000}$；在机械制造工程中，对重要的轴类零件$\left[\frac{w}{l}\right]$的值限制在$\frac{1}{5\,000}\sim\frac{1}{10\,000}$；对传动轴在支座处的许可转角$[\theta]$限制在 0.005 ~0.001 rad。

【例6-21】 简支梁如图 6-37 所示，已知 $l=4$ m，$q=20$ kN/m，$[\sigma]=160$ MPa，$E=210$ GPa。若梁的许可挠度与跨度的比值$\left[\frac{w}{l}\right]=\frac{1}{1\,000}$，截面由两根槽钢组成。试确定槽钢的型号。

解 首先按照梁正应力强度条件选择槽钢型号。作梁的弯矩图，如图 6-37 所示，最大弯矩值为

$$M_{\max}=40\ \text{kN}\cdot\text{m}$$

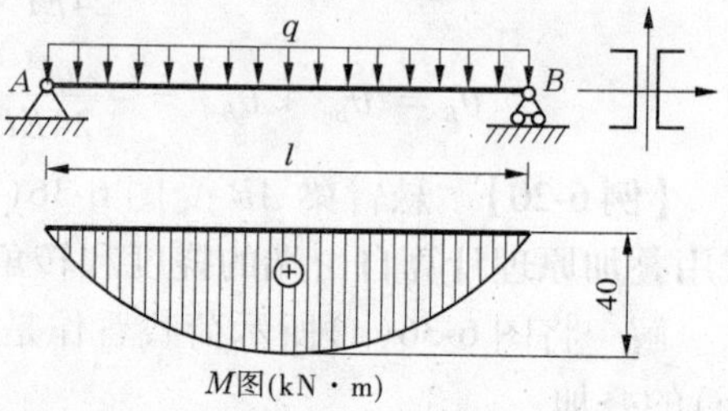

图 6-37

按正应力强度条件，梁需要的抗弯截面系数为

$$W_z\geqslant\frac{M_{\max}}{[\sigma]}=\frac{40\times10^3}{160\times10^6}=250\times10^{-6}(\text{m}^3)$$

由型钢表选择 18a 号槽钢，其抗弯截面系数为

$$W_z=2\times141.4=282.8(\text{cm}^3)=282.8\times10^{-6}\ \text{m}^3$$

再按梁的刚度条件设计截面，即

$$w_{\max}=\frac{5ql^4}{384EI}\leqslant\left[\frac{w}{l}\right]\times l=\frac{1}{400}\times4=0.01(\text{m})$$

则

$$I\geqslant\frac{5ql^4}{3.84E}=\frac{5\times20\times10^3\times4^4}{3.84\times210\times10^9}=3\,175\times10^{-8}(\text{m}^4)$$

由型钢表选择两根 20a 槽钢，其惯性矩为

$$I=2\times1\,780\ \text{cm}^4=3\,560\times10^{-8}\ \text{m}^4$$

因此，需要选择两根 20a 号槽钢则可以同时满足强度条件和刚度条件。

6.6 提高梁抗弯能力的措施及工程实例

提高梁的抗弯能力，就是为了在安全、经济的原则下提高梁的承载能力，是工程实际中常常遇到的问题。这需要从强度、刚度两方面加以综合考虑。

6.6.1 提高梁弯曲强度的主要措施

根据弯曲正应力的强度条件：$\sigma_{\max}=\frac{M_{\max}}{W_z}\leqslant[\sigma]$，可以看出，提高弯曲强度的措施主要从三方面考虑：降低最大弯矩、提高抗弯截面系数和提高材料的许用应力即力学性能。

6.6.1.1 降低梁的最大弯矩 $M_{\max}$

(1)合理布置支座。

如图 6-38(a)所示均布载荷作用下的简支梁，其中 $M_{\max}=\frac{1}{8}ql^2=0.125ql^2$，若将两个支座向内侧适当移动 $0.2l$(见图 6-38(b))，则其最大弯矩 $M_{\max}=\frac{1}{40}ql^2=0.025ql^2$，减小为原来

的 1/5，也就是说按图 6-38(b)布置支座，载荷还可以提高 4 倍。图 6-38(c)所示油罐、龙门吊车大梁、公路桥梁等，其支承点略向中间移动，就是通过合理布置支座位置，以减小 M_{max} 的工程实例。

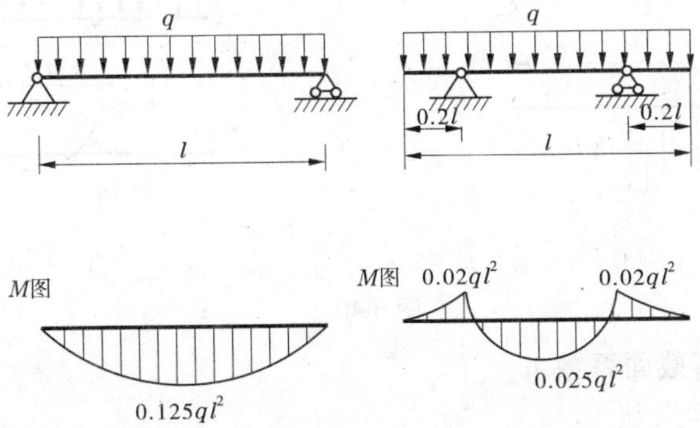

(a)　　(b)

(c)

图 6-38

(2)合理布置载荷。

如图 6-39(a)所示，受集中力 P 作用的简支梁，其中 $M_{max}=Pl/4$。如果把集中力通过辅助梁(见图 6-39(b))分成两个 $P/2$ 的集中力或改为分布载荷 $q=P/l$(见图 6-38(a))方式，则其最大弯矩为 $M_{max}=Pl/8$，可减小为原来的一半。若结构不允许改动，也应尽可能使载荷靠近支座。当载荷的作用点移到梁的一侧，如距左侧$\frac{1}{6}l$处，则最大弯矩变为$\frac{5}{36}Fl$，是原最大弯矩的 56%(见图 6-39(c))。显然，载荷愈靠近梁的支座，最大弯矩值愈小。

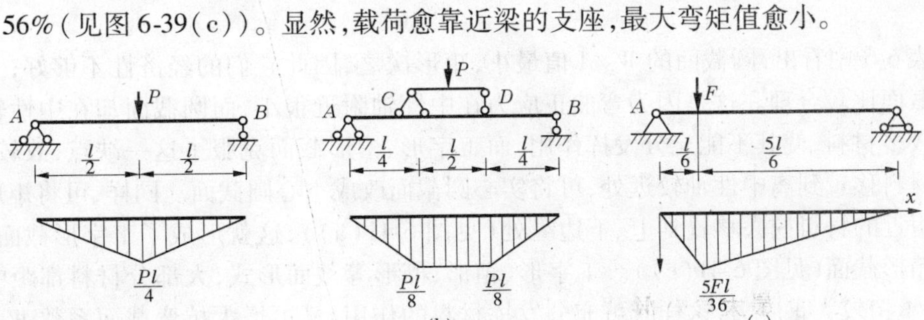

(a)　　(b)　　(c)

图 6-39

(3)减小梁的跨度。

在结构允许时，可以用减小跨度的办法降低最大弯矩。如图 6-40(a)所示，受均布载荷作用的简支梁，若在跨度中间增加一个支座，如图 6-40(b)所示，梁的跨度缩小为原来的一半，则梁的最大弯矩由 $M_{\max}=\frac{ql^2}{8}$变小为 $M_{\max}=-0.031\ 25ql^2$，只是原来的1/4。

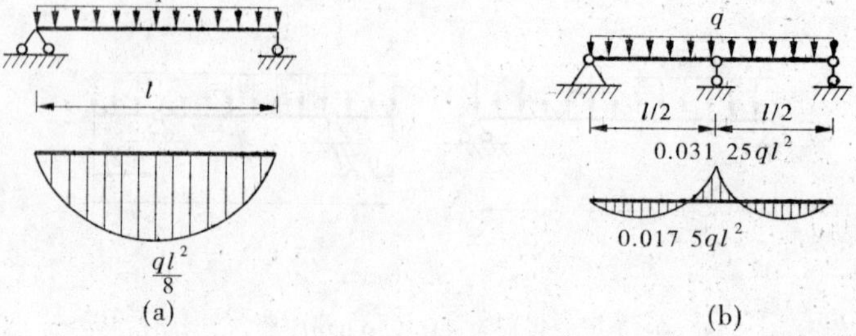

图 6-40

6.6.1.2 增大梁的抗弯截面系数 W_z

(1)选择合理的截面形状。

合理的截面形状对提高梁的抗弯能力、节省材料、减轻自重非常重要。

所谓梁的合理截面，应该是在尽可能小的截面面积 A 下，获得尽可能大的抗弯截面系数(或惯性矩 I)。以比值 W_z/A 来衡量截面的合理程度，其比值愈大，截面就愈经济合理。几种典型截面的 W_z/A 值见表6-6。

表6-6 几种典型截面的 W_z/A 值

	矩形	圆形	环形	槽形	工字形
截面形状	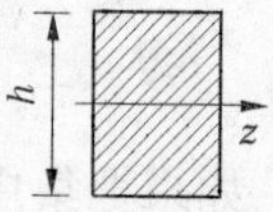	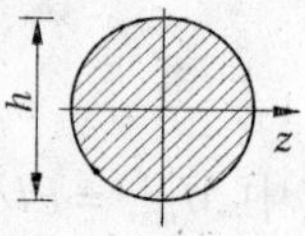	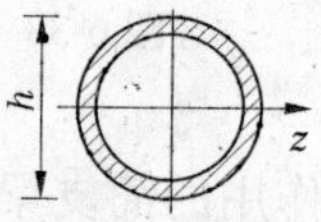 内径$d \pm 0.8h$	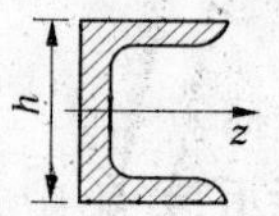	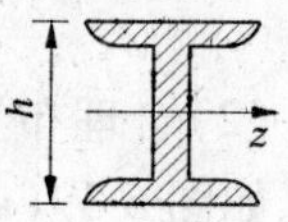
$\frac{W_z}{A}$	$0.167h$	$0.125h$	$0.205h$	$(0.27\sim0.31)h$	$(0.27\sim0.31)h$

从表6-6中看出，圆截面的 W_z/A 值最小，矩形次之，因此它们的经济性不够好；工字形和槽形截面比较合理。这是因为弯曲正应力在中性轴附近很小，而圆截面却在中性轴附近集结了较多材料，使其不能充分发挥作用，而工字形、槽形截面克服了这一缺点，故较合理。为了将材料移置到离中性轴较远处，可将实心圆截面改成空心圆截面。同样，可将矩形截面中性轴附近的材料挖去移置到上、下边缘处(见图6-41(a))，这就形成了工字形截面，或挖空变为箱形截面(见图6-41(c))。工字形、箱形、槽形等截面形式，大部分材料都距中性轴较远，以承担较大正应力，这样既可充分发挥材料的作用，又可增大抗弯截面系数 W_z(或惯性矩 I)，从而提高了梁的抗弯强度和抗弯刚度，同时也减轻了梁的自重，节省了材料。工程中的吊车梁、桥梁常采用工字形、槽形或箱形截面，房屋建筑中的楼板采用空心圆孔板(见图6-41(e)、(f))，道理就在于此。

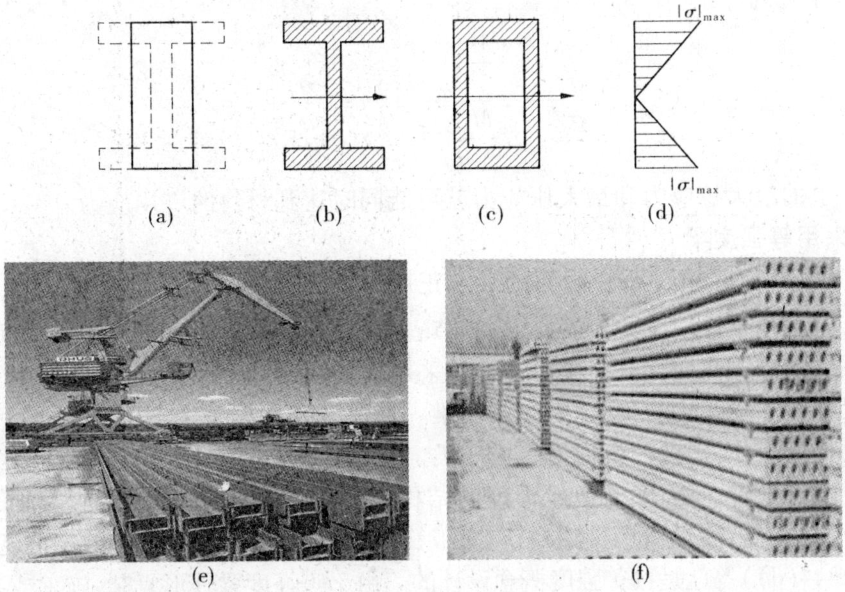

图 6-41

(2)合理放置截面。

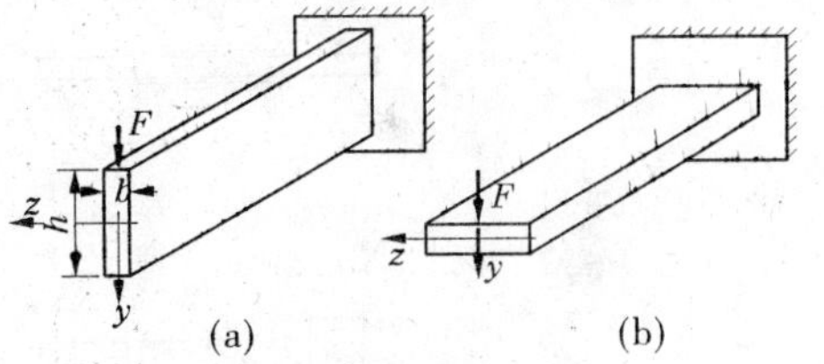

图 6-42

在截面面积相同的情况下，应使 W_z 尽可能大。例如：对截面高度 h 大于宽度 b 的矩形截面梁，如把截面竖放（见图 6-42（a）），则 $W_{z1}=\frac{1}{6}bh^2$；如把截面平放（见图 6-42（b）），则 $W_{z2}=\frac{1}{6}hb^2$。两者之比是 $\frac{W_{z1}}{W_{z2}}=\frac{h}{b}>1$。所以，竖放比平放有较高的抗弯能力，更为合理。因此，房屋和桥梁等建筑物中的矩形截面梁，一般都是竖放的。

需要指出的是，对于矩形、工字形等截面，增加截面高度虽然能有效地提高抗弯截面系数，但若高度过大，宽度过小，常会引发侧弯和丧失稳定，以 $h/b=1.5\sim3$ 为宜。

当然，在许多情况下，选择合理截面还必须综合考虑多方面的因素。例如，把一根细长的圆杆加工成空心杆，虽然可增加其抗弯合理性但必然因加工复杂而提高成本。

(3)根据材料性能选择截面。

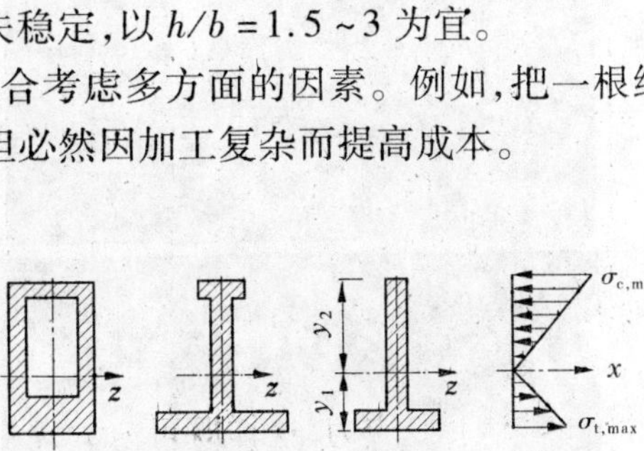

图 6-43

在讨论截面的合理形状时，还应考虑到材料的特性。对抗拉和抗压强度相等的塑性材料（如碳钢），宜采用对中性轴对称的截面形状，如圆形、矩形、工字形等（见图 6-41）。这样可使截面上、下边缘处的最大拉应力和最大压应力数值相等，同时接近许用应力。对抗拉和抗压强度不相等的脆性材料（如铸铁），宜采用 T 形等中性轴距上下边不相等的截面较合理。例如图 6-43 中所表示的一些截面。中性轴偏于受拉一侧，如能使 y_1 和

y_2 之比接近于下列关系

$$\frac{\sigma_{t,\max}}{\sigma_{c,\max}} = \frac{\dfrac{M_{\max}y_1}{I_z}}{\dfrac{M_{\max}y_2}{I_z}} = \frac{y_1}{y_2} = \frac{[\sigma_t]}{[\sigma_c]}$$

则危险截面上的最大拉应力和最大压应力就可能同时达到材料的许用应力。

6.6.1.3 采用等强度梁

对于等截面梁，除 $M_{\max}$ 所在截面的最大正应力达到材料的许用应力外，其余截面的应力均小于甚至远小于许用应力。因此，为了节省材料，减轻结构的重量，可改变截面尺寸，使抗弯截面系数随弯矩而变化。在弯矩较大处采用较大截面，而在弯矩较小处采用较小截面。这种截面尺寸沿轴线变化的梁，称为变截面梁。若使变截面梁每个截面上的最大正应力都等于材料的许用应力，则这种梁称为等强度梁。

从强度观点来看，等强度梁是最合理的结构形式。例如传动系统的阶梯轴（见图 6-44(a)）、摇臂钻床的摇臂（见图 6-44(b)）、汽车板簧（见图 6-44(c)）和厂房建筑中广泛使用的鱼腹梁（见图 6-44(d)）等就是按等强度概念设计的。由于等强度梁外形复杂，施工或制造困难，因此工程上多采用形状较简单而接近等强度梁的变截面梁，如图 6-45 所示的各工程实例。

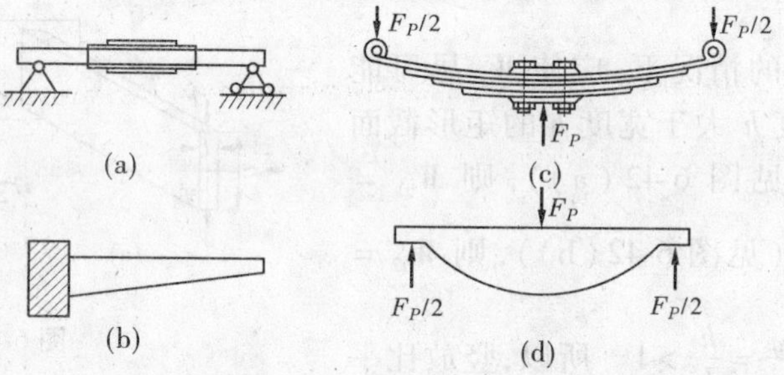

图 6-44

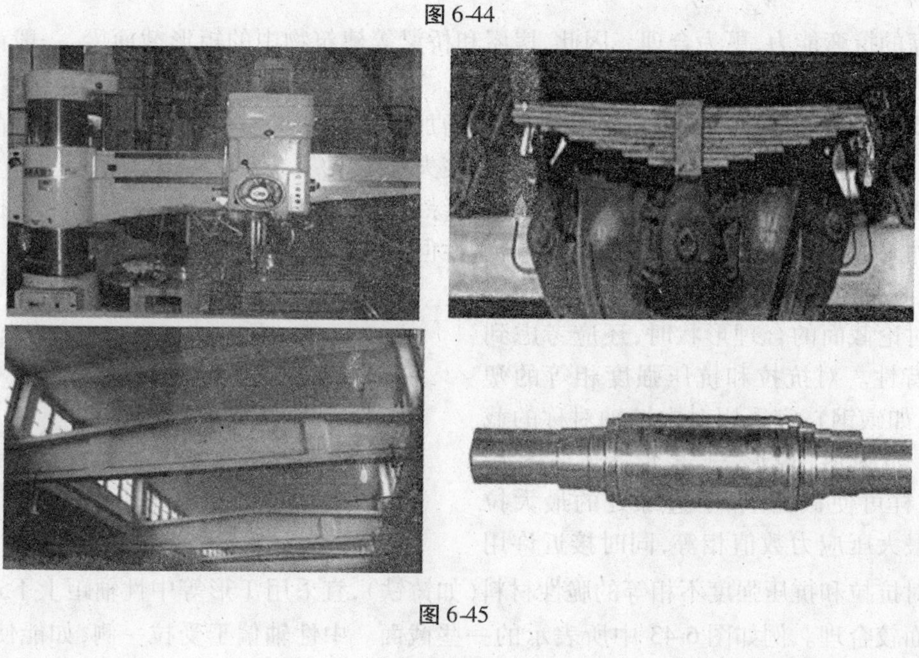

图 6-45

6.6.2 提高梁弯曲刚度的主要措施

根据挠曲线方程可以看出，梁的变形与梁的跨度 l 及载荷（q、F、M）成正比，与梁的抗弯刚度成反比。梁的挠度的最大值可综合概括为

$$w_{\max}=\frac{\text{载荷}}{\text{系数}}\frac{l^n}{EI}$$

因此，要提高梁的弯曲刚度可以从以下几方面考虑。

6.6.2.1 降低最大挠度

（1）减小梁的跨度。由于梁的变形与 l^n 成正比，因此减小梁的跨度，将会有效地减小梁的变形。如图 6-40（a）所示简支梁，当跨中增加支承变为图 6-40（b）形式时，不仅最大弯矩减小为 $1/4M_{\max}$，而且最大挠度也将减小为 $1/38w_{\max}$，可见增加支承提高强度的同时也极大地提高了刚度。这种通过增加多余约束提高其抗弯刚度的工程实例很多，如图 6-46 所示的加工车床和铁桥。

图 6-46

（2）改善支承方式或改变载荷作用情况。如图 6-47（a）、（b）所示，梁的最大挠度都得到有效降低。

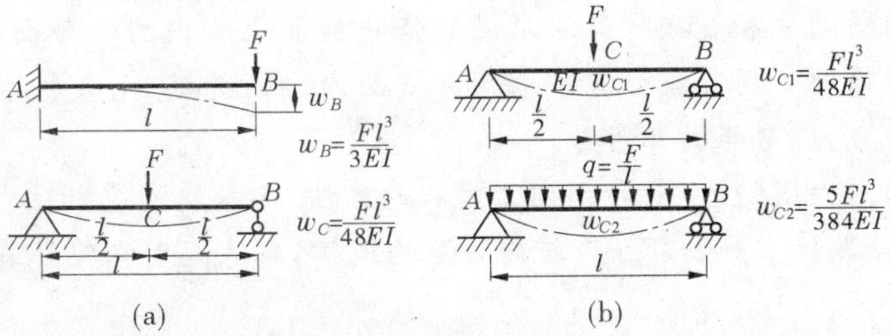

图 6-47

6.6.2.2 提高梁的抗弯刚度 EI

（1）选用合理截面，提高 I 值（见前述）。

（2）选用不同材料，提高 E 值。因为同类材料，E 值相差不多，σ_b 相差较大，故换用同类材料只能提高强度，不能提高刚度。不同类材料，E 和 G 都相差很多（钢 $E=200$ GPa，铜 $E=100$ GPa），故可选用不同的材料以达到提高刚度的目的。但是，改换材料，其原料费用也会随之发生很大的改变。

必须指出，工程上对有些梁的刚度要求并不高，而是希望梁在保证强度要求的前提下，能产生较大的弹性变形，以增加其柔度。例如，安装在汽车上的减震叠板弹簧（见图 6-44

(c))以及玻璃钢材料制成的跳杆(见图6-48)等。

最后,提一个挑战性的问题,你知道比萨斜塔(见图6-49)塔体具有哪些变形效应吗?它的危险截面、危险点在何处?如何提高它的承载能力?

图6-48

图6-49

小　结

弯曲变形是工程中最常见的一种基本变形形式。本章主要对平面弯曲梁的相关性质及承载能力进行了分析讨论,具有广泛的工程实际应用价值。其主要内容包括以下四个方面:

(1)弯曲变形梁的内力(剪力和弯矩)的计算。

● 掌握弯曲变形与平面弯曲等基本概念,理解梁的内力是由外力引起的,外力包括作用于梁上的荷载和支反力。支反力一般是未知的,在计算内力和画内力图时,需先行求出。

● 熟练掌握用截面法和直接计算法求梁的任意截面上的内力。截面法是基本方法,而直接计算法则比较简便。用直接计算法求指定截面内力的关键为:掌握求解规则及正确判断每项外力引起的剪力、弯矩的正负号。

● 熟练掌握画内力图的方法,即列内力方程的方法、简捷法和叠加法。用简捷法画内力图的关键为:理解并熟记表6-2中外力与内力图的规律,熟练运用直接计算法求控制截面的内力。

(2)弯曲变形梁的应力及强度计算。

● 正确理解并掌握弯曲正应力计算公式

$$\sigma = \frac{My}{I_z}$$

式中:M为欲求应力点所在横截面上的弯矩;I_z为横截面对中性轴的惯性矩;y为欲求应力点到中性轴的距离。中性轴通过截面的形心,梁的正应力的大小沿截面高度呈线性变化,以中性轴为界,一侧为拉应力,另一侧为压应力,中性轴上正应力为零,距中性轴最远的上、下边缘处有正应力的最大值。正应力的正负号可由弯矩的正、负及点的位置直观判定。

● 理解各种截面形状梁(矩形、圆形、圆环形、工字形)横截面上的最大剪应力计算公式

$$\tau_{\max} = K\frac{F_S}{A}$$

式中:K 为截面形状系数(见表 6-4);F_S 为横截面上的剪力;A 为横截面面积(对工字形截面 A 是指腹板的面积)。

梁的剪应力沿截面高度按抛物线分布,在中性轴上剪应力有最大值,而在距中性轴最远的上、下边缘处,剪应力为零。剪应力的方向与剪力相同。

● 理解梁的正应力强度条件和剪应力强度条件的建立及相应计算问题

$$\sigma_{\max} = \frac{M_{\max}}{W_z} \leqslant [\sigma]$$

$$\tau_{\max} \leqslant [\tau]$$

梁的强度通常是由正应力强度控制的,正确判断梁的危险截面及危险点位置所在,熟练掌握弯曲正应力强度计算的三类典型问题(强度校核、截面设计、确定许用荷载),了解什么情况下需要对梁的弯曲剪应力进行强度校核。

(3) 梁的变形及刚度校核。

掌握求变形的叠加法:明确叠加原理的使用条件,掌握梁的刚度校核,即$\frac{w_{\max}}{l} \leqslant \left[\frac{w}{l}\right]$

(4) 提高梁的抗弯能力的主要措施。

从弯曲强度条件和刚度条件出发,通过降低梁的最大弯矩(合理布置支座和载荷,减小梁的跨度(增加支承)),提高梁的轴惯矩和抗弯截面系数(选择合理截面),采取等强度梁等措施提高梁的抗弯能力。

思考题

6-1 纯弯曲、横力弯曲、平面弯曲、对称弯曲之间的关系和区别是什么?

6-2 为什么对梁的内力要作正负号规定?内力的符号规定与静力平衡方程中的正负号规定有何区别?

6-3 对图 6-50 所示简支梁的 m—m 截面,如用截面左侧的外力计算剪力和弯矩,则 F_S 和 M 便与 q 无关;如用截面右侧的外力计算,则 F_S 和 M 又与 F 无关。这样的论断正确吗?为什么?

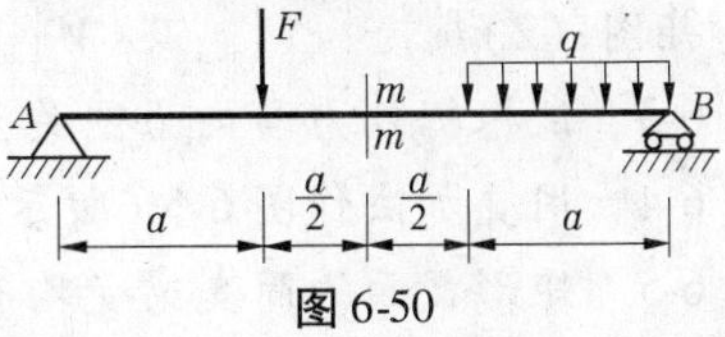

图 6-50

6-4 如何用简捷法画梁的内力图?何谓控制截面?确定控制截面的原则是什么?

6-5 两个截面面积相同、长度相同,但截面形状不同的悬臂梁,承受相同的荷载,它们的剪力、弯矩是否相同?正应力是否相同?剪应力是否相同?

6-6 在横向承载力作用下,两个相同截面的梁,放置在一起,如图 6-51(a)、(b)所示,不同的放置方法有何不同?

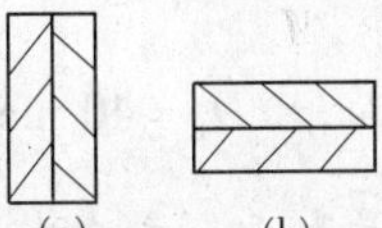

图 6-51

6-7 材料抗拉强度和抗压强度不相等时,在图 6-52 所示截面形状中,选择什么形状的截面合理,为什么?若抗拉强度和抗压强度相等,应选择什么形状的截面,为什么?

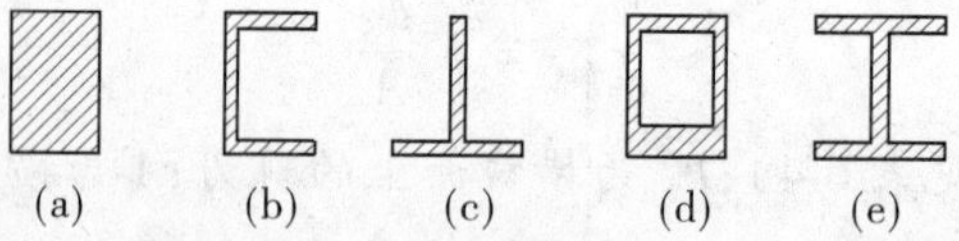

图 6-52

习 题

6-1　试求图 6-53 所示各梁中截面 1—1、2—2、3—3 上的剪力和弯矩，这些截面无限接近于截面 A、B、C 或 D。设 F、q、a 均为已知。

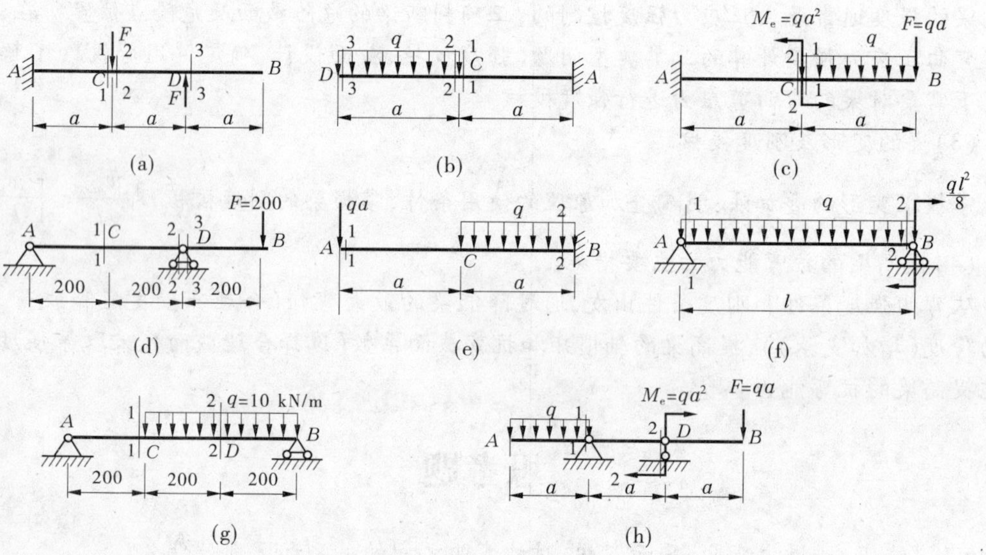

图 6-53　习题 6-11 图

6-2　设已知图 6-54 所示各梁的载荷 F、q、m 和尺寸 a，(1) 试用简捷法作各梁的剪力图和弯矩图；(2) 确定 $|F_S|_{max}$ 及 $|M|_{max}$。

6-3　试根据外力与内力图关系规律指出图 6-55 所示剪力图和弯矩图中的错误。

6-4　用叠加法作图 6-56 所示各梁的弯矩图。

6-5　矩形截面的简支梁受均布载荷作用，如图 6-57 所示。试计算：(1) 1—1 截面 A—A 线上 1、2 两点处的正应力；(2) 此截面的最大正应力；(3) 全梁的最大正应力。

6-6　矩形截面悬臂梁如图 6-58 所示。已知 $l = 4$ m，$b/h = 2/3$，$q = 10$ kN/m，$[\sigma] = 10$ MPa。试确定此梁横截面的尺寸。

6-7　简支梁承受均布载荷如图 6-59 所示。若分别采用截面面积相等的实心和空心圆截面，且 $D_1 = 40$ mm，$\frac{d_2}{D_2} = \frac{3}{5}$。试分别计算它们的最大正应力，并计算空心截面比实心截面的最大正应力减少了百分之几？

6-8　20a 工字钢梁的支承和受力情况如图 6-60 所示。若 $[\sigma] = 160$ MPa，试求许用载荷 F。

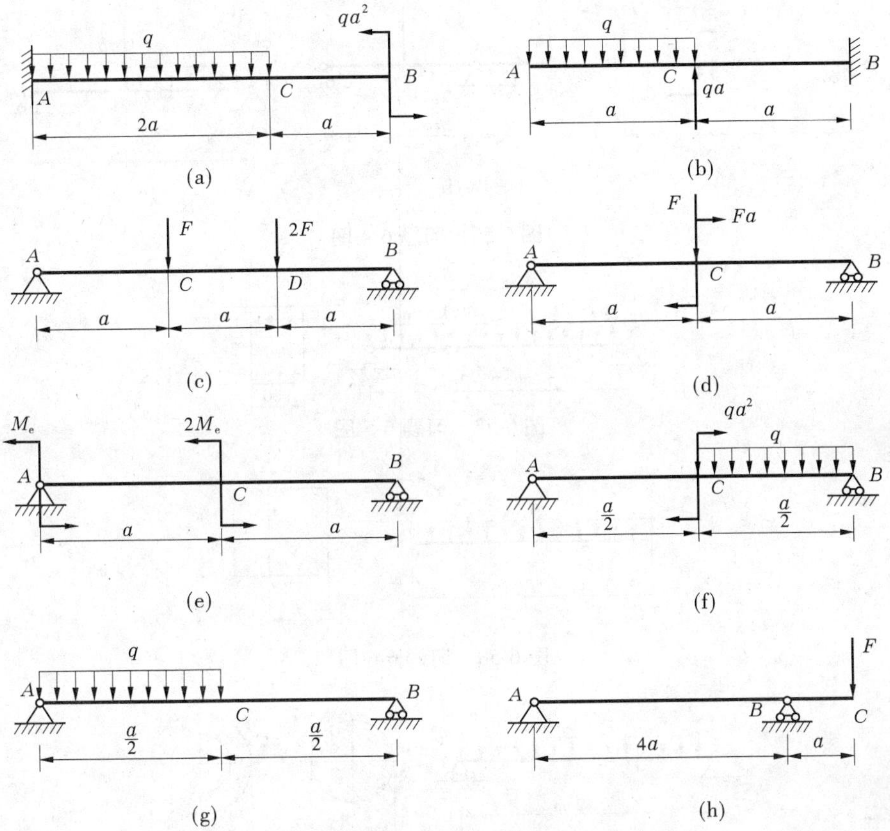

图 6-54　习题 6-2 图

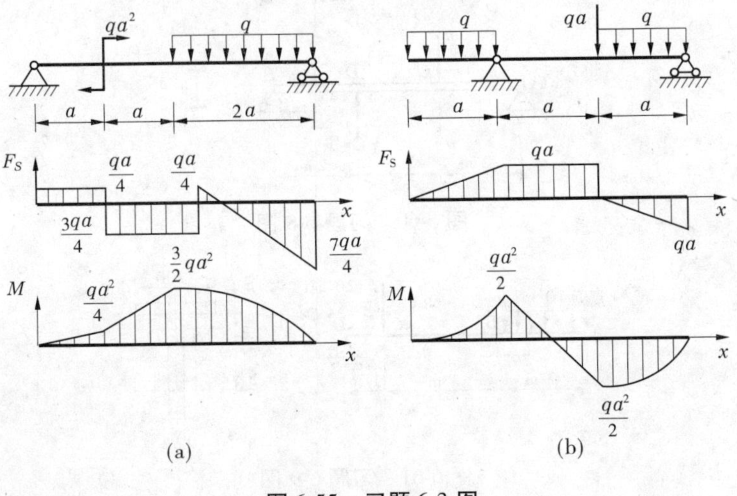

图 6-55　习题 6-3 图

6-9　铸铁梁的载荷及横截面尺寸如图 6-61 所示。许用拉应力$[\sigma_t]=40$ MPa，许用压应力$[\sigma_c]=160$ MPa。试按正应力强度条件校核梁的强度。若载荷不变，但将 T 形截面倒置，即翼缘在下成为⊥形，是否合理？

6-10　一矩形截面木梁，其截面尺寸如图 6-62 所示。已知 $b=60$ mm，$h=120$ mm，$q=$

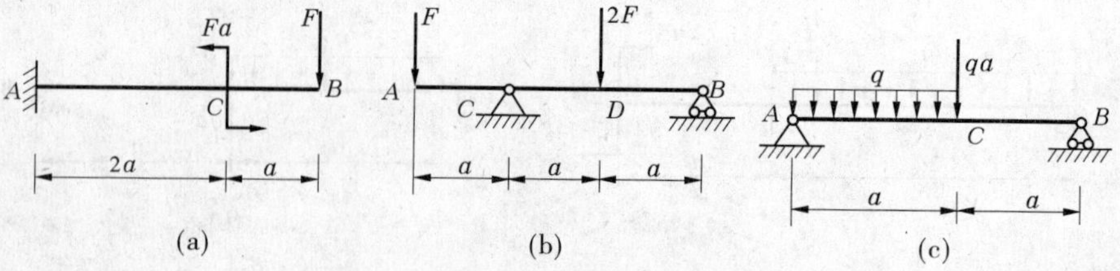

图 6-56　习题 6-4 图

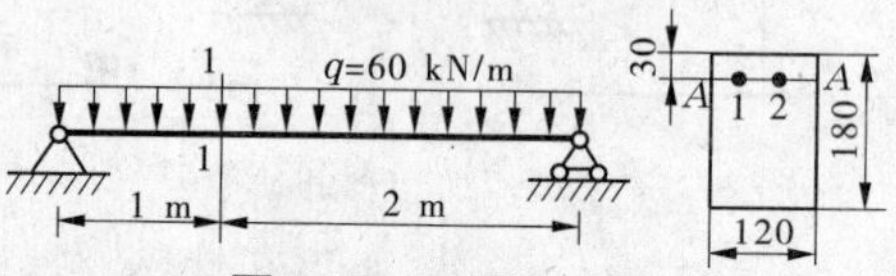

图 6-57　习题 6-5 图

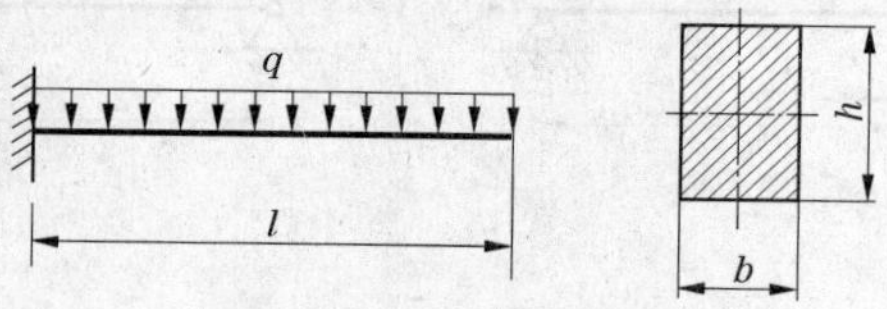

图 6-58　习题 6-6 图

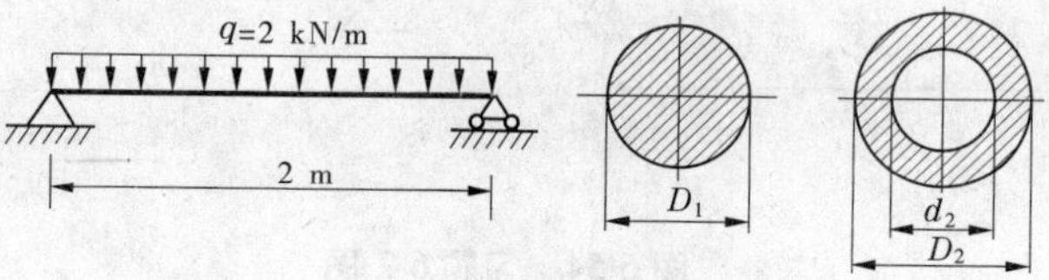

图 6-59　习题 6-7 图

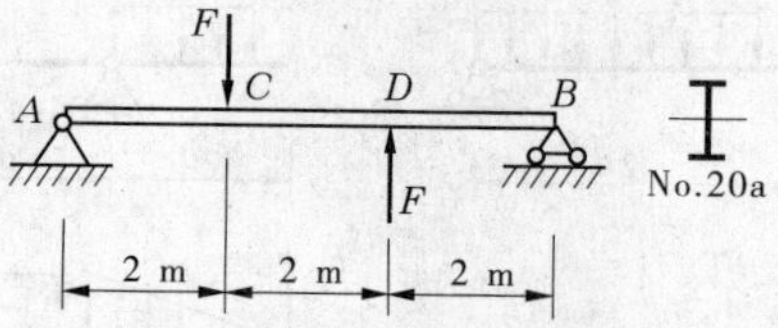

图 6-60　习题 6-8 图

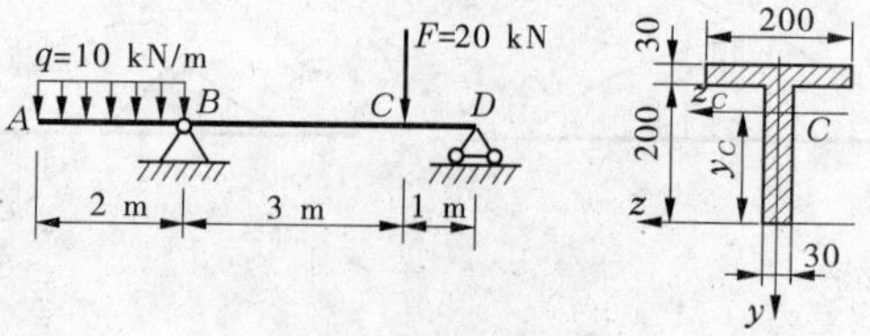

图 6-61　习题 6-9 图

1.5 kN/m，$[\sigma]=10$ MPa，$[\tau]=2$ MPa。试校核梁的正应力强度和剪应力强度。

6-11　试用叠加法计算图 6-63 所示各梁指定截面的挠度和转角。各梁 EI 为常数。

6-12　图 6-64 所示梁右端由拉杆支承。已知梁截面为 $h\times b$ 的矩形，拉杆的横截面面积为 A，材料的 E 相同。试计算拉杆的伸长以及梁的跨中挠度。

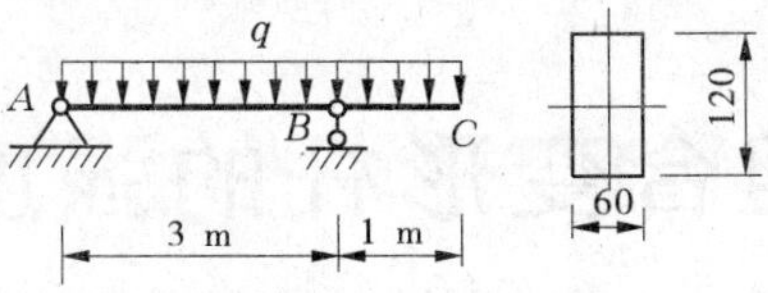

图 6-62　习题 6-10 图

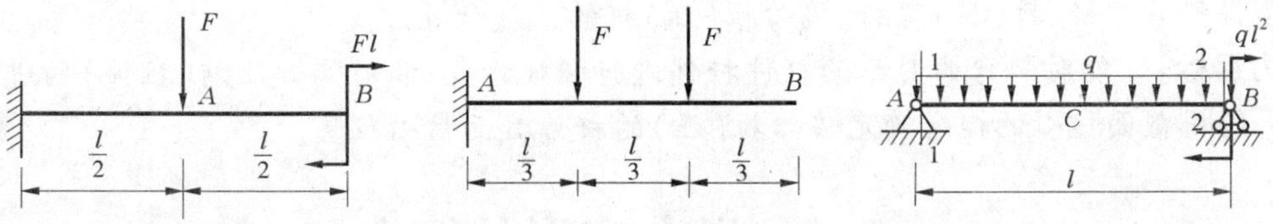

(a)w_A, w_B　　(b)w_B, θ_B　　(c) 跨中w_C, θ_A, θ_B

图 6-63　习题 6-11 图

6-13　简支梁承受 4 个集中荷载,如图 6-65 所示。该梁由两根槽钢组成。已知钢的许用弯曲正应力$[\sigma]=170$ MPa,弹性模量 $E=210$ GPa,梁的许可挠度与跨度比值$\left[\frac{w}{l}\right]=\frac{1}{400}$。试选择槽钢型号。

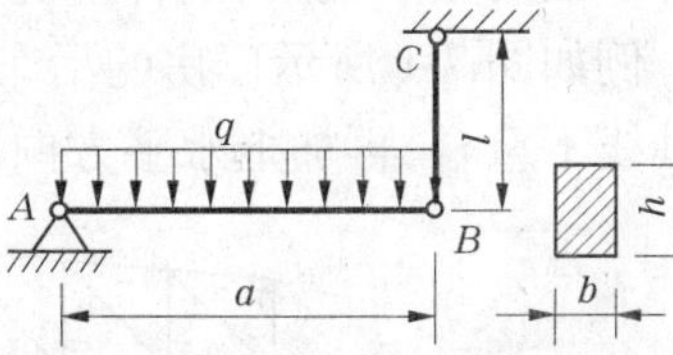

图 6-64　习题 6-12 图

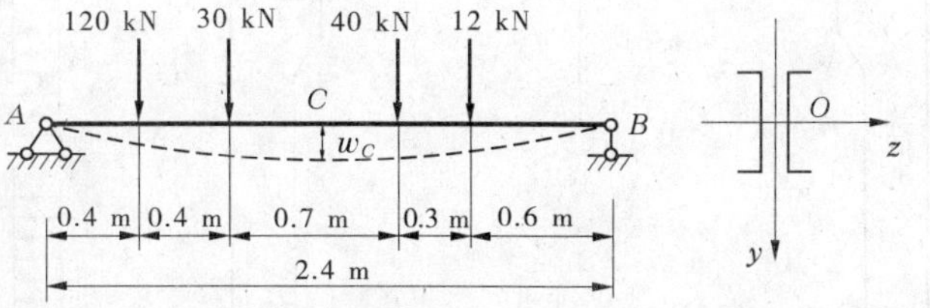

图 6-65　习题 6-13 图

6-14　图 6-66 所示圆木料,直径为 d,需要从中切取一矩形截面梁。

(1)欲使所切矩形截面梁的抗弯强度最高,试求 h 与 b 的比值;

(2)欲使所切矩形截面梁的抗弯刚度最高,试求 h 与 b 的比值。

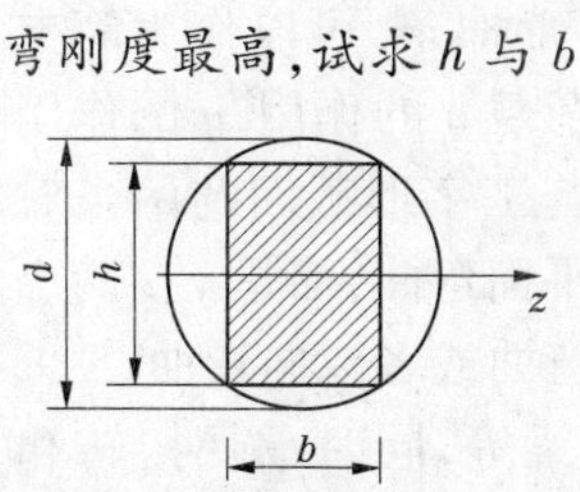

图 6-66　习题 6-14 图

7 组合变形杆的强度计算

【知识目标】 理解组合变形的概念，了解叠加原理，掌握组合变形杆件强度计算的基本思路，掌握斜弯曲杆、拉(压)弯杆、偏心拉(压)杆的强度计算方法。

【能力目标】 能对斜弯曲变形的杆件杆件进行强度计算；能对偏心压缩(拉伸)的进行强度计算，能用截面核心的概念确定偏心拉(压)的杆件截面核心位置。

7.1 组合变形的概念

前面对杆件在基本变形(拉伸、压缩、剪切、扭转、弯曲)时的应力已分别进行了分析，并建立了相应的强度条件。在实际工程中，有许多构件在荷载作用下常常同时发生两种或者两种以上的基本变形，这种情况称为**组合变形**。

例如图7-1所示厂房的吊车柱子，由于屋架和吊车梁传给柱子的荷载 F_1 和 F_2 与柱子的轴线不重合，再加上水平方向风荷载 q 等作用，该柱子将发生压缩和弯曲的组合变形。

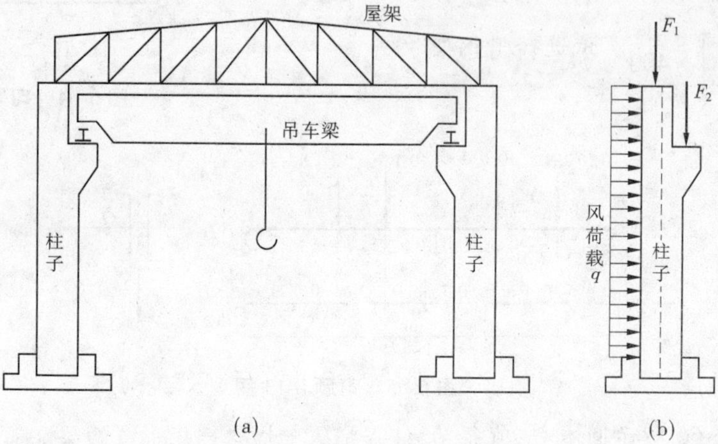

图7-1

图7-2所示为屋架上的工字形檩条，可以作为简支梁来对待，它受到从屋面传来的荷载 q 的作用，q 的作用线虽通过工字形截面的形心，但与工字形截面的两条对称轴都不重合，所以引起的不是平面弯曲，而是 y、z 两个方向上平面弯曲的组合，称为斜弯曲或者双向弯曲。

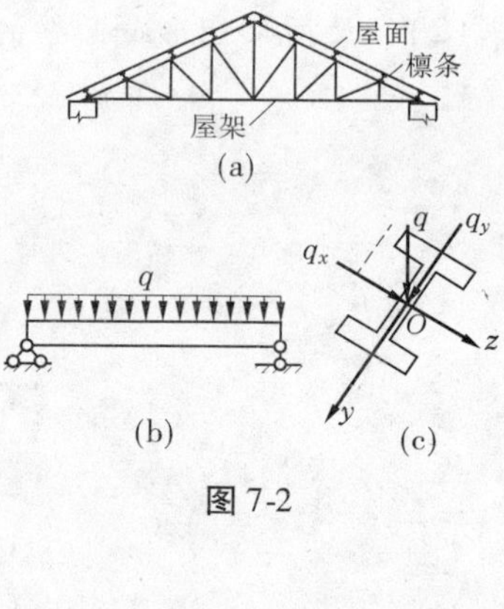

图7-2

其他如卷扬机的机轴、雨篷梁等，同时承受扭转和弯曲的作用。楼梯的斜梁、烟囱、挡土墙等构件都同时承受压缩和平面弯曲的共同作用。

对发生组合变形的杆件计算应力和变形时，可先将荷载进行简化或分解，使简化或分解后的静力等效荷载，各自只引起一种简单变形，分别计算，再进行叠加，就得到原来的荷载引起的组合变形时应力和变形。当然，必须满足小变形假设以及力与位移之间成线性关系这两个条件才能应用叠加原理。

下面分别讨论工程实际中常见的斜弯曲、拉伸（或压缩）与弯曲的组合作用、偏心压缩等情况。

7.2 斜弯曲变形杆的应力和强度计算

7.2.1 斜弯曲变形

横截面具有对称轴的梁，当外力作用在纵向对称平面内时，梁的轴线在变形后将变成为一条位于纵向对称面内的平面曲线。这种变形形式称为平面弯曲。

当外力 F 不作用在纵向对称平面内时，如图 7-3 所示的工字形、矩形截面杆件。工字形、矩形截面具有两个对称轴（即为主形心轴），外力虽通过横截面的形心，但不与两主形心轴重合。如果我们将荷载沿两主形心轴分解，此时梁在两个分荷载作用下，分别在横向对称平面（oxz 平面）和纵向对称平面（oxy 平面）内发生平面弯曲，这类杆件的弯曲变形称为**斜弯曲**，它是两个互相垂直方向的平面弯曲的组合。

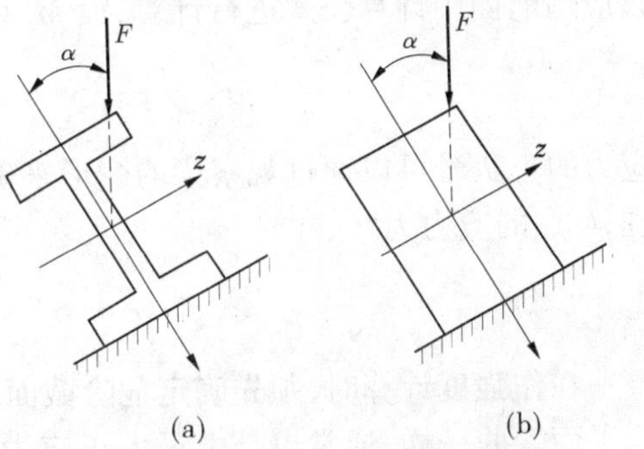

图 7-3

7.2.2 斜弯曲变形杆的应力和强度计算

现以矩形截面悬臂梁为例来说明斜弯曲的应力和强度的计算。

如图 7-4 所示悬臂梁，在自由端受集中力 F 作用，F 通过截面形心并与 y 轴成 φ 角。

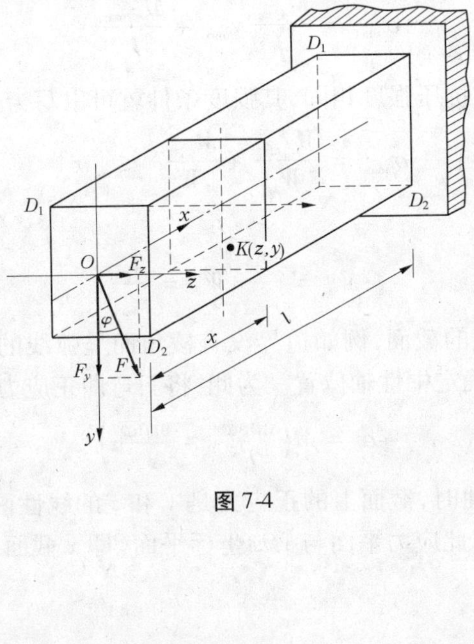

图 7-4

选取坐标系如图 7-4 所示,梁轴线作为 x 轴,两个对称轴分别作为 y 轴和 z 轴。将力 F 沿 y 轴和 z 轴分解为两个分量 F_y 和 F_z,得

$$F_y = F\cos\varphi$$
$$F_z = F\sin\varphi$$

这两个分量分别引起沿纵向对称平面和横向对称平面的平面弯曲。现求距自由端为 x 的截面上任意点 K 的正应力,该点的坐标假设为(z,y)(如图 7-4 中所示)。

先求出 x 截面的弯矩 M_z 和 M_y

$$M_z = F_y \cdot x = F\cos\varphi \cdot x = M\cos\varphi$$
$$M_y = F_z \cdot x = F\sin\varphi \cdot x = M\sin\varphi$$

式中:$M = F \cdot x$ 为 F 对 x 截面的弯矩。

由上两式可知,弯矩 M_z 和 M_y 也可以由总弯矩 M 沿两坐标轴按矢量分解得到。

由于已把 x 截面上的弯矩分解为两个引起平面弯曲的弯矩,所以任意点 K 的正应力可以应用前面中计算公式进行计算,设 M_z 引起的应力为 σ',M_y 引起的应力为 σ'',则有

$$\sigma' = \pm \frac{M_z}{I_z}y = \pm \frac{F\cos\varphi \cdot x}{I_z}y = \pm \frac{M\cos\varphi}{I_z}y$$

应力的正负号可以通过观察梁的变形来确定。拉应力取正号,压应力取负号。根据叠加原理,K 点的应力为

$$\sigma = \sigma' + \sigma'' = \pm \frac{M_z}{I_z}y \pm \frac{M_y}{I_y}z$$

在作强度计算时,须先确定危险截面,然后在危险截面上确定危险点。对斜弯曲来说,与平面弯曲一样,通常也是由最大正应力控制。所以,对图 7-4 所示的悬臂梁来说,危险截面显然在固定端,因为该处弯矩 M_z 和 M_y 的绝对值达到最大。至于要确定该截面上的危险点的位置,则对于工程中常用的具有凸角而又有两条对称轴的截面,如矩形、工字形等,根据对变形的判断,可知最大正应力 $\sigma_{\max}$ 发生在 D_1 点,最小正应力 $\sigma_{\min}$ 发生在 D_2 点,且 $y_{\max} = |y_{\min}|$,$Z_{\max} = |Z_{\min}|$,$\sigma_{\max} = |\sigma_{\min}|$,因此

$$\sigma_{\max} = \frac{M_{z,\max}}{I_z}y_{\max} + \frac{M_{y,\max}}{I_y}z_{\max}$$

若材料的抗拉强度与抗压强度相同,其强度条件就可以写为

$$\sigma_{\max} = \frac{M_{z,\max}}{W_z} + \frac{M_{y,\max}}{W_y} \leqslant [\sigma]$$

式中

$$W_z = \frac{I_z}{y_{\max}}, W_y = \frac{I_y}{z_{\max}}$$

对于不易确定危险点的截面,例如边界没有棱角而呈弧线的截面,如图 7-5 所示,则需要研究应力的分布规律,确定中性轴位置。为此,将斜弯曲正应力表达式改写为

$$\sigma = M\left(\frac{\cos\varphi}{I_z}y + \frac{\sin\varphi}{I_y}z\right)$$

上式表明,发生斜弯曲时,截面上的正应力是 y 和 z 的线性函数,所以它的分布规律是一个平面,如图 7-6 所示。此应力平面与 yOz 坐标平面(即 x 截面)相交于一直线,在此直线

上应力均等于零。所以，该直线为中性轴。

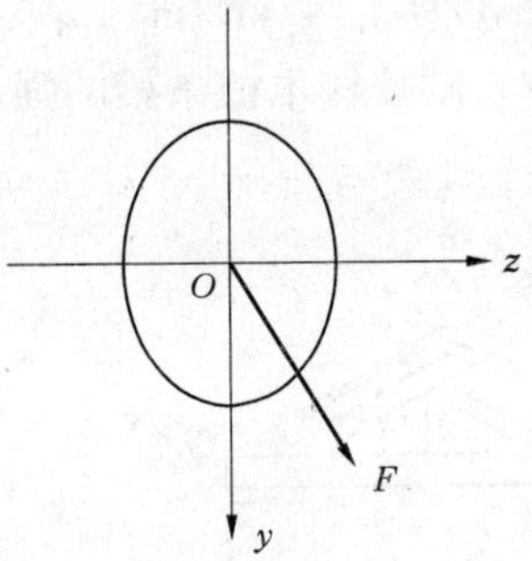

图 7-5

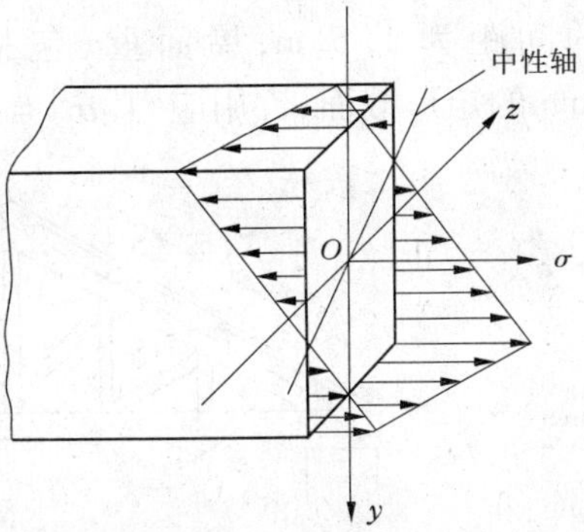

图 7-6

设中性轴上点的坐标为(y_0，z_0)，由于中性轴上应力等于零，所以把 y_0、z_0 代入上式，并令其等于 0，即

$$\sigma = M\left(\frac{\cos\varphi}{I_z}y_0 + \frac{\sin\varphi}{I_y}z_0\right) = 0$$

由于 M 不等于 0，则

$$\frac{\cos\varphi}{I_z}y_0 + \frac{\sin\varphi}{I_y}z_0 = 0$$

由上式可见，中性轴是一条通过横截面形心的直线。设它与 z 轴的夹角为 α，如图 7-7 所示，则有

$$\tan\alpha = \frac{y_0}{z_0} = -\frac{I_z}{I_y}\tan\varphi$$

上式表明：①当力 F 通过第一、三象限时，中性轴通过第二、四象限；②中性轴与力 F 的作用线并不垂直，这正是斜弯曲的特点。除非 $I_z = I_y$，即截面的两个形心主惯性矩相等，例如截面为正多边形的情形，此时中性轴才与力 F 的作用线垂直，而此时不论力 F 的 φ 角等于多少，梁所发生的总是平面弯曲。工程上常用的正方形或圆形截面梁就是这种情况。

当中性轴的位置确定后，就很容易确定应力最大的点，这只要在截面的周边上作两条与中性轴平行的切线，如图 7-8 所示，切点 E_1 和 E_2 即为距中性轴最远的点，其上应力的绝对值最大，其中一个是最大拉应力 σ_{max}，另一个是最大压应力 σ_{min}（按代数值）。

把这两点的应力与材料的许用正应力相比较，即可进行强度计算。

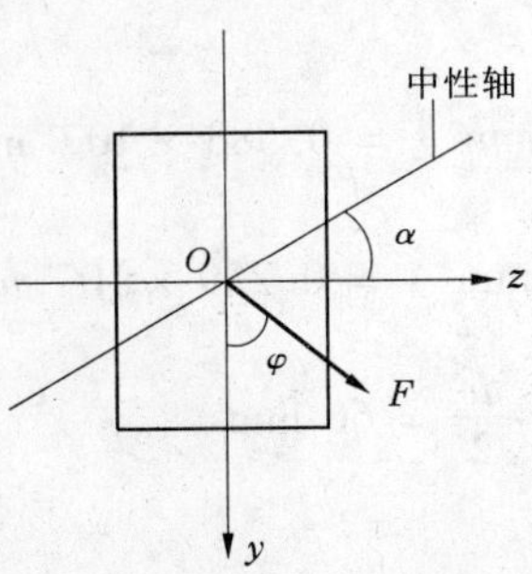

图 7-7

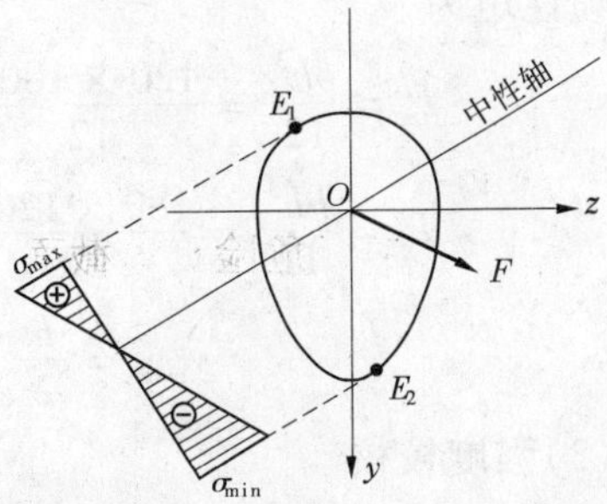

图 7-8

【例 7-1】 如图 7-9(a)所示的屋架结构,已知屋面坡度为 1∶2,两屋架之间的距离为 4 m,木檩条梁的间距为 1.5 m,屋面重(包括檩条)为 1.4 kN/m²。若木檩条梁采用 120 mm×180 mm的矩形截面,许用应力[σ]=10 MPa,试校核木檩条梁的强度。

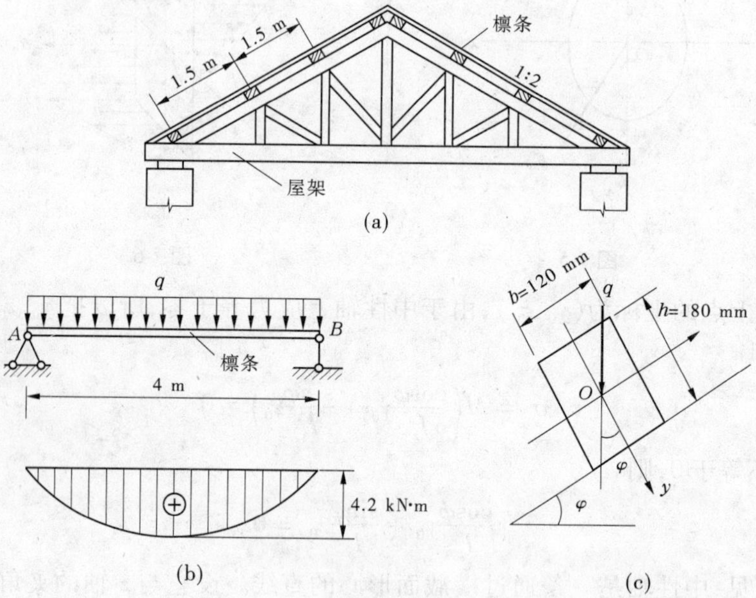

图 7-9

解 (1)将实际结构简化为计算简图。

屋面以上的重量是通过檩条传递给屋桁架的。檩条放在两层架之间的上弦杆上,因而可以简化为一根简支梁,其计算跨度 $l=4$ m,檩条上受的均布载荷 $q=1.4\ \text{kN/m}^2\times1.5\ \text{m}=2.1\ \text{kN/m}$,其檩条梁的计算简图如图 7-11(b)和图 7-11(c)所示。

(2)内力及截面惯性矩的计算

$$M_{\max}=\frac{ql^2}{8}=\frac{2.1\times4^2}{8}=4.2\ (\text{kN}\cdot\text{m})$$

屋面坡度为 1∶2,即 $\tan\varphi=\dfrac{1}{2}$,$\varphi=26°34'$

$$\sin\varphi=0.447\qquad\cos\varphi=0.894$$

惯性矩为

$$I_z=\frac{bh^3}{12}=\frac{120\times180^3}{12}=0.583\times10^8(\text{mm}^4)=0.583\times10^{-4}\ \text{m}^4$$

$$I_y=\frac{hb^3}{12}=\frac{180\times120^3}{12}=0.259\times10^8(\text{mm}^4)=0.259\times10^{-4}m^4$$

$$y_{\max}=\frac{h}{2}=90\ \text{mm},\quad z_{\max}=\frac{b}{2}=60\ \text{mm}$$

(3)强度校核

$$\sigma_{\max}=M_{\max}\left(\frac{y_{\max}}{I_z}\cos\varphi+\frac{z_{\max}}{I_y}\sin\varphi\right)$$

$$= 4\,200 \times \left(\frac{90 \times 10^{-3}}{0.583 \times 10^{-4}} \times 0.894 + \frac{60 \times 10^{-3}}{0.259 \times 10^{-4}} \times 0.447\right)$$

$$= 10.15 \times 10^{6}(\mathrm{N/m^2}) = 10.16\ \mathrm{MPa} > [\sigma] = 10\ \mathrm{MPa}$$

但最大工作应力σ_{max}不超过许用应力$[\sigma]$的5%，故满足强度要求。

7.3 偏心拉伸(压缩)杆件的强度计算

作用在杆件上的外力，当其作用线与杆的轴线平行但不重合时，杆件就受到偏心受压(拉伸)。对这类问题，仍然运用叠加原理来解决。

7.3.1 偏心拉伸(压缩)杆件的应力与强度计算

如图7-10(a)所示的柱子，在柱子的顶端截面上作用有一荷载F，荷载F的作用线与柱子的轴线不重合，该荷载称为**偏心力**，荷载F的作用点到截面形心的距离e称为**偏心距**。如果偏心力F只在y轴(或z轴)一个方向上有偏离，即荷载的作用点在y轴(或z轴)上，称为**单向偏心受压(受拉)**，如图7-10(b)所示。如果偏心力F在y、z两个方向上都有偏离，称为**双向偏心受压(受拉)**。

下面，我们以矩形截面杆件的单向偏心受压为例来讨论杆件的强度计算问题。

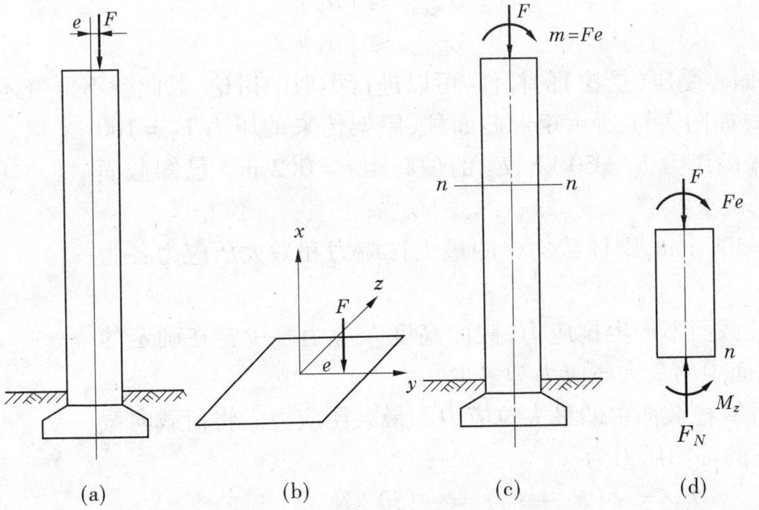

图 7-10

将偏心力F向截面形心平移，得到一个通过柱轴线的轴向压力F和一个力偶矩$m = Fe$的力偶，如图7-10(c)所示。可见，偏心压缩实际上是轴向压缩和平面弯曲的组合变形。

运用截面法可求得任意横截面$n—n$上的内力。由图7-10(d)所示，横截面$n—n$上的内力为轴力F_N和弯矩M_z，其值分别为

$$F_N = -F$$

$$M_z = m = Fe$$

显然，偏心受压的杆件，所有横截面的内力是相同的。

横截面 $n—n$ 上的任一点 K，由轴力 F_N 所引起的正应力为

$$\sigma_N = \frac{F_N}{A} = -\frac{F}{A}$$

由弯矩 M_z 所引起的正应力为

$$\sigma_M = \pm \frac{M_z}{I_z} \times y = \pm \frac{Fe}{I_z} y$$

根据叠加原理，K 点的总应力为

$$\sigma = \sigma_N + \sigma_M = -\frac{F}{A} \pm \frac{Fe}{I_z} y$$

式中弯曲正应力 σ_M 的正负号由变形情况判定。当 K 点处于弯曲变形的受压区时取负值，处于受拉区时取正号。

从上述的推导过程可知：最大压应力发生在截面与偏心力 F 较近的边线上；最大拉应力发生在截面与偏心力 F 较远的边线上。其值分别为

$$\sigma_{c,\max} = \left| \frac{F}{A} + \frac{Fe}{I_z} \times y_{\max近} \right|$$

$$\sigma_{t,\max} = \left| -\frac{F}{A} + \frac{Fe}{I_z} \times y_{\max远} \right|$$

截面上各点均处于单向应力状态，所以单向偏心压缩的强度条件为

$$\sigma_{c,\max} \leqslant [\sigma_c]$$

$$\sigma_{t,\max} \leqslant [\sigma_t]$$

对于双向偏心受压（受拉）的杆件，可以进行类似的讨论，对此就不再赘述。

【例 7-2】 如图 7-11 所示矩形截面柱，屋架传来的压力 $F_1 = 100$ kN，吊车梁传来的压力 $F_2 = 50$ kN，F_2 的偏心距 $e = 0.2$ m。已知截面宽 $b = 200$ mm，试求：

（1）若 $h = 300$ mm，则柱截面中的最大拉应力和最大压应力各为多少？

（2）欲使柱截面不产生拉应力，截面高度 h 应为多少？在确定的 h 尺寸下，柱截面中的最大压应力为多少？

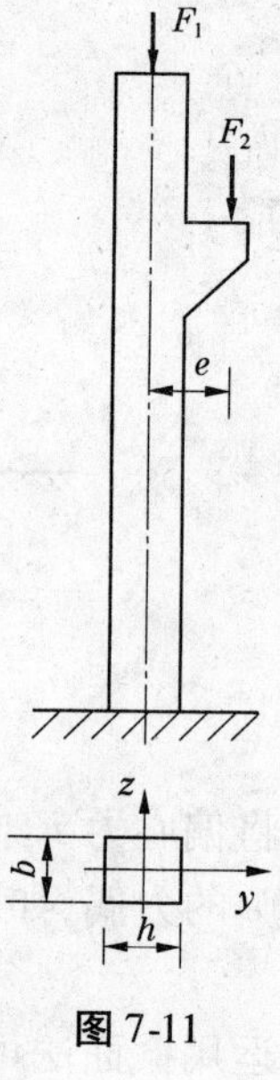

图 7-11

解 （1）计算柱截面中的最大拉应力和最大压应力。将荷载向截面形心简化，柱的轴向压力为

$$F_N = -(F_1 + F_2) = -150 \text{ kN}$$

截面的弯矩为

$$M_z = -F_2 e = -10 \text{ kN} \cdot \text{m}$$

从图中可以看出，柱子的截面左侧应该受拉，右侧受压，所以最大拉应力发生在截面的左边缘，其值为

$$\sigma_{t,\max} = \frac{F_N}{A} - \frac{M_z}{W_z} = -\frac{150 \times 10^3}{200 \times 300} + \frac{10 \times 10^6}{\frac{200 \times 300^2}{6}} = 0.83(\text{MPa})$$

最大压应力发生在截面的右边缘，其值为

$$\sigma_{c,\max} = \frac{F_N}{A} + \frac{M_z}{W_z} = -\frac{150 \times 10^3}{200 \times 300} - \frac{10 \times 10^6}{\frac{200 \times 300^2}{6}} = -5.83(\text{MPa})$$

(2)确定 h 和计算最大压应力。

欲使截面不产生拉应力,应满足 $\sigma_{t,\max} \leqslant 0$,即

$$\sigma_{t,\max} = \frac{F_N}{A} - \frac{M_z}{W_z} = -\frac{150 \times 10^3}{200 \times h} + \frac{10 \times 10^6}{\frac{200 \times h^2}{6}} \leqslant 0$$

解得 $h \geqslant 400$ mm,取 $h = 400$ mm。

当 $h = 400$ mm 时,截面的最大压应力为

$$\sigma_{c,\max} = \frac{F_N}{A} + \frac{M_z}{W_z} = -\frac{150 \times 10^3}{200 \times 400} - \frac{10 \times 10^6}{\frac{200 \times 400^2}{6}} = -3.75(\text{MPa})$$

7.3.2 截面核心

从前面的分析可知,构件受偏心压缩时,横截面上的应力由轴向压力引起的应力和偏心弯矩引起的应力所组成。当偏心压力的偏心距较小时,相应产生的偏心弯矩较小,从而使 $\sigma_M \leqslant \sigma_N$,即横截面上就只会有压应力而无拉应力。

在工程上有不少材料的抗拉性能较差而抗压性能较好且价格便宜,如砖、石材、混凝土、铸铁等,用这些材料制造而成的构件,适于承压,在使用时要求在整个横截面上没有拉应力。这就要求把偏心压力控制在某一区域范围内,从而使截面上只有压应力而无拉应力。这一范围即为截面核心。因此,截面核心是指某一个区域,当压力作用在该区域内时,截面上就只产生压应力。

下面以一个例子来说明截面核心的计算方法。

【例 7-3】 如图 7-12 所示的矩形截面,已知矩形截面的边长分别为 b 和 h,求作截面核心。

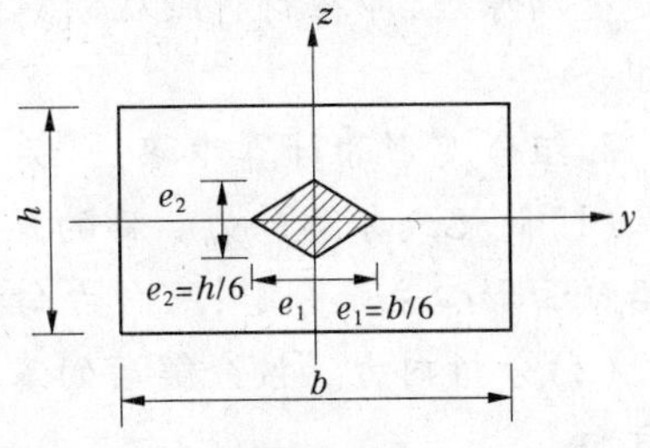

图 7-12

解 (1)先假设偏心压力作用于 y 轴上距离原点的偏心距为 e_1 处,根据截面核心的概念,应有

$$\sigma_M \leqslant \sigma_N$$

即

$$\frac{M_z}{W_z} \leqslant \frac{F_N}{A}$$

式中

$$M_z = F_N e_1, W_z = \frac{1}{6}hb^2, A = bh$$

代入上式得

$$e_1 \leqslant \frac{b}{6}$$

(2)再假设偏心压力作用于 z 轴上距离原点的偏心距为 e_2 处,则利用上述同样的方法可以求得

$$e_2 \leqslant \frac{h}{6}$$

(3)将偏心压力作用于截面上任意一点，根据截面核心的概念，不难推出，当偏心压力作用于图 7-12 所示矩形中的菱形阴影部分时，截面上的压力全部为压应力。所以，矩形截面的截面核心即是如图 7-12 所示的菱形阴影部分。

同理，可以推导出圆形、工字形和槽形等三种截面的截面核心，如图 7-13 所示，其中 $i_y^2=\frac{I_y}{A}$，$i_z^2=\frac{I_z}{A}$。

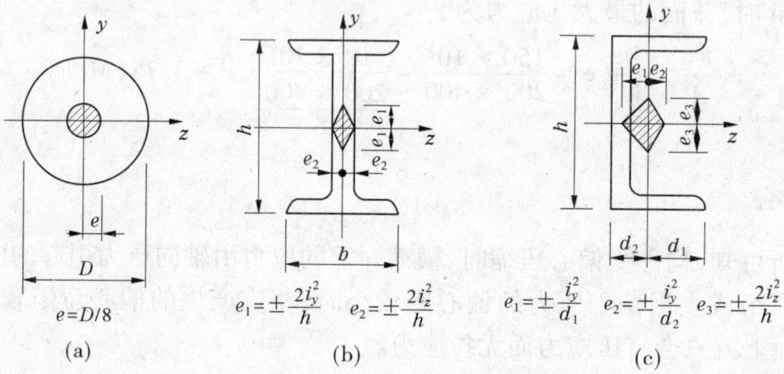

图 7-13

小　结

1. 组合变形是由两种或两种以上的基本变形组合而成的。解决组合变形问题的基本原理是叠加原理，即在材料服从胡克定律的小变形的前提下，将组合变形分解为几个基本变形的组合。

2. 组合变形的计算步骤：

(1)简化或分解外力。目的是使每一个外力分量只产生一种基本变形。通常是将横向力沿截面形心主轴分解；纵向力向截面形心平移。

(2)分析内力。按分解后的基本变形计算内力，明确危险截面位置及危险截面上的内力方向。

(3)分析应力。按各基本变形计算应力，明确危险点的位置，用叠加法求出危险点应力的大小，从而建立强度条件。

在应力计算中，各基本变形的应力正负号最好根据变形情况直接确定，然后叠加，比较简便，不易发生错误，要避免硬套公式。

3. 截面核心：

当偏心压力作用点位于截面形心周围的一个区域内时，横截面上只有压应力而没有拉力，这个区域就是截面核心。截面核心在土建工程中是较为有用的概念。

思考题

7-1　拉压和弯曲的组合变形，与偏心拉压有何区别和联系？

7-2　用叠加原理解决组合变形强度问题的步骤是什么？

7-3　斜弯曲梁的挠曲线是一条平面曲线，还是一条空间曲线？应如何判断？

7-4　偏心压缩（拉伸）时的中性轴是否是一条通过截面形心的直线？

7-5　什么叫截面核心？试述求截面核心周界的方法和步骤。

7-6　计算组合变形的基本假设是什么？用什么方法进行计算？

7-7　举例说明哪些截面受斜弯曲以后挠曲线仍在荷载作用平面内。

7-8　对工程结构的构件来讲，当其他条件一致时，偏心拉伸与偏心压缩各有什么利弊？

7-9　举例说明截面核心的概念在实际工程中的应用。

习　题

7-1　如图 7-14 所示檩条两端简支于屋架上，檩条的跨度 $l=4$ m，承受均布荷载 $q=2$ kN/m，矩形截面 $b\times h=15$ cm $\times 20$ cm，木材的许用应力 $[\sigma]=10$ MPa。试校核檩条的强度。

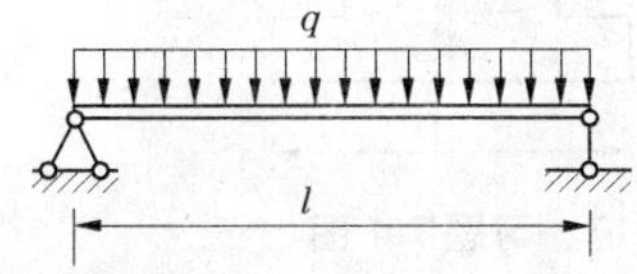

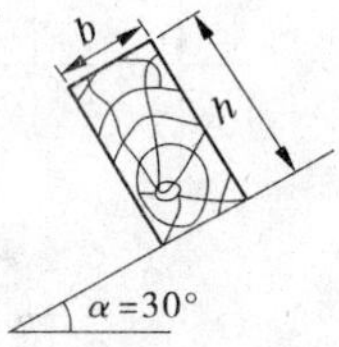

图 7-14　习题 7-1 图

7-2　如图 7-15 所示简支梁，选用 25a 号工字钢。作用在跨中截面的集中荷载 $F=5$ kN，其作用线与截面的形心主轴 y 的夹角为 30°，钢材的许用应力 $[\sigma]=160$ MPa。试校核此梁的强度。

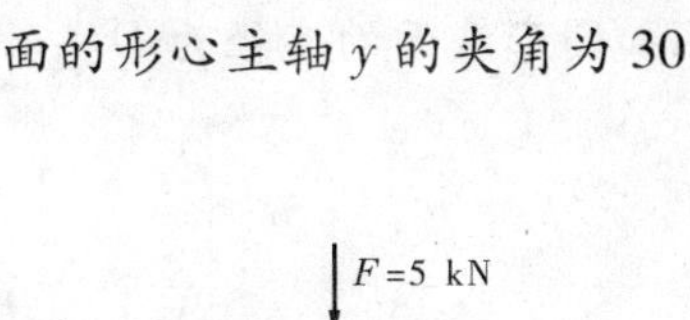

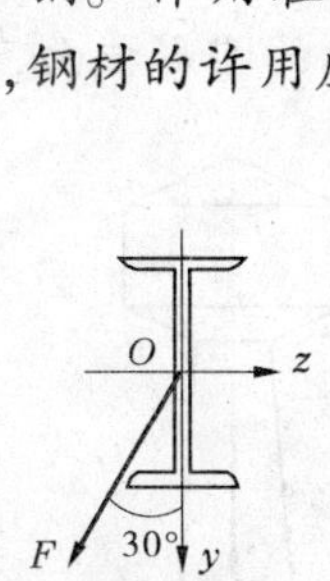

图 7-15　习题 7-2 图

7-3　如图 7-16 所示，由木材制成的矩形截面悬臂梁，在梁的水平对称面内受到 $F_1=800$ N 作用，在铅直对称面内受到 $F_2=1\,650$ N，木材的许用应力 $[\sigma]=10$ MPa。若矩形截面 $h=2b$，试确定其截面尺寸。

7-4　如图 7-17 所示砖砌烟囱高 $H=30$ m，底截面 Ⅰ—Ⅰ 的外径 $d_1=3$ m，内径 $d_2=2$ m，自重 $F_{G1}=2\,000$ kN，受 $q=1$ kN/m 的风力作用。试求：

（1）烟囱底截面 Ⅰ—Ⅰ 的最大应力。

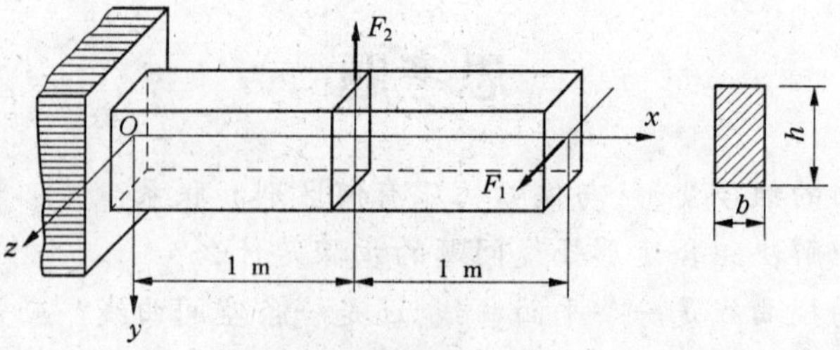

图 7-16　习题 7-3 图

(2)若烟囱的基础埋深 $h=4$ m,基础及填土自重 $F_{G2}=1\ 000$ kN,土壤的许用压应力 $[\sigma_c]=0.3$ MPa,求圆形基础的直径 D 应为多大?

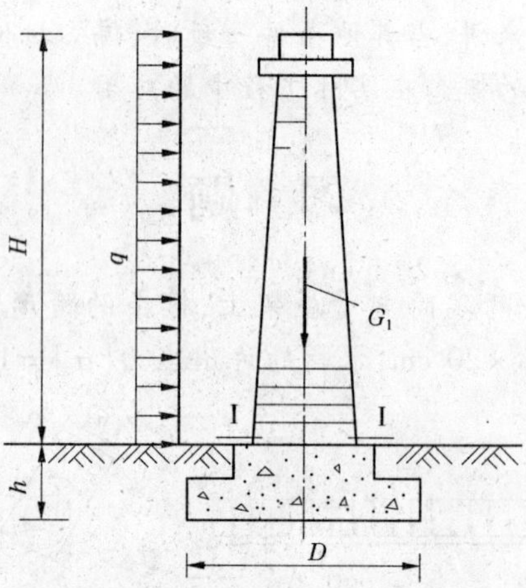

图 7-17　习题 7-4 图

7-5　如图 7-18 所示,某水塔水箱盛满水连同基础总重 $W=2\ 000$ kN,离地面 $H=15$ m 处受水平风力的合力 $F=60$ kN 的作用。已知圆形基础的直径 $d=6$ m,埋深 $h=3$ m,地基为红黏土,其许用应力 $[\sigma]=0.15$ MPa。试校核基础底部地基土的强度。

7-6　如图 7-19 所示的圆形截面,已知圆形截面的直径为 D。求作截面核心。

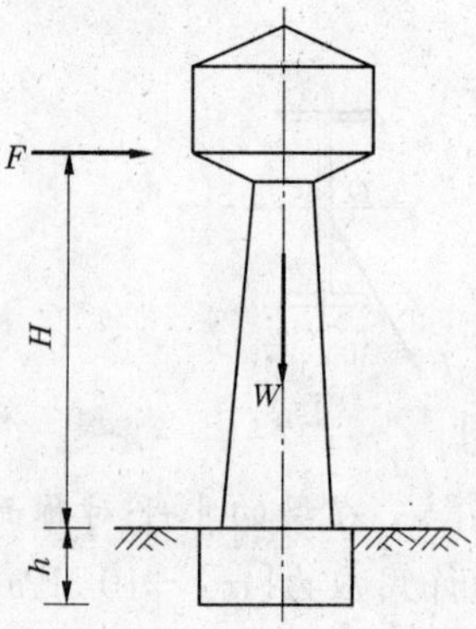

图 7-18　习题 7-5 图

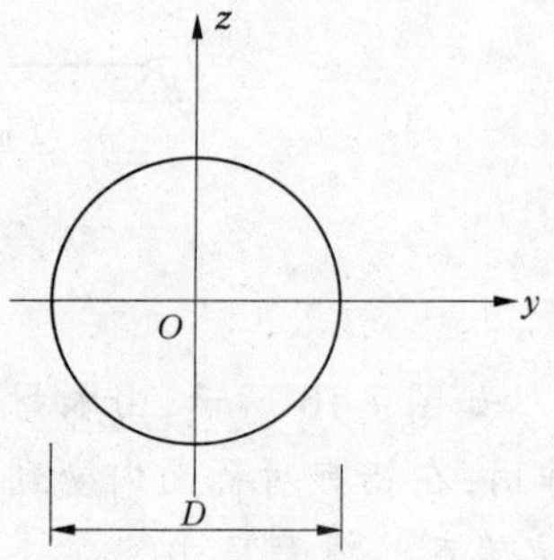

图 7-19　习题 7-6 图

8 压杆的稳定计算

【知识目标】 了解压杆稳定的概念；掌握欧拉公式，掌握细长杆、中长杆和短粗杆的临界力计算公式；了解提高压杆稳定性的措施。

【能力目标】 能对各种压杆进行稳定性计算。

8.1 压杆稳定的概念

在前面讨论受压直杆的强度问题时，认为只要满足杆受压时的强度条件，就能保证压杆的正常工作。然而，在事实上，这个结论只适用于短粗压杆。而细长压杆在轴向压力作用下，其破坏的形式却呈现出与强度问题截然不同的现象。例如，一根长 300 mm 的钢制直杆，其横截面的宽度和厚度分别为 20 mm 和 1 mm，材料的抗压许用应力等于 140 MPa，如果按照其抗压强度计算，其抗压承载力应为 2 800 N。但是实际上，在压力尚不到 40 N 时，杆件就发生了明显的弯曲变形，丧失了其在直线形状下保持平衡的能力，从而导致破坏。显然，这不属于强度性质的问题，而属于压杆稳定的范畴。

为了说明问题，取如图 8-1(a)所示的等直细长杆，在其两端施加轴向压力 F，使杆在直线状态下处于平衡，此时，如果给杆以微小的侧向干扰力，使杆发生微小的弯曲，然后撤去干扰力，则当杆承受的轴向压力数值不同时，其结果也截然不同。当杆承受的轴向压力数值 F 小于某一数值 F_{cr} 时，在撤去干扰力以后，杆能自动恢复到原有的直线平衡状态而保持平衡，如图 8-1(a)、(b)所示，这种原有的直线平衡状态称为**稳定的平衡**；当杆承受的轴向压力数值 F 逐渐增大到(甚至超过)某一数值 F_{cr} 时，即使撤去干扰力，杆仍然处于微弯状态，不能自动恢复到原有的直线平衡状态，如图 8-1(c)、(d)所示，则原有的直线平衡状态为**不稳定的平衡**。如果力 F 继续增大，则杆继续弯曲，产生显著的变形，甚至发生突然破坏。

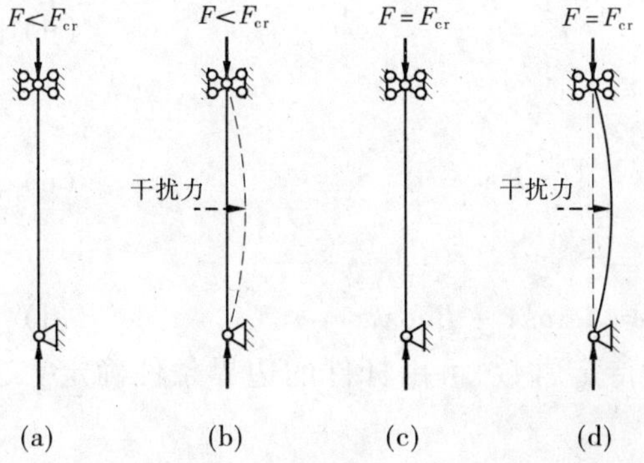

图 8-1

上述现象表明，在轴向压力 F 由小逐渐增大的过程中，压杆由稳定的平衡转变为不稳定的平衡,这种现象称为**压杆丧失稳定性**或者**压杆失稳**。显然压杆是否失稳取决于轴向压力的数值,压杆由直线形状的稳定的平衡过渡到不稳定的平衡,具有临界的性质,此时所对应的轴向压力,称为**压杆的临界压力或临界力**,用 F_{cr} 表示。当压杆所受的轴向压力 F 小于 F_{cr} 时,杆件就能够保持稳定的平衡,这种性能称为压杆具有**稳定性**;而当压杆所受的轴向压力 F 等于或者大于 F_{cr} 时,杆件就不能保持稳定的平衡而失稳。

压杆经常被应用于各种工程实际中,例如桁架结构的某些杆件、建筑物中的柱子等,均承受压力,此时必须考虑其稳定性,以免引起压杆失稳破坏。

8.2 压杆的临界力和临界应力计算

8.2.1 细长压杆的临界力和临界应力计算

8.2.1.1 细长压杆的临界力计算

从前面的讨论可知,压杆在临界力作用下,其直线形状的平衡将由稳定的平衡转变为不稳定的平衡,此时,即使撤去侧向干扰力,压杆仍然将保持在微弯状态下的平衡。当然,如果压力超过这个临界力,弯曲变形将明显增大。所以,前面使压杆在微弯状态下保持平衡的最小的轴向压力,即为压杆的临界压力。压杆的约束不同时,压杆的临界压力也不会相同,下面介绍不同约束条件下压杆的临界力计算公式。

设两端铰支长度为 l 的细长杆,在轴向压力 F 的作用下保持微弯平衡状态,如图 8-2 所示。杆在小变形时的挠曲线近似微分方程为

$$EI\frac{d^2y}{dx^2} = M(x) \tag{a}$$

在图 8-2 所示的坐标系中,坐标 x 处横截面上的弯矩为

$$M(x) = -F_{cr} \cdot y \tag{b}$$

将式(b)代入式(a),得

$$EI\frac{d^2y}{dx^2} = -F_{cr} \cdot y \tag{c}$$

若令

$$k^2 = \frac{F_{cr}}{EI} \tag{d}$$

则式(c)可写成

$$\frac{d^2y}{dx^2} + k^2y = 0 \tag{e}$$

此微分方程的通解为

$$y = A\sin kx + B\cos kx \tag{f}$$

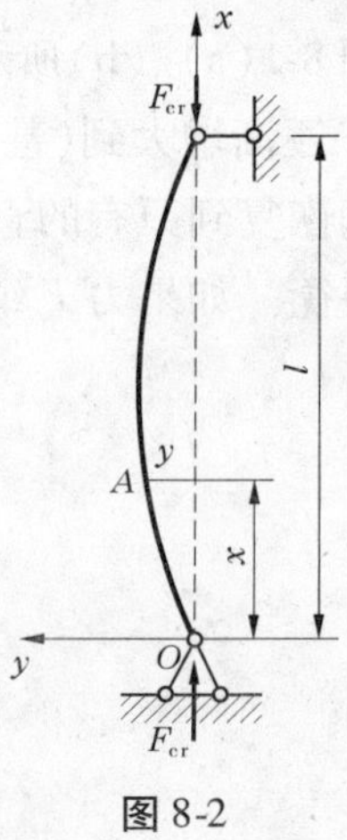

图 8-2

式(f)中的 A 和 B 为待定常数,可由杆件的边界条件确定。边界条件为

(1)在 $x=0$ 处,$y=0$;

(2)在 $x=l$ 处,$y=0$。

将第一个边界条件代入式(f),得 $B=0$。

于是，式(f)改写为

$$y = A\sin kx \tag{g}$$

式(g)表示挠曲线为一正弦曲线，若将第二个边界条件代入式(g)，则 $A\sin kl = 0$，可得

$$A = 0 \quad 或 \quad \sin kl = 0$$

若 $A = 0$，则由式(g)可知，$y = 0$，表示压杆未发生弯曲，这与杆产生微弯曲的前提矛盾，因此必有 $\sin kl = 0$，即

$$kl = n\pi \quad (n = 0,1,2,\cdots)$$

则

$$k^2 = \frac{n^2\pi^2}{l^2} \tag{h}$$

将式(d)代入上式，可得

$$F_{cr} = \frac{n^2\pi^2 EI}{l^2} \quad (n = 0,1,2,\cdots) \tag{i}$$

式(i)表明，当压杆处于微弯平衡状态时，在理论上压力 F_{cr} 是多值的。由于临界力应是压杆在微弯形状下保持平衡的最小轴向压力，所以在式(i)中取 F_{cr} 的最小值。但若取 $n = 0$，则压力 $F_{cr} = 0$，表明杆上并无压力，这不符合上面所讨论的情况。因此，取 $n = 1$，可得临界力为

$$F_{cr} = \frac{\pi^2 EI}{l^2} \tag{8-1}$$

式(8-1)即为两端铰支细长杆的临界压力计算公式，称为**欧拉公式**。

从欧拉公式可以看出，细长压杆的临界力 F_{cr} 与压杆的弯曲刚度成正比，而与杆长 l 的平方成反比。

杆端为其他约束的细长压杆，其临界力计算公式可参考前面的方法导出，对此不再赘述，只列出它们的计算公式

$$F_{cr} = \frac{\pi^2 EI}{(\mu l)^2} \tag{8-2}$$

式中，μl 称为折算长度，表示将杆端约束条件不同的压杆计算长度 l 折算成两端铰支压杆的长度，μ 称为长度系数。其中：两端铰支细长压杆的长度系数 $\mu = 1$；一端固定、另一端铰支细长压杆的长度系数 $\mu = 0.7$；两端固定细长压杆的长度系数 $\mu = 0.5$；一端固定、另一端自由细长压杆的长度系数 $\mu = 2$。

【例 8-1】 如图 8-3 所示，一端固定、另一端自由的细长压杆，其杆长 $l = 2$ m，截面形状为矩形，$b = 20$ mm，$h = 45$ mm，材料的弹性模量 $E = 200$ GPa。试计算该压杆的临界力。若把截面改为 $b = h = 30$ mm，而保持长度不变，则该压杆的临界力又为多大？若截面面积与杆件长度保持不变，截面形状改为圆形，则该压杆的临界力又为多大？

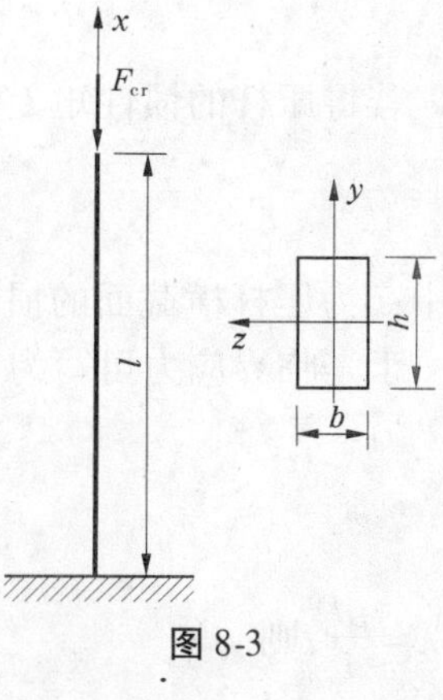

图 8-3

解 (1)计算截面的惯性矩。

由前述可知，该压杆必在 xy 平面内失稳，故式(8-2)的惯性矩应以最小惯性矩代入，即

$$I_{\min} = I_y = \frac{hb^3}{12} = \frac{45 \times 20^3}{12} = 3.0 \times 10^4 (\text{mm}^4)$$

(2)计算临界力。

临界力为

$$F_{\text{cr}} = \frac{\pi^2 EI}{(\mu l)^2} = \frac{\pi^2 \times 200 \times 10^9 \times 3 \times 10^{-8}}{(2 \times 2)^2} = 3\ 701(\text{N}) = 3.70(\text{kN})$$

(3)当截面改为 $b=h=30$ mm 时,压杆的惯性矩为

$$I_y = I_z = \frac{bh^3}{12} = \frac{30^4}{12} = 6.75 \times 10^4 (\text{mm}^4)$$

代入欧拉公式,可得

$$F_{\text{cr}} = \frac{\pi^2 EI}{(\mu l)^2} = \frac{\pi^2 \times 200 \times 10^9 \times 6.75 \times 10^{-8}}{(2 \times 2)^2} = 8\ 327(\text{N}) = 8.33(\text{kN})$$

(4)当截面改为圆形时,压杆的惯性矩为

$$I_y = I_z = \frac{\pi D^4}{64} = \frac{3\ 600^2}{64\pi} = 6.45 \times 10^4 (\text{mm}^4)$$

代入欧拉公式,可得

$$F_{\text{cr}} = \frac{\pi^2 EI}{(\mu l)^2} = \frac{\pi^2 \times 200 \times 10^9 \times 6.45 \times 10^{-8}}{(2 \times 2)^2} = 7\ 957(\text{N}) = 7.96(\text{kN})$$

从以上三种情况的分析可知,其横截面面积相等,支承条件也相同,但是,计算得到的临界力却不一样。可见,在材料用量相同的条件下,选择恰当的截面形式可以提高细长压杆的临界力。

8.2.1.2 细长压杆的临界应力计算

1.细长压杆临界应力的计算公式——欧拉公式

前面导出了计算细长压杆临界力的欧拉公式,当压杆在临界力 F_{cr} 作用下处于直线状态的平衡时,其横截面上的压应力等于临界力 F_{cr} 除以横截面面积 A,称为**临界应力**,用 σ_{cr} 表示,即

$$\sigma_{\text{cr}} = \frac{F_{\text{cr}}}{A}$$

将上式(8-2)代入上式,得

$$\sigma_{\text{cr}} = \frac{\pi^2 EI}{(\mu l)^2 A}$$

若将压杆的惯性矩 I 写成

$$I = i^2 A \quad 或 \quad i = \sqrt{\frac{I}{A}}$$

式中:i 为压杆横截面的惯性半径。

于是临界应力可写为

$$\sigma_{\text{cr}} = \frac{\pi^2 E i^2}{(\mu l)^2} = \frac{\pi^2 E}{\left(\frac{\mu l}{i}\right)^2}$$

令 $\lambda = \frac{\mu l}{i}$,则

$$\sigma_{cr} = \frac{\pi^2 E}{\lambda^2} \tag{8-3}$$

式(8-3)为计算细长压杆临界应力的欧拉公式,式中 λ 称为**压杆的柔度**(或称**长细比**)。柔度 λ 是一个无量纲的量,其大小与压杆的长度系数 μ、杆长 l 及惯性半径 i 有关。由于压杆的长度系数 μ 取决于压杆的支承情况,惯性半径 i 取决于截面的形状与尺寸,所以从物理意义上看,柔度 λ 综合地反映了压杆的长度、截面的形状与尺寸,以及支承情况对临界力的影响。从式(8-3)还可以看出,压杆的柔度值越大,则其临界应力越小,压杆就越容易失稳。

2. 欧拉公式的适用范围

欧拉公式是根据挠曲线近似微分方程导出的,而应用此微分方程时,材料必须服从胡克定律。因此,欧拉公式的适用范围应当是压杆的临界应力 σ_{cr} 不超过材料的比例极限 σ_p,即

$$\sigma_{cr} = \frac{\pi^2 E}{\lambda^2} \leqslant \sigma_p$$

有

$$\lambda \geqslant \pi\sqrt{\frac{E}{\sigma_p}}$$

若设 λ_p 为压杆的临界应力达到材料的比例极限时的柔度值,即

$$\lambda_p = \pi\sqrt{\frac{E}{\sigma_p}} \tag{8-4}$$

则欧拉公式的适用范围为

$$\lambda \geqslant \lambda_p \tag{8-5}$$

式(8-5)表明,当压杆的柔度不小于 λ_p 时,才可以应用欧拉公式计算临界力或临界应力。这类压杆称为大柔度杆或细长杆,欧拉公式只适用于大柔度杆。从式(8-4)可知,λ_p 的值取决于材料性质,不同的材料都有自己的 E 值和 σ_p 值,所以不同材料制成的压杆,其 λ_p 也不同。例如 Q235 钢,$\sigma_p = 200$ MPa,$E = 200$ GPa,由式(8-4)即可求得,$\lambda_p = 100$。

8.2.2 中长压杆的临界力和临界应力计算

上面指出,欧拉公式只适用于大柔度杆,即临界应力不超过材料的比例极限(处于弹性稳定状态)。当临界应力超过比例极限时,材料处于弹塑性阶段,此类压杆的稳定属于弹塑性稳定(非弹性稳定)问题,此时,欧拉公式不再适用。对这类压杆各国大都采用经验公式计算临界力或者临界应力,经验公式是在试验和实践资料的基础上,经过分析、归纳而得到的。各国采用的经验公式多以本国的试验为依据,因此计算不尽相同。我国比较常用的经验公式为直线公式,其表达式为

$$\sigma_{cr} = a - b\lambda \tag{8-6}$$

中长压杆的临界力为

$$F_{cr} = \sigma_{cr} A$$

式中:A 为截面面积;a 和 b 是与材料有关的常数,其单位为 MPa。几种常用材料的 a、b 值见表 8-1。

表 8-1　几种常用材料的 a、b 值

材料	a(MPa)	b(MPa)	λ_p	λ_s
Q235 钢 $\sigma_s=235$ MPa	304	1.12	100	62
硅钢 $\sigma_s=353$ MPa, $\sigma_b \geqslant 510$ MPa	577	3.74	100	60
铬钼钢	980	5.29	55	0
硬铝	372	2.14	50	0
铸铁	331.9	1.453		
松木	39.2	0.199	59	0

应当指出，经验公式(8-6)也有其适用范围，它要求临界应力不超过材料的受压极限应力。这是因为当临界应力达到材料的受压极限应力时，压杆已因为强度不足而破坏。因此，对于由塑性材料制成的压杆，其临界应力不允许超过材料的屈服应力 σ_s，即

$$\sigma_{cr} = a - b\lambda \leqslant \sigma_s$$

或

$$\lambda \geqslant \frac{a-\sigma_s}{b}$$

令

$$\lambda_s = \frac{a-\sigma_s}{b} \tag{8-7}$$

得

$$\lambda \geqslant \lambda_s$$

式中：λ_s 表示当临界应力等于材料的屈服点应力时压杆的柔度值。与 λ_p 一样，它也是一个与材料的性质有关的常数。因此，直线经验公式的适用范围为

$$\lambda_s < \lambda < \lambda_p \tag{8-8}$$

计算时，一般把柔度值介于 λ_s 与 λ_p 之间的压杆称为**中长杆**或**中柔度杆**。

8.2.3　短粗压杆的临界力和临界应力计算

柔度小于 λ_s 的压杆称为短粗杆或小柔度杆。对于柔度小于 λ_s 的短粗杆或小柔度杆，其破坏则是因为材料的抗压强度不足而造成的，如果将这类压杆也按照稳定问题进行处理，则对塑性材料制成的压杆来说，可取临界应力 $\sigma_{cr}=\sigma_s$。

短粗压杆的临界力为

$$F_{cr} = \sigma_{cr}A = \sigma_s A$$

【例 8-2】　如图 8-4 所示为两端铰支的圆形截面受压杆，用 Q235 钢制成，材料的弹性模量 $E=200$ GPa，屈服点应力 $\sigma_s=235$ MPa，直径 $d=40$ mm，试分别计算下面三种情况下压杆的临界力：

(1) 杆长 $l=1.2$ m；

(2) 杆长 $l=0.8$ m；

(3) 杆长 $l=0.5$ m。

解　两端铰支时长度系数　　$\mu=1$

圆形截面的惯性半径　　$i=\frac{d}{4}=\frac{40}{4}=10(\text{mm})=0.01(\text{m})$

(1)计算杆长 $l=1.2$ m 时的临界力。

柔度 $\lambda=\dfrac{\mu l}{i}=\dfrac{1\times1.2}{0.01}=120>\lambda_p=100$

所以是大柔度杆,应用欧拉公式计算临界力

$$F_{cr}=\sigma_{cr}A=\frac{\pi^2E}{\lambda^2}\times\frac{\pi d^2}{4}=\frac{\pi^3\times200\times10^9\times0.04^2}{4\times120^2}$$
$$=172\times10^3(\text{N})=172(\text{kN})$$

(2)计算杆长 $l=0.8$ m 时的临界力。

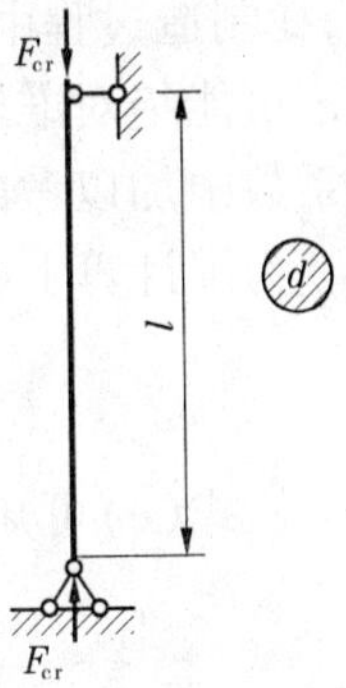

图 8-4

柔度 $\lambda=\dfrac{\mu l}{i}=\dfrac{1\times0.8}{0.01}=80$

查表 8-1 可得 $\lambda_s=62$,因此 $\lambda_s<\lambda<\lambda_p$,该杆为中长杆,应用直线经验公式计算临界力。

$$F_{cr}=\sigma_{cr}A=(a-b\lambda)\frac{\pi d^2}{4}$$
$$=(304\times10^6-1.12\times10^6\times80)\times\frac{\pi\times0.04^2}{4}$$
$$=269\times10^3(\text{N})=269(\text{kN})$$

(3)计算杆长 $l=0.5$ m 时的临界力。

柔度 $\lambda=\dfrac{\mu l}{i}=\dfrac{1\times0.5}{0.01}=50<\lambda_s=62$

该压杆为短粗杆(小柔度杆),其临界力为

$$F_{cr}=\sigma_sA=235\times\frac{\pi\times40^2}{4}=295.3\times10^3(\text{N})=295.3(\text{kN})$$

从本例可以看出,在材料、支承和形状相同时,选择恰当的杆长可以提高压杆的临界力。

8.3 压杆的稳定计算

8.3.1 压杆稳定的实用计算方法

当压杆中的应力达到(或超过)其临界应力时,压杆会丧失稳定。所以,正常工作的压杆,其横截面上的应力应小于临界应力。在工程中,为了保证压杆具有足够的稳定性,还必须考虑一定的安全储备,这就要求横截面上的应力不能超过压杆的临界应力的许用值$[\sigma_{cr}]$,即

$$\sigma_{cr}=\frac{F}{A}\leqslant[\sigma_{cr}] \tag{a}$$

$[\sigma_{cr}]$为临界应力的许用值,其值为

$$[\sigma_{cr}]=\frac{\sigma_{cr}}{n_{st}} \tag{b}$$

式中:n_{st}为稳定安全系数。

稳定安全系数一般大于强度计算时的安全系数,这是因为在确定稳定安全系数时,除应遵循确定安全系数的一般原则外,还必须考虑实际压杆并非理想的轴向压杆这一情况。例

如,在制造过程中,杆件不可避免地存在微小的弯曲(即存在初曲率);另外,外力的作用线也不可能绝对准确地与杆件的轴线相重合(即存在初偏心),等等。这些因素都应在稳定安全系数中加以考虑。

为了计算上的方便,将临界应力的允许值写成如下形式

$$[\sigma_{cr}] = \frac{\sigma_{cr}}{n_{st}} = \varphi[\sigma] \tag{c}$$

从式(c)可知,φ 值为

$$\varphi = \frac{\sigma_{cr}}{n_{st}[\sigma]} \tag{d}$$

式中:$[\sigma]$为强度计算时的许用应力,φ 称为折减系数,其值小于1。

由式(d)可知,当$[\sigma]$一定时,φ 取决于 σ_{cr} 与 n_{st}。由于临界应力 σ_{cr} 值随压杆的长细比而改变,而不同长细比的压杆一般又规定不同的稳定安全系数,所以折减系数 φ 是长细比 λ 的函数。当材料一定时,φ 值取决于长细比 λ 的值。表8-2即列出了Q235钢、16锰钢和木材的折减系数 φ 值。

表8-2　折减系数

λ	φ		
	Q235钢	16锰钢	木材
0	1.000	1.000	1.000
10	0.995	0.993	0.971
20	0.981	0.973	0.932
30	0.958	0.940	0.883
40	0.927	0.895	0.822
50	0.888	0.840	0.751
60	0.842	0.776	0.668
70	0.789	0.705	0.575
80	0.731	0.627	0.470
90	0.669	0.546	0.370
100	0.604	0.462	0.300
110	0.536	0.384	0.248
120	0.466	0.325	0.208
130	0.401	0.279	0.178
140	0.349	0.242	0.153
150	0.306	0.213	0.133
160	0.272	0.188	0.117
170	0.243	0.168	0.104
180	0.218	0.151	0.093
190	0.197	0.136	0.083
200	0.180	0.124	0.075

应当明白,$[\sigma_{cr}]$与$[\sigma]$虽然都是“许用应力”,但两者却有很大的不同。$[\sigma]$只与材料有关,当材料一定时,其值为定值;而$[\sigma_{cr}]$除与材料有关外,还与压杆的长细比有关,所以相

同材料制成的不同(长细比)的压杆,其$[\sigma_{cr}]$值是不同的。

将式(c)代入式(a),可得

$$\sigma = \frac{F}{A} \leqslant \varphi[\sigma] \quad 或 \quad \frac{F}{A\varphi} \leqslant [\sigma] \tag{8-9}$$

式(8-9)即为压杆需要满足的稳定条件。由于折减系数φ可按λ的值直接从表8-2中查到,所以按式(8-2)的稳定条件进行压杆的稳定计算,十分方便。因此,该方法也称为实用计算方法。

应当指出,在稳定计算中,压杆的横截面面积A均采用毛截面面积计算,即当压杆在局部有横截面削弱(如钻孔、开口等)时,可不予考虑。因为压杆的稳定性取决于整个杆件的弯曲刚度,而局部的截面削弱对整个杆件的整体刚度来说,影响甚微。但是,对截面的削弱处,则应当进行强度校核。

应用压杆的稳定条件,可以对以下三个方面的问题进行计算。

8.3.1.1 稳定校核

已知压杆的几何尺寸、所用材料、支承条件以及承受的压力,校核是否满足式(8-9)的稳定条件。

这类问题,一般应首先计算出压杆的长细比λ,根据λ查出相应的折减系数φ,再按照式(8-9)进行校核。

8.3.1.2 计算稳定时的许用荷载

已知压杆的几何尺寸、所用材料及支承条件,按稳定条件计算其能够承受的许用荷载F值。

这类问题,一般也要首先计算出压杆的长细比λ,根据λ查出相应的折减系数φ,再按照下式

$$F \leqslant A\varphi[\sigma]$$

进行计算。

8.3.1.3 进行截面设计

已知压杆的长度、所用材料、支承条件及承受的压力F,按照稳定条件计算压杆所需的截面尺寸,即

$$A \geqslant \frac{F}{\varphi[\sigma]}$$

这类问题,一般采用试算法。这是因为在稳定条件式(8-9)中,折减系数φ是根据压杆的长细比λ查表得到的,而在压杆的截面尺寸尚未确定之前,压杆的长细比λ不能确定,所以也就不能确定折减系数φ。因此,只能采用试算法,首先假定一折减系数φ值(0与1之间),由稳定条件计算所需要的截面面积A,然后计算出压杆的长细比λ,根据压杆的长细比λ查表得到折减系数φ,再按照式(8-9)验算是否满足稳定条件。如果不满足稳定条件,则应重新假定折减系数φ值,重复上述过程,直到满足稳定条件。

【例8-3】 如图8-5所示,构架由两根直径相同的圆杆构成,杆的材料为Q235钢,直径$d=20$ mm,材料的许用应力$[\sigma]=170$ MPa,已知$h=0.4$ m,作用力$F=15$ kN。试在计算平面内校核二杆的稳定。

解 (1)计算各杆承受的压力。

取结点 A 为研究对象,根据平衡条件列方程。

由 $\sum F_x = 0$ 得

$$F_{AB}\cos45° - F_{AC}\cos30° = 0 \qquad (a)$$

由 $\sum F_y = 0$ 得

$$F_{AB}\sin45° + F_{AC}\sin30° - F = 0 \qquad (b)$$

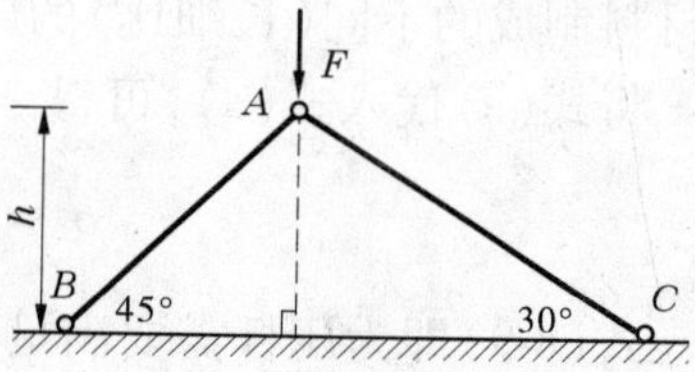

图 8-5

联立式(a)、式(b)解得二杆承受的压力分别为

AB 杆 $\qquad F_{AB} = 0.896F = 0.896 \times 15 = 13.44(\text{kN})$

AC 杆 $\qquad F_{AC} = 0.732F = 0.732 \times 15 = 10.98(\text{kN})$

(2)计算二杆的长细比。

各杆的长度分别为

$$l_{AB} = \sqrt{2}h = \sqrt{2} \times 0.4 = 0.566(\text{m})$$
$$l_{AC} = 2h = 2 \times 0.4 = 0.8(\text{m})$$

则二杆的长细比分别为

$$\lambda_{AB} = \frac{\mu l_{AB}}{i} = \frac{\mu l_{AB}}{\frac{d}{4}} = \frac{4 \times 1 \times 0.566}{0.02} = 113$$

$$\lambda_{AC} = \frac{\mu l_{AC}}{i} = \frac{\mu l_{AC}}{\frac{d}{4}} = \frac{4 \times 1 \times 0.8}{0.02} = 160$$

(3)根据长细比查折减系数得

$$\varphi_{AB} = 0.536 - (0.536 - 0.466) \times \frac{3}{10} = 0.515, \varphi_{AC} = 0.272$$

(4)按照稳定条件进行验算

AB 杆 $$\frac{F_{AB}}{A\varphi_{AB}} = \frac{13.44 \times 10^3}{\pi \times \left(\frac{0.02}{2}\right)^2 \times 0.515} = 83 \times 10^6(\text{Pa}) = 83\ \text{MPa} < [\sigma]$$

AC 杆 $$\frac{F_{AC}}{A\varphi_{AC}} = \frac{10.98 \times 10^3}{\pi \times \left(\frac{0.02}{2}\right)^2 \times 0.272} = 128 \times 10^6(\text{Pa}) = 128\ \text{MPa} < [\sigma]$$

因此,二杆都满足稳定条件,构架稳定。

【例 8-4】 如图 8-6 所示支架,BD 杆为正方形截面的木杆,其长度 $l = 2$ m,截面边长 $a = 0.1$ m,木材的许用应力$[\sigma] = 10$ MPa。试从满足 BD 杆的稳定条件考虑,计算该支架能承受的最大荷载 F_{max}。

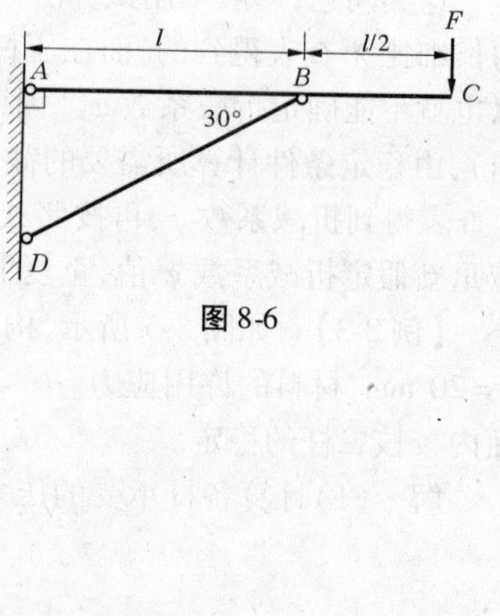

图 8-6

解 (1)计算 BD 杆的长细比

$$l_{BD} = \frac{l}{\cos30°} = \frac{2}{\frac{\sqrt{3}}{2}} = 2.31(\text{m})$$

$$\lambda_{BD} = \frac{\mu l_{BD}}{i} = \frac{\mu l_{BD}}{\sqrt{\frac{I}{A}}} = \frac{\mu l_{BD}}{a\sqrt{\frac{1}{12}}} = \frac{1 \times 2.31}{0.1 \times \sqrt{\frac{1}{12}}} = 80$$

(2)计算 BD 杆能承受的最大压力。

根据长细比 λ_{BD} 查表 8-2,得 $\varphi_{BD} = 0.470$,则 BD 杆能承受的最大压力为

$$F_{BD\max} = A\varphi[\sigma] = 0.1^2 \times 0.470 \times 10 \times 10^6 = 47 \times 10^3(\mathrm{N}) = 47\ \mathrm{kN}$$

(3)根据外力 F 与 BD 杆所承受压力之间的关系,求出该支架能承受的最大荷载 $F_{\max}$。

考虑 AC 的平衡,可得

$$\sum M_A = 0,\quad F_{BD} \cdot \frac{l}{2} - F \cdot \frac{3}{2}l = 0$$

从而可求得

$$F = \frac{1}{3}F_{BD}$$

因此,该支架能承受的最大荷载 $F_{\max}$ 为

$$F_{\max} = \frac{1}{3}F_{BD\max} = \frac{1}{3} \times 47 \times 10^3 = 15.67 \times 10^3(\mathrm{N}) = 15.67(\mathrm{kN})$$

8.3.2 提高压杆稳定性的措施

要提高压杆的稳定性,关键在于提高压杆的临界力或临界应力。而压杆的临界力和临界应力与压杆的长度、横截面形状及大小、支承条件,以及压杆所用材料等有关。因此,可以从以下几个方面考虑。

8.3.2.1 合理选择材料

欧拉公式告诉我们,大柔度杆的临界应力与材料的弹性模量成正比。所以,选择弹性模量较高的材料,就可以提高大柔度杆的临界应力,也就提高了其稳定性。但是,对于钢材而言,各种钢的弹性模量大致相同,所以选用高强度钢并不能明显提高大柔度杆的稳定性。而中、小柔度杆的临界应力与材料的强度有关,采用高强度钢材可以提高这类压杆抵抗失稳的能力。

8.3.2.2 选择合理的截面形状

增大截面的惯性矩,可以增大截面的惯性半径,降低压杆的柔度,从而可以提高压杆的稳定性。在压杆横截面面积相同的条件下,应尽可能使材料远离截面形心轴,以取得较大的惯性矩,从这个角度出发,空心截面要比实心截面合理,如图 8-7 所示。在工程实际中,若压杆的截面是用两根槽钢组成的,则应采用如图 8-8 所示的布置方式,可以取得较大的惯性矩或惯性半径。

图 8-7

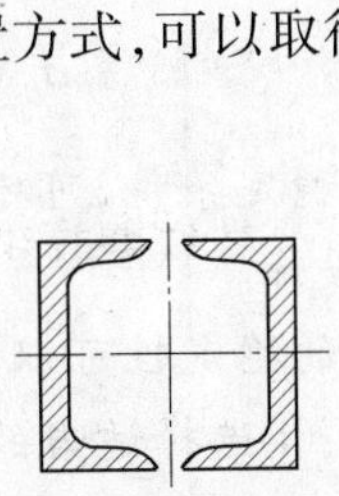

图 8-8

另外,由于压杆总是在柔度较大(临界力较小)的纵向平面内首先失稳,所以应注意尽

可能使压杆在各个纵向平面内的柔度都相同，以充分发挥压杆的稳定承载力。

8.3.2.3 改善约束条件，减小压杆长度

根据欧拉公式可知，压杆的临界力与其计算长度的平方成反比，而压杆的计算长度又与其约束条件有关。因此，改善约束条件，可以减小压杆的长度系数和计算长度，从而增大临界力。

减小压杆长度的另一方法是在压杆的中间增加支承，把一根变为两根甚至几根。

小　结

1. 压杆在一定的轴向压力作用下，突然丧失其原有的直线平衡状态的现象称为压杆失稳。

压杆承受的轴向压力小于某一特定值时，压杆处于稳定的平衡状态；当轴向压力大于该特定值时，压杆处于不稳定的平衡状态；当轴向压力等于该特定值时，压杆处于临界平衡状态，这一特定的压力值称为临界力。确定临界力是研究压杆稳定性的重要问题。

2. 细长压杆的临界力、临界应力计算公式

$$F_{cr} = \frac{\pi^2 EI}{(\mu l)^2}, \quad \sigma_{cr} = \frac{\pi^2 E}{\lambda^2}$$

式中：μ 称为长度系数，其中两端铰支细长压杆的长度系数 $\mu=1$；一端固定、另一端铰支细长压杆的长度系数 $\mu=0.7$；两端固定细长压杆的长度系数 $\mu=0.5$；一端固定、另一端自由细长压杆的长度系数 $\mu=2$。λ 称为压杆的柔度（或称长细比），$\lambda=\frac{\mu l}{i}$。

公式的适用范围为 $\lambda \geqslant \lambda_p$ 的压杆，其中 $\lambda_p = \pi\sqrt{\frac{E}{\sigma_p}}$

3. 中长压杆的临界力、临界应力计算公式

$$F_{cr} = \sigma_{cr} A, \sigma_{cr} = a - b\lambda$$

公式的适用范围为 $\lambda_s < \lambda < \lambda_p$ 的压杆，其中 $\lambda_s = \frac{a-\sigma_s}{b}$。

4. 短粗压杆的临界力、临界应力计算公式

$$F_{cr} = \sigma_{cr} A = \sigma_s A, \quad \sigma_{cr} = \sigma_s$$

公式的适用范围为 $\lambda < \lambda_s$。

5. 压杆的稳定条件

$$\sigma = \frac{F}{A} \leqslant \varphi[\sigma] \quad 或 \quad \frac{F}{A\varphi} \leqslant [\sigma]$$

根据压杆的稳定条件，可以解决压杆的三类问题：①稳定校核；②计算稳定时的许用荷载；③进行截面设计。

6. 提高压杆的稳定性可以采取以下措施：①减小压杆的长度；②改善支承条件；③选择合理的截面形状；④选择适当的材料。

思考题

8-1　以压杆为例，说明什么是稳定平衡和不稳定平衡。什么叫失稳？

8-2　何谓压杆的临界力和临界应力？

8-3　有人说临界力是使压杆丧失稳定所需的最小荷载，又有人说临界力是使压杆维持直轴线形状平衡状态所能承受的最大荷载。这两种说法对吗？两种说法一致吗？

8-4　对于两端铰支、由 Q235 钢制成的圆截面压杆，杆长 l 应比直径 d 大多少倍时，才能用欧拉公式计算临界力？

8-5　若在计算中、小柔度压杆的临界力时，使用了欧拉公式，或在计算大柔度压杆的临界力时使用了经验公式，后果将会怎样？

8-6　细长压杆的长度增大一倍而其他条件不变时，其临界力有何变化？圆形截面细长压杆直径增大一倍而其他条件不变时，其临界力有何变化？

8-7　什么是柔度？它与哪些因素有关？它怎样影响压杆的稳定性？

习　题

8-1　图 8-9 所示两端铰支的细长压杆，材料的弹性模量 $E=200$ GPa，试用欧拉公式计算其临界力 F_{cr}。(1) 圆形截面 $d=25$ mm，$l=1.0$ m；(2) 矩形截面 $h=2b=40$ mm，$l=1.0$ m。

8-2　直径 $d=25$ mm、长为 l 的细长钢压杆，材料的弹性模量 $E=200$ GPa，试用欧拉公式计算其临界力 F_{cr}。(1) 两端铰支，$l=600$ mm；(2) 两端固定，$l=1\ 500$ mm；(3) 一端固定、一端铰支，$l=1\ 000$ mm。

8-3　三根两端铰支的圆截面压杆，直径均为 $d=160$ mm，长度分别为 l_1、l_2 和 l_3，且 $l_1=2l_2=4l_3=5$ m，材料为 Q235 钢，弹性模量 $E=200$ GPa。求三杆的临界力 F_{cr}。

8-4　试对图 8-10 所示木杆进行强度和稳定校核。已知材料的许用应力 $[\sigma]=10$ MPa。

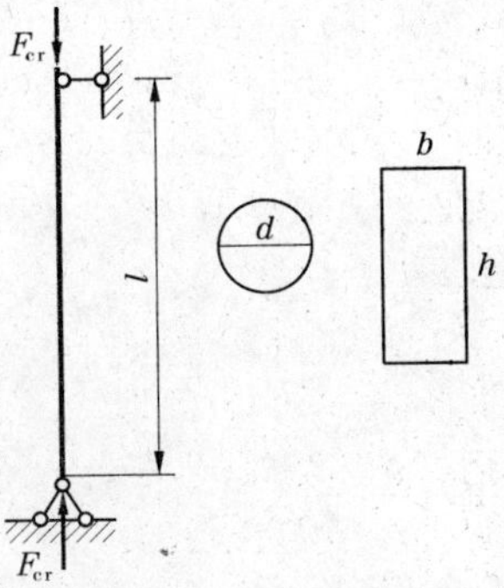

图 8-9　习题 8-1 图

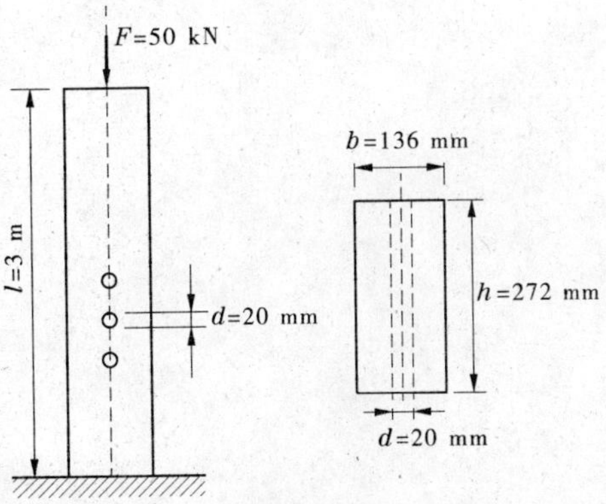

图 8-10　习题 8-4 图

8-5　一两端铰支的钢管柱，长 $l=3$ m，截面外径 $D=100$ mm，内径 $d=70$ mm。材料为 Q235 钢，许用应力 $[\sigma]=160$ MPa。求此柱的许用荷载。

8-6　如图 8-11 所示桁架，$F=100$ kN，二杆均为用 Q235 钢制成的圆截面杆，许用应力$[\sigma]=180$ MPa。试确定它们的直径。

8-7　某千斤顶，已知丝杆长度 $l=375$ mm，内径 $d=40$ mm，材料为 Q235 钢（$a=589$ MPa，$b=3.82$ MPa，$\lambda_p=100$，$\lambda_s=60$），最大起重量 $F=80$ kN，规定的安全系数 $n_{st}=4$。试校核其稳定性。

8-8　如图 8-12 所示梁柱结构，横梁 AB 的截面为矩形，$b\times h=40\text{ mm}\times 60\text{ mm}$；竖柱 CD 的截面为圆形，直径 $d=20$ mm。在 C 处用铰链连接。材料为 Q235 钢，规定安全系数 $n_{st}=3$。若现在 AB 梁上最大弯曲应力 $\sigma=140$ MPa，试校核 CD 杆的稳定性。

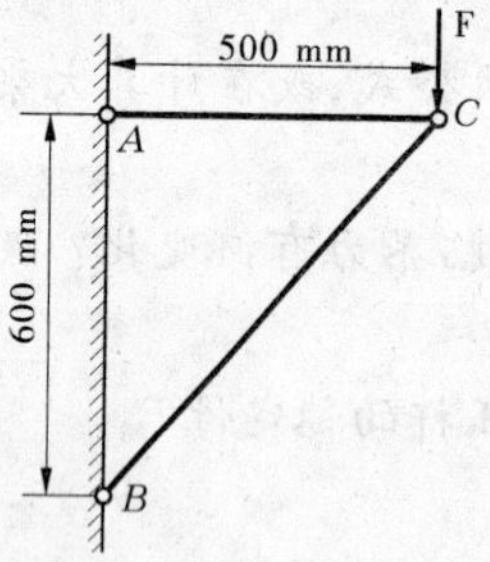

图 8-11　习题 8-6 图

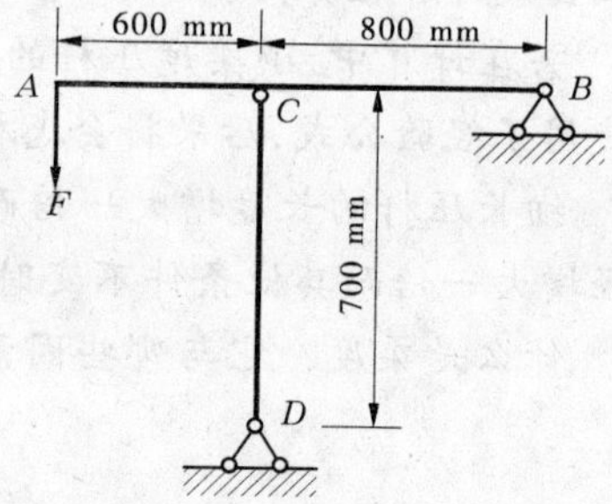

图 8-12　习题 8-8 图

项目4　结构受力分析与计算

9　平面杆件体系的几何组成分析

【知识目标】　理解几何组成分析中的名词含义；理解平面体系自由度概念；掌握平面几何不变体系的组成规则；掌握常见平面体系几何组成分析方法。

【能力目标】　能对平面体系的几何组成进行正确分析。

9.1　概　述

杆件结构，如房屋结构的骨架、机器的支架、起重机的各部分都是由若干杆件组成的体系并与地基联结成为一个整体，用于承受荷载的作用。在荷载作用之前其几何形状是固定不变的，荷载作用之后整个体系除去构件的变形外也是稳定不动的。显然，一个几何形状随时都在变化的支承体系是不可能承受荷载的。所以，要研究体系的组成问题。

9.1.1　几何不变体系与几何可变体系的概念

9.1.1.1　几何不变体系

几何不变体系是指在不考虑材料变形的条件下，任意荷载作用后体系的位置和形状均能保持不变的体系，如图9-1所示。

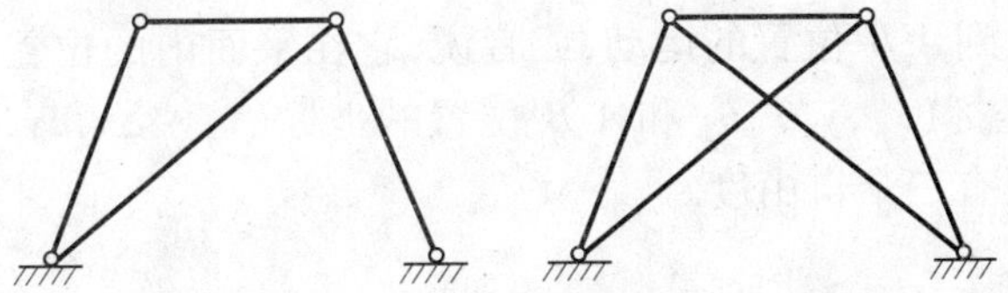
(a)　　(b)

图9-1　几何不变体系

9.1.1.2　几何可变体系

几何可变体系是指在不考虑材料变形的条件下，即使不大的荷载作用，也会产生机械运动而不能保持其原有形状和位置的体系，如图9-2所示。

9.1.2　几何组成分析的目的

对体系几何组成的性质和规律进行的分析称为几何组成分析。作这种分析的目的在于：

(1)判别某一体系是否几何不变，从而决定它能否作为结构。

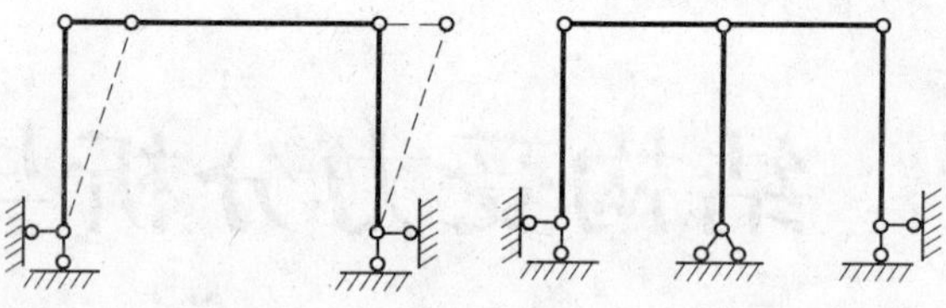

(a)　　　　　(b)

图 9-2　几何可变体系

(2)研究几何不变体系的组成规则,以便合理布置构件,使所设计的结构在荷载作用下能够维持平衡。

(3)根据体系的几何组成状态,确定结构是静定的还是超静定的,以便选择相应的内力计算方法。

本章只讨论平面杆件体系的几何组成。

9.2　几何组成分析的相关概念

9.2.1　刚片

在平面体系中,由于不考虑材料的应变,所以可认为各个构件没有变形。于是,可以把一根梁、一根链杆或体系中已经肯定为几何不变的某个部分看作一个**平面刚体**,简称为**刚片**。

9.2.2　自由度

体系的**自由度**是指该体系运动时,用来确定其位置所需独立坐标的数目。一个点在平面内,可有两种独立的运动方式。例如图 9-3(a)中 A 点到 A'点位置可以分解为水平和竖直两个方向的独立运动,或者说,一个点在平面内的位置需由两个独立坐标来确定,如 A 坐标为(x,y),A'点坐标为$(x+\Delta x,y+\Delta y)$。因此,可以说一个点在平面内具有两个自由度。一个刚片在平面内可有上下、左右两个方向移动和绕某点转动三种独立运动方式。例如图 9-3(b)中,刚片 AB 到 $A'B'$位置的运动,或者说,它在平面内的位置需由三个独立坐标来确定。如 AB 位置的坐标(x_A,y_A)、θ_A 和 $A'B'$位置的坐标$(x_A+\Delta x_A,y_A+\Delta y_A)$、$\theta_A+\Delta\theta_A$。因此,一个刚片在平面内有三个自由度。

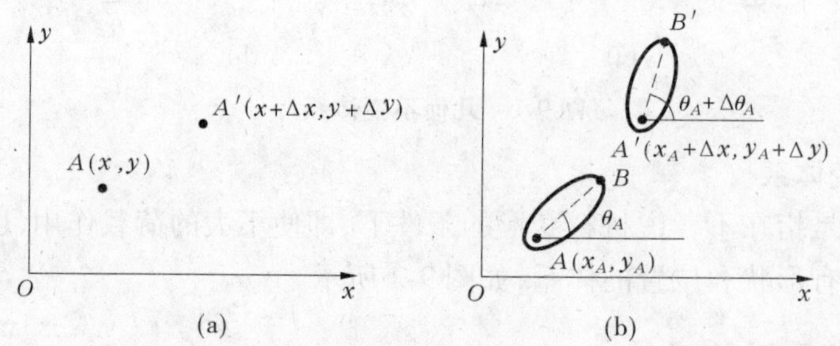

(a)　　　　　(b)

图 9-3　自由度

一般来说,一个体系的自由度等于这个体系运动时可以独立改变的坐标数目或确定该体系位置所需的独立坐标数目。凡是自由度没有全部受到约束的体系,即有自由度的体系都是几何可变体系。

9.2.3 约束

对运动起限制作用的装置称为约束。凡能减少一个自由度的装置称为一个约束,例如用一根链杆将刚片与基础相连(见图9-4(a)),则刚片将不能沿链杆方向移动,因而减少了1个自由度,故一根链杆为1个约束。如果在刚片和基础之间再加一根链杆(见图9-4(b)),则刚片又减少了1个自由度,此时,它就只能绕A点作转动而丧失了自由移动的可能,这两杆链杆实际上是一个铰支座,因此一个铰支座相当于两个约束。

又如,用一铰将两刚片在A点相连,如图9-4(c)所示,那么,刚片Ⅰ仍有3个自由度,而刚片Ⅱ因A点位置随刚片Ⅰ的位置而定,只保留了绕A转动的一个自由度,故体系的总自由度从$2 \times 3 = 6$个变为4个,减少了2个。因此,一个**单铰**(联结两个刚片的铰)相当于两个约束,也相当于两根链杆的约束作用。反之,两根链杆也就相当于一个单铰的作用。当两个刚片在A点刚接起来(加一刚结点),那么两刚片变成了一个刚片,只有三个自由度,故刚性连接相当于3个约束。通过类似的分析可以知道,固定支座相当于三个约束。

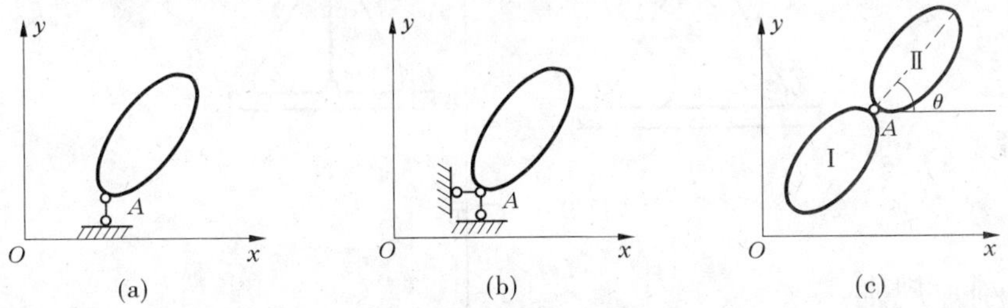

图9-4 约束

9.2.4 虚铰

下面对两个链杆约束相当于一个铰的情况作进一步讨论。如图9-5所示,刚片Ⅰ和Ⅱ用两根不平行的链杆AB和CD联结。为了分析两刚片间的相对运动情况,设刚片Ⅰ固定不动,刚片Ⅱ可绕AB和CD两杆的延长线的交点O转动;反之,若设刚片Ⅱ固定不动,则刚片Ⅰ也将绕点O转动。O点称为刚片Ⅰ和Ⅱ的相对转动的瞬心。上述情况等效于在O点用圆柱铰把刚片Ⅰ和Ⅱ相联结。这个铰的位置是在两链杆轴线的延长线上,但随着两刚片的相对转动,其位置将会改变,因此这种铰与一般的铰不同,把它称为**虚铰或瞬铰**。

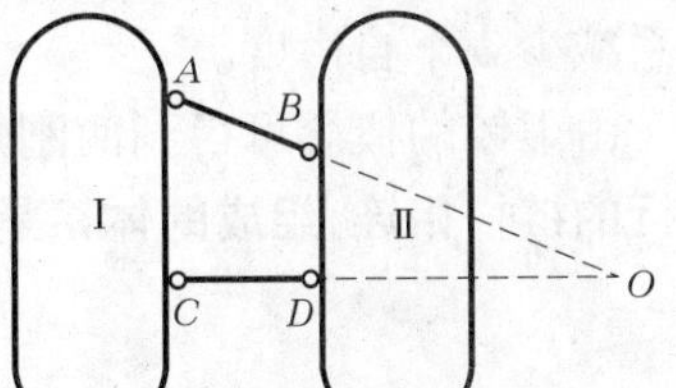

图9-5 虚铰

9.2.5 多余约束

一个平面体系通常都是由若干个刚片加入某些约束所组成的。加入约束的目的是减少体系的自由度。如果在组成体系的各刚片之间恰当地加入足够的约束,就能使刚片与刚片之间不可能发生相对运动,从而使该体系成为几何不变的体系。但是,若增加的约束并没有减少体系的自由度,则称该约束为**多余约束**。例如在图 9-5 的 A 点再加一链杆,则此链杆并没有进一步减少刚片的自由度,故此约束为多余约束。一个体系尽管有了足够数量的约束,但由于约束安排不当,其中一些约束成为了多余约束,体系仍可能是几何可变的。

9.3 几何不变体系的组成规则

9.3.1 二元体规则

二元体是指两根不在一条直线上的链杆联结一个新结点的装置。图 9-6(a)所示的 BAC 部分即是一个二元体。一个结点的自由度等于 2,因两根不在同一直线上的链杆,其约束数也等于 2,所以**二元体规则为:在体系中增加一个或拆除一个二元体,不改变原体系的几何不变性或几何可变性**。显然,若在此基础上再增加一根链杆 3,如图 9-6(b)所示,则体系仍是几何不变的,但有一多余约束。

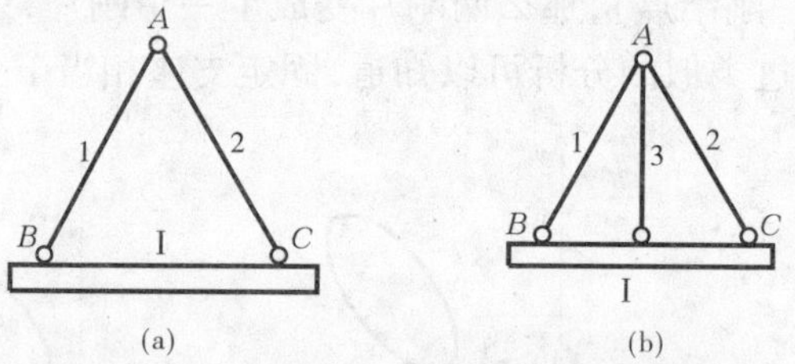

图 9-6　二元体

9.3.2 两刚片规则

两个刚片用一个铰和一根不通过此铰的链杆相连,则组成的体系是几何不变体系,且无多余约束,如图 9-7(a)所示。铰又可分为实铰和虚铰,两个链杆铰接在一起所构成的铰称为**实铰**;由两链杆在延长线相交或两链杆交叉连接形成的铰称为**虚铰**,如图 9-7(b)中铰 C 即为虚铰。两个链杆形成的实铰与虚铰,作用效果与单铰是一样的,相当于 2 个约束,能使体系减少 2 个自由度。

由虚铰的概念可得到两刚片规则的另一种表述:**两刚片用三根既不完全汇交又不完全平行的链杆相连,组成的体系是几何不变体系,且无多余约束**,如图 9-7(b)所示。

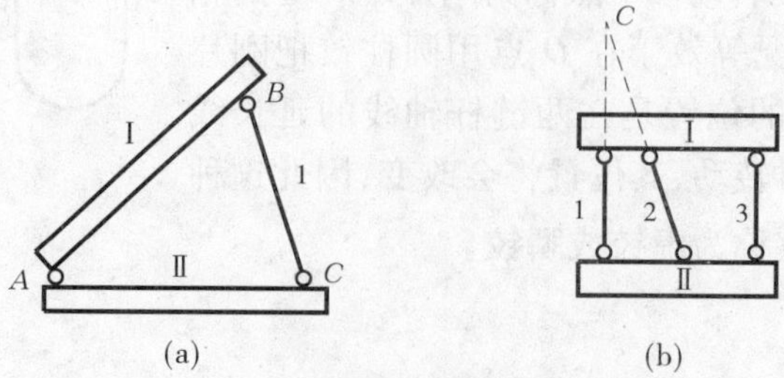

图 9-7　两刚片组成规则

图 9-8(a)所示的两刚片Ⅰ、Ⅱ用全交于 C 点的三根链杆相连,此时 C 为两刚片的瞬时转动中心,但在发生一微小的转动后,三根链杆就不再汇交于一点,相对的瞬时转动中心不

再存在，失去了继续相对转动的可能，故此体系是**瞬变体系**；图 9-8(b)为三链杆相互平行且不等长的情况，此体系也是瞬变体系；图 9-8(c)为三链杆相互平行且等长的情况，则当两刚片发生一相对位移后，这三根链杆仍然相互平行，位移可继续发生，属于**几何常变体系**。

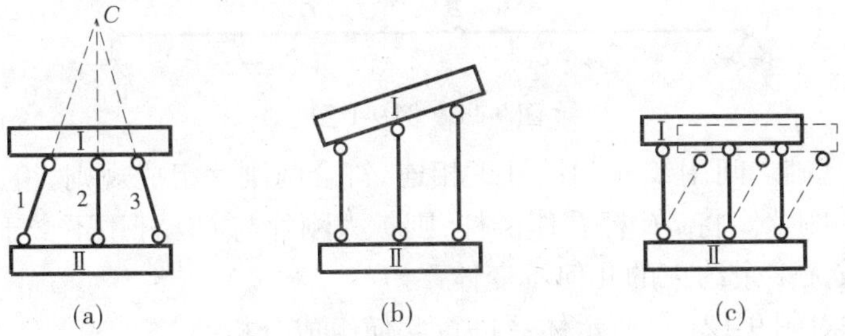

图 9-8　瞬变体系和常变体系

9.3.3　三刚片规则

三个刚片用不在同一直线上的三个单铰两两相连，组成的体系为几何不变体系，且无多余约束。“两两相联”的铰既可以是由两根链杆构成的实铰，也可以是由两根链杆构成的虚铰，如图 9-9(a)、(b)、(c)所示。

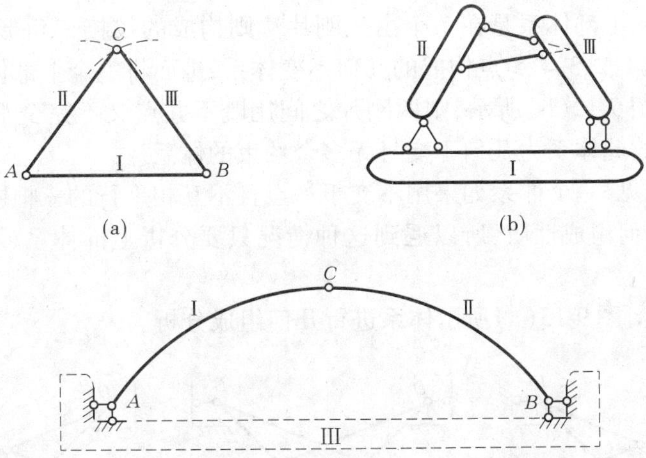

图 9-9　三刚片组成规则

三个刚片用三个单铰两两相联，若三个单铰在一条直线上，则所形成的体系是瞬变体系。如图 9-10 所示，三个刚片通过在一条直线上的三个铰 B、A、C 相连，故该体系是瞬变体系。

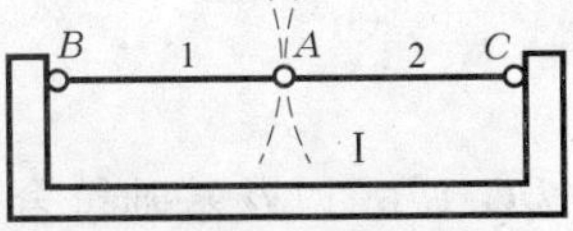

图 9-10　瞬变体系

9.4　几何不变体系组成规则的应用

几何组成分析的依据是前述组成法则。分析时，宜先对体系作适当简化，例如去掉二元体，或将直接观察出的几何不变部分当作扩大的刚片等；然后根据组成法则选定刚片和约束（铰和链杆）并作出结论。应该注意，体系中任何一个仅用两个铰与其他部分相联的几何不变部分，根据分析需要，可将此部分选作刚片或者作为连接上述两铰的链杆；而任何一个用两个以上的铰与其他部分相联的几何不变部分则必须选作刚片。

【例 9-1】 试对图 9-11 所示体系进行几何组成分析。

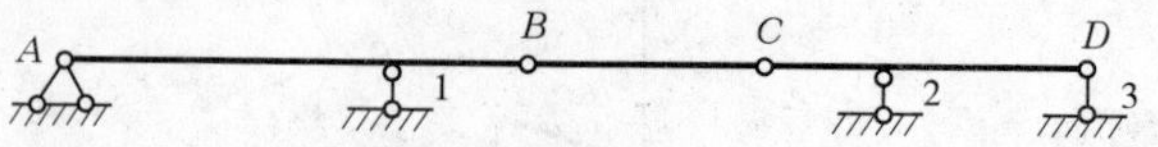

图 9-11 例 9-1 图

解 *AB* 杆与基础之间用铰 *A* 和链杆 1 相连，符合两刚片组成规则，组成几何不变体系，可看作一扩大了的刚片。将 *BC* 杆看作链杆，则扩大刚片与 *CD* 杆用不交于一点的三根链杆 *BC*、2、3 相连，组成无多余约束的几何不变体系。

【例 9-2】 试对图 9-12(a)所示体系进行几何组成分析。

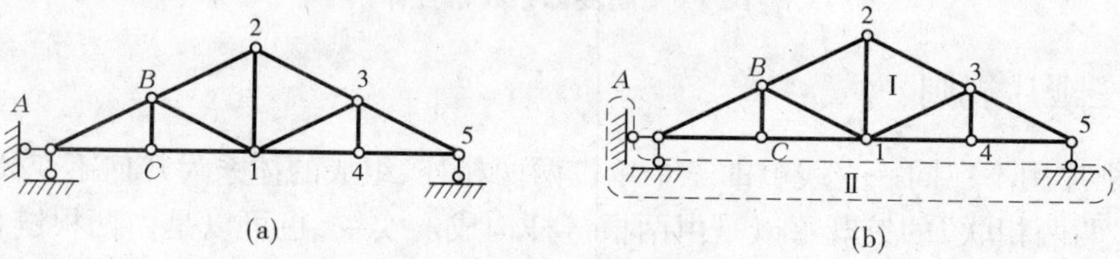

图 9-12 例 9-2 图

解 此体系中，上部体系是在一个由三刚片法则构成的铰接三角形 *ABC* 的基础上，依次增加二元体联结 1、2、3、4、5 点构成的几何不变体系，进而将整个上部体系视为刚片Ⅰ，地基视为刚片Ⅱ，如图 9-12(b)所示，则两刚片之间用既不共点又不完全平行的三链杆相连，符合两刚片法则，故此体系为几何不变且无多余约束的体系。

由上述分析可见，一个体系如果用不交于一点且不互相平行的三根链杆与基础相联，并不改变原体系的几何组成性质，所以遇到这种情况只要分析上部体系（去掉基础和三根链杆）就可下结论。

【例 9-3】 试对图 9-13(a)所示体系进行几何组成分析。

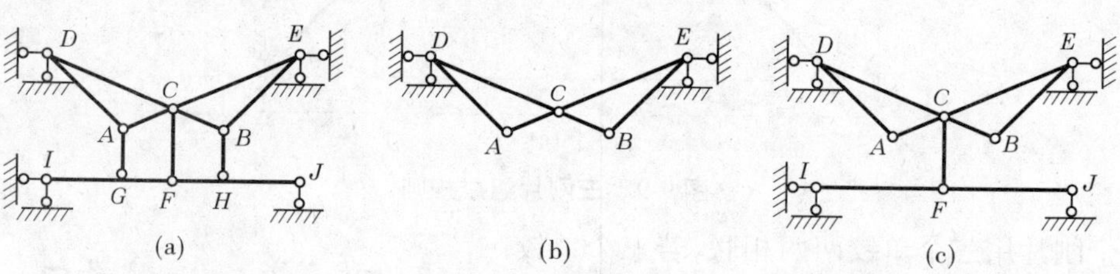

图 9-13 例 9-3 图

解 *ADC*、*CBE* 以及基础符合三刚片规则，可视为一大刚片，如图 9-13(b)所示，在此大刚片上依次增加二元体形成结点 *I*、*F*、*J*，得到图 9-13(c)所示体系为几何不变体系，而原体系比之多出两根链杆 *AG*、*BH*，可见链杆 *AG*、*BH* 为两个多余约束，故该体系为几何不变体系且有两个多余约束。

由以上例题分析可知，几何组成分析能判断体系是否几何不变，并确定几何不变体系中多余约束的个数。进行几何组成分析的基本依据是前述三个规则。要用这三个规则去分析形式多样的平面杆系，关键在于选择哪些部分作为刚片，哪些部分作为约束，通常可以做以下选择：

(1)一根杆件或者某个几何不变部分(包括地基),都可选作刚片。

(2)体系中的铰都是约束。

(3)凡是用三个或三个以上铰结点与其他部分相连的杆件或几何不变部分,必须作为刚片。

(4)只用两个铰与其他部分相连的杆或几何不变部分,根据需要,可将其作为刚片,也可作为链杆约束。

作体系几何组成分析虽然灵活多样,但也有规律可循。一般常用的方法如下:

(1)当体系上有二元体时,应去掉二元体使体系简化。注意每次只能去掉体系外围的二元体,而不能从中间任意抽取。

(2)从一个刚片开始,依次增加二元体,尽量扩大刚片范围,使体系中的刚片个数尽量少,便于应用规则。

(3)如果体系的支座链杆只有三根,且不全平行也不交于同一点,则地基与体系本身的连接已符合两刚片规则,因此可去掉支座链杆和地基而只对体系本身进行分析。

(4)当体系的支座链杆多于三根时,应考虑把地基作为一刚片,将体系本身和地基一起用三刚片规则进行分析。

(5)先确定一部分为刚片,连续几次使用两刚片规则或三刚片规则,逐步扩大到整个体系。

在进行几何组成分析时,体系中的每根杆件和约束都不能遗漏,也不可重复使用。当分析进行不下去时,一般是所选择的刚片或约束不恰当,应重新选择刚片或者约束再试。

对于无多余约束的结构(如图9-14(a)所示简支梁),它的全部反力和内力都可由静力平衡条件求得,这类结构称为**静定结构**。可见,凡是无多余约束的几何不变体系一定是静定结构,或者说静定结构一定是几何不变且无多余约束的体系。

但是对于具有多余约束的结构,却不能只依靠静力平衡条件求得其全部反力和内力,如图9-14(b)所示连续梁,其支座反力有五个,而静力平衡条件只有三个,仅利用三个平衡条件无法求得其全部反力,从而无法求得内力,这类结构称为**超静定结构**。因此,凡是有多余约束的几何不变体系一定是超静定结构,或者说超静定结构一定是几何不变且有多余约束的体系。

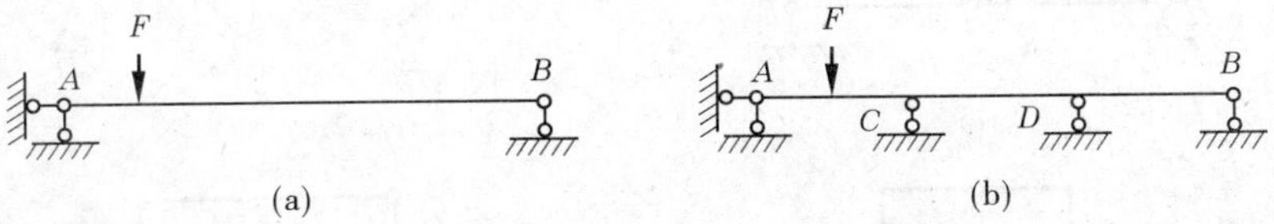

图9-14 静定结构和超静定结构

小 结

1. 体系可以分为几何可变体系、几何不变体系和几何瞬变体系。只有几何不变体系才可以作为结构使用,几何可变体系和几何瞬变体系不能用作结构。

2. 自由度是确定体系位置所需的独立坐标的数目。

3. 几何不变体系组成规则有三个:两刚片规则、三刚片规则和二元体规则。

4. 静定结构是无多余约束的几何不变体系。

5. 超静定结构是有多余约束的几何不变体系。

思考题

9-1　为什么瞬变体系不能作为工程结构使用?

9-2　何谓单铰、虚铰?体系中任何两根链杆是否都相当于在其交点处的一个虚铰?

9-3　什么是约束?什么是多余约束?几何可变体系就一定没有多余约束吗?

9-4　什么是几何组成分析?几何组成分析的目的是什么?

9-5　超静定结构的特性有哪些?与静定结构有何异同点?

习　题

9-1　对图9-15所示体系做几何组成分析,如果是具有多余约束的几何不变体系,则须指出多余约束的数目。

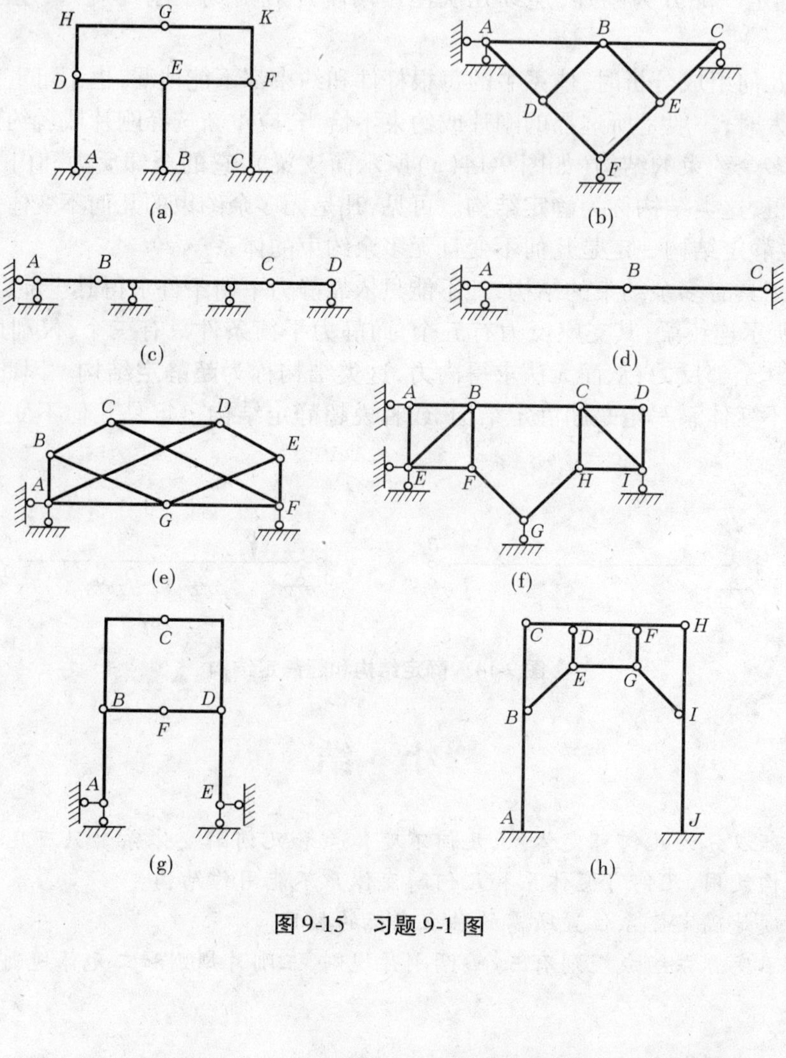

图9-15　习题9-1图

10　静定结构的内力计算

【知识目标】　熟悉静定梁内力分析方法；掌握静定平面刚架、静定拱、静定平面桁架的内力计算，熟练绘制静定梁和静定刚架的内力图；了解拱的有关概念、特点，合理拱轴线的概念；了解静定结构的基本特性。

【能力目标】　会熟练绘制静定梁和静定刚架的内力图；会计算静定平面桁架的内力。

10.1　多跨静定梁的内力图绘制

10.1.1　多跨静定梁的组成

多跨静定梁是指由若干个单跨静定梁用铰连接，并通过支座与基础相联而成的结构，用来跨越几个相连的跨度。如图 10-1(a)所示为一用于公路桥的多跨静定梁，其计算简图如图 10-1(b)所示。

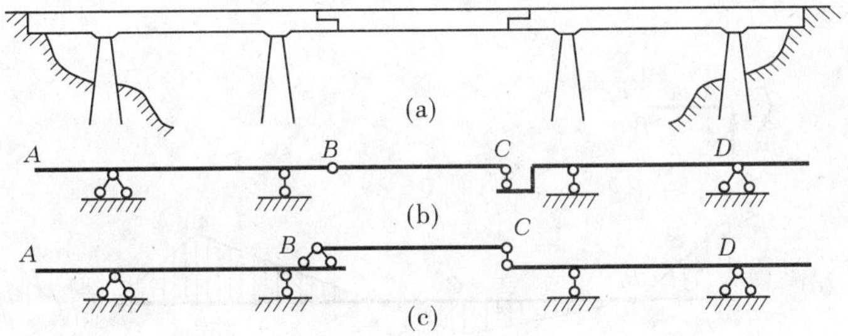

图 10-1　多跨静定梁

从几何组成上看，多跨静定梁的各个部分可以分为**基本部分**和**附属部分**。例如上述多跨静定梁，其中 AB 部分有三根支座链杆和基础直接相联结，符合两刚片规则，是几何不变体系，故其不依赖结构中的其他部分而能独立地维持其几何不变性，被称为**基本部分**。同理，CD 部分也是基本部分。而 BC 部分则必须依靠基本部分才能维持其几何不变性，故称为**附属部分**。显而易见，若附属部分被破坏或撤除，基本部分仍为几何不变体系。反之，如果基本部分被破坏或撤除，则附属部分是几何可变体系，将无法独自维持自身的平衡。为了更加清晰地表示结构中各部分之间的支承关系，可以用图 10-1(c)所示的层次图来表示各部分之间的支承关系。

从受力分析来看，由于基本部分直接与基础组成几何不变体系，因此它能独立承受荷载。当荷载作用于基本部分上时，由平衡条件可知，将只有基本部分受力，而附属部分不受力。当荷载作用于附属部分上时，则不仅附属部分受力，由于它是支承在基本部分上的，其反力将通过连接两部分的铰传给基本部分，因而使基本部分也受力。因此，**计算多跨静定梁**

的支座反力的顺序为先附属部分，后基本部分。先求出附属部分的支座反力后，再将其反向施加于基本部分上，即将其作为基本部分的外荷载，最后计算出基本部分的支座反力。

10.1.2　多跨静定梁的内力计算

【例 10-1】　试绘制图 10-2(a)所示多跨静定梁的内力图。

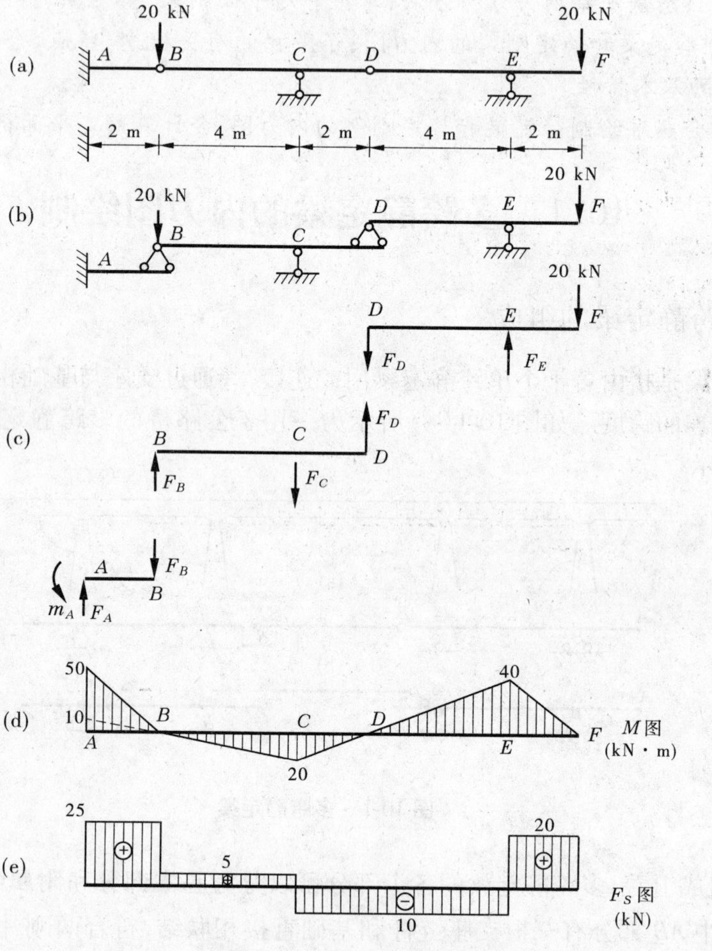

图 10-2　例 10-1 图

解　(1)绘制层次图如图 10-2(b)所示，分为三个受力层次，基本部分 AB、附属部分 BD 和 DF。

(2)计算支座反力。从高层次的附属部分开始计算至基本部分，即先计算附属部分 DF，然后计算附属部分 BD，最后计算基本部分 AB。多跨静定梁受力图如图 10-2(c)所示。

①DF 段：由静力平衡条件得

$$\sum M_D = 0 \quad F_E \times 4 - 20 \times 6 = 0, \quad F_E = 30\ \text{kN}(\uparrow)$$

$$\sum Y = 0 \quad -F_D + F_E - 20 = 0, \quad F_D = 10\ \text{kN}(\downarrow)$$

②BD 段：将 F_D 反向作用于 D 点

$$\sum M_B = 0 \quad F_C \times 4 - F_D \times 6 = 0, \quad F_C = 15 \text{ kN}(\downarrow)$$

$$\sum Y = 0 \quad F_B - F_C + F_D = 0, \quad F_B = 5 \text{ kN}(\uparrow)$$

③*AB* 段：将 F_B 反向作用于 *B* 点，并与 20 kN 共同作用，得

$$\sum M_A = 0 \quad m_A - 20 \times 2 - F_B \times 2 = 0, \quad m_A = 50 \text{ kN} \cdot \text{m}(\text{逆})$$

$$\sum Y = 0 \quad F_A - 20 - F_B = 0, \quad F_A = 25 \text{ kN}(\uparrow)$$

(3)计算内力并绘制内力图。

各段支座反力求出后，就可以由静力平衡条件求出各截面内力，并根据单跨静定梁内力图绘制规律逐杆绘出各段内力图，最后把它们连成一体便得到多跨静定梁的 M 图、F_S 图，如图 10-2(d)、(e)所示。

可见，只要先分析出多跨静定梁的层次图，把多跨静定梁分解成为若干个单跨静定梁，分别计算各单跨梁，最后将各单跨梁的内力图连在一起，便可得到多跨静定梁的内力图。

【例 10-2】 如图 10-3(a)所示多跨静定梁，梁全长作用有均布荷载 q，要使其正负弯矩峰值相等。试求 *C* 铰的位置，并绘出相应弯矩图。

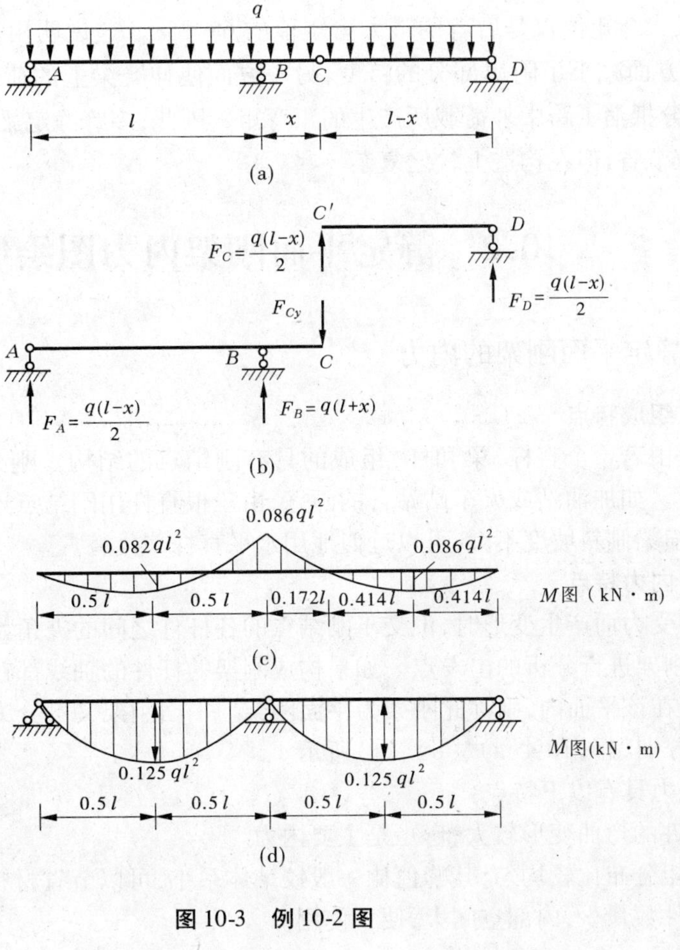

图 10-3 例 10-2 图

解　(1)设 C 铰的位置与 B 端支座的距离为 x,如图 10-3(a)所示。

(2)绘制层次图。CD 梁段为附属部分,ABC 梁段为基本部分,如图 10-3(b)的层次图所示。

(3)计算梁上的支座反力。先从附属部分 CD 梁段开始,由平衡方程 $\sum Y=0$ 及结构的对称性,求得 $F_C=F_D=\dfrac{q(l-x)}{2}$,并将其反作用力作为外荷载加在基本部分 ABC 梁段上,然后由平衡方程 $\sum M_A=0$ 和 $\sum Y=0$ 可得,$F_A=\dfrac{q(l-x)}{2}$,$F_B=q(l+x)$。

(4)求 C 铰的位置 x。B 支座处弯矩绝对值为 $|M_B|=\dfrac{q(l-x)x}{2}+\dfrac{qlx^2}{2}=\dfrac{qlx}{2}$,显然,整个静定梁的最大负弯矩出现在截面 B 处。CD 跨中的最大正弯矩值为$\dfrac{q(l-x)^2}{8}$,也是整个静定梁的最大正弯矩值。根据题意要求,可知$\dfrac{qlx}{2}=\dfrac{q(l-x)^2}{8}$,由此求得 $x=0.172l$。

(5)将 $x=0.172l$ 带入正负弯矩的表达式,作弯矩图,如图 10-3(c)所示。其正负弯矩的峰值为 $M_{\max}=0.086ql^2$。

若将此多跨静定梁的弯矩图与相应多跨简支梁的弯矩图(见图 10-3(d))进行比较,可知前者的最大弯矩值仅是后者的最大弯矩值的 68.8%。这说明由于在多跨静定梁中布置伸臂梁,一方面减小了附属部分的跨度,另一方面使伸臂梁上的荷载对基本部分产生负弯矩,从而部分抵消了跨中外荷载所产生的正弯矩。因此,多跨静定梁比相应多跨简支梁在材料用量上较节省,但在构造上较之复杂一些。

10.2　静定平面刚架内力图绘制

10.2.1　静定平面刚架的内力

10.2.1.1　组成特点

刚架是由若干个直杆(梁和柱)组成的具有刚结点的结构。刚架结构在土木工程中使用较为广泛。如加油站或火车站站台的雨篷,由三根直杆用刚结点连接组成,柱子固定于基础中,由于横梁倾斜坡度不大,可以近似地用水平直杆来代替。

10.2.1.2　内力特点

当刚架受力而产生变形时,汇交于刚结点的各杆件之间的夹角始终不变,刚结点的这一特性,是对刚架进行分析的出发点。如果构成刚架的杆件的轴线都在同一平面,并且所受的荷载也作用在该平面内,则称此刚架为**平面刚架**。平面刚架又可分为悬臂刚架、三铰刚架和简支刚架,分别如图 10-4(a)、(b)、(c)所示。

刚架内力具有以下特点:

(1)杆件的弯曲变形较大,弯矩是主要内力。

(2)弯矩分布比较均匀,其峰值比一般铰结体系小,可以节省材料。

(3)杆件数量少,内部空间大,便于使用。

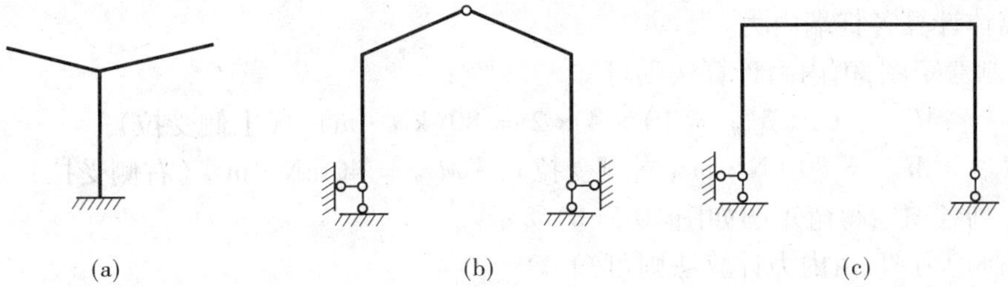

图 10-4 静定平面刚架

因为刚架具有弯矩分布比较均匀、内部空间大、制作方便等优点，所以在工程中得到了广泛的应用。

10.2.1.3 内力计算方法

刚架中的杆件多为梁式杆，各杆横截面上一般同时存在三种内力，即轴力、剪力和弯矩。平面静定刚架内力计算的基本方法仍然是截面法。在计算平面静定刚架内力时只需将刚架中的每根杆件看作是梁，按梁逐杆计算各杆控制截面的内力并绘制出其内力图。

刚架内力的正负号规定如下：轴力以拉力为正，压力为负；剪力以使所在杆段产生顺时针转动时为正，反之为负；弯矩不作正负号规定。

为了不使内力的符号产生混淆，刚架中内力的表示符号采用双字母下标，第一个下标表示该内力所属杆端，第二个下标表示该杆段的另一端，例如 M_{AB} 表示 AB 杆 A 端的弯矩。

10.2.2 平面刚架的内力图

【例 10-3】 试绘制图 10-5(a)所示悬臂刚架的内力图。

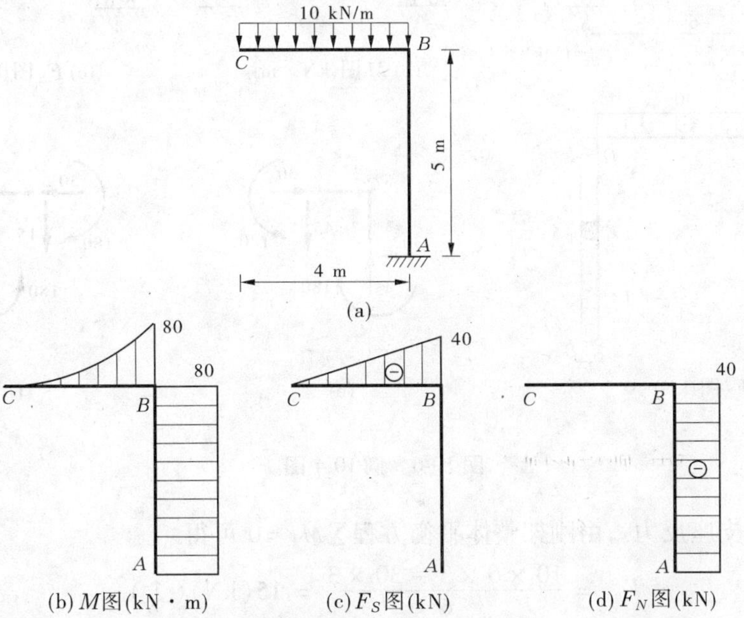

图 10-5 例 10-3 图

解　悬臂刚架的内力计算与悬臂梁基本相同，一般不用求支座反力，从自由端开始，逐段截取脱离体计算各杆端内力。

(1)绘制弯矩图，由内力计算法则可知

$$M_{CB}=0,\quad M_{BC}=10\times4\times2=80(\text{kN}\cdot\text{m})\quad(\text{上侧受拉})$$

$$M_{BA}=M_{BC}=80\ \text{kN}\cdot\text{m}(\text{右侧受拉}),\quad M_{AB}=40\ \text{kN}\cdot\text{m}\quad(\text{右侧受拉})$$

根据上列各值绘得弯矩图如图 10-5(b)所示。

(2)绘制剪力图，由内力计算法则可知

$$F_{SCB}=0,\quad F_{SBC}=-10\times4=-40(\text{kN})$$

$$F_{SBA}=0,\quad F_{SAB}=0$$

根据上列各值绘得剪力图如图 10-5(c)所示。

(3)绘制轴力图，由内力计算法则可知

$$F_{NCB}=0,\quad F_{NBC}=0,\quad F_{NBA}=-40\ \text{kN},\quad F_{NAB}=-40\ \text{kN}$$

根据上列各值绘得剪力图如图 10-5(d)所示。

【例 10-4】　试绘制图 10-6(a)所示简支刚架的内力图。

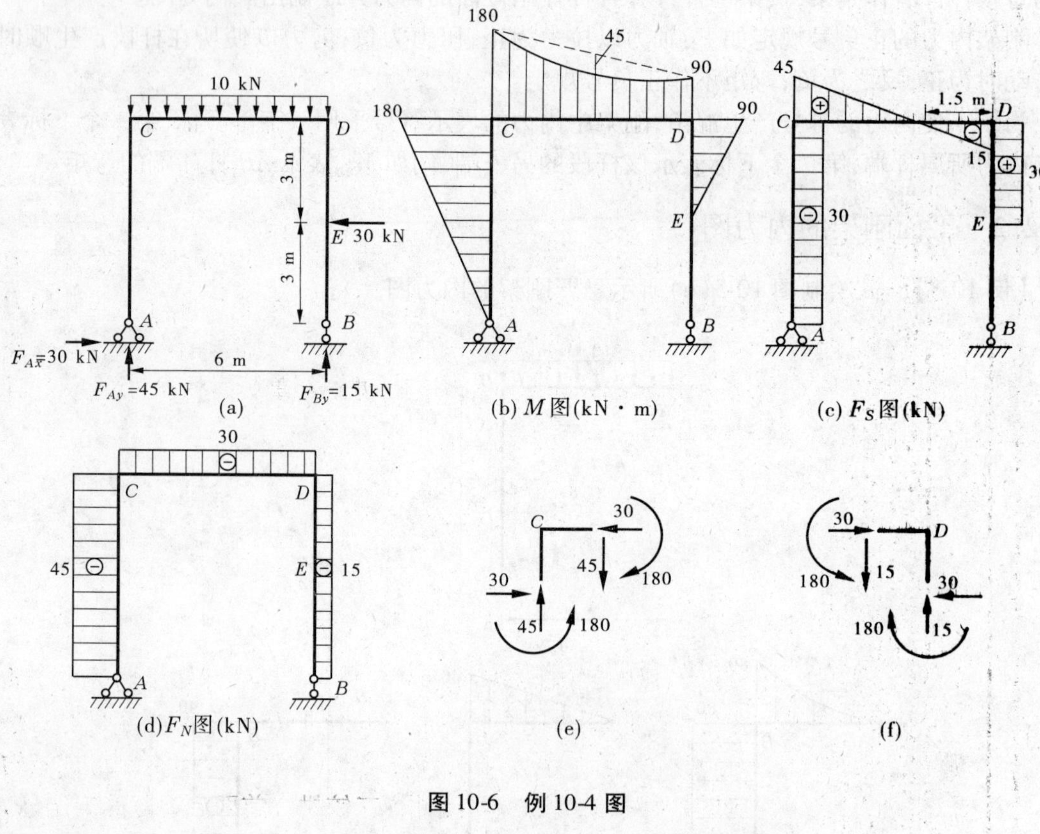

图 10-6　例 10-4 图

解　(1)求支座反力。由刚架整体平衡方程 $\sum M_A=0$ 可得

$$F_{By}=\frac{10\times6\times3-30\times3}{6}=15(\text{kN})(\uparrow)$$

由 $\sum Y=0$，得

$$F_{Ay} = 10 \times 6 - 15 = 45(\text{kN})(\uparrow)$$

由$\sum X = 0$,得

$$F_{Ax} = 30\ \text{kN}(\rightarrow)$$

(2)绘制弯矩图。先由截面法求出各杆端弯矩,以 AC、CD 杆为例

$$M_A = 0,\quad M_{CA} = 30 \times 6 = 180(\text{kN}\cdot\text{m})\quad(\text{左侧受拉})$$

$$M_{CD} = 30 \times 3 + 10 \times 6 \times 3 - 15 \times 6 = 180(\text{kN}\cdot\text{m})\quad(\text{上侧受拉})$$

$$M_{DC} = 30 \times 6 + 10 \times 6 \times 3 - 45 \times 6 = 90(\text{kN}\cdot\text{m})\quad(\text{上侧受拉})$$

其余杆件同理可求得,运用叠加法绘制弯矩图,刚架的弯矩图如图 10-6(b)所示。

(3)绘制剪力图和轴力图。先求出杆端剪力和轴力,然后利用梁的剪力图和轴心受力杆件的轴力图绘制规律逐段绘出即可。刚架的剪力图如图 10-6(c)所示,轴力图如图 10-6(d)所示。

(4)校核。分别取刚结点 C、D 为隔离体,画出其受力图,如图 10-6(e)、(f)所示。由图中可以看出,作用于刚结点 C、D 上的力均满足平衡条件,故可知计算结果无误。

在静定刚架结构中,充分利用弯矩图的形状特征,可以不求或少求反力而迅速绘出弯矩图。可总结如下几点:

(1)直杆的无荷载区段弯矩图为斜直线。

(2)刚架的铰结处的弯矩为零。

(3)刚架的刚结点处的弯矩,根据力矩平衡条件,用叠加法作弯矩图。

(4)外力与杆轴重合时不产生弯矩,外力与杆轴平行及外力偶产生的弯矩是常数。

(5)对称性的利用。

上述的几点特征都会给绘制弯矩图带来极大的方便。至于剪力图,则可以根据弯矩图的斜率或杆端的平衡条件求得。然后,根据剪力图利用结点投影平衡条件又可以作出轴力图和支座反力。静定刚架的内力分析,不仅为强度计算所必需,而且是位移计算和分析超静定刚架的基础,尤其是弯矩图的绘制,以后应用很广,它是本课程最重要的基本功之一,读者务必通过足够的习题切实掌握。

10.3 三铰拱内力计算

10.3.1 三铰拱的组成和类型

由在竖向荷载作用下支承处产生水平力的曲杆构成的结构称为**拱**。水平力指的是拱的两个支座处指向拱内侧的水平反力(或称为推力)。我们将在竖向荷载作用下会产生水平反力的结构称为**拱式结构**。因此,在竖向荷载作用时,有或无水平推力便成为区别拱式结构和梁式结构的主要标志。拱常见的形式有无铰拱、两铰拱、三铰拱。前两者为超静定结构,三铰拱为静定结构,如图 10-7(a)、(b)、(c)所示。

在拱结构中,由于水平力的存在,拱的弯矩要比同跨度、同荷载作用下的梁的弯矩小。拱截面上的应力分布比较均匀,主要承受的是压力,这样就可以利用如砖、石和混凝土等抗拉强度低而抗压强度高的材料建造拱结构,以便充分发挥材料的性能。在房屋建筑、公路桥梁、水利等工程中,拱结构都得到广泛应用,如图 10-8 所示的屋面结构。

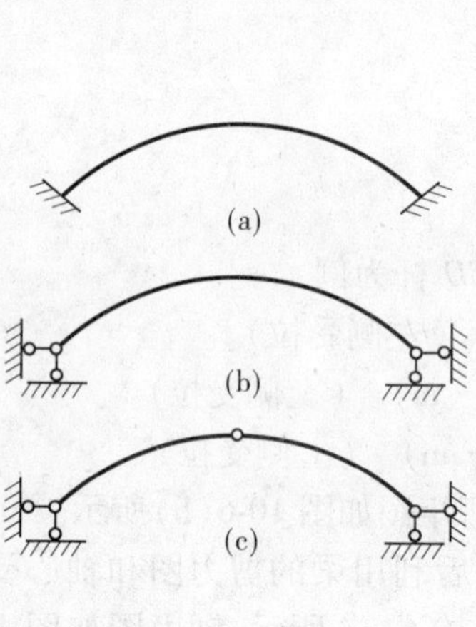

图 10-7　三铰拱

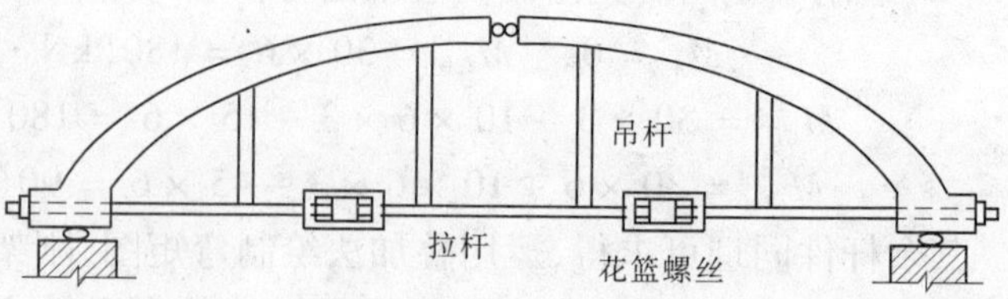

图 10-8　拱式屋面结构

在拱结构中，对地基或支承结构（墩、台等）的要求比梁式结构更高，有些情况下，可以设置水平拉杆代替支座承受水平反力。这种带拉杆的称为**拉杆拱**，如图 10-9 所示。为了拱结构下有更大的净空，可以将拉杆适当提高，做成折线形。

拱的各部分名称如图 10-10 所示。**拱趾**（或称**拱脚**）是指拱的支座处；**跨度**是指拱的支座间的水平距离；**拱轴线**是指拱的各横截面的形心的连线；**拱顶**是指拱轴线的最高点处；**拱高**是指拱趾的连线与拱顶之间的竖直高度；**高跨比**是指拱高与跨度的比值。

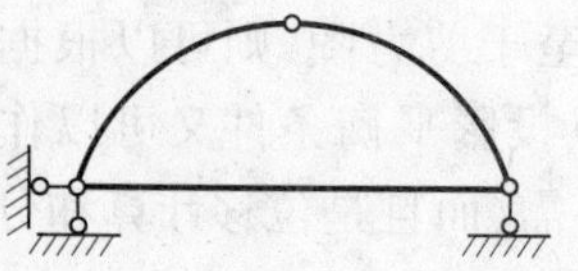

图 10-9　拉杆拱

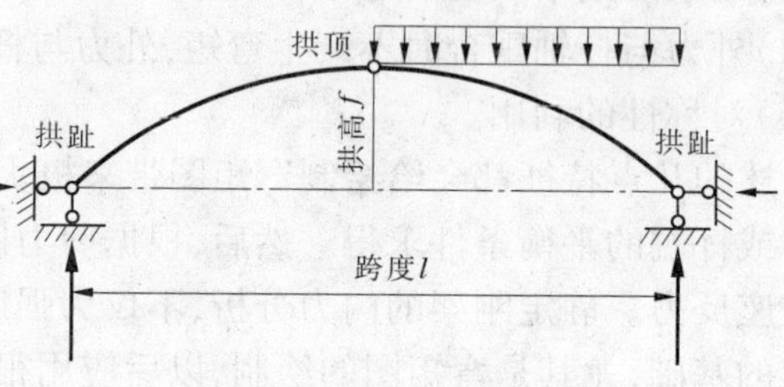

图 10-10　拱的各部分名称

10.3.2　三铰拱的内力计算

下面以如图 10-11（a）所示的静定拱为例，具体说明在竖向荷载作用下三铰拱的内力计算步骤及方法。先计算支座反力，取三铰拱整体为研究对象。

由平衡方程 $\sum M_A = 0$，得

$$F_{By} = \frac{P_1 \times a_1 + P_2 \times a_2}{2l}$$

由平衡方程 $\sum M_B = 0$，得

$$F_{Ay} = \frac{P_1 \times b_1 + P_2 \times b_2}{2l}$$

然后取右半个拱为隔离体，由平衡方程 $\sum M_C = 0$ 得

$$F_{Bx} = \frac{F_{By} \times l - P_2 \times (l - b_2)}{f}$$

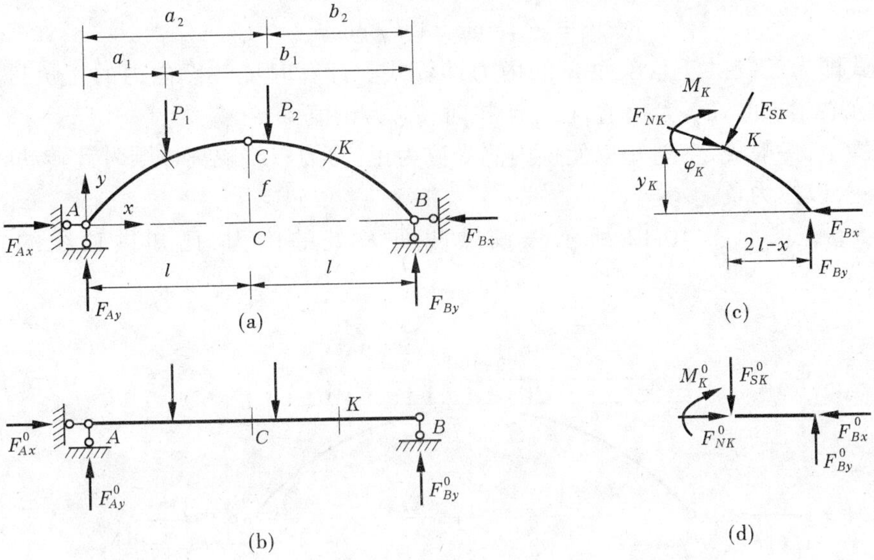

图 10-11　三铰拱的内力计算

与三铰拱同荷载、同跨度的相应简支梁如图 10-11(b)所示，其支座反力为

$$F_{Ay}^0 = \frac{P_1 \times b_1 + P_2 \times b_2}{2l}$$

$$F_{By}^0 = \frac{P_1 \times a_1 + P_2 \times a_2}{2l}$$

$$F_{Ax}^0 = 0$$

也可以计算出相应的简支梁 C 截面上的弯矩：

$$M_C^0 = F_{By}^0 \times l - P_2 \times (l - b_2)$$

比较上述公式可知三铰拱的支座反力与相应简支梁的支座反力之间的关系为

$$F_{Ay}^0 = F_{Ay}$$

$$F_{By}^0 = F_{By}$$

$$F_{Ax} = F_{Bx} = \frac{M_C^0}{f}$$

利用上述关系式，可以借助简支梁的支座反力和内力的计算结果来求三铰拱的支座反力。只受竖向荷载作用的三铰拱，两固定铰支座的竖向反力与相应简支梁的相同，水平反力等于相应简支梁截面 C 处的弯矩与拱高的比值。

由于拱轴线为曲线，三铰拱的内力计算较为复杂，但也可以借助相应的简支梁的内力计算结果，来求拱上任意截面的内力。

取三铰拱的任意截面 K 以右部分为隔离体，如图 10-11(c)所示，设 K 截面坐标为 (x_K, y_K)，K 截面的法线方向与 x 轴的夹角为 φ_K，K 截面处的内力有弯矩 M_K、剪力 F_{SK}、轴力 F_{NK}。

利用平衡方程，可求得拱的任意截面上的内力为

$$M_K = M_K^0 - F_{Bx} y_K$$

$$F_{SK} = F_{SK}^0\cos\varphi_K - F_{Bx}\sin\varphi_K$$
$$F_{NK} = F_{SK}^0\sin\varphi_K + F_{Bx}\cos\varphi_K$$

上述公式即为三铰拱任意截面 K 的内力计算式。计算时要注意内力的正负号规定和夹角 φ_K 值，在右半拱时，φ_K 为负值；在左半拱时，φ_K 为正值。

在拱结构中，一般规定：弯矩以使拱内侧受拉为正；剪力以绕隔离体顺时针转动时为正；轴力以压为正，以拉为负。

【例 10-5】 求如图 10-12 所示三铰拱截面 K 处的内力，已知拱轴线的方程为 $y=\frac{4f}{l^2}x(l-x)$。

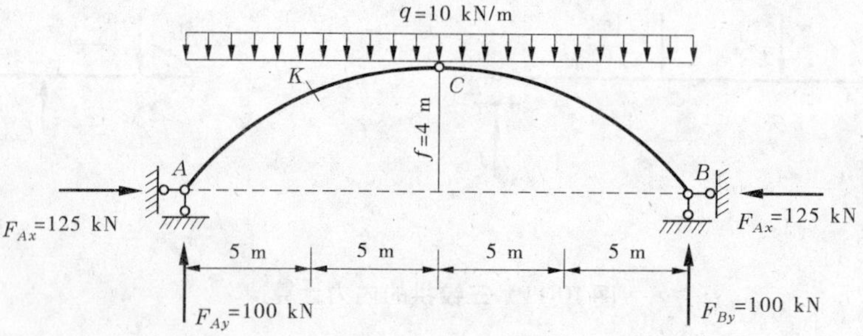

图 10-12 例 10-5 图

解 (1)求支座反力。根据三铰拱的支座反力与相应的简支梁的支座反力关系式，得

$$F_{Ay} = F_{Ay}^0 = \frac{10 \times 20 \times 10}{20} = 100(\text{kN})$$

$$F_{By} = F_{By}^0 = \frac{10 \times 20 \times 10}{20} = 100(\text{kN})$$

$$F_{Ax} = F_{Bx} = \frac{M_C^0}{f} = \frac{100 \times 10 - 10 \times 10 \times 5}{4} = 125(\text{kN})$$

(2)K 截面内力。反力求出后，可求出在竖向荷载作用下 K 截面处的内力。

已知 $l=20$ m，$f=4$ m，代入拱轴线方程有：$y=\frac{4\times4}{20^2}x(20-x)=\frac{x}{25}(20-x)$。将 K 截面横坐标 $x=5$ m 代入上述拱轴线方程可得纵坐标 $y=3$ m，则 K 截面处的内力

$$M_K = M_K^0 - F_{Ax}y_K = (100\times5 - 10\times5\times\frac{5}{2}) - 125\times3 = 0$$

$$F_{SK} = F_{SK}^0\cos\varphi_K - F_{Bx}\sin\varphi_K = (100-10\times5)\times\frac{5}{\sqrt{3^2+5^2}} - 125\times\frac{3}{\sqrt{3^2+5^2}} = -21.44(\text{kN})$$

$$F_{NK} = F_{SK}^0\sin\varphi_K + F_{Bx}\cos\varphi_K = (100-10\times5)\times\frac{3}{\sqrt{3^2+5^2}} + 125\times\frac{5}{\sqrt{3^2+5^2}}$$
$$= -97.49(\text{kN})$$

10.3.3 合理拱轴线

由以上分析可知，当荷载及三个铰的位置给定后，三铰拱的反力就可以确定，而与各铰

间拱轴线形状无关;三铰拱的内力则与拱轴线形状有关。当拱上所有截面的弯矩都等于零(可以证明,从而剪力也为零)而只有轴力时,截面上的正应力是均匀分布的,材料能得到最充分的利用。单从力学观点看,这是最经济的,故称这时的拱轴线为**合理拱轴线**。合理拱轴线可以根据弯矩为零的条件来确定。在竖向荷载作用下,三铰静定拱任一截面 K 的弯矩可由公式 $M_K = M_K^0 - F_{Bx}y_K$ 计算,则合理拱轴线方程可由下式求得

$$M_K = M_K^0 - F_{Bx}y_K = 0$$

$$y_K = \frac{M_K^0}{F_{Bx}}$$

上述公式表明,在竖向荷载作用下,三铰拱合理拱轴线的纵坐标 y 与相应简支梁弯矩图的纵坐标成正比。当荷载已知时,只需求出相应简支梁的弯矩方程,然后除以水平推力,便得到合理拱轴线方程。

10.4 静定平面桁架内力计算

10.4.1 桁架的假设、内力特点及分类

由若干个直杆在两端用铰链连接组成的结构称为**桁架**。如图 10-13 所示,桁架中的杆件按其所在位置的不同分为弦杆和腹杆两类,弦杆又分为上弦杆和下弦杆,腹杆又分为竖杆和斜杆。弦杆上相邻两结点的区间称为**节间**,桁架最高点到两支座连线的距离称为**桁高**,两支座之间的距离称为**跨度**。

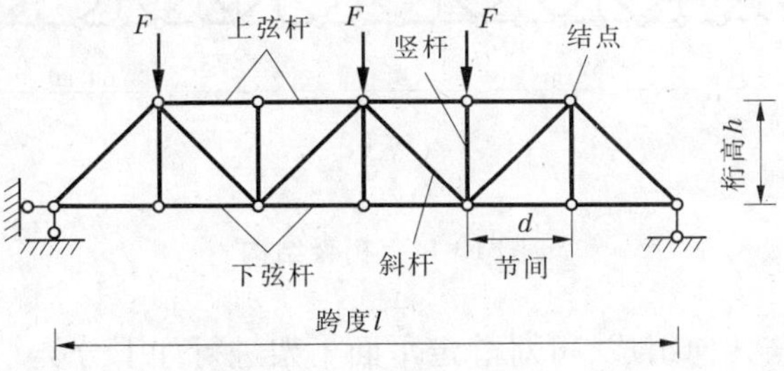

图 10-13 桁架各部分名称

在实际结构中,桁架的受力情况较为复杂,为简化计算,同时又不致于与实际结构产生较大的误差,桁架的计算简图常常采用下列假定:

(1)连接杆件的各结点是无任何摩擦的理想铰。

(2)各杆件的轴线都是直线,都在同一平面内,并且都通过铰的中心。

(3)荷载和支座反力都作用在结点上,并位于桁架平面内。

满足上述假定的桁架称为理想桁架,在绘制理想桁架的计算简图时,应以轴线代替各杆件,以小圆圈代替铰结点,如图 10-13 所示为一理想桁架的计算简图。

实际桁架的情况并不完全与上述假设一样。例如,钢筋混凝土桁架中各杆端是整浇在一起的。钢桁架是通过结点板焊接或铆接的,由一个结点连接的各杆件轴线并不能都交于一点,杆件自重、风荷载等也并非作用于结点上的,所有这些都会在杆件内产生弯矩和剪力,

这些内力称为**附加内力**。理想桁架中的各杆件均为二力杆,其内力只有轴力,称为主内力。由于附加内力的值较小,对杆件的影响也较小,因此对桁架的内力分析主要考虑主内力的影响,而忽略附加内力。通过与实际量测结果的比较表明,这样的分析计算结果能够符合工程计算精度的要求。

梁和刚架,在荷载作用下,内力以弯矩为主,截面上的应力分布是不均匀的。在截面上,受压区与受拉区愈是远离中性轴,正应力愈大,而靠近中性轴上的正应力较小,这就造成中性轴附近的材料不能被充分利用。而桁架结构是由很多杆件通过铰结点连接而成的结构,其受力特点为:当荷载只作用在结点上时,各杆只受到轴力,截面上应力分布均匀,因此其受力较为合理。

工业建筑及大跨度民用建筑中的屋架、托架、檩条,以及起重机塔架、建筑施工用的支架等,常常采用桁架结构。例如,图 10-14(a)、(b)为桁架形式的钢屋架示意图及计算简图。图 10-14(c)所示为某地长江大桥所采用的桁架形式。

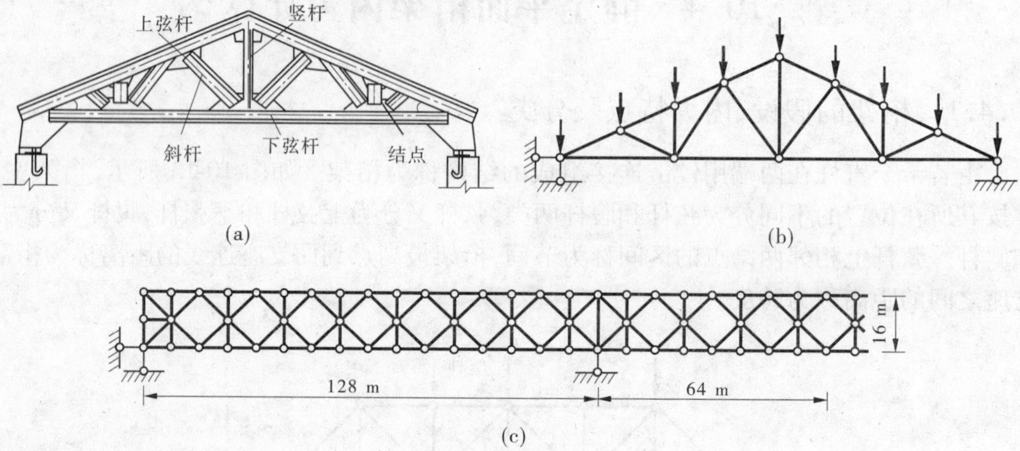

图 10-14　桁架结构

根据桁架的外形与几何组成,可对静定平面桁架进行如下分类。

10.4.1.1　按照桁架的外形分类

(1)平行弦桁架,如图 10-15(a)所示,多用于桥梁、吊车梁、托架梁等。

(2)折线形桁架,如图 10-15(b)所示,多用于较大跨度的桥梁和工业与民用建筑。

(3)三角形桁架,如图 10-15(c)所示,多用于民用建筑。

10.4.1.2　按照桁架的几何组成分类

(1)简单桁架:以一个基本铰结三角形为基础,依次增加二元体而组成的几何不变且无多余联系的桁架,如图 10-15(a)、(d)、(e)所示。

(2)联合桁架:由几个简单桁架组成的几何不变的静定桁架,如图 10-15(c)、(f)所示。

(3)复杂桁架:指凡不是按上述两种方式组成的、几何不变且无多余联系的静定结构,如图 10-15(b)所示。

10.4.1.3　按照竖向荷载是否引起水平推力分类

(1)梁式桁架:在竖向荷载作用下只产生竖向支座反力的桁架,又称为无推力桁架,如

图 10-15(a)、(d)、(e)所示。

(2)拱式桁架:在竖向荷载作用下产生水平支座反力的桁架,又称为有推力桁架,如图 10-15(f)所示。

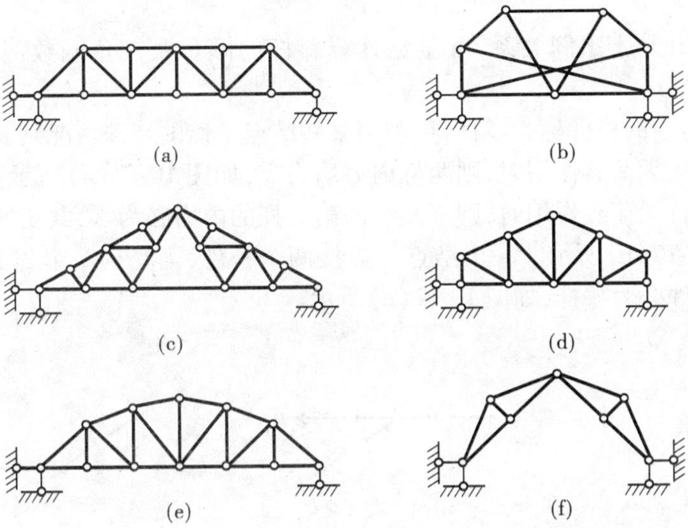

图 10-15　桁架结构的分类

10.4.2　桁架内力计算方法

平面静定桁架内力计算的方法,主要有结点法和截面法两种。

10.4.2.1　结点法

截取桁架的一个结点为脱离体计算杆件内力的方法称为结点法。由于结点上的荷载、反力和杆件内力作用线都汇交于一点,组成了一个平面汇交力系。平面汇交力系可以建立两个平衡方程式$\sum X=0$ 和$\sum Y=0$,解算两个未知力。因此,应用结点法时,应从不多于两个未知力的结点开始,且在计算过程中应使每次选取的计算结点,其未知力不超过两个。简单桁架可以保证我们按这一要求进行计算,因此结点法最适用于计算简单桁架。

在计算桁架内力时,通常规定:杆件受拉时,轴力符号为正,反之为负。在解算未知力时,一般先假定其为拉力,如计算结果为正,则表示杆件受拉,反之则杆件受压。

在建立平衡方程时,通常需要把斜杆的轴力 F_N 分解成水平分力 F_{Nx}和竖向分力 F_{Ny}。在图 10-16 中,设斜杆 AB 的杆长为 l,水平方向的投影长度为 l_x,竖直方向投影长度为 l_y,则 l、l_x、l_y 构成一个三角形;斜杆 AB 的轴力

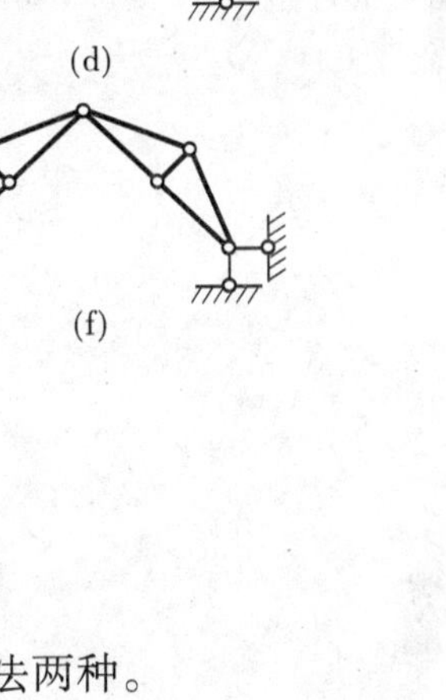

$$\frac{F_N}{l}=\frac{F_{Nx}}{l_x}=\frac{F_{Ny}}{l_y}$$

图 10-16　轴力分解示意图

F_N、水平分力 F_{Nx} 和竖向分力 F_{Ny} 也构成了一个三角形。由几何关系可知，两个三角形相似，因此可得下列比例关系

$$\frac{F_N}{l} = \frac{F_{Nx}}{l_x} = \frac{F_{Ny}}{l_y}$$

在计算时应用上述比例关系，可避免计算斜杆的倾角及三角函数，从而提高了计算效率。

桁架中内力为零的杆件称为零杆，可利用某些结点平衡的特殊情况判断零杆。例如，不共线的两杆结点，当无荷载作用时，则两杆内力均为零，如图 10-17(a)所示。由三杆构成的结点，有两杆共线且无荷载作用时，则不共线的第三杆的内力必为零，共线的两杆内力相等，符号相同，如图 10-17(b)所示。一个结点只连接两个杆件，当受到一个与其中一杆共线的外力时，另一个杆件必为零杆，如图 10-17(c)所示。

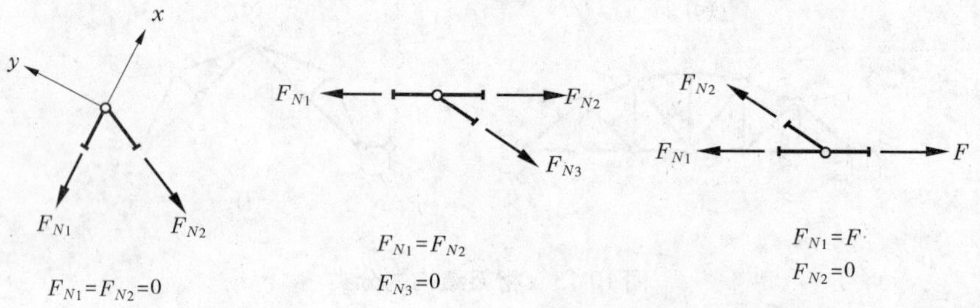

(a)　　(b)　　(c)

图 10-17　特殊结点

10.4.2.2　截面法

用一适当的截面，截取桁架的某一部分(至少包含两个结点)作为脱离体，根据它的平衡条件求未知杆件内力的方法，称为截面法。由于脱离体包含两个或两个以上的结点，故作用在截面任一侧的所有各力，在通常情况下，将构成平面一般力系。因此，若脱离体上未知力数目不多于三个，且它们既不相交于一点，也不相互平行，则可以利用平面一般力系的三个平衡方程，直接把这一截面上的全部内力求出。

截面法适用于联合桁架的计算以及简单桁架中只需求出少数指定杆件内力的情况。

结点法和截面法是计算桁架内力的两种常用方法。对于简单桁架来说，无论用哪一种方法计算都很方便。对于某些复杂桁架，需要联合使用结点法和截面法才能求出杆件内力。另外，在某些情况下只需计算少数指定杆件的内力时，联合使用结点法和截面法很方便。

【例 10-6】　已知桁架如图 10-18(a)所示。

(1)用结点法求杆 1、2 的内力。

(2)用截面法求杆 4 的内力。

解　由于桁架和荷载都是对称的，于是相应的杆件内力和支座反力也必然是对称的。如图 10-18(b)所示，根据对称性可知

$$F_{Ay} = F_B = \frac{1}{2} \times (3 \times 40 + 2 \times 20) = 80\ \text{kN}(\uparrow)$$

(1)用结点法求杆 1、2 的内力。

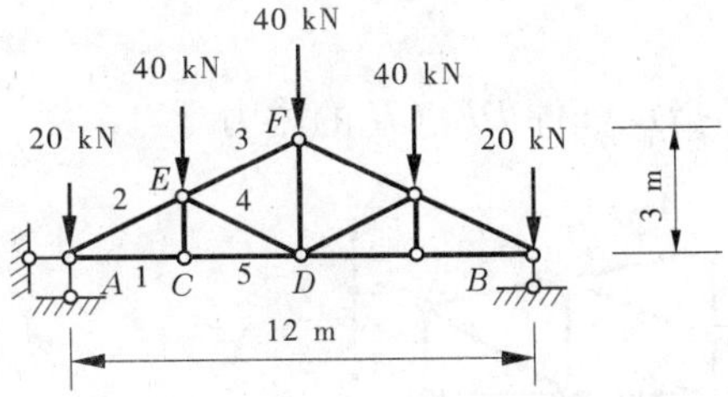

(a)

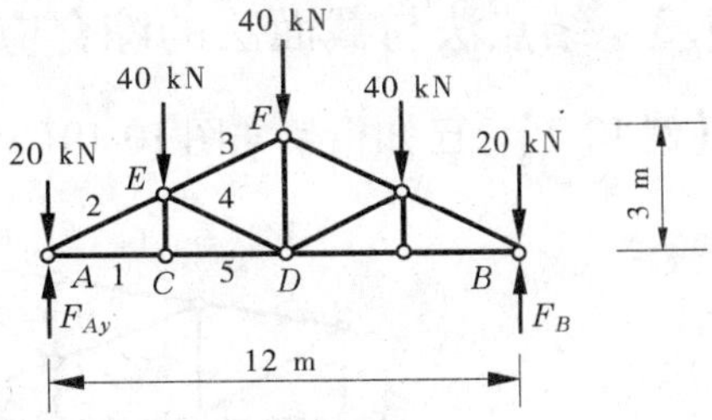

(b)

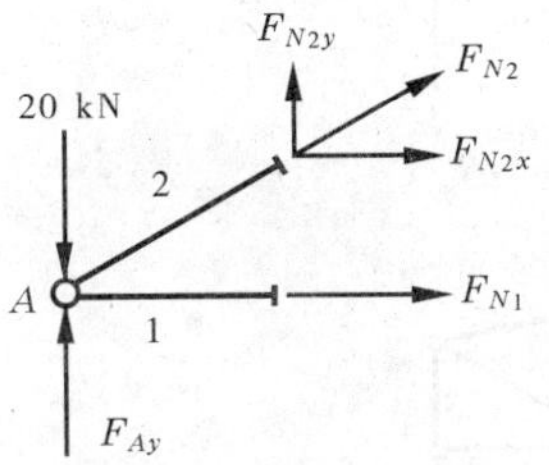

(c)

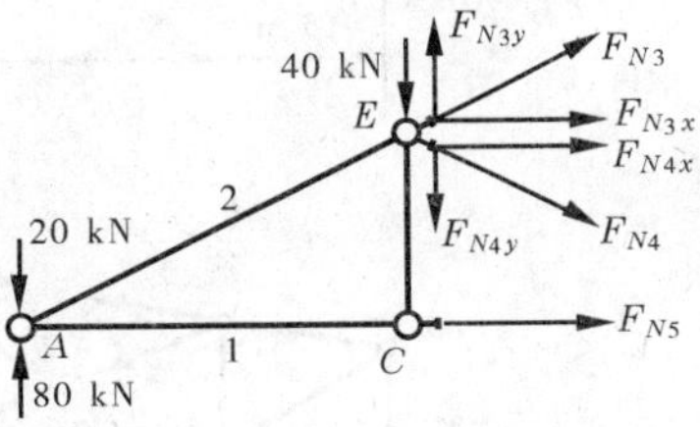

(d)

图 10-18　例 10-6 图

由于只有两个未知力,故先从结点 A 开始计算。取结点 A 为脱离体,如图 10-18(c)所示。

$$\sum F_y = 0 \quad F_{Ay} - 20 + F_{N2y} = 0, \text{得 } F_{N2y} = -60\ \text{kN}$$

根据比例关系$\frac{F_N}{l} = \frac{F_{Nx}}{l_x} = \frac{F_{Ny}}{l_y}$可知,$F_{N2x} = F_{N2y}\frac{l_x}{l_y} = -60 \times \frac{3}{1.5} = -120(\text{kN})$

$$F_{N2} = \sqrt{(F_{N2x}^2 + F_{N2y}^2)} = -\sqrt{(60^2 + 120^2)} = -134.16(\text{kN})$$

$$\sum F_x = 0 \quad F_{N1} + F_{N2x} = 0, \text{得 } F_{N1} = -F_{N2x} = 120(\text{kN})$$

(2)用截面法求杆 4 的内力。

作截面 $m—m$ 截断 3、4、5 三杆,取截面以左部分为脱离体,受力如图 10-18(d)所示,3、5 杆力的作用线经过 A 点,因此用一个平衡方程即可求得 4 杆内力。

$$\sum M_A = 0 \quad -40 \times 3 - F_{N4x} \times \frac{3}{2} - F_{N4y} \times 3 = 0$$

根据比例关系可知$\frac{F_{N4x}}{3} = \frac{F_{N4y}}{1.5} = \frac{F_{N4}}{\sqrt{(3^2 + 1.5^2)}}$,有 $F_{N4x} = \frac{2}{\sqrt{5}}F_{N4}$,$F_{N4y} = \frac{1}{\sqrt{5}}F_{N4}$,代入上式,

得

$$-40 \times 3 - \frac{2}{\sqrt{5}}F_{N4} \times \frac{3}{2} - \frac{1}{\sqrt{5}}F_{N4} \times 3 = 0$$

解得

$$F_{N4} = -44.7\ \text{kN}$$

如前所述,用截面法计算桁架内力时,被截断的杆件一般不超过三根。

在有些情况下,我们也常常将截面法和结点法联合起来计算桁架内力,这样会使计算更为方便。通过下面的例题来说明两种方法联合运用。

10.4.3 结点法与截面法的综合应用

【例 10-7】 已知桁架如图 10-19(a)所示,计算指定杆件 DE、CH 的内力。

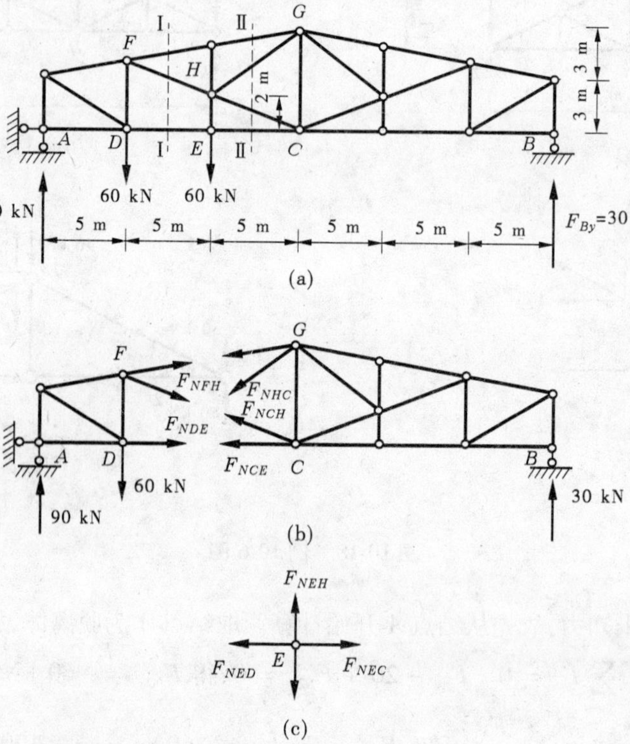

图 10-19 例 10-7 图

解 先求支座反力。

由整体平衡方程 $\sum M_A = 0$,得

$$F_{By} \times 30 - 60 \times 10 - 60 \times 5 = 0,得\ F_{By} = \frac{60 \times 10 + 60 \times 5}{30} = 30(\text{kN})(\uparrow)$$

由 $\sum F_y = 0$,得 $F_{Ay} + F_{By} - 60 - 60 = 0$,得 $F_{Ay} = 90\ \text{kN}(\uparrow)$

取截面Ⅰ—Ⅰ以左部分为隔离体(见图 10-19(b)),由 $\sum M_F = 0$ 可得

$$F_{NDE} = \frac{90 \times 5}{4} = 112.5(\text{kN})$$

由结点 E 的平衡可知(见图 10-19(c))

$$F_{NEC} = F_{NED} = 112.5\ \text{kN}$$

再取截面Ⅱ—Ⅱ以右为隔离体,将 F_{NCH} 在 C 点分解为水平分力和竖向分力,由 $\sum M_G = 0$,可求得

$$F_{NCHx} = \frac{30 \times 15 - 112.5 \times 6}{6} = -37.5(\text{kN})$$

再由比例关系得

$$F_{NCH} = -37.5 \times \frac{\sqrt{5^2+2^2}}{5} = -40.4(\text{kN})$$

10.4.4 组合结构

在结构中只承受轴力的杆件称为链杆(又叫二力杆),既承受轴力又承受剪力和弯矩的杆件称为梁式杆,由链杆和梁式杆组成的结构称为**组合结构**。

在组合结构中,链杆的受力特点能较好地发挥材料性能,并由于其对梁式杆的加劲作用,使梁式杆的受力状态得到改善,因此组合结构多被用于较大跨度的建筑物及桥梁中。如图 10-20(a)所示为下撑式五角形屋架组合结构,它的上部为钢筋混凝土材料,主要承受弯矩;腹杆和下弦杆则为型钢材料,主要承受轴力。图 10-20(b)所示为此组合结构的计算简图。

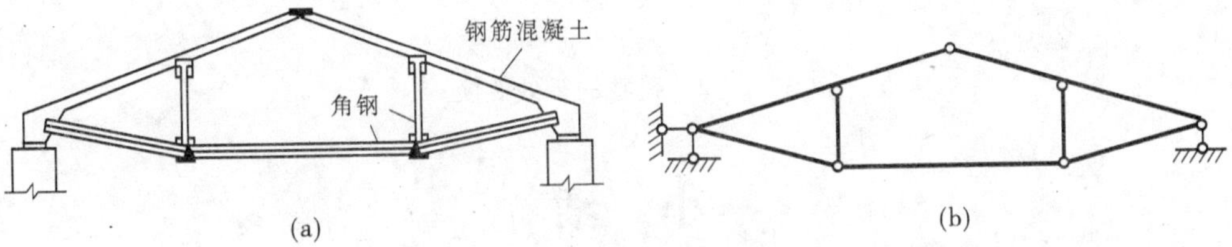

图 10-20 组合结构

计算组合结构内力时同样可采用截面法和结点法。值得注意的是,用截面法分析组合结构的内力时,应尽量避免截断梁式杆。分析这类组合结构的步骤一般是先求出反力,然后计算各链杆的内力,最后计算梁式杆的内力并绘制结构的内力图。

10.5 静定结构的性质

平面静定结构有平面静定梁、平面静定刚架、平面静定桁架、平面静定三铰拱等类型,虽然这些结构的形式各异,但是有如下共同的特性:

(1)静力解的唯一性。在静定结构中,由于其是无多余约束的几何不变体系,故全部的反力和内力可以由平衡方程确定,而且所得的内力和反力的解答只有一个,这是静定结构的基本静力特性,且数值只和荷载、结构几何形状及尺寸有关。

(2)非荷载因素不引起静定结构的反力和内力。在静定结构中,除荷载外,其他的任何原因(如温度改变、支座位移、材料收缩、制造误差等)均不引起内力。如图 10-21 所示的简支梁 AB,在支座 B 发生竖向位移时或 AB 杆件在温度改变时,梁 AB 仅产生转动或形状的改变,并没有产生反力和内力。

(3)平衡力系在静定结构中只产生局部效应。如果一组平衡力系作用于结构的某一几何不变的局部上,则仅在该局部引起的内力状态已能满足全结构的平衡条件,其他部分的反力和内力均为零。

(4)荷载等效性。合力相同的荷载被称为等效荷载。所谓的**等效变换**,就是把一组荷

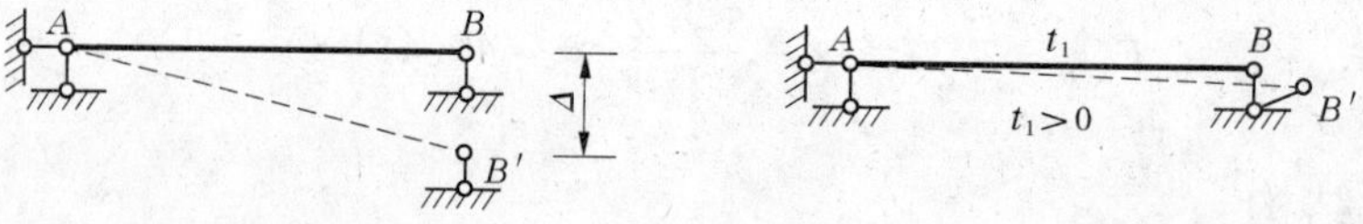

图 10-21　支座移动

载变换为另一组等效的荷载。如图 10-22 所示简支梁在等效荷载作用下，除等效变换的 *AB* 段的内力改变外，其余梁段的内力都没有发生变化。

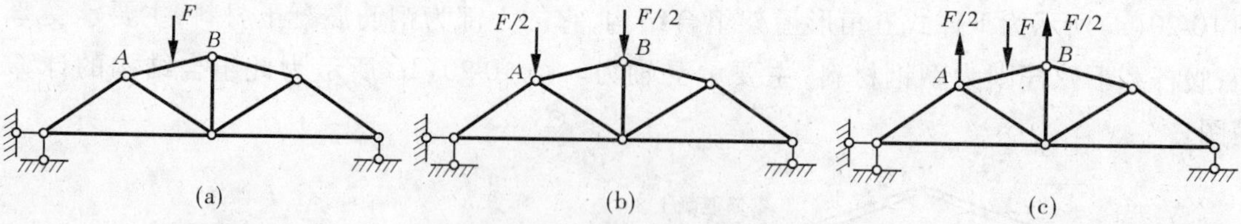

图 10-22　荷载的等效变换

小　结

1. 多跨静定梁的内力和内力图。

(1) 多跨静定梁是由若干单跨梁用铰联结而成的结构，其几何组成特点是组成结构的各单跨梁可以分为基本部分和附属部分两类，其传力关系的特点是：加在附属部分上的荷载使附属部分和与其相关的基本部分都受力，而加在基本部分上的荷载却只使基本部分受力，附属部分不受力。

(2) 计算多跨静定梁首先要分清哪些是基本部分，哪些是附属部分，然后按照与单跨静定梁相同的方法，先算附属部分，后算基本部分。

(3) 多跨静定梁内力图的绘制方法也和单跨静定梁相同，可采用将各附属部分和基本部分的内力图拼合在一起的方法，或根据整体受力图直接绘制的方法。

2. 静定平面刚架的内力和内力图。

(1) 刚架是由直杆(梁和柱)组成的结构，其几何组成特点是具有刚结点。刚架的变形特点是在刚结点处各杆的夹角始终保持不变。刚架的受力特点是刚结点可以承受和传递弯矩，弯矩是它的主要内力。

(2) 静定平面刚架的内力计算和内力图绘制，在方法上也和静定梁基本相同。需要注意的是，刚架的弯矩图通常不统一规定正负号，只强调弯矩图应绘制在杆件的受拉侧。刚架弯矩图用区段叠加法绘制比较简捷。

3. 三铰拱的内力、反力计算。

(1) 拱是在竖向荷载作用下有水平推力的曲杆结构。在竖向荷载作用下有无水平推力，是拱和梁的基本区别。由于水平推力的存在，拱内各截面的弯矩要比相应的曲梁或者简支梁的弯矩小得多。轴向压力是拱的主要内力。

(2)在已知荷载作用下,使拱身截面只有轴向压力的拱轴线称为合理拱轴线。合理拱轴线只是相对于某一种荷载情况而言的。当荷载的大小或作用位置改变时,合理拱轴线一般要发生相应的变化。

4. 静定平面桁架的内力。

(1)桁架是全部由链杆组成的结构。

(2)静定平面桁架内力计算的基本方法是结点法和截面法。

本章的重点是各种静定结构的内力计算和内力图的绘制。

思考题

10-1　为什么直杆上任意区段的弯矩图都可以用简支梁叠加法绘制?

10-2　用叠加法绘制弯矩图时,为什么必须是竖标的相加,而不是两个图形的简单拼合?

10-3　多跨静定梁的约束反力计算顺序为什么是先计算附属部分后计算基本部分?

10-4　铰结点和刚结点的受力方面的特点分别是什么?

10-5　拱的受力情况与梁和刚架有什么异同?

10-6　什么是合理拱轴线?

10-7　桁架计算简图中采用的假设是什么?

10-8　桁架中的零杆既然不受力,为何不能去掉?

10-9　简述静定结构(梁、桁架、刚架等)的受力特点及应用。

习　题

10-1　绘制如图 10-23 所示多跨静定梁的内力图。

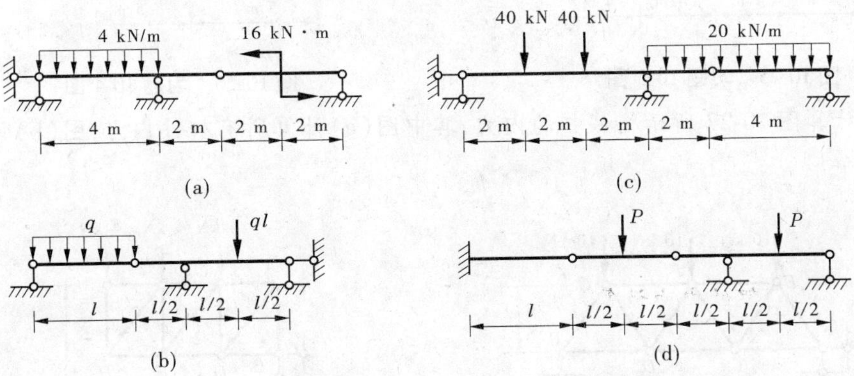

图 10-23　习题 10-1 图

10-2　绘制如图 10-24 所示刚架的内力图。

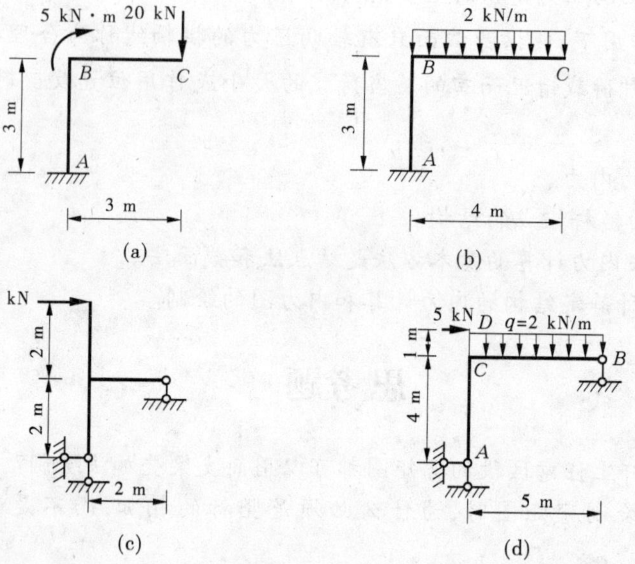

图 10-24　习题 10-2 图

10-3　计算图 10-25 所示抛物线三铰拱 K 截面的内力 M_K、F_{NK}，拱轴线方程为 $y=4fx(l-x)/l^2$。已知：$q=10$ kN/m，$f=6$ m，$M=32$ kN · m。

10-4　计算图 10-26 所示三铰拱的支座反力。

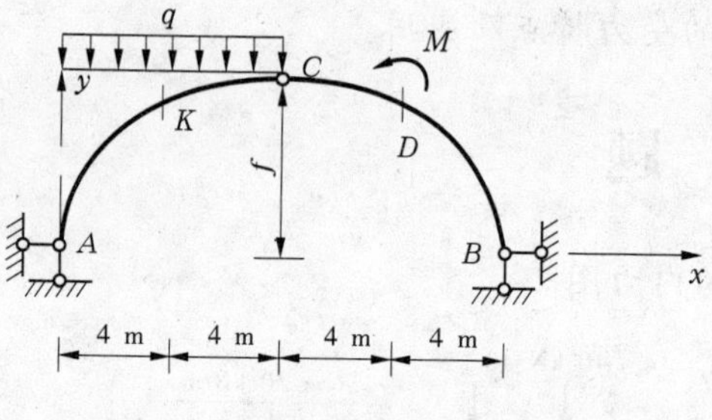

图 10-25　习题 10-3 图

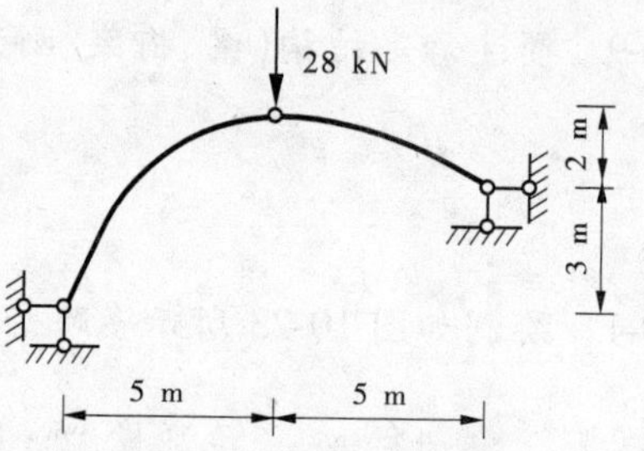

图 10-26　习题 10-4 图

10-5　计算图 10-27 所示桁架杆的内力，其中图(a)计算所有杆件内力，图(b)计算指定杆件内力。

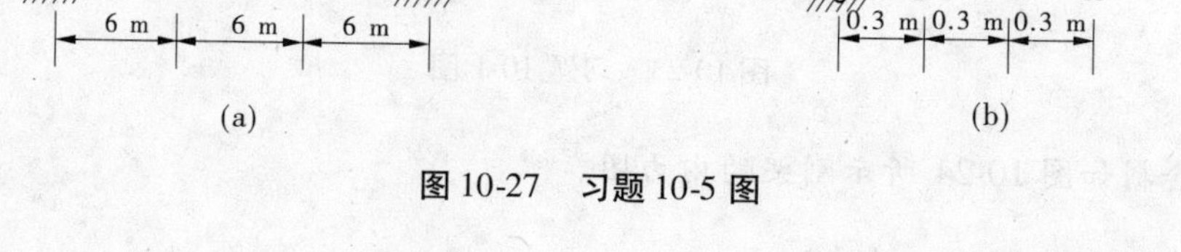

图 10-27　习题 10-5 图

10-6　判断图 10-28 所示桁架零杆数目。

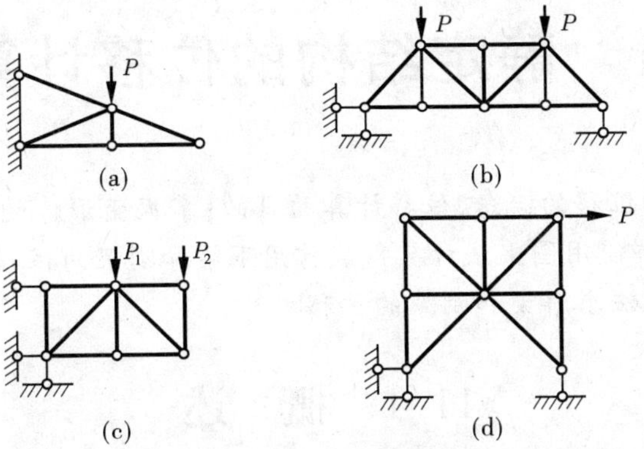

图 10-28　习题 10-6 图

11 静定结构的位移计算

【知识目标】 理解结构位移的概念,位移计算的目的;掌握变形体的虚功原理,单位荷载法的原理及计算步骤;熟练使用图乘法计算荷载作用下梁和刚架的位移。

【能力目标】 能用图乘法求解梁和刚架的位移。

11.1 概 述

11.1.1 结构位移

无论何种工程结构,都是由可变材料组成的,在荷载及其外因(如支座移动、温度改变、材料收缩、制造误差)单独作用或组合作用下均会产生形状改变和位置移动。**形状改变**是指结构全部或部分形状的改变,简称**变形**;**位置移动**是指各截面的形心发生了移动,同时一般伴随有截面绕自身某轴的转动,此两项简称位移。有变形必有位移,有位移未必有变形(如刚体运动)。

如图 11-1 所示悬臂刚架,在荷载作用下发生图中虚线所示的变形,使截面 A 的形心 A 点移到 A' 点,线段 AA' 称为 A 点的线位移,记为 Δ_A。若将 Δ_A 沿水平和竖向分解,则其分量 Δ_{AH} 和 Δ_{AV} 分别称为 A 点的水平线位移和竖向线位移。同时,截面 A 还转动了一个角度,称为截面 A 的角位移,用 φ_A 表示。上述线位移和角位移称为绝对位移。此外,还有相对位移。如图 11-2 所示刚架,在荷载作用下发生虚线所示变形。C、D 两点的水平线位移 Δ_C 和 Δ_D,它们之和 $\Delta_C+\Delta_D$ 称为 C、D 两点的水平相对线位移。A、B 两个截面的转角 φ_A 和 φ_B,它们之和 $\varphi_{AB}=\varphi_A+\varphi_B$ 称为 A、B 两个截面的相对转角。

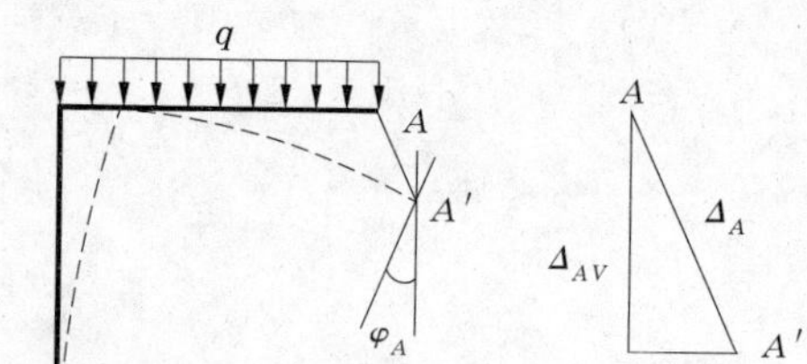

图 11-1 刚架的绝对位移

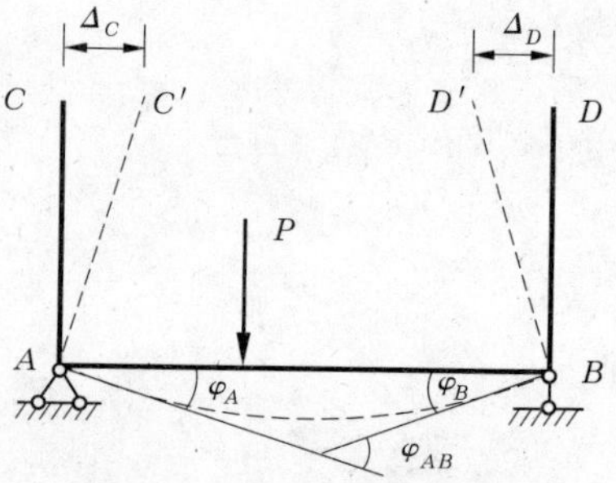

图 11-2 刚架的相对位移

我们将以上线位移、角位移及相对位移统称为**广义位移**。除荷载外,温度改变、支座移动、材料收缩、制造误差等因素,也将会引起位移,如图 11-3 所示。

11.1.2 计算结构位移的目的

(1)验算结构刚度,即验算结构的位移是否超过允许的位移限制值。结构在荷载作用

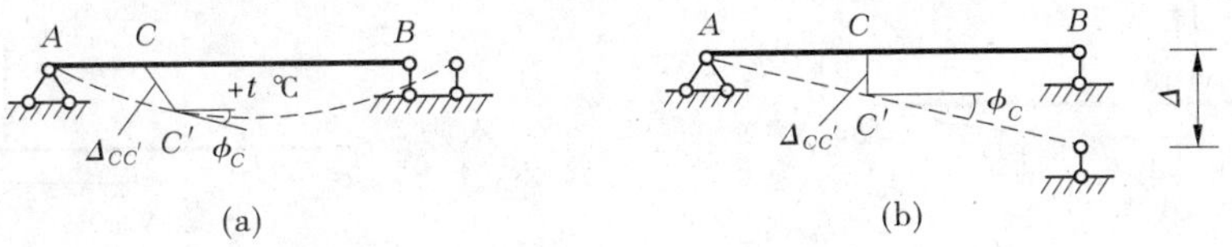

图 11-3 其他因素引起的位移

下如果变形太大,即使不破坏也是不能正常使用的。例如,车辆通过桥梁时,若桥梁的竖向线位移太大,则线路将不平整。

(2)为超静定结构的计算打基础。因为超静定结构的内力仅由平衡条件不能全部确定,还必须考虑变形条件,而建立变形条件时就必须计算结构位移。

(3)在结构的制作、架设、养护过程中有时需要预先知道结构的变形情况,以便采取一定的施工措施,因而也需要进行位移计算。

11.1.3 计算结构位移的方法

本章介绍的单位荷载法是以虚功原理为基础的,因此先介绍虚功原理,然后讨论在荷载等外界因素影响下静定结构的位移计算方法。需要说明的是,无论是静定结构还是超静定结构,位移计算的方法是相同的。

11.2 单位荷载法

11.2.1 实功和虚功的概念

功是力对物体在一段路程上累积效应的量度,也是传递和转换能量的量度。图 11-4(a)所示的简支梁上,集中荷载 F_{P1} 的作用点 1 沿力方向的线位移用 Δ_{11} 表示。Δ_{11} 的第一个下标表示位移的性质(点 1 沿力方向的位移),第二个下标表示产生该位移的原因(由力 F_{P1} 引起)。

荷载 F_{P1} 为静力荷载,即由零逐渐增加至 F_{P1}。与此相应,位移也由零逐渐增加至 Δ_{11}。在线性弹性变形条件下,荷载变化的关系如图 11-4(b)所示。力在加载的过程中做了功。作用在弹性体系上的力在自身引起的位移上所做的功称为实功。力 F_{P1} 在位移 Δ_{11} 上做的实功 W_{11} 的大小等于图 11-4(b)中三角形的面积,即

$$W_{11} = \frac{1}{2}F_{P1}\Delta_{11}$$

梁弯曲后,再在点 2 外加静力荷载 F_{P2},梁产生新的弯曲(见图 11-4(c))。位移 Δ_{12} 为力 F_{P2} 引起的 1 点沿 F_{P1} 方向的位移。力 F_{P1} 在位移 Δ_{12} 上做了功,只是此过程中 F_{P1} 的大小未变,功的大小为

$$W_{12} = F_{P1}\Delta_{12}$$

力在其他因素引起的位移上做的功称为虚功。虚功是常力做的功,表达式中力与位移乘积之前无“1/2”。由于是其他因素产生的位移,可能顺着力 F_{P1} 的指向,也可能与之相逆,因此虚功可以为正,也可以为负。

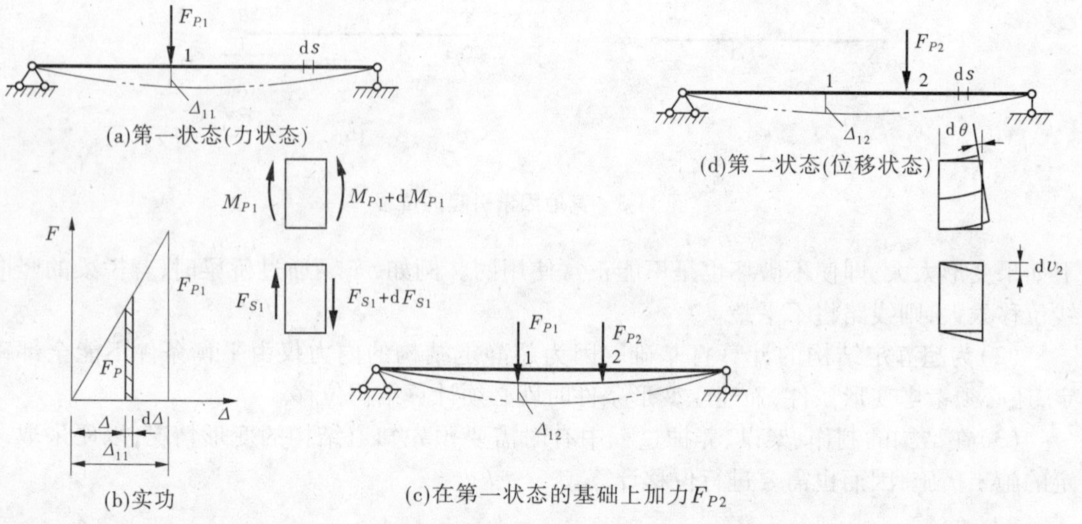

图 11-4　实功与虚功

注意:所谓"虚功"是指力在其他原因引起的位移上(可以是另外的力作用引起的,也可以是支座移动引起的,或者温度改变、材料收缩、制造误差等因素引起的)所做的功,强调做功的力与做功的位移无关。

11.2.2　单位荷载法

拟设有两个状态(结构完全相同),一个是实际位移状态(如图 11-5(a)所示),一个是单位力状态(如图 11-5(b)所示)。位移状态的位移可以是任何原因(如荷载、温度变化、支座移动)引起的,位移必须是微小的,并为支承条件与连续变形条件所允许,即应是协调的或相容的位移。另需说明的是,单位力状态与位移状态可以是无关的。

当单位力状态的外力在位移状态的对应位移上做外力虚功时,单位力状态的内力也在位移状态各微段的变形上做内力虚功。根据功和能的原理可得变形体的虚功原理:任何一个处于平衡状态的变形体,当发生任意一个虚位移时,变形体所受外力在虚位移上所做虚功的总和,等于变形体的内力在虚位移的相应变形上所做虚功的总和。

利用虚功原理求结构位移状态的方法是,将结构所处的平衡状态(实际状态)作为位移状态,另外虚拟结构的一种状态(虚拟状态)作为单位力状态。在虚拟状态上只作用一个力,力的作用点、方向与欲求位移 Δ 的位置、方位相同,力的大小为"1",即该力为单位荷载 $\overline{F}=1$。这样,单位力状态的外力(包括支座反力)在位移状态的位移(包括支座位移)上所做外力虚功的总和,等于单位力状态的所有内力(轴力、剪力、弯矩)在位移状态微段的相应变形上所做内力虚功的总和。如图 11-5 所示,应用虚功原理可得到如下式子

$$\overline{F}\cdot\Delta_K+\sum\overline{F}_{Ri}\cdot C_i=\sum\int\overline{M}\cdot \mathrm{d}\theta+\sum\int\overline{F}_S\cdot \mathrm{d}v+\sum\int\overline{F}_N\cdot \mathrm{d}u$$

式中 $\overline{F}=1$,则

$$\Delta_K=\sum\int\overline{M}\cdot \mathrm{d}\theta+\sum\int\overline{F}_S\cdot \mathrm{d}v+\sum\int\overline{F}_N\cdot \mathrm{d}u-\sum\overline{F}_{Ri}\cdot C_i \tag{11-1}$$

对于实际状态,微段的变形与内力的关系如图 11-6 所示,其中

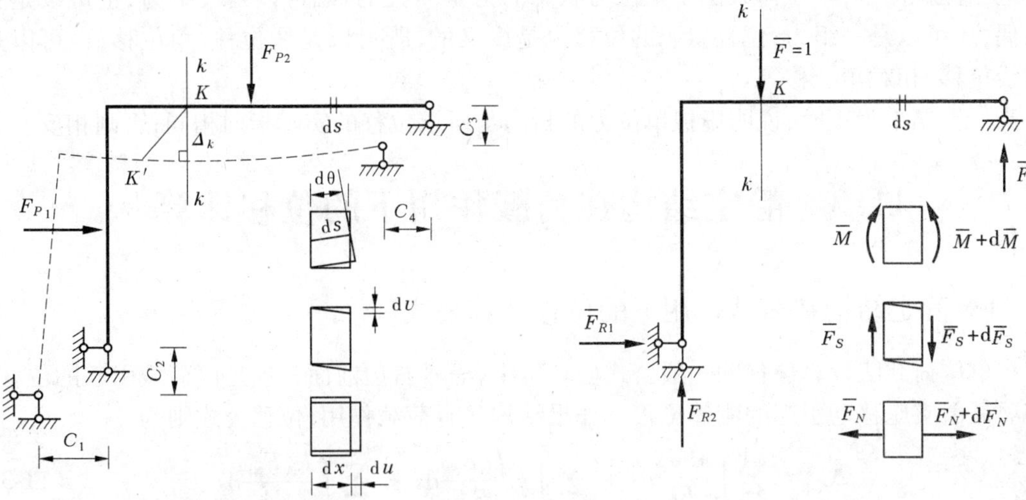

(a)位移状态(实际状态)　　(b)力状态(虚拟状态)

图 11-5

$$d\theta = \frac{ds}{\rho} = \frac{M_P}{EI}ds \tag{a}$$

$$du = \varepsilon ds = \frac{\sigma}{E}ds = \frac{F_{NP}}{EA}ds \tag{b}$$

对于剪切内力虚功,用 $\overline{F}_S$ 表示平均切应力,用不均匀系数 k 体现切应力、切应变在横截面上不均匀分布(例如矩形截面 $k=1.2$),则

$$\overline{F}_S \cdot dv = \frac{k\overline{F}_S F_{SP}}{GA}ds \tag{c}$$

将(a)、(b)、(c)三式代入式(11-1),得到单位荷载法计算位移的一般公式如下

$$\Delta_K = \sum\int\frac{\overline{M}M_P}{EI}ds + \sum\int k\frac{\overline{F}_S F_{SP}}{GA}ds + \sum\int\frac{\overline{F}_N F_{NP}}{EA}ds - \sum\overline{F}_{Ri}\cdot\Delta_{Ci} \tag{11-2}$$

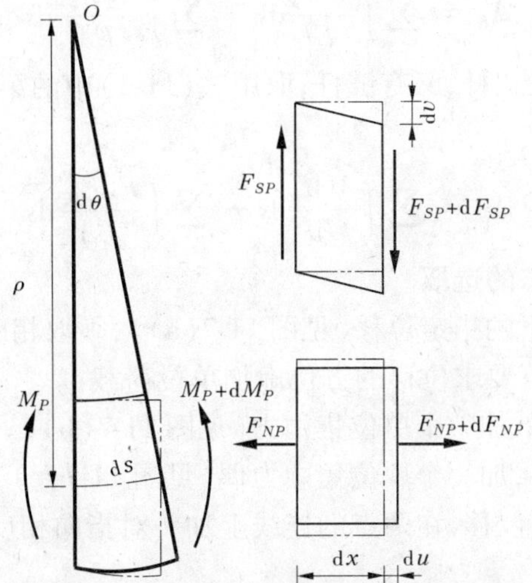

图 11-6　内力与变形

应当注意的是,单位荷载法中单位力状态的力是广义的,既可以是集中力,也可以是集中力偶,还可以是一组力;位移状态的位移也是广义的,既可以是线位移、角位移,也可以是相对线位移、相对角位移等。

当计算结果为正时,说明虚拟单位力的指向与所求位移的实际指向相同;否则相反。

11.3 静定结构在荷载作用下的位移计算

11.3.1 静定结构在荷载作用下的位移计算公式

在单位荷载法计算位移的一般公式(11-2)中,等号右边前面三项是由荷载引起的位移,第四项是由支座移动引起的刚体位移。如果结构只有荷载作用,位移公式则为

$$\Delta_K = \sum\int\frac{\overline{M}M_P}{EI}\mathrm{d}s + \sum\int k\frac{\overline{F}_S F_{SP}}{GA}\mathrm{d}s + \sum\int\frac{\overline{F}_N F_{NP}}{EA}\mathrm{d}s \qquad (11\text{-}3)$$

式(11-3)适用于由直杆组成的结构,但对于曲率不大的曲杆,也可以近似应用。当计算结果为正时,说明虚拟单位力的指向与所求位移的实际指向相同;否则相反。

11.3.1.1 各类杆件结构在荷载作用下的位移公式

(1)梁和刚架。梁式杆的位移中弯矩的影响是主要的,通常计算时只需考虑公式中弯矩的一项便具有足够的工程精度,即

$$\Delta_K = \sum\int\frac{\overline{M}M_P}{EI}\mathrm{d}s \qquad (11\text{-}4)$$

(2)桁架。各杆为链杆,而且是同材料的等直杆。杆内只有轴力,且处处相等。因而只取式(11-3)中的第三项并简化后得位移公式为

$$\Delta_K = \sum\int\frac{\overline{F}_N F_{NP}}{EA}\mathrm{d}s = \sum\frac{\overline{F}_N F_{NP} l}{EA} \qquad (11\text{-}5)$$

(3)拱。一般考虑轴力、弯矩的影响,剪切变形的影响忽略不计,得位移公式为

$$\Delta_K = \sum\int\frac{\overline{M}M_P}{EI}\mathrm{d}s + \sum\int\frac{\overline{F}_N F_{NP}}{EA}\mathrm{d}s \qquad (11\text{-}6)$$

(4)组合结构。既有梁式杆,又有链杆,取用式(11-3)中的第一项和第三项得位移公式为

$$\Delta_K = \sum\int\frac{\overline{M}M_P}{EI}\mathrm{d}s + \sum\int\frac{\overline{F}_N F_{NP}}{EA}\mathrm{d}s \qquad (11\text{-}7)$$

11.3.1.2 虚拟单位力状态的选取

欲求结构在荷载作用下的指定位移(见图 11-7(a)),须取相应的虚拟状态,即取同一结构,在要求位移的地方,沿着要求位移的方位虚加单位荷载:

(1)欲求一点的线位移,加一个单位集中力(见图 11-7(b))。

(2)欲求一处的角位移,加一个单位集中力偶(见图 11-7(c))。

(3)欲求两点的相对线位移,在两点的连线上加一对指向相反的单位集中力(见图 11-7(c))。

(4)欲求两处的相对角位移,加一对指向相反的单位集中力偶(见图 11-7(e))。

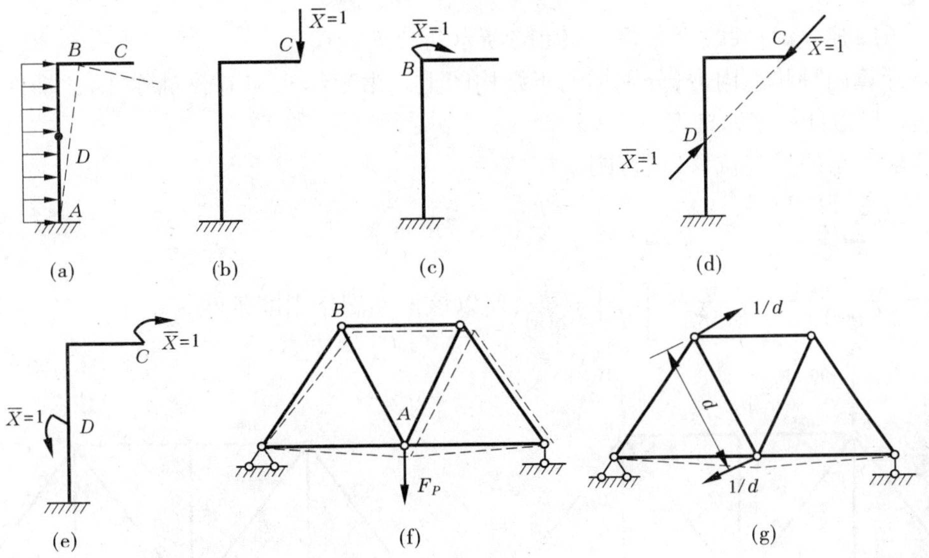

图 11-7　虚设单位力状态

(5)欲求桁架某杆的角位移(见图 11-7(f)),在杆的两端加一对平行、反向的单位集中力,两力形成单位力偶。力偶臂为 d,每一力的大小为$\dfrac{1}{d}$(见图 11-7(g))。

11.3.2　静定桁架在荷载作用下的位移计算

【例 11-1】　试计算如图 11-8(a)所示桁架结点 C 的竖向位移。设各杆的 EA 都相同。

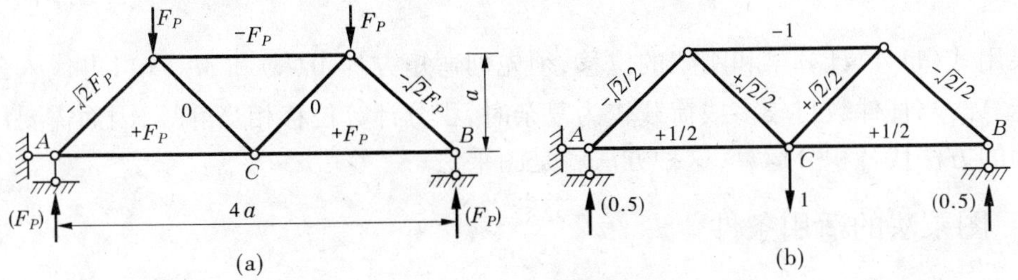

图 11-8　例 11-1 图

解　(1)虚设单位力状态。在欲求位移 C 处虚设一竖向单位力 $\overline{F}=1$。

(2)计算 F_{NP}和 $\overline{F}_N$,各杆轴力标注在结构图上,如图 11-8(a)、(b)所示。

(3)根据式(11-5)求 C 处位移

$$\Delta_{CV}=\sum\frac{\overline{F}_N F_{NP} l}{EA}=\frac{1}{EA}\left[2\times(-\sqrt{2}F_P)\times\left(-\frac{\sqrt{2}}{2}\right)\times\sqrt{2}a+2\times F_P\times\frac{1}{2}\times 2a+(-F_P)\times(-1)\times 2a\right]=(4+2\sqrt{2})\frac{F_P a}{EA}$$

【例 11-2】　图 11-9(a)所示钢桁架,桁高 $h=8$ m,跨度 $l=24$ m,杆件为等截面直杆,截面面积 $A=2\ 172\ \text{mm}^2$;弹性模量 $E=200$ GPa。许可挠度与跨长的比值$\left[\dfrac{f}{l}\right]=\dfrac{1}{800}$,试校核桁

架的刚度。

解 (1)建立虚拟状态(如图 11-9(b)所示)。

(2)计算两种状态内力,分别标注于结构图上。由于结构和荷载对称,因此杆件内力也完全对称,只需计算半边即可。

(3)求 3 点的竖向位移,进行刚度校核。

$$\Delta_{3V} = \sum \frac{\overline{F}_N F_{NP} l}{EA} = \frac{1}{E}\sum \overline{F}_N F_{NP}\frac{l}{A} = 6.7\ \text{mm}$$

$\dfrac{f}{l}=\dfrac{6.7\ \text{mm}}{24\ 000\ \text{mm}}=\dfrac{1}{3\ 582}\leqslant\left[\dfrac{f}{l}\right]=\dfrac{1}{800}$,所以该桁架满足刚度条件。

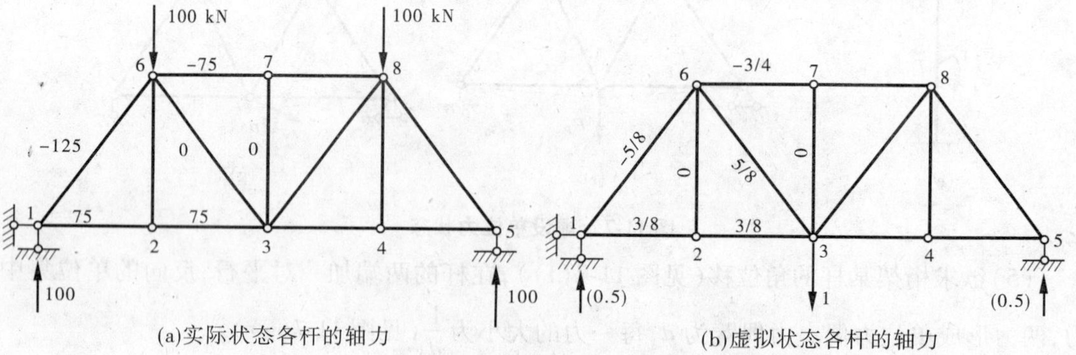

图 11-9 例 11-2 图

11.4 图乘法

如果用式(11-4)计算梁和刚架的位移,须先列弯矩方程 $\overline{M}(x)$ 和 $M_P(x)$,再代入公式进行积分运算。当杆件数目较多或荷载较为复杂时,积分计算位移相当麻烦,因而需要用一种简便实用的方法代替积分运算,这种方法就是图乘法。

11.4.1 图乘法的适用条件

在求梁和刚架的位移时,若结构满足下列条件:①杆轴为直线;②EI 为常数;③M_P 图与 $\overline{M}$ 图中至少有一个是直线图形。此时可用图乘法计算结构的指定位移。

如图 11-10 所示,设等截面直杆 BD 段上的两个弯矩图中,$\overline{M}$ 图为一段直线,M_P 为任意形状。以杆轴为 x 轴,以 $\overline{M}$ 图的延长线与 x 轴的交点为坐标原点并设 y 轴,则积分式 $\int\dfrac{\overline{M}M_P}{EI}\mathrm{d}s$ 中 $\mathrm{d}s = \mathrm{d}x$,$EI$ 是常数可提到积分符号外面,$\overline{M}$ 图为直线变化,故有 $\overline{M} = x\tan\alpha$,且 $\tan\alpha$ 是常数,故积分式可简化为

$$\int\frac{\overline{M}M_P}{EI}\mathrm{d}s = \frac{\tan\alpha}{EI}\int x\cdot M_P\cdot\mathrm{d}x = \frac{\tan\alpha}{EI}\int x\mathrm{d}A$$

式中 $\mathrm{d}A = M_P\mathrm{d}x$ 为 M_P 图中阴影部分的微分面积,故 $x\mathrm{d}A$ 为微分面积对 y 轴的静矩,根据合力矩定理可知,它等于 M_P 图的面积乘以其形心 C 到 y 轴的距离 x_C,即 $\int x\mathrm{d}A = A_{BD}\cdot x_C$,代入

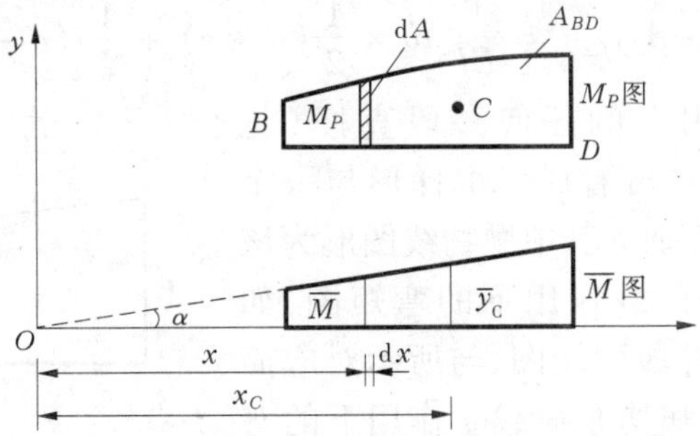

图 11-10 图乘法

上式，有

$$\int \frac{\overline{M}M_P}{EI}\mathrm{d}s = \frac{\tan\alpha}{EI}\cdot A_{BD}\cdot x_C = \frac{A_{BD}}{EI}\cdot \tan\alpha \cdot x_C = \frac{A_{BD}}{EI}\cdot y_C$$

这里 y_C 是 M_P 图的形心 C 处所对应的 $\overline{M}$ 图的竖标。可见，上述积分式等于一个弯矩图的面积 A 乘以其形心所对应的另一个直线图形上的竖标 y_C，再除以 EI，这种方法称为图乘法。如果结构上所有各杆段均可图乘，则位移公式(11-4)可写为

$$\Delta_K = \sum\int \frac{\overline{M}M_P}{EI}\,\mathrm{d}s = \sum \frac{Ay_C}{EI}$$

根据推证过程可知，在应用图乘法时应注意下列各点：①必须符合上述前提条件；②竖标 y_C 只能取自直线图形；③若形心 C 与竖标 y_C 在杆轴的同侧，则乘积 Ay_C 取正号，反之则取负号。

为了应用方便，图 11-11 给出了常见的三角形、二次抛物线图形的面积及其形心位置。应用抛物线图形的公式时，必须注意图形在顶点处的切线应与基线平行。

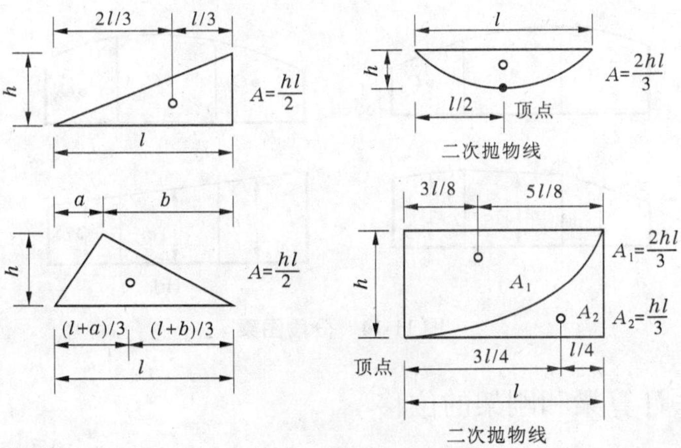

图 11-11 常见简单图形的面积和形心

在实际应用时，当图形的面积或形心位置不便确定时，可将它分解为几个简单图形，将它们分别与另一图形相乘，然后把结果叠加即可。

例如两个梯形相乘时(见图 11-12)，可把它们分解成一个矩形和一个三角形，此时

$$\frac{Ay_C}{EI}=\frac{1}{EI}(A_1y_{C1}+A_2y_{C2})=\frac{1}{EI}\left[lb\times\frac{1}{2}(d+e)+\frac{1}{2}l(a-b)\times\frac{1}{3}(e-d)\right]$$

对于均布荷载作用下的任何一段直杆（见图11-13(a)），其弯矩图均可看成一个梯形与一个标准二次抛物线图形的叠加。其中抛物线图形为该杆段作为简支梁在均布荷载作用下的弯矩图，如图11-13(b)所示。因为这段弯矩图，与所示对应简支梁在杆端弯矩 M_A、M_B 和均布荷载 q 作用下的弯矩是相等的。

需要注意的是，当 y_C 所属图形不是一条直线而是由若干条直线段组成的折线时，或当杆段内截面的 EI 不相等时，均应按图乘法的适用条件分段图乘，再进行叠加，如图11-14所示。

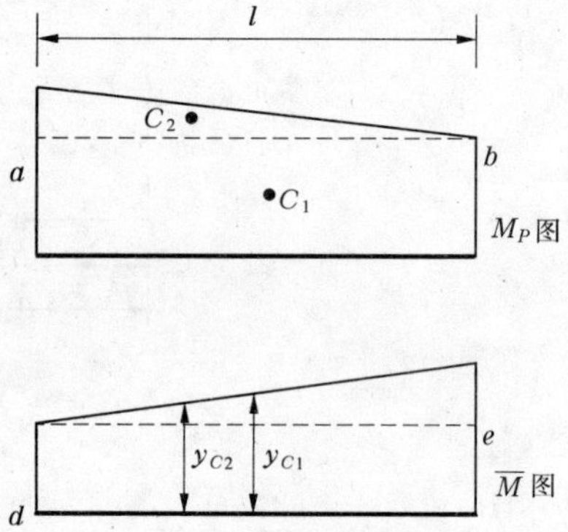

图11-12　梯形的图乘

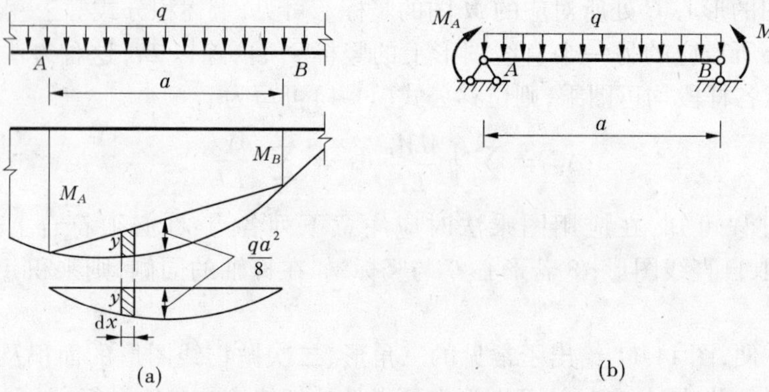

图11-13　均布荷载下任意直杆段

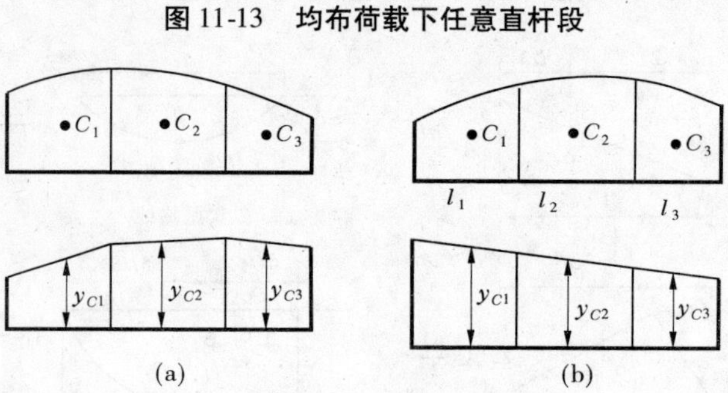

图11-14　分段图乘

11.4.2　图乘法计算梁和刚架的位移

下面举例应用图乘法求直梁和刚架的位移。

【例11-3】　悬臂梁在集中荷载 q 作用下如图11-15(a)所示，已知 EI 为常数。试用图乘法计算自由端 B 处的竖向线位移 Δ_{BV}。

解　(1)悬臂梁在实际荷载作用下的弯矩图如图11-15(b)所示。

(2)在 B 点虚设单位力 $\overline{F}=1$ 如图11-15(c)所示，绘制出单位弯矩图如图11-15(d)

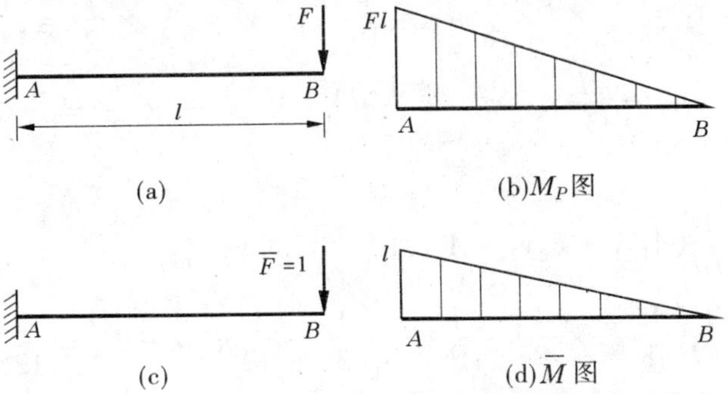

图 11-15　例 11-3 图

所示。

(3)计算面积 A 和 y_C。由于 M_P 图和$\overline{M}$图都是直线图形，故竖标 y_C 选在哪个图形都可以。下面以竖标 y_C 选在$\overline{M}$图进行计算。

$$A = \frac{1}{2}Fl \cdot l = \frac{Fl^2}{2}, y_C = \frac{2}{3}l$$

$$\Delta_{BV} = \frac{Ay_C}{EI} = \frac{1}{EI} \times \frac{Fl^2}{2} \times \frac{2}{3}l = \frac{Fl^3}{3EI}(\downarrow)$$

计算结果为正，说明实际线位移方向与虚设单位力方向一致，即竖直向下。

【例 11-4】　试求图 11-16(a)所示外伸梁 C 点的竖向位移 Δ_{CV}。梁的 EI = 常数。

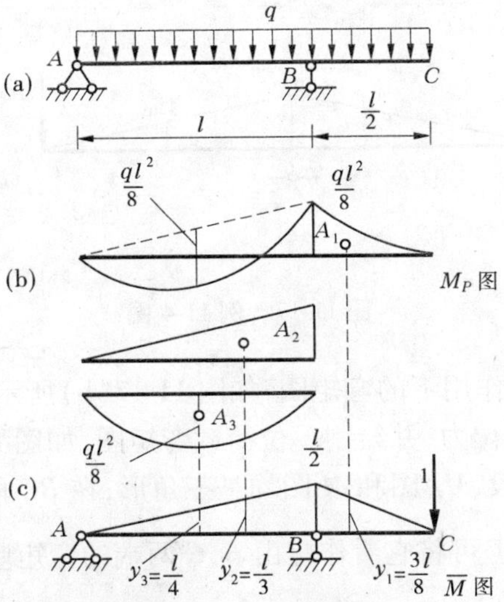

图 11-16　例 11-4 图

解　(1)绘制实际荷载弯矩图 M_P 图，如图 11-16(b)所示。

(2)虚设单位力状态，并绘制 $\overline{M}$ 图，如图 11-16(c)所示。

(3)分段图乘。BC 段的 M_P 图是标准二次抛物线，AB 段的 M_P 图比较复杂，可将其分解为一个三角形和一个标准二次抛物线图形，各部分面积和竖标计算如下

$$A_1 = \frac{1}{3} \times \frac{l}{2} \times \frac{1}{8}ql^2 = \frac{1}{48}ql^3,\quad y_1 = \frac{3}{4} \times \frac{l}{2} = \frac{3}{8}l$$

$$A_2 = \frac{1}{2} \times l \times \frac{1}{8}ql^2 = \frac{1}{16}ql^3, \quad y_2 = \frac{2}{3} \times \frac{l}{2} = \frac{1}{3}l$$

$$A_3 = \frac{2l}{3} \times \frac{1}{8}ql^2 = \frac{1}{12}ql^3, \quad y_3 = \frac{1}{2} \times \frac{l}{2} = \frac{1}{4}l$$

由图乘法得

$$\begin{aligned}\Delta_{CV} &= \frac{1}{EI}(A_1y_1 + A_2y_2 - A_3y_3) \\ &= \frac{1}{EI}\left(\frac{1}{48}ql^3 \times \frac{3}{8}l + \frac{1}{16}ql^3 \times \frac{1}{3}l - \frac{1}{12}ql^3 \times \frac{1}{4}l\right) = \frac{ql^4}{128EI}(\downarrow)\end{aligned}$$

【例 11-5】 试求图 11-17(a)所示伸臂梁 C 点的竖向位移 Δ_{CV}。设 $EI = 1.0 \times 10^6$ kN · m²。

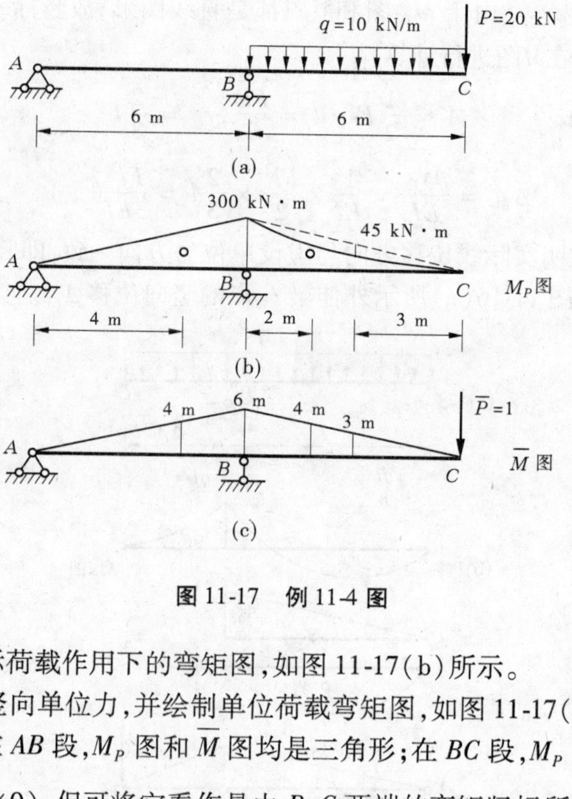

图 11-17 例 11-4 图

解 (1)绘制实际荷载作用下的弯矩图,如图 11-17(b)所示。

(2)在 C 点虚设竖向单位力,并绘制单位荷载弯矩图,如图 11-17(c)所示。

(3)分段图乘。在 AB 段,M_P 图和 $\overline{M}$ 图均是三角形;在 BC 段,M_P 图中 C 点不是抛物线的顶点(因为$\frac{\mathrm{d}M}{\mathrm{d}x} = F_S \neq 0$),但可将它看作是由 B、C 两端的弯矩竖标所连成的三角形与相应简支梁在均布荷载作用下的标准抛物线图(图 11-17(b)中虚线与曲线之间包含的面积)叠加而成。将上述各部分分别图乘再叠加,即得

$$\begin{aligned}\Delta_{CV} &= \frac{1}{EI} \times 2 \times \left(\frac{1}{2} \times 300 \times 6 \times 4\right) - \frac{1}{EI} \times \frac{2}{3} \times 45 \times 6 \times 3 = \frac{6\ 660}{EI} = \frac{6\ 660}{1.0 \times 10^6} \\ &= 0.006\ 66(\mathrm{m}) = 6.66\ \mathrm{mm}(\downarrow)\end{aligned}$$

【例 11-6】 试求图 11-18(a)所示刚架结点 B 的水平位移 Δ_{BH}。梁的 EI = 常数。

解 先作出 M_P 图,然后虚设单位力状态,作 $\overline{M}$ 图,分别如图 11-18(b)、(c)所示。应用图乘法求得 B 点的水平位移

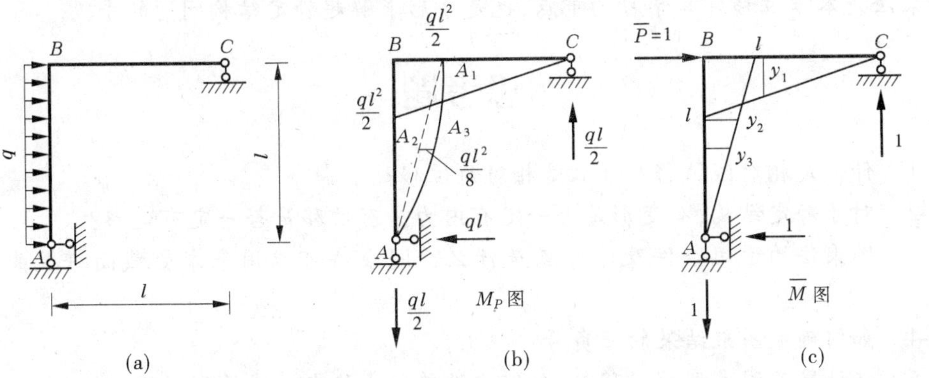

图 11-18　例 11-6 图

$$\Delta_{BH} = \frac{1}{EI}(A_1 y_1 + A_2 y_2 + A_3 y_3)$$
$$= \frac{1}{EI}\left(\frac{1}{2} \times \frac{1}{2}ql^2 \times l \times \frac{2}{3}l + \frac{1}{2} \times \frac{1}{2}ql^2 \times l \times \frac{2}{3}l + \frac{2}{3} \times \frac{1}{8}ql^2 \times l \times \frac{l}{2}\right) = \frac{3ql^4}{8EI}(\rightarrow)$$

小　结

1. 结构位移的概念。

结构位置的改变称为结构的位移。构件和结构上各截面的位移，用线位移和角位移两个基本量来描述。线位移指截面形心所移动的距离，常用水平位移和竖直位移两个分量表示。角位移指截面转过的角度，故常称为转角。某两点水平（竖向）线位移的代数和称为该两点的水平（竖向）相对线位移。某两个截面转角的代数和（方向相反时相加）称为该两截面的相对角位移。

2. 单位荷载法。

力在其他因素引起的位移上做的功称为虚功。根据功和能的原理可得变形体的虚功原理：任何一个处于平衡状态的变形体，当发生任意一个虚位移时，变形体所受外力在虚位移上所做虚功的总和，等于变形体的内力在虚位移的相应变形上所做虚功的总和。

单位荷载法是在上述概念的基础上建立的，它适用于求解各种变形构件的位移。结构在荷载作用下计算位移的一般公式为

$$\Delta_K = \sum \int \frac{\overline{M}M_P}{EI}\mathrm{d}s + \sum \int k\frac{\overline{F}_S F_{SP}}{GA}\mathrm{d}s + \sum \int \frac{\overline{F}_N F_{NP}}{EA}\mathrm{d}s$$

对于梁和刚架，通常只需考虑由弯矩引起的位移。

3. 图乘法。

图乘法是计算梁和刚架位移的基本方法。图乘法计算公式为

$$\Delta_K = \sum \frac{Ay_C}{EI}$$

式中：Δ_K 是在荷载作用下结构某截面 K 点的待求位移（线位移或角位移）；A 为 $M(\overline{M})$ 图形的面积；y_C 为 $\overline{M}(M)$ 图形的纵标；$\sum$ 为各杆件的图乘求和或同一杆件的不同杆段的图乘求和。

图乘法是本章位移计算学习的重点，也是今后求解超静定结构问题的手段。

思考题

11-1　什么是相对线位移？什么是相对角位移？

11-2　对于静定结构，有变形是否一定有内力？有位移是否一定有变形？

11-3　图乘法的适用条件及注意点是什么？图乘法可以用来求变截面杆或曲梁的位移吗？

11-4　如何确定图乘结果的正负号？

11-5　在计算不同类型的位移时，如何虚设单位力状态？请举例说明。

习　题

11-1　计算图 11-19 所示简支梁在集中力 F 作用下跨中 C 点的竖向线位移 Δ_{CV}。EI 为常数。

11-2　用图乘法求图 11-20 所示悬臂梁 C 截面的竖向位移 Δ_{CV} 和转角 θ_C。EI 为常数。

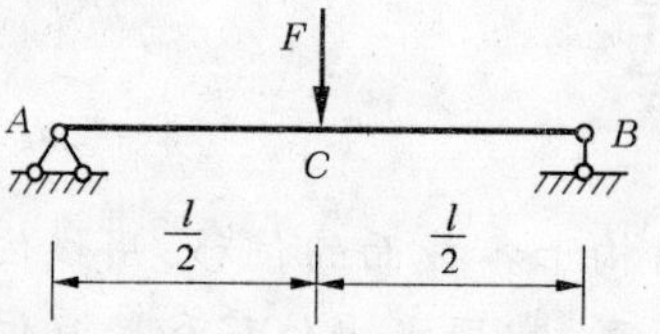

图 11-19　习题 11-11 图

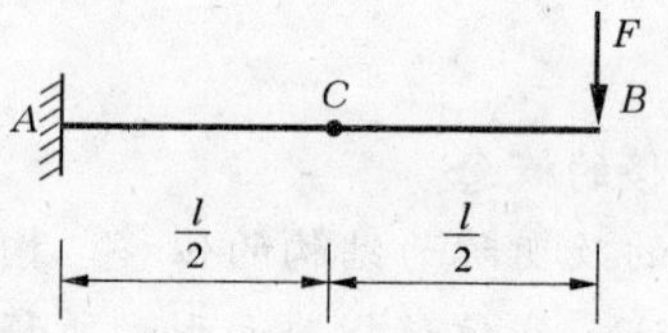

图 11-20　习题 11-12 图

11-3　用图乘法求图 11-21 所示外伸梁 C 截面的竖向位移 Δ_{CV} 和 B 截面的转角 θ_B。EI 为常数。

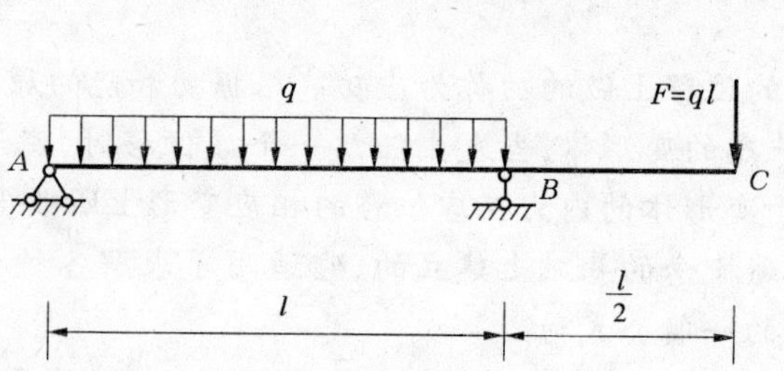

图 11-21　习题 11-13 图

11-4　用图乘法求图 11-22 所示刚架梁 C 截面的水平位移 Δ_{CH} 和 C 截面的转角位移 θ_C。已知 $EI = 5\times10^4\ \text{kN}\cdot\text{m}^2$。

11-5　用图乘法求图 11-23 所示刚架 C 截面的竖向位移 Δ_{CV} 和 B 截面的水平位移 Δ_{BH}。已知各杆 EI 为常数。

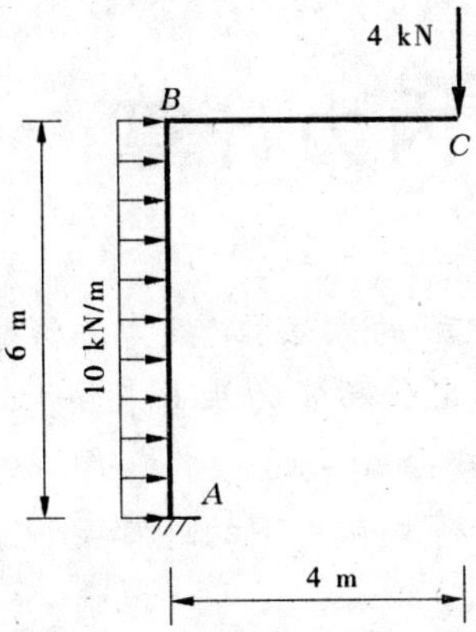

图 11-22　习题 11-4 图

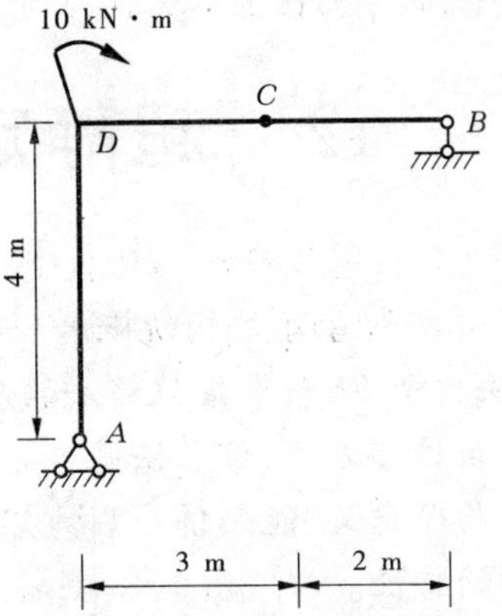

图 11-23　习题 11-5 图

12 超静定结构内力计算

【知识目标】 掌握超静定结构的概念、确定超静定次数的方法；掌握力法的基本概念、力法基本原理、力法典型方程；掌握位移法的基本概念，确定位移法的基本未知量的方法；掌握等截面直杆的转角位移方程、位移法基本方程；掌握力矩分配法的基本概念；理解力矩分配法每一步计算的物理意义，能熟练应用力矩分配法计算荷载作用下的连续梁和无侧移刚架；了解超静定结构的特性。

【能力目标】 能正确确定超静定结构的次数；能用力法对超静定结构进行内力计算和支座移动时的内力计算；能用位移法对超静定结构进行内力计算；能用力矩分配法对连续梁和无侧移刚架进行内力计算。

12.1 超静定次数的确定

12.1.1 超静定结构的概念

前面章节中，我们讨论了静定结构的内力和位移计算。静定结构的支座反力和内力仅用静力平衡条件即可求得（如图 12-1(a)和图 12-2(a)所示）。但在工程实际中还有一类结构，它们的反力和内力只凭静力平衡条件不能确定或者不能完全确定（见图 12-1(b)和图 12-2(b)）。这类结构称为**超静定结构**。

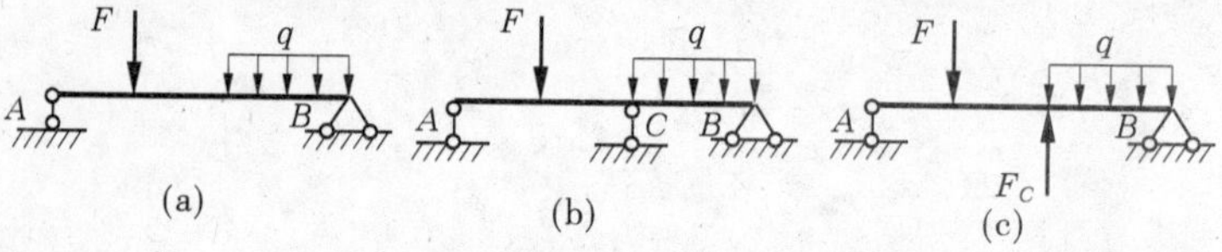

图 12-1

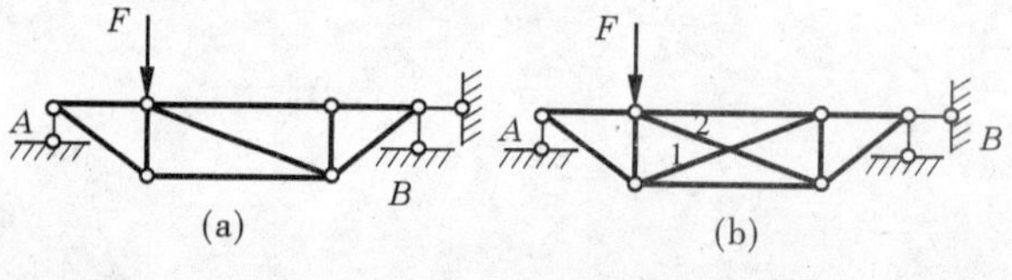

图 12-2

就几何组成而言，上述两个结构都存在多余约束。所谓**多余约束**，是去掉它时体系仍保持几何不变的约束。多余约束并不是没有用的，它可以减小结构的最大内力值，具有增大刚度及增强抵抗突然破坏能力的作用。

例如图 12-1(b)中，除水平支承链杆外，A、B、C 三个竖向支承链杆任一个均可视为多余约束，因为去掉任何一个竖向链杆 A 或 B 或 C 时，体系仍然是几何不变的；但不能同时去掉它们，只能去掉一个，所以图 12-1(b)所示的连续梁只有一个多余约束。图 12-2(b)中可将

1 杆作为多余约束,也可将 2 杆作为多余约束,但该刚架中只有一个多余约束。可见,超静定结构多余约束的选取并不是唯一的,但其多余约束的个数是唯一的。

与多余约束相对应,对维持体系的几何不变必不可少的约束称为**必要约束**。例如图 12-1(b)中的水平支承链杆。若从中去掉任意一根杆,体系就变成可变体系。

多余约束中产生的力称为**多余未知力**,它是不能由静力平衡条件求出的。例如图 12-1(b)中链杆 C 的反力,无论其值等于多少,图 12-1(c)中的静定梁都能平衡,但不可能由平衡条件求出 F_C。相反,必要约束的反力一定能由平衡条件确定,如图 12-1(b)中水平链杆的反力,可由梁整体的平衡方程 $\sum F_x = 0$ 求得。

综上所述,超静定结构的几何组成特征是有多余约束的几何不变体系,而静力特征是只由静力平衡条件不能完全确定所有的反力和内力。

工程中常见的超静定结构的类型有超静定梁(见图 12-1(b))、超静定刚架(见图 12-3(a))、超静定拱(见图 12-3(b))、超静定桁架(见图 12-2(c))、铰排架(见图 12-3(d))。

(a)超静定刚架

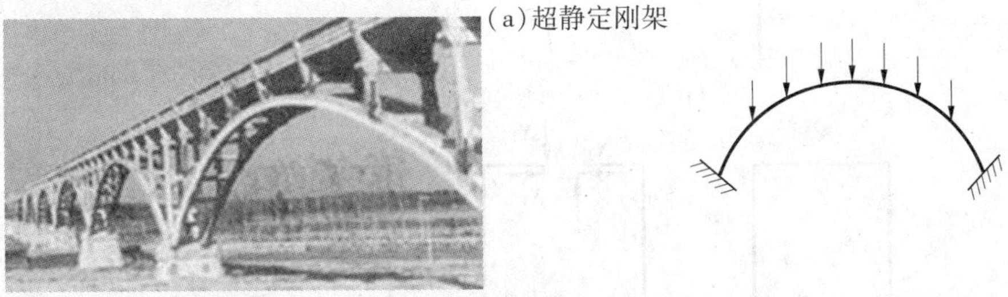

(b)超静定拱

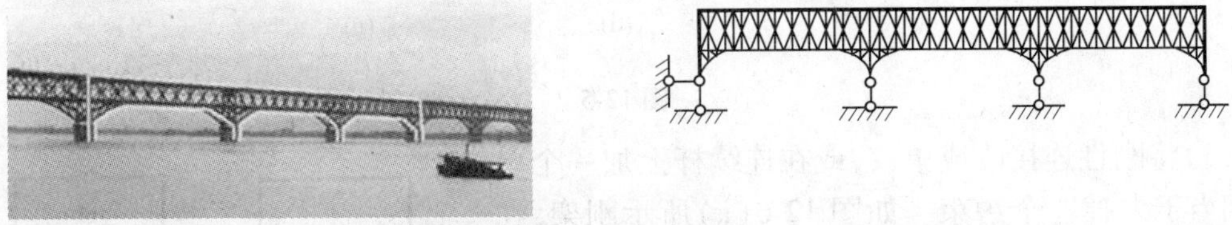

(c)超静定桁架

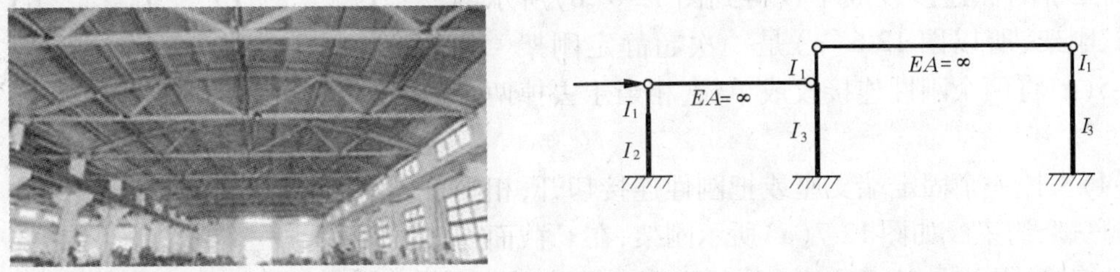

(d)铰排架

图 12-3

12.1.2　超静定次数的确定

超静定结构中多余约束的数目或多余未知力的数目称为该结构的**超静定次数**。结构的超静定次数 n 可以这样确定：从几何组成的角度分析结构中多余约束或多余未知力的个数，就是结构的超静定次数。或者，从超静定结构中去掉多余约束，使超静定结构变为静定结构，去掉多余约束的个数，就是该结构的超静定次数。

去掉多余约束的方式，通常有以下几种：

(1) 去掉一个支座链杆或切断一个链杆，相当于去掉一个约束。如图 12-1(a)所示连续梁，去掉 C 处链杆支座，得到图 12-1(c)所示静定梁。可见图 12-1(a)所示连续梁是一次超静定梁。同理，图 12-3(c)所示桁架，由于切断链杆而得到图 12-4 所示静定桁架，所以图 12-3(c)是一次超静定桁架。

(2) 去掉一个固定铰支座或拆去一个单铰(连接两个构件的铰称为单铰)，相当于去掉两个约束。如图 12-5(a)所示刚架，去掉固定铰支座 B 得到图 12-5(b)所示静定刚架，所以图 12-5(a)是二次超静定刚架。图 12-5(c)所示刚架，去掉 C 铰得到图 12-5(d)所示的两片静定刚架，所以图 12-5(c)为二次超静定刚架。

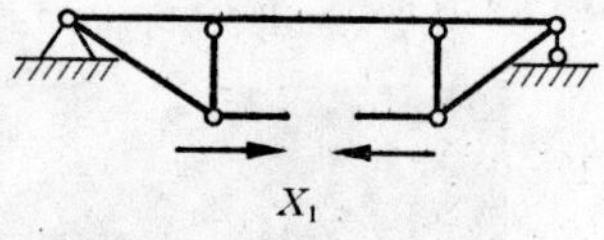

图 12-4

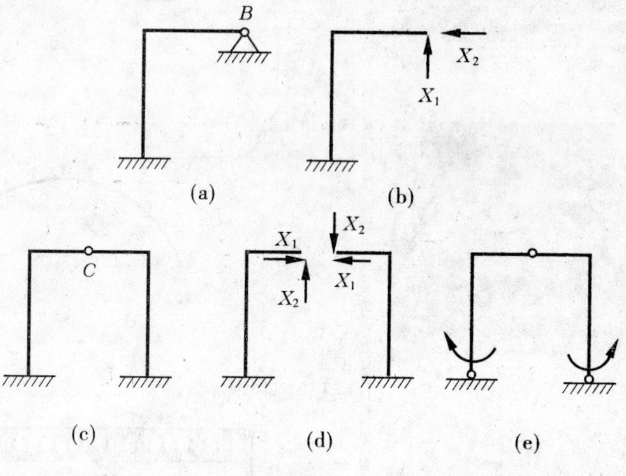

图 12-5

(3) 将刚性连接改成单铰，或在连续杆上加一个单铰，相当于去掉一个约束。如图 12-6(a)所示刚架，在 C 截面处将刚性连接改成单铰得到图 12-6(b)所示静定三铰刚架，所以图 12-6(a)是一次超静定刚架。如图 12-5(e)将两个刚性连接改成单铰，相当于去掉两个约束。

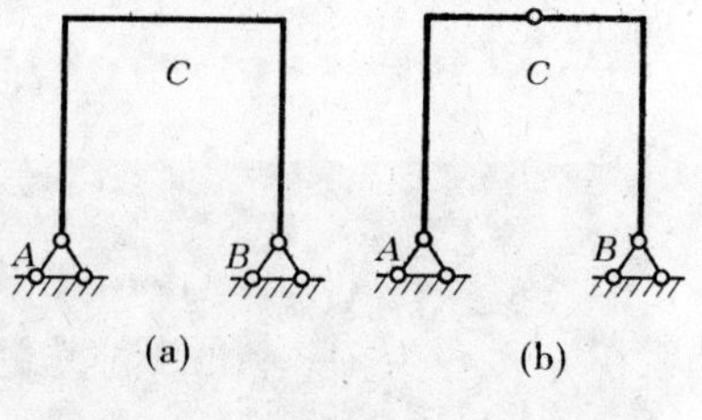

图 12-6

(4) 去掉一个固定端支座或把刚性连接切开，相当于去掉三个约束。如图 12-7(a)所示刚架，在 C 截面切断刚性连接，得到图 12-7(b)、(d)所示静定悬臂刚架，所以图 12-7(a)是三次超静定刚架。

对于同一个超静定刚架，采用不同方式去掉多余的约束，可以得到不同的静定结构，但所去掉约束的数目是一样的。如图 12-7 所示刚架，亦可以把刚性连接改成单铰再将固定端支座改为固定铰支座，可得到如图 12-7(c)所示的三铰刚架。

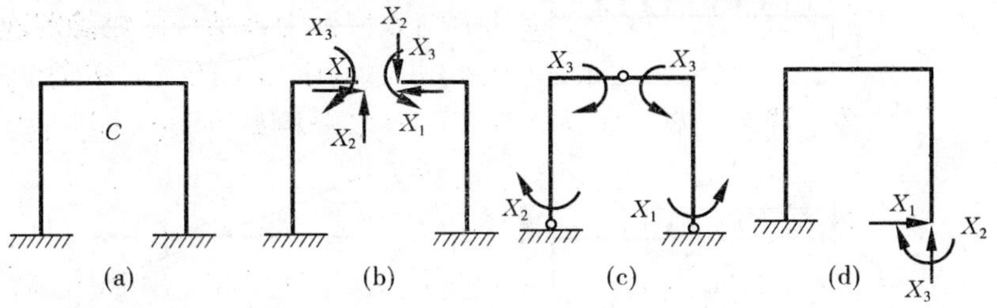

图 12-7

如图 12-8(a)所示结构，在刚性连接处切断，得到图 12-8(b)所示的静定结构，共去掉 3 个约束，所以其超静定次数 $n=3$。可见，一个封闭框架有 3 个多余约束。

如图 12-9(a)所示两跨两层刚架，切断四根横杆，得到图 12-9(b)所示由三个悬臂刚架组成的静定结构，切断一个连续杆相当于去掉 3 个约束，切断 4 个连续杆共去掉 12 个约束，故结构的超静定次数 $n=12$。也可以这样分析，图 12-9(a)所示刚架由四个封闭框架组成，而每个封闭框架有 3 个多余约束，故该刚架有 12 个多余约束，其超静定次数 $n=12$。可见，m 个无铰封闭框架的超静定次数 $n=3m$。

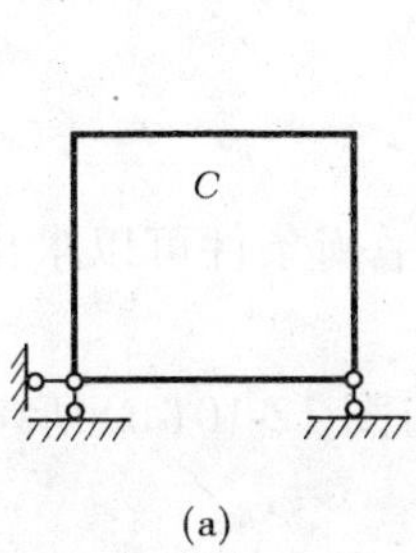

图 12-8

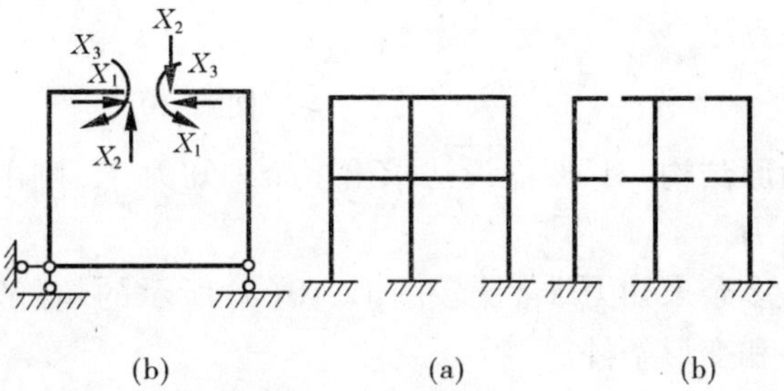

图 12-9

在去掉超静定结构的约束时，应注意：

(1)去掉多余约束后的结构，必须是几何不变体系，即为了保证结构的几何不变性，必要约束是不能去掉的。

(2)去掉约束后的结构，必须是静定结构。

12.2 力法计算超静定结构

12.2.1 力法的基本原理

力法是计算超静定结构的基本方法。下面通过对图 12-10(a)所示超静定梁的内力分析，来说明力法的基本原理。

如图 12-10(a)所示一次超静定梁，$EI=$常数。若去掉 B 处的链杆，并以多余未知力 X_1 代替，得到图 12-10(b)所示静定梁。这个静定梁称为**原超静定梁的力法基本结构**。原超静

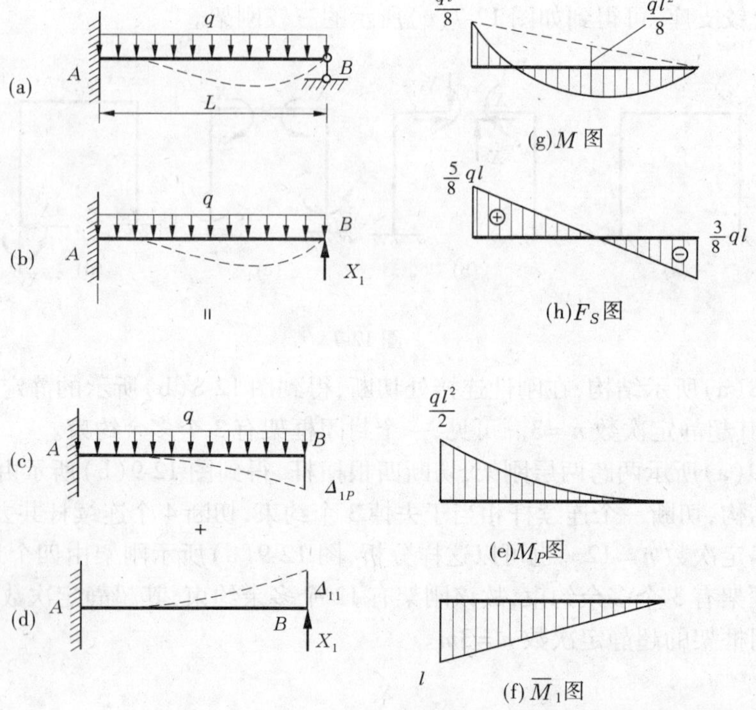

图 12-10

定结构称为**原结构**。只要能设法求出多余未知力 X_1,则由静力平衡条件可以求出其余的支座反力和内力。

为求得多余未知力 X_1,比较图 12-10(a)所示的超静定梁与图 12-10(b)所示的静定梁的受力条件和变形条件。

(1)受力条件:图 12-10(b)所示梁是由图 12-10(a)所示梁去掉多余约束代之以多余未知力 X_1 而得到的,因此二者的受力完全相同。

(2)变形条件:图 12-10(a)所示原结构在支座 B 处,由于有多余约束,因此在 B 处的竖向位移 $\Delta=0$,而图 12-10(b)所示基本结构在 B 处无约束,有可能发生位移,为使基本结构与原结构的变形相同,也应使基本结构在 B 处的竖向位移 $\Delta_1=0$,即基本结构在多余未知力 X_1 和荷载 q 共同作用下在 B 处的竖向位移与原结构相同。

根据叠加原理,图 12-10(b)所示基本结构在多余未知力和荷载共同作用下引起的 B 处竖向位移 Δ_1,等于多余未知力 X_1 和荷载 q 分别单独作用下引起的 B 处竖向位移 Δ_{11} 和 Δ_{1P} 的叠加(见图 12-10(c)、(d)),于是可得

$$\Delta_1 = \Delta_{11} + \Delta_{1P} = 0$$

式中 Δ_{11} 和 Δ_{1P} 第一个下标表示位移的地点和方向,第二个下标表示产生位移的原因。Δ_{11} 表示基本结构在 X_1 单独作用下产生的在 X_1 作用处沿 X_1 方向的位移,Δ_{1P} 表示基本结构在荷载 q 单独作用下产生的在 X_1 作用处沿 X_1 方向的位移。

令 δ_{11} 表示 $\overline{X}_1=1$ 时 B 截面沿 X_1 方向产生的位移,则有 $\Delta_{11}=\delta_{11}X_1$,于是上式可改成

$$\delta_{11}X_1 + \Delta_{1P} = 0 \qquad (12\text{-}1)$$

δ_{11} 和 Δ_{1P} 都是已知力引起的基本结构（静定结构）的位移，可根据第 8 章中的位移计算方法计算。式(12-1)称为**力法方程**。于是多余未知力 X_1 可由式(12-1)求得。这种以多余未知力为基本未知量，通过对基本结构利用计算静定结构的位移达到求解超静定结构的方法，称为**力法**。

作基本结构在荷载作用下弯矩 M_P 图（见图 12-10(e)），在单位力 $\overline{X}_1=1$ 作用下的弯矩 $\overline{M}_1$ 图（见图 12-10(f)），由图乘法得

$$\delta_{11} = \frac{1}{EI}\left(\frac{1}{2}l \times l\right) \times \frac{2}{3}l = \frac{l^3}{3EI}$$

$$\Delta_{1P} = -\frac{1}{EI}\frac{1}{3} \times \frac{1}{2}ql^2 \times l \times \frac{3}{4}l = -\frac{ql^4}{8EI}$$

代入力法方程式(12-1)中得

$$\frac{l^3}{3EI}X_1 - \frac{ql^4}{8EI} = 0$$

解方程式得

$$X_1 = \frac{3}{8}ql$$

多余未知力求出后，即可用计算静定结构的方法来确定结构的反力和内力，也可用下面叠加公式计算原结构的弯矩

$$M = \overline{M}_1 X_1 + M_P \tag{12-2}$$

其杆端弯矩分别为

$$M_{BA} = 0$$

$$M_{AB} = X_1 l - \frac{1}{2}ql^2 = \frac{3}{8}ql \times l - \frac{1}{2}ql^2 = -\frac{1}{8}ql^2 \quad (\text{上侧受拉})$$

杆端弯矩求出后可用叠加法作弯矩图。最后弯矩图如图 12-10(g)所示。

剪力图可用杆端弯矩及杆件上的荷载按平衡条件求出，最后作出剪力图如图 12-10(h)所示。

由以上所述可知力法的基本特点是以多余未知力作为基本未知量，并用相应的位移条件列出力法方程求出多余未知力，然后用静力平衡方程求出内力。

12.2.2 力法的典型方程

通过以上对一次超静定结构的分析，可知用力法计算超静定结构的关键是根据位移条件建立力法方程以求解多余未知力。下面以二次超静定结构进一步讨论如何建立求解多余未知力的方程。

图 12-11(a)所示刚架为二次超静定结构，取图 12-11(b)所示的结构为基本结构进行计算。原结构中支座 B 为固定铰支座，不可能有水平位移和竖向位移。因此，基本结构在荷载和多余未知力 X_1、X_2 共同作用下，B 处沿 X_1 方向、沿 X_2 方向的位移都应等于零，即 B 处应满足的位移条件为

$$\Delta_1 = 0$$

$$\Delta_2 = 0$$

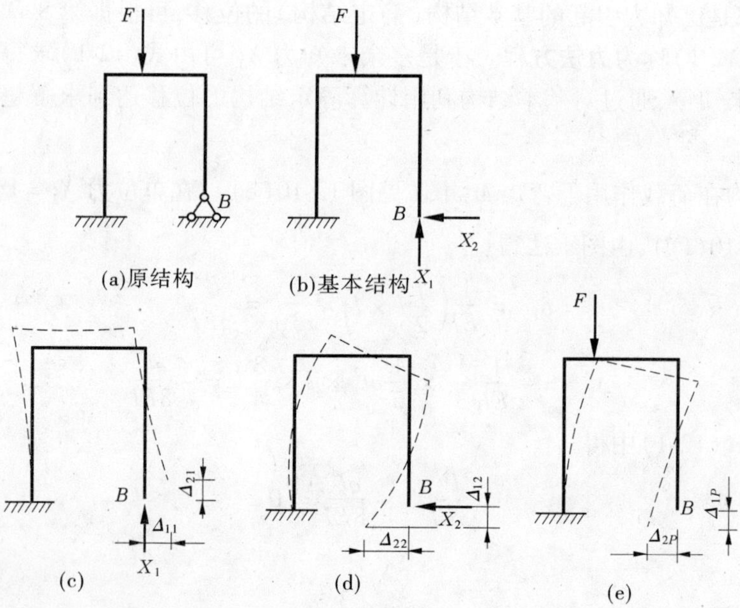

图 12-11

图 12-11(c)中 Δ_{11}、Δ_{21} 分别为 X_1 单独作用在基本结构上时 B 处沿 X_1、X_2 方向的位移；图 12-11(d)中 Δ_{12}、Δ_{22} 分别为 X_2 单独作用在基本结构上时 B 处沿 X_1、X_2 方向的位移；图 12-11(e)中 Δ_{1P}、Δ_{2P} 分别为荷载单独作用在基本结构上时 B 处沿 X_1，X_2 方向的位移。由叠加原理可得

$$\left.\begin{aligned}\Delta_1 &= \Delta_{11} + \Delta_{12} + \Delta_{1P}\\ \Delta_2 &= \Delta_{21} + \Delta_{22} + \Delta_{2P}\end{aligned}\right\}$$

令 δ_{11}、δ_{21} 分别为当 $\overline{X}_1 = 1$ 单独作用在基本结构上时，B 处沿 X_1、X_2 方向的位移；令 δ_{12}、δ_{22} 分别为当 $\overline{X}_2 = 1$ 单独作用在基本结构上时，B 处沿 X_1、X_2 方向的位移，根据位移条件可得以下关系式

$$\left.\begin{aligned}\delta_{11}X_1 + \delta_{12}X_2 + \Delta_{1P} &= 0\\ \delta_{21}X_1 + \delta_{22}X_2 + \Delta_{2P} &= 0\end{aligned}\right\} \tag{12-3}$$

式(12-3)称为力法典型方程。由此组方程可求得多余未知力 X_1、X_2。

对于 n 次超静定结构，有 n 个多余约束，也就有 n 个未知力 $X_1, X_2, \cdots, X_n$，且在 n 个多余约束处有 n 个变形条件，可用以建立 n 个方程，例如原结构在各多余约束处的位移均为零，则力法的典型方程可写为

$$\left.\begin{aligned}\delta_{11}X_1 + \delta_{12}X_2 + \cdots + \delta_{1n}X_n + \Delta_{1P} &= 0\\ \delta_{21}X_1 + \delta_{22}X_2 + \cdots + \delta_{2n}X_n + \Delta_{2P} &= 0\\ \delta_{n1}X_1 + \delta_{n2}X_2 + \cdots + \delta_{nn}X_n + \Delta_{nP} &= 0\end{aligned}\right\} \tag{12-4}$$

利用这组方程可求得多余未知力 $X_1, X_2, \cdots, X_n$。

这组方程的物理意义是：基本结构在全部多余未知力和已知荷载作用下，沿着每个多余未知力方向的位移，应该与原结构的位移相同。

方程组(12-4)中,自左上角的 δ_{11} 到右下角的 δ_{nn} 对角线称为主对角线。主对角线上的系数 δ_{ii} 称为主系数,它是单位多余未知力 $\overline{X}_i=1$ 单独作用时所引起的其自身的相应位移,总是与该单位多余未知力的方向一致,其值恒为正。其余各系数 $\delta_{ij}(i\neq j)$ 称为副系数,它是单位多余未知力 $\overline{X}_i=1$ 单独作用时所引起的与 X_i 相应的位移,根据位移互等定理,有

$$\delta_{ij}=\delta_{ji}$$

各式中最后一项 Δ_{iP} 称为自由项,它是荷载单独作用时所引起与 X_i 相应的位移。副系数 $\delta_{ij}(i\neq j)$ 和自由项 Δ_{iP} 的值可为正、负、零。

对于梁和刚架,主、副系数和自由项可按下列公式计算

$$\left.\begin{aligned}\delta_{ii}&=\sum\int\frac{\overline{M}_i^2}{EI}\mathrm{d}s\\\delta_{ij}=\delta_{ji}&=\sum\int\frac{\overline{M}_i\overline{M}_j}{EI}\mathrm{d}s\\\Delta_{iP}&=\sum\int\frac{\overline{M}_iM_P}{EI}\mathrm{d}s\end{aligned}\right\}\tag{12-5}$$

由力法方程解出多余未知力后,根据叠加原理,超静定结构的弯矩可用下式求得

$$M=\overline{M}_1X_1+\overline{M}_2X_2+\cdots+\overline{M}_nX_n+M_P\tag{12-6}$$

同一个超静定结构,可以按不同的方式去掉多余约束,从而选取不同的基本结构。

12.2.3 力法的示例分析

12.2.3.1 力法解算超静定结构的步骤

(1)选取基本结构。确定超静定结构的次数,去掉多余约束,并以相应的多余未知力代替而得到的一个静定结构为基本结构。

(2)建立力法典型方程。根据所去掉多余约束处的变形条件,建立力法典型方程。

(3)计算系数和自由项。作基本结构在荷载和各单位未知力分别单独作用在基本结构上的弯矩图,再用图乘法计算系数和自由项。

(4)求解典型方程,得基本未知量。将所计算出的系数和自由项代入力法典型方程,求出多余未知力。如果解得的多余未知力值为负值,则表示其实际方向与假设的多余未知力的方向相反。

(5)作内力图。可根据静定结构的平衡条件或叠加法计算基本结构控制截面的内力,然后画内力图。

12.2.3.2 示例分析

【例 12-1】 试用力法计算图 12-12(a)所示单跨静定梁,设 EI 为常量。

解 (1)选力法基本结构,如图 12-12(b)所示。

(2)建立力法方程

$$\delta_{11}X_1+\Delta_{1P}=0$$

(3)计算系数和自由项。作出基本结构的 $\overline{M}_1$ 图、M_P 图,如图 12-12(c)、(d)所示。

$$\delta_{11}=\frac{1}{EI}\times\frac{1}{2}\times l^2\times\frac{2l}{3}=\frac{l^3}{3EI}$$

$$\Delta_{1P} = -\frac{1}{EI} \times \frac{1}{2} \times \frac{Fl}{2} \times \frac{l}{2} \times \frac{5l}{6} = -\frac{5l^3F}{48EI}$$

(4)求解典型方程,得基本未知量

$$\frac{l^3}{3EI}X_1 - \frac{5l^3F}{48EI} = 0$$

$$X_1 = \frac{5F}{16}$$

(5)作弯矩图。由 $M = X_1\overline{M}_1 + M_P$,可得弯矩 M 图(见图 12-12(e))。

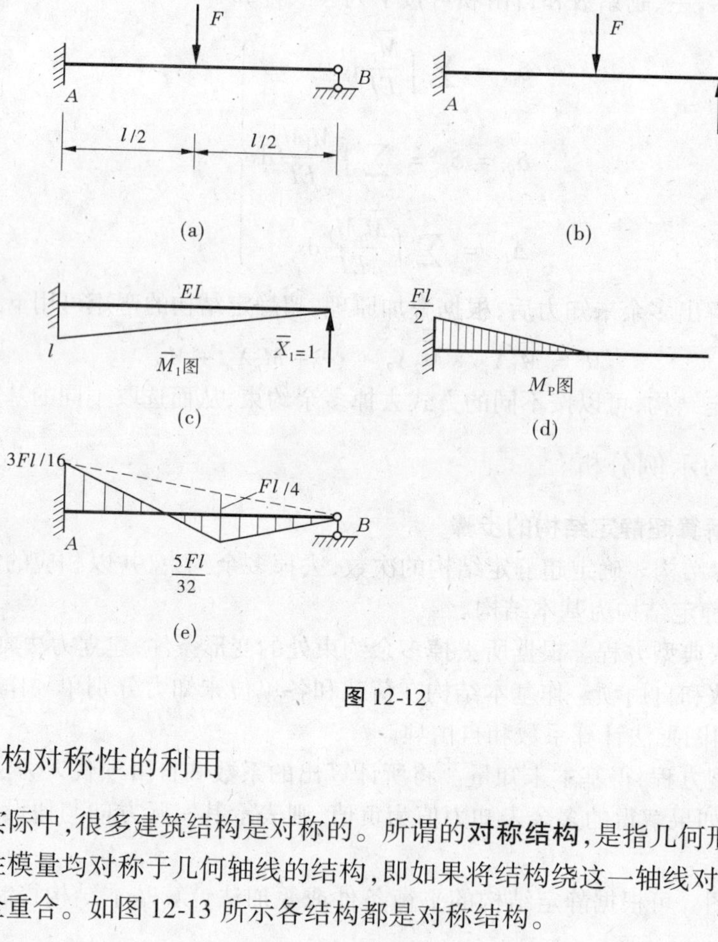

图 12-12

12.2.4 结构对称性的利用

在工程实际中,很多建筑结构是对称的。所谓的**对称结构**,是指几何形状、截面尺寸、支承情况和弹性模量均对称于几何轴线的结构,即如果将结构绕这一轴线对折,结构轴线两边的部分将完全重合。如图 12-13 所示各结构都是对称结构。

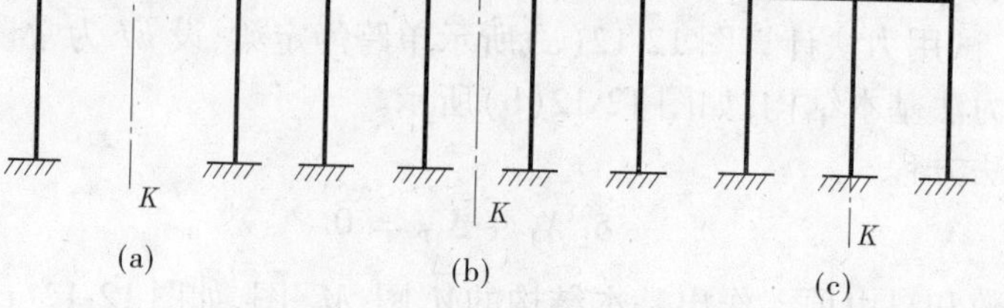

图 12-13

沿对称轴反转 180°后,对称轴两侧的荷载将重合,具有相同的大小和方向的荷载称为**对称荷载**(见图 12-14)。**反对称荷载**是指沿对称轴反转 180°后,对称轴两侧的荷载将重合,具有相同的大小、相反的方向(见图 12-15)。

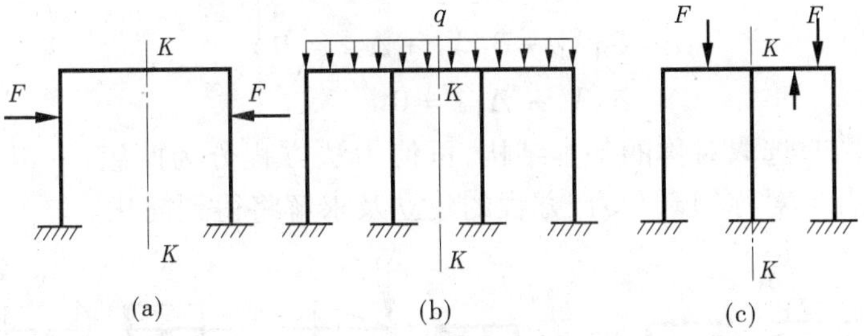

图 12-14

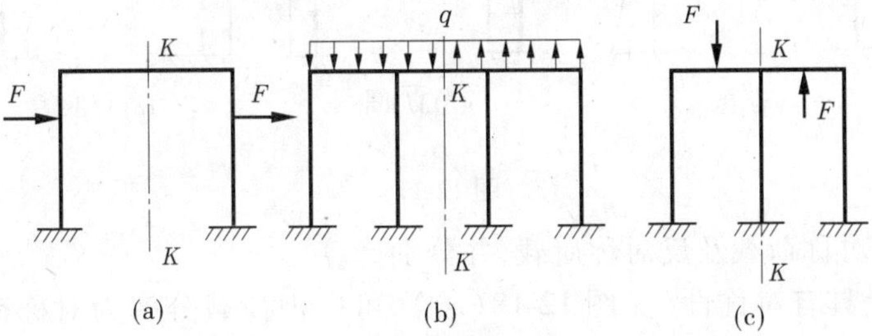

图 12-15

利用结构的对称性,可以简化结构的计算。

(1)选取对称的基本结构。

如图 12-16(a)所示为三次超静定结构,在对称轴位置处切断横梁,加上相应的多余未知力 X_1、X_2、X_3,得到图 12-16(b)所示对称的基本结构。轴力 X_1 和弯矩 X_3 为对称未知力,剪力 X_2 为反对称未知力,根据切断处两侧截面相对位移为零的条件,建立力法典型方程

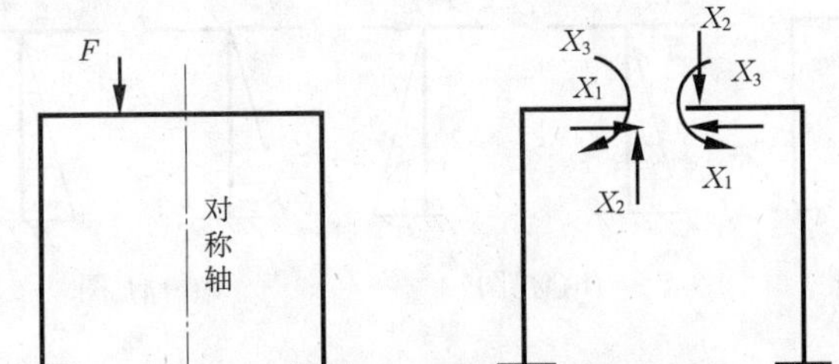

(a)原结构　　(b)基本结构

图 12-16

$$\left.\begin{aligned}\delta_{11}X_1 + \delta_{12}X_2 + \delta_{13}X_3 + \Delta_{1P} = 0\\ \delta_{21}X_1 + \delta_{22}X_2 + \delta_{23}X_3 + \Delta_{2P} = 0\\ \delta_{31}X_1 + \delta_{32}X_2 + \delta_{33}X_3 + \Delta_{3P} = 0\end{aligned}\right\}$$

分别作出各单位弯矩图,如图 12-17(a)、(b)、(c)所示。由图可看出,对称未知力 X_1、X_2 所

产生的单位弯矩图和变形是对称的；反对称未知力 X_3 所产生的单位弯矩图和变形是反对称的。由于对称弯矩图与反对称弯矩图的图乘结果为零，$\delta_{13}=\delta_{31}=0$，$\delta_{23}=\delta_{32}=0$，力法方程可简化为

$$\left.\begin{aligned}\delta_{11}X_1+\delta_{12}X_2+\Delta_{1P}&=0\\\delta_{21}X_1+\delta_{22}X_2+\Delta_{2P}&=0\\\delta_{33}X_3+\Delta_{3P}=0&\end{aligned}\right\}\tag{12-7}$$

由式(12-7)可知，选取对称的基本结构，可使力法方程分为两组：一组只含有对称的未知力，另一组只含有反对称的未知力，方程的建立及求解将得到简化。

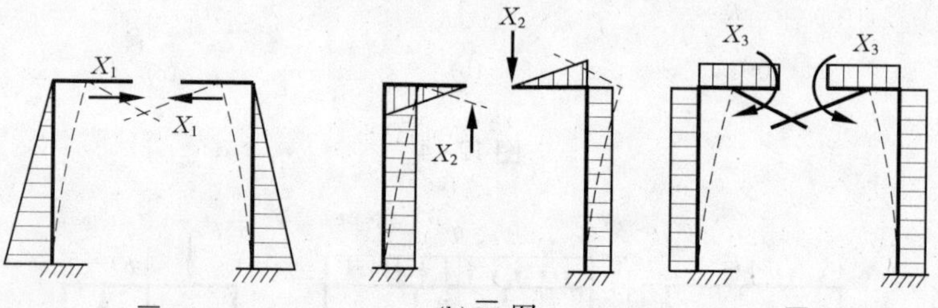

(a)$\overline{M}_1$图　(b)$\overline{M}_2$图　(c)$\overline{M}_3$图

图 12-17

(2)分荷载为对称荷载及反对称荷载，并分别计算。

若对称刚架上具有对称性(见图 12-18(a))，可以把荷载分解为对称荷载(见图 12-18(b))和反对称荷载(见图 12-18(c))两部分，根据叠加原理，计算时可把这两部分荷载分别计算，然后把所得的内力图叠加即成。

对称荷载作用在对称的基本结构上，荷载弯矩图 M'_P是对称的；反对称荷载作用在对称的基本结构上，荷载弯矩图 M''_P是反对称的。于是，在对称荷载作用下，自由项

$$\Delta_{3P}=\sum\int\frac{\overline{M}_3M'_P}{EI}\mathrm{d}s=0$$

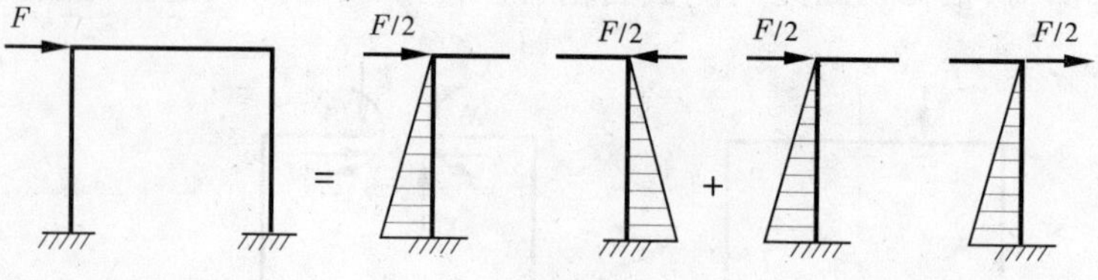

(a)M_P图　(b)M'_P图　(c)M''_P图

图 12-18

由力法方程式(12-7)的第三式可知，此时，反对称未知力 X_3 等于零，即

$$X_3=0$$

在反对称荷载作用下，自由项

$$\Delta_{1P}=\sum\int\frac{\overline{M}_1M''_P}{EI}\mathrm{d}s=0$$

$$\Delta_{2P} = \sum \int \frac{\overline{M}_2 M''_P}{EI} ds = 0$$

由力法方程(12-7)的前两式可知,此时,对称未知力 X_1、X_2 等于零,即

$$X_1 = 0$$
$$X_2 = 0$$

由此可得出以下结论:对称结构在对称荷载作用下,只有对称的多余未知力存在,而反对称的多余未知力必为零;对称结构在反对称荷载作用下,只有反对称的多余未知力存在,而对称的多余未知力必为零。

【例 12-2】 试用力法对称性计算图 12-19(a)所示超静定刚架,并绘出内力图。$EI=$常数。

解 (1)刚架及荷载均对称,取对称基本结构如图 12-19(b)所示。

(2)建立力法典型方程。

只需考虑对称的多余未知力 X_1、X_2。力法方程为

$$\left.\begin{aligned} \delta_{11}X_1 + \delta_{12}X_2 + \Delta_{1P} = 0 \\ \delta_{21}X_1 + \delta_{22}X_2 + \Delta_{2P} = 0 \end{aligned}\right\}$$

(3)计算系数和自由项。

画出基本结构的荷载弯矩图 M_P 图(见图 12-19(e))和单位弯矩图 $\overline{M}_1$、$\overline{M}_2$ 图(见图 12-19(c)、(d))。利用图乘法计算系数和自由项

$$\delta_{11} = \frac{2}{EI}(6 \times 1 \times 1) + \frac{2}{4EI}(6 \times 1 \times 1) = \frac{15}{EI}$$

$$\delta_{22} = \frac{2}{EI}(\frac{1}{2} \times 6 \times 6 \times \frac{2}{3} \times 6) = \frac{144}{EI}$$

$$\delta_{12} = \delta_{21} = -\frac{2}{EI}(\frac{1}{2} \times 6 \times 6 \times 1) = -\frac{36}{EI}$$

$$\Delta_{1P} = \frac{2}{4EI} \times \frac{1}{3} \times 54 \times 6 \times 1 + \frac{2}{EI} \times 54 \times 6 \times 1 = \frac{702}{EI}$$

$$\Delta_{2P} = \frac{2}{EI} \times \frac{1}{2} \times 6 \times 6 \times 54 = \frac{1\ 944}{EI}$$

(4)求多余未知力。

将系数和自由项代入力法方程,并简化得

$$\left.\begin{aligned} 15X_1 - 36X_2 - 702 = 0 \\ -36X_1 + 144X_2 + 1\ 944 = 0 \end{aligned}\right\}$$

解联立方程,得

$$X_1 = 36 \text{ kN} \cdot \text{m}$$
$$X_2 = -4.5 \text{ kN}$$

(5)作内力图。

利用叠加公式

$$M = \overline{M}_1 X_1 + \overline{M}_2 X_2 + M_P$$

可得超静定刚架的弯矩 M 图(见图 12-19(f))。

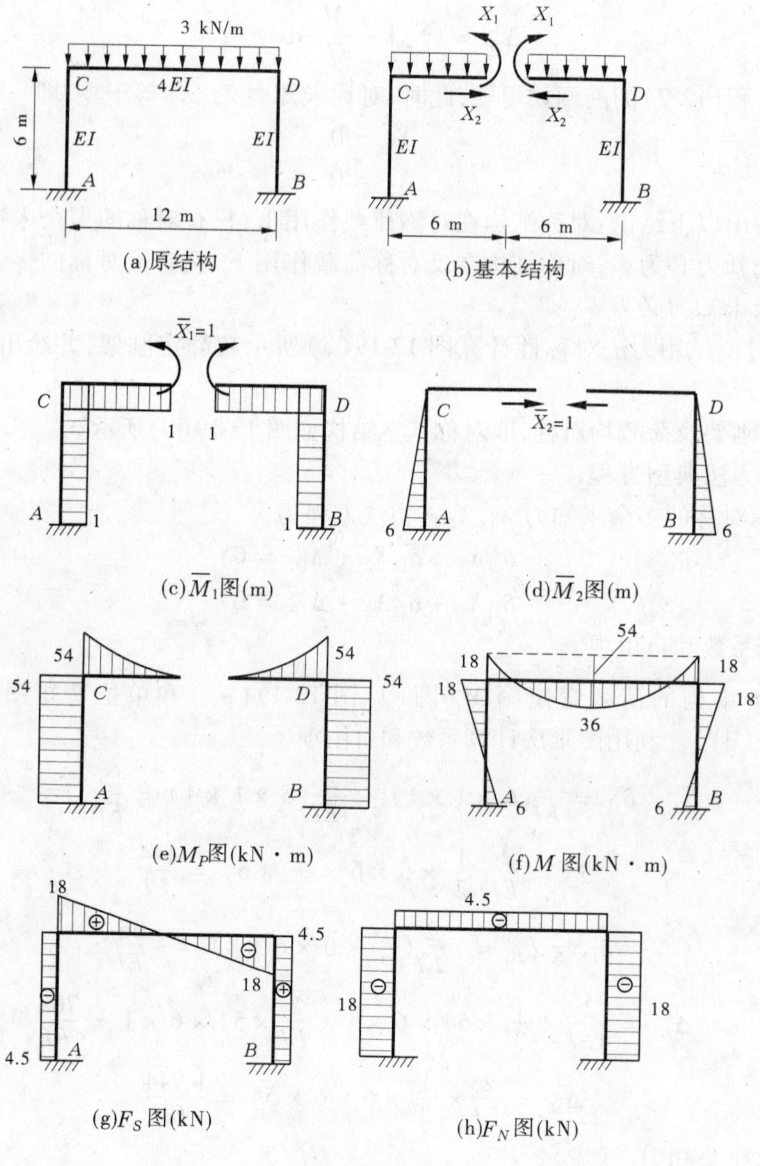

图 12-19

在多余未知力求出后，可用基本结构直接按静力平衡条件作出剪力图和轴力图（见图 12-19(g)、(h)）。

由以上例题可知，对称结构在对称荷载作用下，其弯矩图和轴力图是对称的，剪力图反对称，变形与位移对称。同理可知，对称结构在反对称荷载作用下，其弯矩图和轴力图是反对称的，剪力图对称；变形与位移反对称。

单层工业厂房多采用铰结排架结构，如图 12-20(a)所示，它由屋架、柱和基础组成。柱与基础刚性连接，屋架与柱顶可视为铰结。计算排架受侧向荷载作用下柱的内力时，常将屋架视为一轴向刚度 EA 为无限大的杆件，并称之为横梁。结构计算简图如图 12-20(b)所示，由于柱上放置吊车梁，因此柱做成阶梯形。

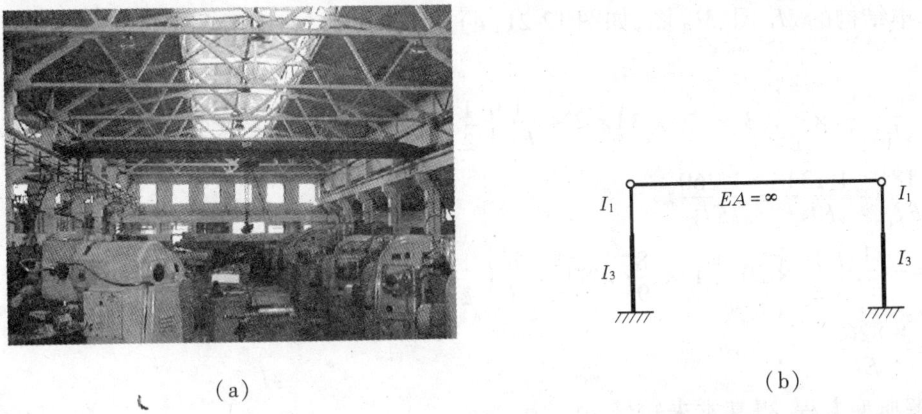

图 12-20

【例 12-3】 用力法计算图 12-21(a)所示铰结排架,并绘出弯矩图。

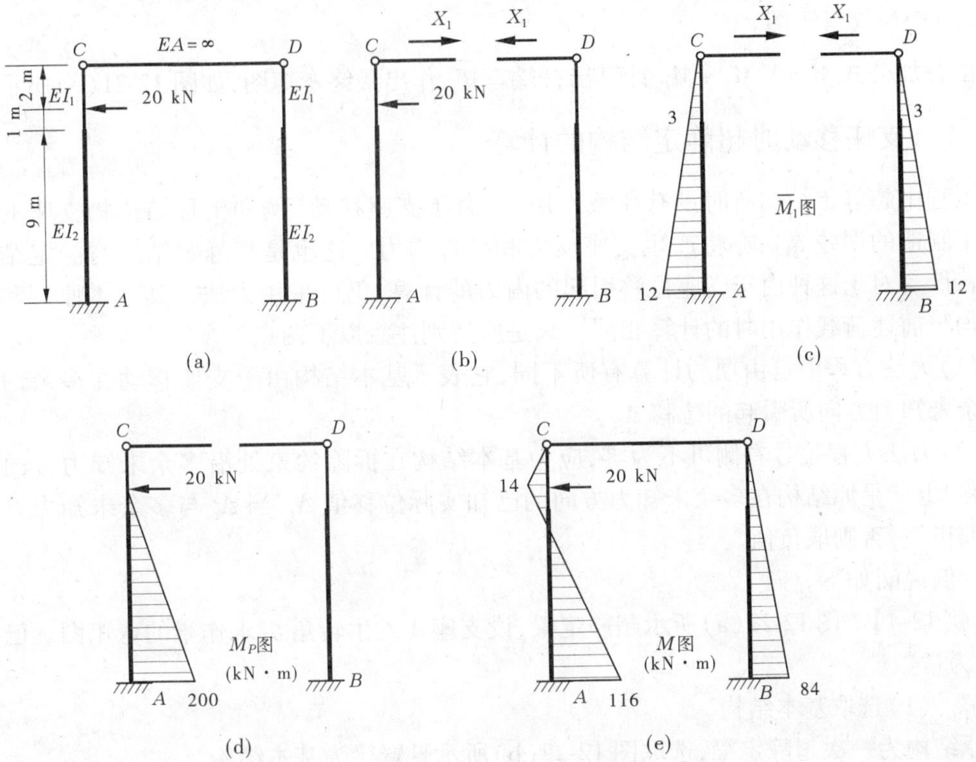

图 12-21

解 (1)确定力法基本结构。

图 12-21(a)所示铰结排架结构为一次超静定结构,切断链杆 CD,加上相应的多余未知力 X_1,得到图 12-21(b)所示的基本结构。

(2)建立力法典型方程。

$$\delta_{11}X_1 + \Delta_{1P} = 0$$

(3)计算系数和自由项。

作出基本结构的 $\overline{M}_1$ 图、M_P 图，如图 12-21(c)、(d)所示。利用图乘法计算系数和自由项

$$\begin{aligned}\delta_{11} &= \frac{1}{EI_1}\left(\frac{1}{2}\times 3\times 3\times\frac{2}{3}\times 3\right)\times 2+\frac{1}{EI_2}\left(\frac{1}{2}\times 3\times 9\times 6+\frac{1}{2}\times 12\times 9\times 9\right)\times 2\\ &= \frac{18}{EI_1}+\frac{1\ 134}{EI_2}=\frac{1\ 260}{EI_2}\end{aligned}$$

$$\begin{aligned}\Delta_{1P} &= -\frac{1}{EI_1}\left(\frac{1}{2}\times 20\times 1\times\frac{8}{9}\times 3\right)-\frac{1}{EI_2}\left(\frac{1}{2}\times 20\times 9\times 6+\frac{1}{2}\times 200\times 9\times 9\right)\\ &= \frac{8\ 826.7}{EI_2}\end{aligned}$$

(4)求解典型方程，得基本未知量。

$$X_1=-\frac{\Delta_{1P}}{\delta_{11}}=\frac{8\ 826.7}{1\ 260}=7(\text{kN})$$

(5)作最终弯矩图。

由叠加公式 $M=X_1\overline{M}_1+M_P$ 计算出杆端弯矩，作出最终弯矩图，如图 12-21(e)所示。

12.2.5 支座移动时超静定结构的计算

工程中超静定结构有时没有荷载作用，仅由于支座移动(例如工程结构物支座的沉陷或加工制造的误差等)，亦将产生支座反力和杆件内力。这也是超静定结构与静定结构不同的特性。对于这种由于支座位移引起的内力的计算，仍可采用力法。其基本原理和解题步骤均与前述荷载作用时的计算相同。只是应特别注意以下两点：

(1)力法方程中自由项的计算有所不同，它表示基本结构由于支座移动在多余约束处沿多余未知力方向所引起的位移 Δ_{iC}。

(2)力法方程等号右侧可不为零，应为基本结构在拆除约束处沿多余未知力方向的实际位移，也就是原结构在多余未知力方向的已知实际位移值 Δ_i，当 Δ_i 与多余未知力方向一致时取正值，否则取负值。

举例说明如下。

【例 12-4】 图 12-22(a)所示超静定梁，设支座 A 发生转角 θ，求作梁的弯矩图。已知梁的 EI 为常数。

解 (1)选取基本结构。

原结构为一次超静定梁，选取图 12-22(b)所示悬臂梁为基本结构。

(2)建立力法方程。

原结构在 B 处无竖向位移，可建立力法方程如下

$$\delta_{11}X_1+\Delta_{1C}=0$$

(3)计算系数和自由项。

作单位弯矩图如图 12-22(c)所示，可由图乘法求得

$$\delta_{11}=\frac{1}{EI}\left(\frac{1}{2}\times l\times l\times\frac{2}{3}l\right)=\frac{l^3}{3EI}$$

自由项 Δ_{1C} 是由于支座 A 的转动位移在基本结构上沿 X_1 方向引起的位移。因此，本例

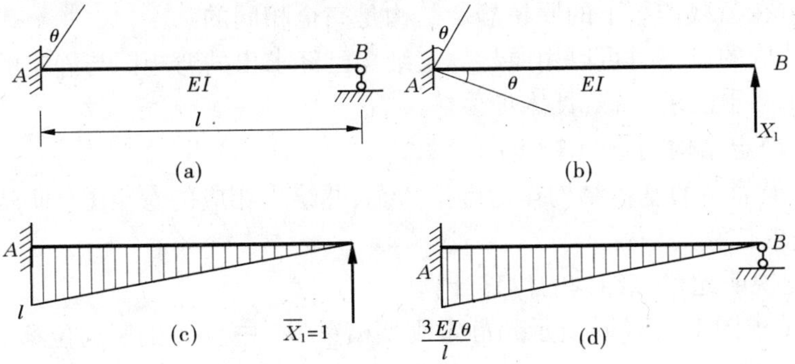

图 12-22

是静定结构（基本结构）由于支座移动时的位移计算。可用公式 $\Delta=\sum\overline{R}C$ 计算。式中：$\overline{R}=X_1l=l, C=\theta$，则 $\Delta_{1C}=-\overline{R}C=-\theta l$。对于本题，由图 12-22（b）可见，$A$ 支座产生顺时针转角 θ，B 点相应地向下移动，因此可用几何关系确定，当 θ 是微小角位移时，$\Delta_{1C}=-\theta l$。负号说明 θ 的方向与虚设的单位力 $X_1=1$ 的方向相反。

（4）求多余未知力。

将 δ_{11}、Δ_{1C}代入力法方程得

$$\frac{l^3}{3EI}X_1-\theta l=0$$

$$X_1=\frac{3EI\theta}{l^2}$$

（5）作弯矩图。

由于支座移动在静定的基本结构中不引起内力，故只需将 $\overline{M}_1$ 图乘以 X_1 值即可。

$$M=\overline{M}_1X_1$$

$$M_{AB}=l\times\frac{3EI\theta}{l^2}=\frac{3EI\theta}{l}$$

$$M_{BA}=0$$

作弯矩图如图 12-22（d）所示。

由图 12-22（d）可知，超静定结构由于支座位移产生内力，内力的大小与杆件的刚度 EI 或线刚度 $i=\frac{EI}{l}$成正比。线刚度的物理意义是单位长度杆的抗弯刚度。因此，由支座移动引起的杆件内力与杆的线刚度成正比，但荷载作用所引起的超静定结构内力的数值与 EI 或 i 无关。

12.2.6 超静定结构的位移计算

变形体的虚功原理及相应的单位荷载法不仅用于静定结构的位移计算，也用于超静定结构的位移计算。

用力法计算超静定结构，是根据基本结构在荷载作用和全部多余未知力共同作用下内力和位移应与原结构完全一致这个条件来进行的。也就是说，在荷载及多余未知力共同作

用下的基本结构与在荷载作用下的原超静定结构是完全相同的。

计算超静定结构的位移时可以用原超静定结构已经求出的弯矩图与静定的基本结构的单位荷载弯矩图用图乘法求位移,具体步骤是:

(1)绘出原超静定结构的弯矩图(即 M_P 图)。

(2)选择一个最简单的基本结构作为虚拟状态,并绘出相应的弯矩图(即 $\overline{M}$ 图)。

(3)按图乘法求位移。

下面通过例题说明超静定结构的位移计算。

【例 12-5】 试求图 12-23(a)所示超静定刚架横梁 BC 中点 K 的竖向位移 ΔK_y。

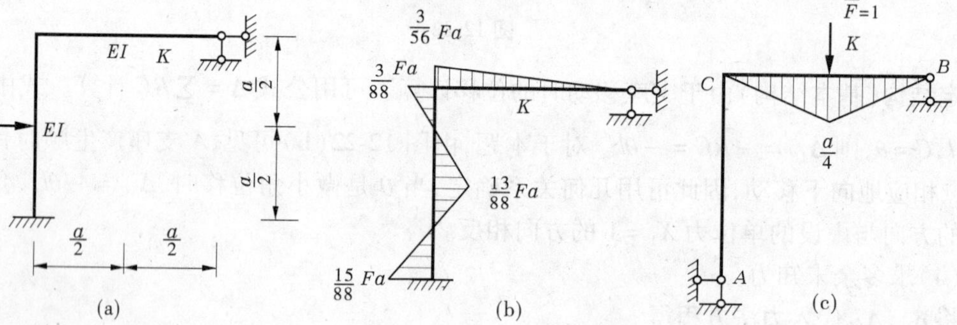

图 12-23

解 利用力法求得图 12-23(a)所示超静定刚架的最终弯矩图如图 12-23(b)所示。

采用简支刚架作为基本结构,并绘出单位荷载作用于 K 点的弯矩图,如图 12-23(c)所示。将图 12-23(b)与图 12-23(c)图乘得

$$\Delta_{Ky} = \frac{1}{EI} \times \frac{a^2}{8} \times \frac{1}{2} \times \frac{3}{88}Fa = \frac{3Fa^3}{1\,408EI}(\uparrow)$$

注意:在计算超静定结构的位移时,可取任一基本结构作为虚拟状态,尽量取单位弯矩图比较简单的基本结构。

12.2.7 超静定结构最后内力图的校核

用力法计算出的超静定结构最后的内力图是结构设计的依据,必须保证其正确性。除在内力分析的全过程中注意逐步检查外,对于最后的内力图还应加以校核。校核工作通常从两个方面进行,一是静力平衡条件的校核,二是位移条件。

12.2.7.1 静力平衡条件的校核

取结构的整体或其中的任何局部作为隔离体,考察其受力是否满足静力平衡条件。通常截取结点或截取杆件,也可以截取结构的某一部分,检查它是否满足平衡条件。校核弯矩图是否正确,常截取任一结点,根据杆端弯矩画出结点的受力图,检查是否满足 $\sum M = 0$。校核剪力图和轴力图是否正确,常截取某一杆件或柱顶截面以上部分,根据杆端剪力和轴力画出该杆件或柱顶部分的受力图,检查是否满足投影平衡条件 $\sum F_X = 0$ 和 $\sum F_Y = 0$。现举例如下。

对于图 12-24(a)所示刚架,其弯矩图、剪力图、轴力图分别如图 12-24(b)、(c)、(d)所示,取结点 B 点为分离体,如图 12-24(e)所示,取立柱顶端的 BC 杆为分离体,绘出其受力

图,如图 12-24(f)所示。现校核此两杆是否满足静力平衡条件。

$$\sum F_X = \frac{3qa}{28} - \frac{3qa}{28} = 0$$

$$\sum F_Y = \frac{3qa}{7} - qa + \frac{4qa}{7} = 0$$

$$\sum M_B = \frac{qa^2}{14} - \frac{qa^2}{14} = 0$$

由此可知,三个内力图都满足平衡条件。

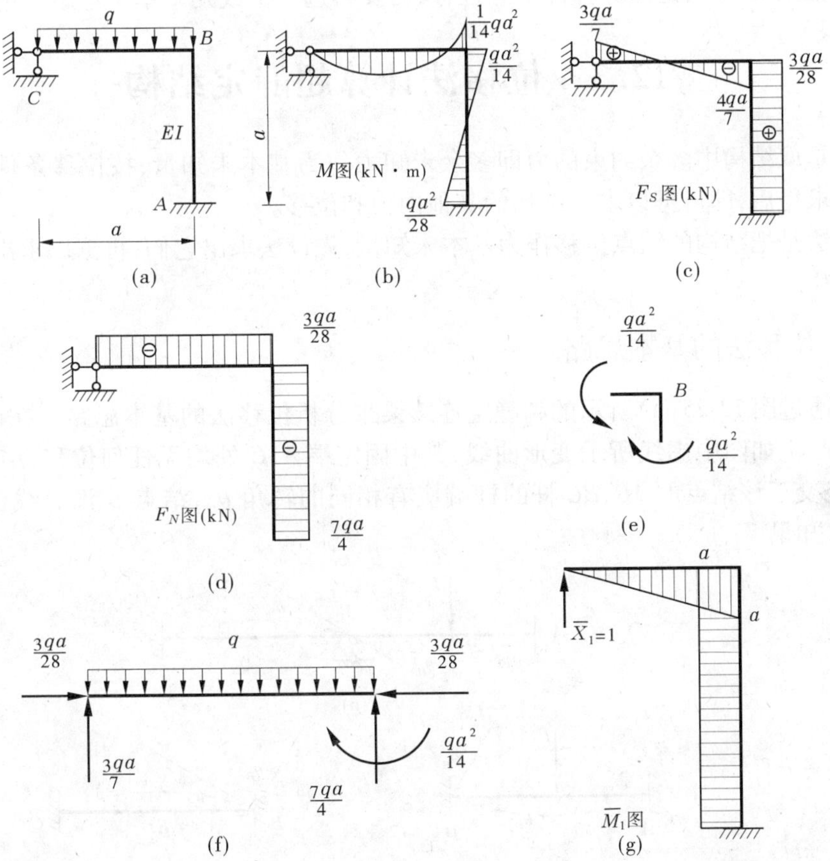

图 12-24

12.2.7.2 位移条件的校核

由于超静定结构的最后内力图是根据基本结构与原超静定结构在多余约束处的变形条件相同得出的,多余未知力是否正确,则不能由平衡条件反映出来。事实上,超静定结构满足静力平衡条件的解有无数个,只有同时满足位移条件的解才是唯一正确的解。校核位移条件的方法是:验算沿任一多余力方向的位移,看其是否与原已知位移相符,以验算位移条件。

例如对图 12-24(b)所示超静定结构的最后弯矩图,可校核 C 点的竖向位移是否等于零。取图 12-24(g)所示基本结构,在 C 点沿竖向加一单位力 $\overline{X}_1 = 1$,并画出单位弯矩图 $\overline{M}_1$,将图(g)与图(b)进行图乘,得 C 点的竖向位移为

$$\Delta_{Cy} = \frac{1}{EI}(\frac{1}{2} \times \frac{qa^2}{14} \times a \times \frac{2a}{3} + \frac{2}{3} \times \frac{qa^2}{8} \times a \times \frac{a}{2}) +$$

$$\frac{1}{EI}(\frac{1}{2} \times \frac{qa^2}{28} \times a - \frac{1}{2} \times \frac{qa^2}{14} \times a) \times a = 0$$

满足 C 点竖向位移为零的条件，说明结构的弯矩图是正确的。

对于 n 次超静定结构，按理应该校核 n 个位移条件，但通常只是抽查几个关键性的位移进行校核即可。如果所取的基本结构的 $\overline{M}$ 图在每个杆件上都有弯矩，这时只需校核一个位移条件。如果 $\overline{M}$ 图只是部分杆件上有位移，需要再选一个或几个单位弯矩图进行校核。

12.3 位移法计算超静定结构

力法是取结构中多余约束的力即多余未知力作为基本未知量，按位移条件建立力法方程将它们求得后，即可据以求出结构的其他内力和位移。

位移法是把结构的结点位移作为基本未知量，先设法求出它们，再据以求出结构的内力和其他位移。

12.3.1 位移法的基本思路

下面通过图 12-25(a)所示的超静定连续梁来分析位移法的基本思路。在荷载作用下，连续梁将产生如图中虚线所示变形曲线，其中固定端 A、C 处均无任何位移，结点 B 是个刚性结点，汇交于该结点的 AB、BC 杆的杆端应有相同的转角 θ_B，结点 B 没有线位移，只有角位移 θ_B 未知量。

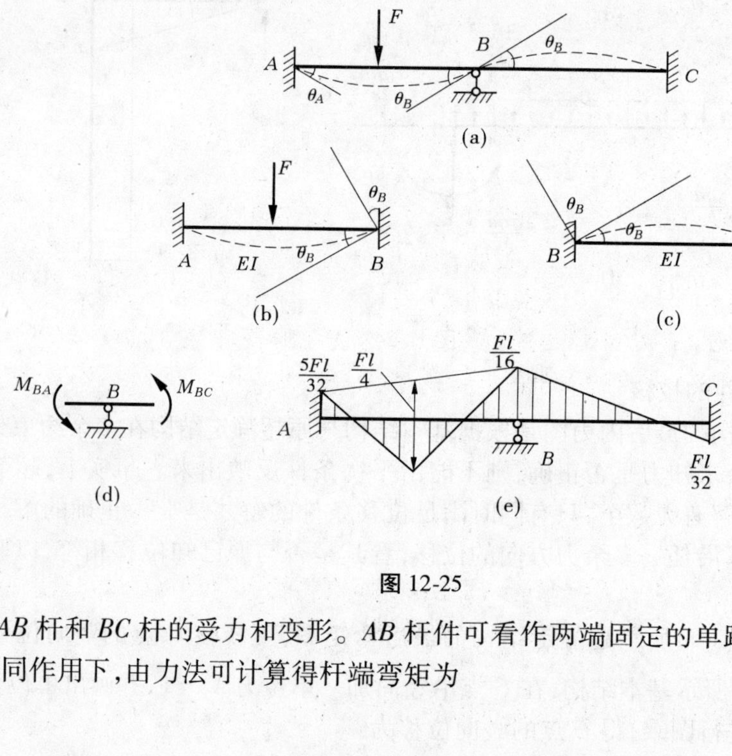

图 12-25

分析 AB 杆和 BC 杆的受力和变形。AB 杆件可看作两端固定的单跨梁，在荷载和杆端转角 θ_B 共同作用下，由力法可计算得杆端弯矩为

$$M_{AB} = -2i\theta_B - \frac{Fl}{8}$$

$$M_{BA} = -4i\theta_B + \frac{Fl}{8}$$

BC 杆件可看作两端固定的单跨梁，在杆端转角 θ_B 作用下，由力法可计算得杆端弯矩为

$$M_{BC} = -4i\theta_B$$
$$M_{CB} = -2i\theta_B$$

取结点 B 为分离体，画受力图如图 12-25(d)所示，由结点 B 的力矩平衡条件 $\sum M_B = 0$ 得

$$M_{BA} + M_{BC} = 0$$

$$4i\theta_B + \frac{Fl}{8} - 4i\theta_B = 0$$

解得角位移为

$$\theta_B = -\frac{Fl}{64i}$$

将此值代入得各杆端弯矩值为

$$M_{AB} = -\frac{5Fl}{32},\quad M_{BA} = \frac{Fl}{16},\quad M_{BC} = -\frac{Fl}{16},\quad M_{CB} = -\frac{Fl}{32}$$

最后根据求得的杆端弯矩和荷载画弯矩图如图 12-25(e)所示。

由以上计算过程可见，位移法的基本思路是：根据结构在荷载作用下的变形情况，确定独立的结点位移作为基本未知量，将结构视为若干个单跨超静定梁，求出杆端内力，利用平衡条件建立位移法方程，求出结点位移，而后由结点位移求出各杆的杆端力，最后根据求得的杆端弯矩和荷载画弯矩图。

12.3.2 位移法的基本未知量

位移法以结构的刚结点角位移和结点线位移为基本未知量。

12.3.2.1 角位移和独立结点线位移

结构在荷载及其他因素作用下会发生变形，各个刚结点都会发生转动，结点不同转角一般也各不相同，如图 12-26(a)所示。各刚结点所转过的角度称作该结点的角位移，以顺时针为正；刚结点在转动的同时，也要发生移动，其最终位置与原来位置间的距离，称作结点的线位移。位移法中，常不考虑杆件的轴向变形和剪切变形，弯曲变形也非常小，于是认为受弯直杆两端之间的距离在变形后仍保持不变，所以杆端结点沿轴线的线位移是相等的，如图 12-26(a)所示刚架 C、D 两结点的线位移相同，均为 Δ。因此，该两结点共有一个独立的结点位移。

12.3.2.2 位移法基本未知量的确定

1) 角位移数目的确定

一般情况下，每一个刚结点都对应一个独立的角位移，所以角位移的数目就等于刚结点的数目。如图 12-26(b)所示的连续梁在 B、C 处是刚结点，因此该连续梁有两个角位移 θ_B、θ_C。

2) 独立结点线位移

由以上分析可知，如图 12-26(a)所示刚架具有一个独立结点线位移，所以对于简单结构，

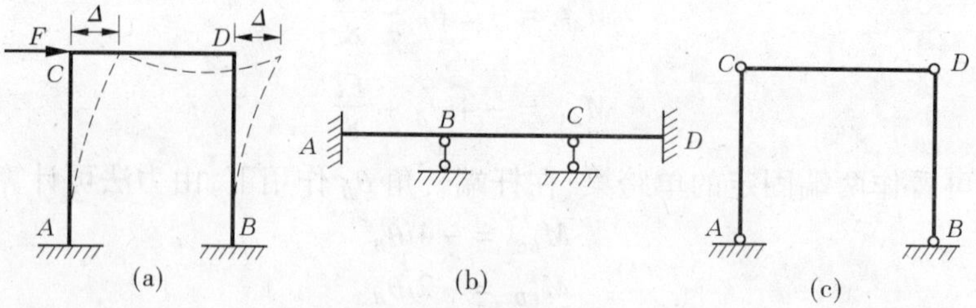

图 12-26

其线位移数就等于刚架层数。对于复杂结构独立线位移的确定,可用铰化法来分析。铰化法就是把刚架所有的刚结点(包括固定支座)都改为铰结点,如此体系是一个几何可变体系,则使它变为几何不变体系所需添加的链杆数目即等于原结构的独立线位移数目。图 12-26(a)所示的结构把所有的刚结点和固定支座铰化后,得到如图 12-26(c)所示的链杆体系,该体系几何可变,需增加一根链杆才能成为几何不变体系,所以该刚架具有一个独立结点线位移。由此确定图 12-26(a)具有两个角位移和一个线位移,即共有三个基本未知量。

12.3.3 杆端内力

在超静定结构的计算中,常常用到等截面单跨超静定梁的杆端内力。掌握等截面单跨超静定梁在荷载及支座移动时的杆端内力的计算方法,对结构的分析有着重要作用。常用的等截面单跨静定梁有如图 12-27(a)、(b)、(c)所示的三种类型。

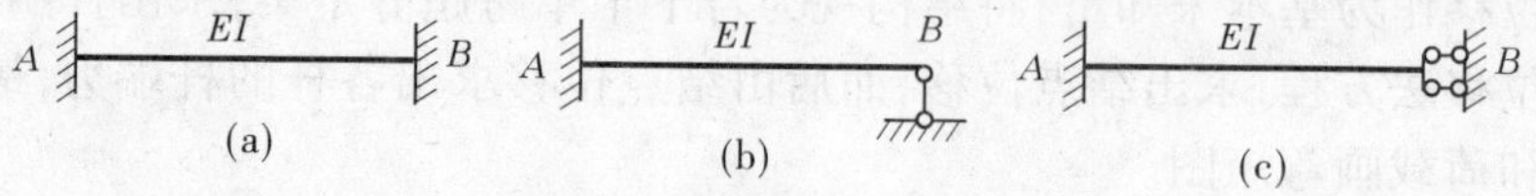

图 12-27

12.3.3.1 杆端内力符号

在位移法中,杆端内力均采用两个下标表示,其中前一个下标表示该弯矩或该剪力所作用的杆端,称为近端;另一个下标表示杆件的另一端,称为远端。例如图 12-28 所示 AB 梁,其中 A 端的内力分别用 M_{AB} 和 F_{SAB} 表示,而 B 端的内力分别用 M_{BA} 和 F_{SBA} 表示。

杆端弯矩正负规定为:对于杆件,杆端弯矩以顺时针转向为正;对于支座和结点,杆端弯矩以逆时针转向为正。如图 12-28 所示杆端弯矩均为正。注意,这种对杆端弯矩正负号的规定,只适用于杆端弯矩的计算,在绘制弯矩图时,弯矩不需标明正负号,仍将弯矩图画在杆件受拉一侧。

杆端剪力和轴力的正负号规定与以往的规定相同,图 12-28 所示杆端剪力均为正。

杆件 AB 杆的杆端位移 Δ 正负号的规定:杆端转角 θ 以顺时针转向为正,相对线位移 Δ 以杆端连线顺时针转向为正。杆端连线的转角 $\beta_{AB}=\dfrac{\Delta_{AB}}{l}$ 称为**弦转角**,即杆端位移 Δ 以弦转角 β 顺时针转向为正。图 12-29 中 θ_A、θ_B 和 Δ_{AB} 均为正。

对于图 12-27 中各等截面单跨超静定梁,当杆端产生各种单位正向位移时,引起的杆端弯矩及杆端剪力可用力法计算出,并列于表 12-1 中以供查用。

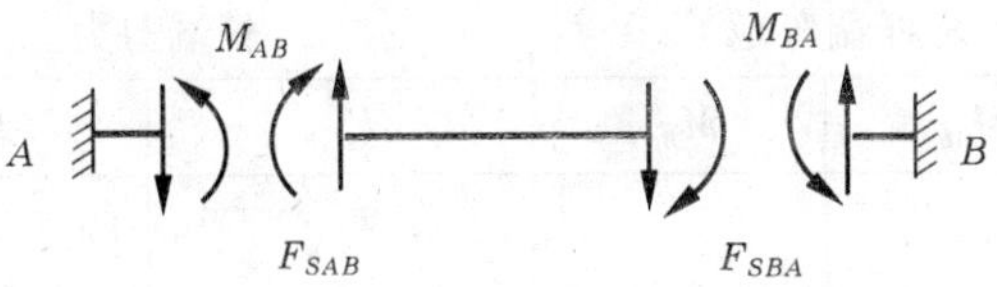

图 12-28

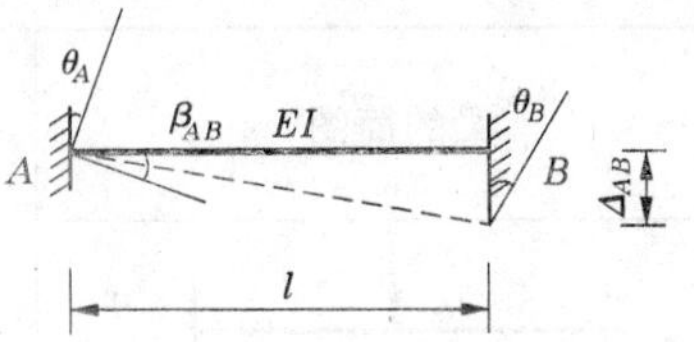

图 12-29

表 12-1　单跨超静定梁杆端弯矩和杆端剪力

序号	梁的简图	杆端弯矩		杆端剪力	
		M_{AB}	M_{BA}	F_{SAB}	F_{SBA}
1	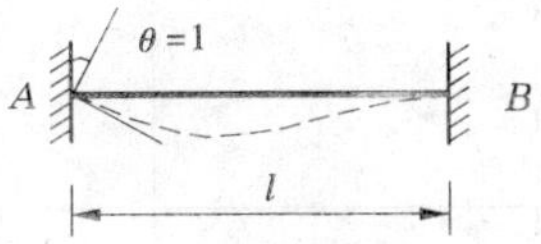	$4i$	$2i$	$-\frac{6i}{l}$	$-\frac{6i}{l}$
2	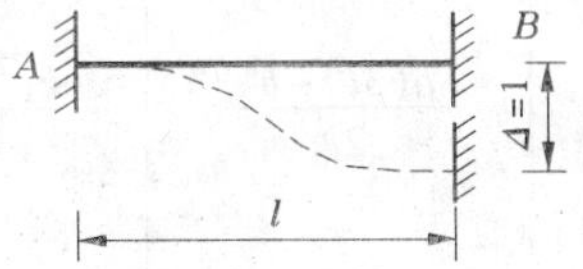	$-\frac{6i}{l}$	$-\frac{6i}{l}$	$\frac{12i}{l^2}$	$\frac{12i}{l^2}$
3	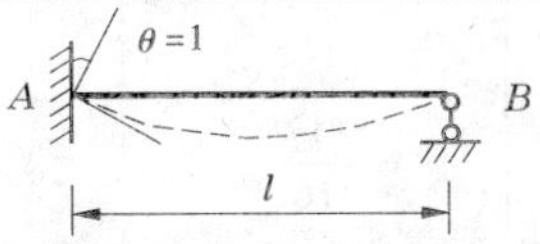	$3i$	0	$-\frac{3i}{l}$	$-\frac{3i}{l}$
4	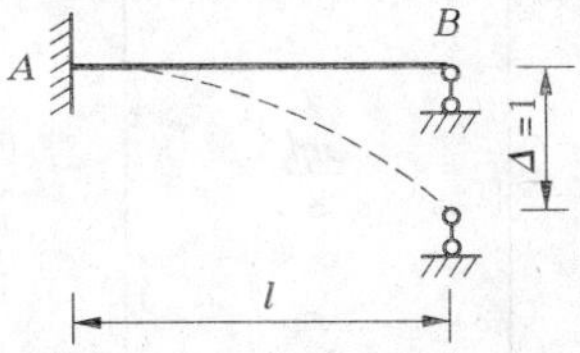	$-\frac{3i}{l}$	0	$-\frac{3i}{l^2}$	$-\frac{3i}{l^2}$
5	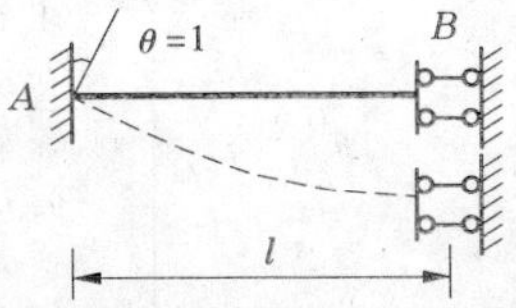	i	$-i$	0	0
6	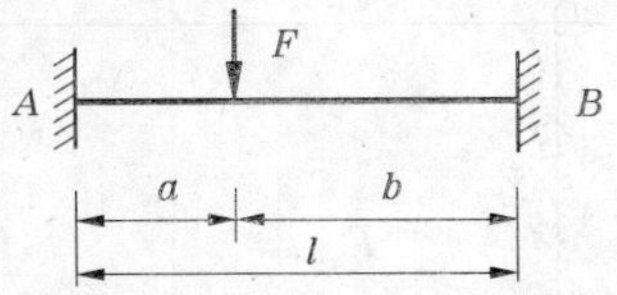	$-\frac{Fab^2}{l^2}$	$\frac{Fa^2b}{l^2}$	$\frac{Fb^2(l+2a)}{l^3}$	$\frac{Fa^2(l+2b)}{l^3}$

续表 12-1

序号	梁的简图	杆端弯矩		杆端剪力	
		M_{AB}	M_{BA}	F_{SAB}	F_{SBA}
7	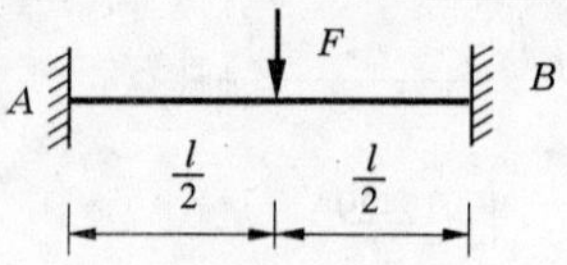	$-\frac{Fl}{8}$	$\frac{Fl}{8}$	$-\frac{F}{2}$	$\frac{F}{2}$
8	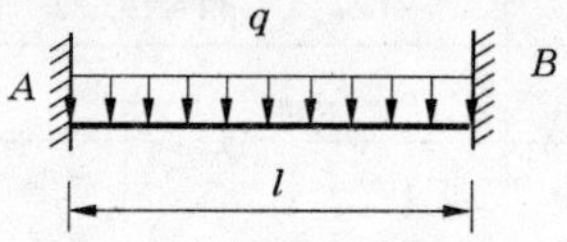	$-\frac{ql^2}{12}$	$\frac{ql^2}{12}$	$\frac{ql}{2}$	$-\frac{ql}{2}$
9	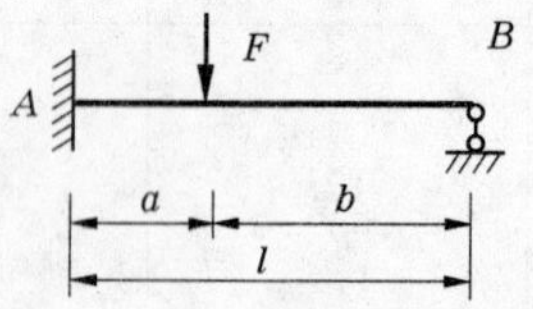	$-\frac{Fab(l+b)}{2l^2}$	0	$\frac{Fb(3l^2-b^2)}{2l^3}$	$-\frac{Fa^2(2l+b)}{2l^3}$
10	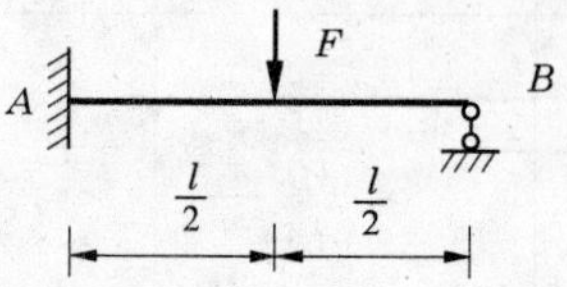	$-\frac{3Fl}{16}$	0	$\frac{11F}{16}$	$-\frac{5F}{16}$
11	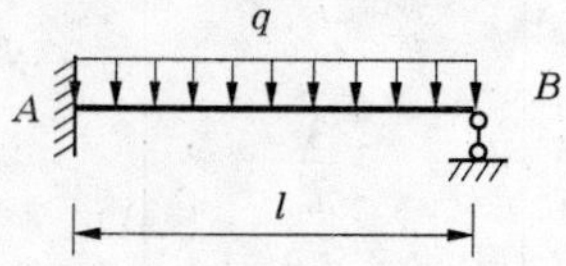	$-\frac{ql^2}{8}$	0	$\frac{5ql}{8}$	$-\frac{3ql}{8}$
12	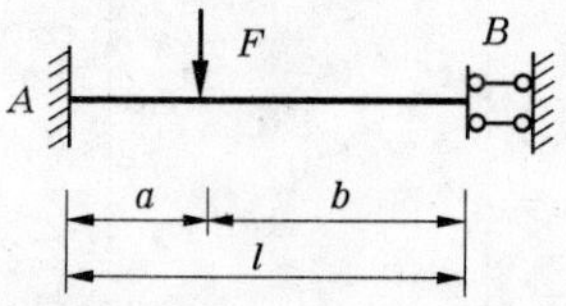	$-\frac{Fa(l+b)}{2l}$	$-\frac{Fa^2}{2l}$	F	0
13	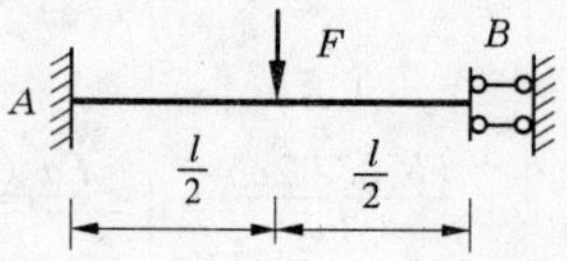	$-\frac{3Fl}{8}$	$-\frac{Fl}{8}$	F	0

续表 12-1

序号	梁的简图	杆端弯矩		杆端剪力	
		M_{AB}	M_{BA}	F_{SAB}	F_{SBA}
14	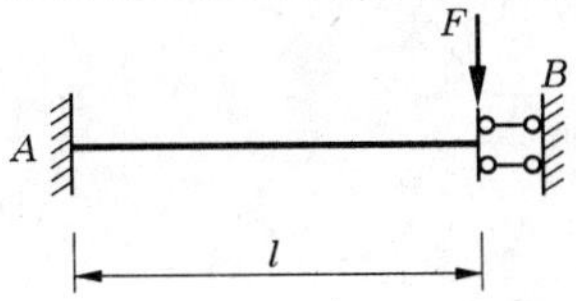	$-\frac{Fl}{2}$	$-\frac{Fl}{2}$	F	F
15	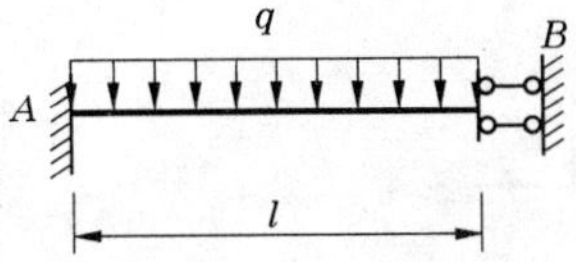	$-\frac{ql^2}{3}$	$-\frac{ql^2}{6}$	ql	0
16	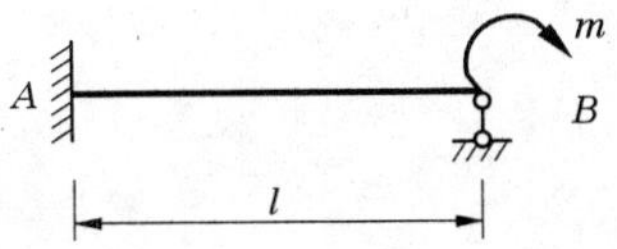	$\frac{m}{2}$	m	$-\frac{3m}{2l}$	$-\frac{3m}{2l}$

注：i 称为线刚度，即

$$i = \frac{EI}{l}$$

式中：EI 为杆件的抗弯刚度；l 为杆长。

梁由于荷载、温度改变等作用引起的杆端弯矩和杆端剪力分别称为**固端弯矩**和**固端剪力**，分别用 M_{AB}^F、M_{BA}^F、F_{SAB}^F、F_{SBA}^F 表示。表 12-1 给出了等截面单跨超静定梁在各种不同荷载作用、温度变化差异时的固端弯矩和固端剪力。

12.3.3.2 等截面直杆的转角位移方程

单跨超静定梁的杆端内力与杆端位移及荷载等之间的关系式，称为**转角位移方程**。

图 12-27 所示三种等截面单跨超静定梁，在荷载及杆端位移共同作用下的杆端力，可由表 12-1 查得的杆端位移引起的杆端力和固端弯矩或固端剪力相叠加而得。

12.3.4 位移法计算超静定结构内力

利用位移法计算超静定结构内力的一般步骤是：

(1)确定基本未知量。

(2)将结构分成单跨超静定杆件。

(3)列出各杆端转角位移方程。

(4)根据平衡条件建立平衡方程。

一般只有转角位移无线位移的刚结点，取力矩平衡方程；有结点线位移时，则考虑线位移方向的静力平衡方程。

(5)解未知量，求出杆端内力。

(6)作内力图。

【例 12-6】 用位移法计算图 12-30(a)所示连续梁,并作弯矩图。

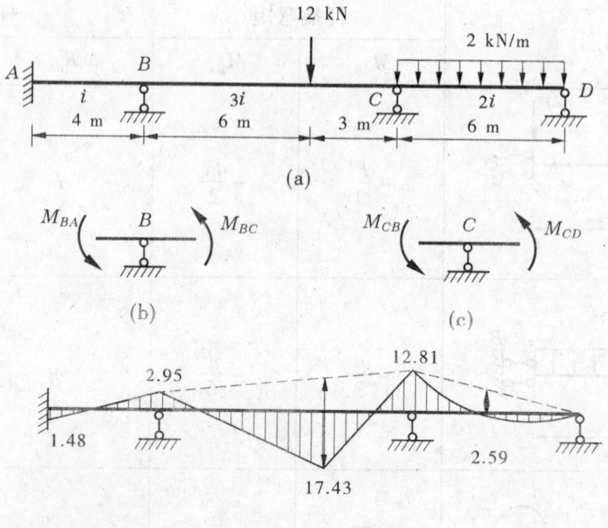

(d) M图(kN · m)

图 12-30

解 (1)确定基本未知量。

此结构有两个刚结点,没有结点线位移,所以该连续梁的基本未知量是角位移 θ_B、θ_C,设角位移均为顺时针转向。

(2)建立转角位移方程

$$M_{AB} = 2i\theta_B$$

$$M_{BA} = 4i\theta_B$$

$$M_{BC} = 4 \times 3i\theta_B + 2 \times 3i\theta_C - \frac{12 \times 3^2 \times 6}{9^2} = 12i\theta_B + 6i\theta_C - 8$$

$$M_{CB} = 2 \times 3i\theta_B + 4 \times 3i\theta_C + \frac{12 \times 3 \times 6^2}{9^2} = 6i\theta_B + 12i\theta_C + 16$$

$$M_{CD} = 3 \times 2i\theta_C - \frac{2 \times 6^2}{8} = 6i\theta_C - 9$$

$$M_{DC} = 0$$

(3)建立位移法的基本方程,求结点位移。

取结点 B 为隔离体,如图 12-30(b)所示,此处未画剪力。由 $\sum M_B = 0$ 得

$$4i\theta_B + 12i\theta_B + 6i\theta_C - 8 = 0$$

整理后得

$$16i\theta_B + 6i\theta_C - 8 = 0 \tag{1}$$

同理,取结点 C 为分离体,如图 12-30(c)所示,此处未画剪力。由 $\sum M_C = 0$ 得

$$6i\theta_B + 12i\theta_C + 16 + 6i\theta_C - 9 = 0$$

整理后得

$$6i\theta_B + 18i\theta_C + 7 = 0 \tag{2}$$

将方程(1)和方程(2)联立求解,得

$$\theta_B = \frac{0.738}{i}$$

$$\theta_C = -\frac{0.635}{i}$$

(4)计算各杆的杆端弯矩。

将 θ_B、θ_C 之值代入上面各转角位移方程,得各杆的杆端弯矩为

$$M_{AB} = 2i \times \frac{0.738}{i} = 1.48(\text{kN} \cdot \text{m})$$

$$M_{BA} = 4i \times \frac{0.738}{i} = 2.95(\text{kN} \cdot \text{m})$$

$$M_{BC} = 12i \times \frac{0.738}{i} + 6i \times (\frac{-0.635}{i}) - 8 = -2.95(\text{kN} \cdot \text{m})$$

$$M_{CB} = 6i \times \frac{0.738}{i} + 12i \times (\frac{-0.635}{i}) + 16 = 12.81(\text{kN} \cdot \text{m})$$

$$M_{CD} = 6i \times (\frac{-0.635}{i}) - 9 = -12.81(\text{kN} \cdot \text{m})$$

$$M_{DC} = 0$$

(5)作弯矩图。

由以上各杆端弯矩及荷载情况可作出连续梁的弯矩图,如图 12-30(d)所示。

【例 12-7】 用位移法计算如图 12-31(a)所示刚架,并作内力图。各杆 EI 为常量。

解 (1)确定基本未知量。

此结构有一个刚结点,没有结点线位移,所以只有角位移 θ_B 一个基本未知量,设角位移 θ_B 为顺时针转向,并令 $\frac{EI}{4} = i$。

(2)建立转角位移方程。

由表 12-1 查得的杆端位移产生杆端弯矩和有荷载产生的固端弯矩相加,得各杆的转角位移方程

$$M_{BA} = 3i\theta_B + \frac{ql^2}{8}$$

$$M_{BC} = -Fl = -40$$

$$M_{BD} = 4i\theta_B$$

$$M_{DB} = 2i\theta_B$$

(3)建立位移法方程,求结点位移。

取结点 B 为隔离体,如图 12-31(b)所示,此处未画剪力。由 $\sum M_B = 0$ 得

$$3i\theta_B + 5 - 40 + 4i\theta_B = 0$$

解得

$$\theta_B = \frac{5}{i}$$

(4)计算各杆的杆端弯矩。

将 θ_B 值代入转角位移方程,得各杆的杆端弯矩为

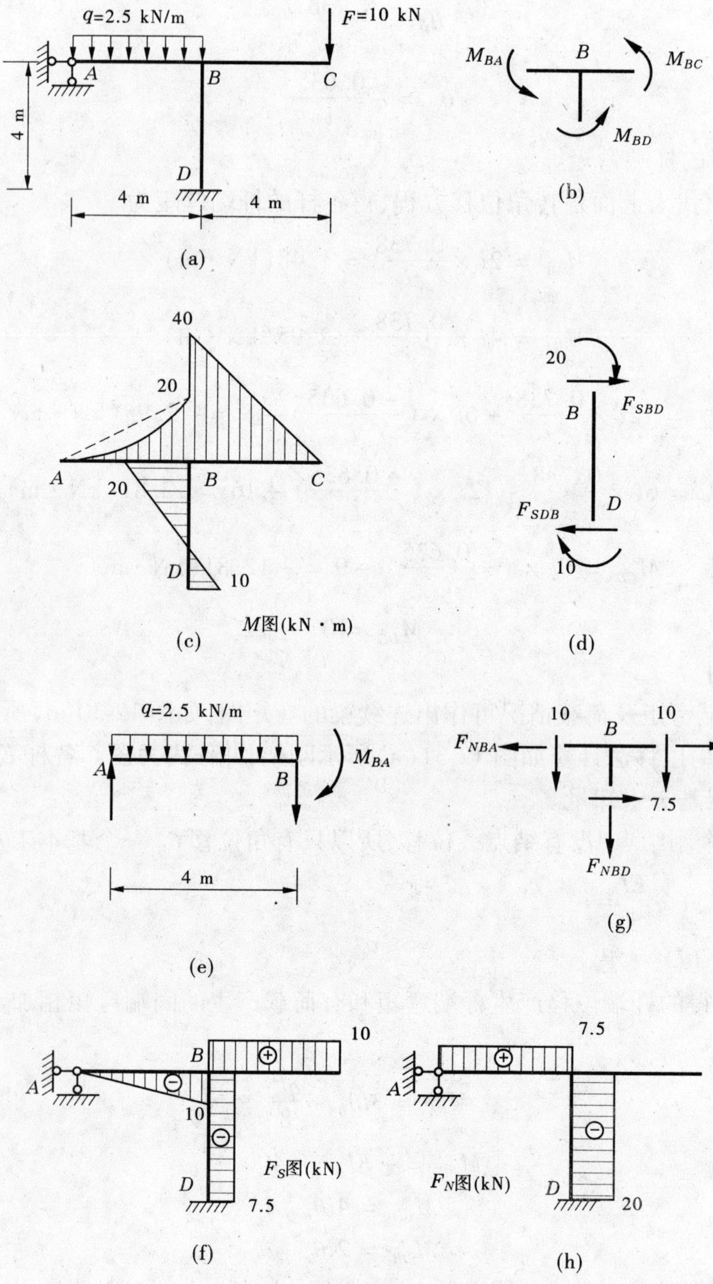

图 12-31

$$M_{BA} = 3i\theta_B + 5 = 3i \times \frac{5}{i} + 5 = 20(\text{kN} \cdot \text{m})$$

$$M_{BC} = -Fl = -40(\text{kN} \cdot \text{m})$$

$$M_{BD} = 4i\theta_B = 4i \times \frac{5}{i} = 20(\text{kN} \cdot \text{m})$$

$$M_{DB} = 2i\theta_B = 2i \times \frac{5}{i} = 10(\text{kN} \cdot \text{m})$$

(5)作弯矩图。

由以上各杆端弯矩及荷载情况可作出刚架的弯矩图如图 12-31(c)所示。

(6)作剪力图。

根据各杆的杆端弯矩及作用在杆端上的荷载,逐杆求出杆端剪力并画出剪力图。

BC 杆:可从悬臂梁考虑,剪力等于常量,各截面的剪力为 $F_{SBC}=10$ kN。

BD 杆:截取 BD 杆为分离体(如图 12-31(d)所示),根据 $\sum M_B=0$ 可知

$$F_{SDB}=\frac{20+10}{4}=7.5\ (\text{kN})$$

由于 BD 杆上无荷载作用,则 BD 杆上的剪力图与杆轴线平行。

BA 杆:截取 BA 杆为分离体(如图 12-31(e)所示),根据平衡条件 $\sum M_A=0$ 可知

$$-F_{SBA}\times 4-M_{BA}-q\times 4\times 2=0$$

$$F_{SBA}=-\frac{M_{BA}}{4}-q\times 2=-10(\text{kN})$$

$$\sum M_B=0,\ -F_{SAB}\times 4-M_{BA}+q\times 4\times 2=0$$

$$F_{SAB}=0$$

最后画出剪力图如图 12-31(f)所示。

(7)作轴力图。

取结点 B 为分离体,利用杆端建立平衡条件求出各杆杆端轴力,画轴力图。

BC 杆是悬臂梁段且荷载与杆轴垂直,所以该杆各截面轴力均为零。截取 B 结点为分离体如图 12-31(g)所示,由结点的投影平衡方程求出 BA 杆、BD 杆的轴力。

$$\sum F_X=0,7.5+0-F_{NBA}=0$$

$$F_{NBA}=7.5\ \text{kN}$$

$$\sum F_Y=0,\ -10-10-F_{NBD}=0$$

$$F_{NBD}=-20\ \text{kN}$$

根据求出的杆端轴力画出轴力图如图 12-31(h)所示。

由以上可见,位移法基本未知量中,每一个转角有一个相应的结点力矩平衡方程,每一个独立结点线位移有一个相应的柱顶剪力的投影方程。平衡方程的个数和基本未知量的个数相等,可以解出全部基本未知量。

12.4　力矩分配法计算超静定结构

前面学习了力法与位移法,应用这两种方法可以求解较简单的超静定结构。遇到较复杂的结构就需要解联立方程。对于复杂结构,目前一般采用建立于位移法基础上的另一种方法——力矩分配法。在力矩分配法中,其杆端内力、位移正负号的规定都与位移法相同。它的特点是不用解联立方程组,而是采用逐次渐进法计算,适用于求解连续梁和无侧移刚架。

12.4.1 力矩分配法的基本概念

力矩分配法，顾名思义是讨论力矩分配的一种方法。如图 12-32(a)所示结构，在点 C 作用一力偶 m。由结点 C 平衡可知

$$\sum M_C = M_{CA} + M_{CB} + m = 0$$

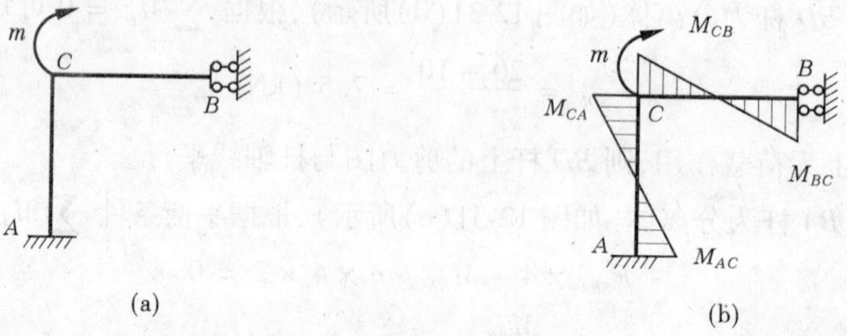

图 12-32

如果我们事先知道 m 是如何分配给各杆端的，则 M_{CA} 和 M_{CB} 即可确定。从图 12-32(b)所示弯矩图上知道，A 端和 B 端也有弯矩，这个弯矩可视为是由 C 端的近端传递过来的，如果我们事先知道是如何传递的，则 M_{AC} 和 M_{BC} 也可确定，图 12-32(b)所示的弯矩图就能最后确定。由此可看出，力矩分配法的核心是力如何分配与传递。

下面介绍力矩分配法中使用的几个名词。

12.4.1.1 转动刚度 S(又称为劲度系数)

前面位移法中介绍过，如果在图 12-33(a)所示的两端固定的 AB 杆中的 A 端发生转角 $\theta_A = 1$，在 A 端会引起杆端弯矩 M_{AB} 为 $4i$。如果在 AB 杆件的 A 端施加力矩 M_{AB}，那么在 A 端会产生转角 θ_A。使 AB 杆端产生单位转角 $\theta_A = 1$ 时需要施加的力矩称为**转动刚度** S_{AB}。在力矩分配法中，常将产生转角的一端称为近端，另一端称为远端，即 S_{AB} 的第一个下标代表施力端，又称近端，第二个下标代表远端。转动刚度表示杆端对转动的抵抗能力，其值与杆件的线刚度 $i = \frac{EI}{l}$ 及远端的支承情况有关。图 12-33 给出了等截面直杆远端为不同支承时的转动刚度 S_{AB} 值。

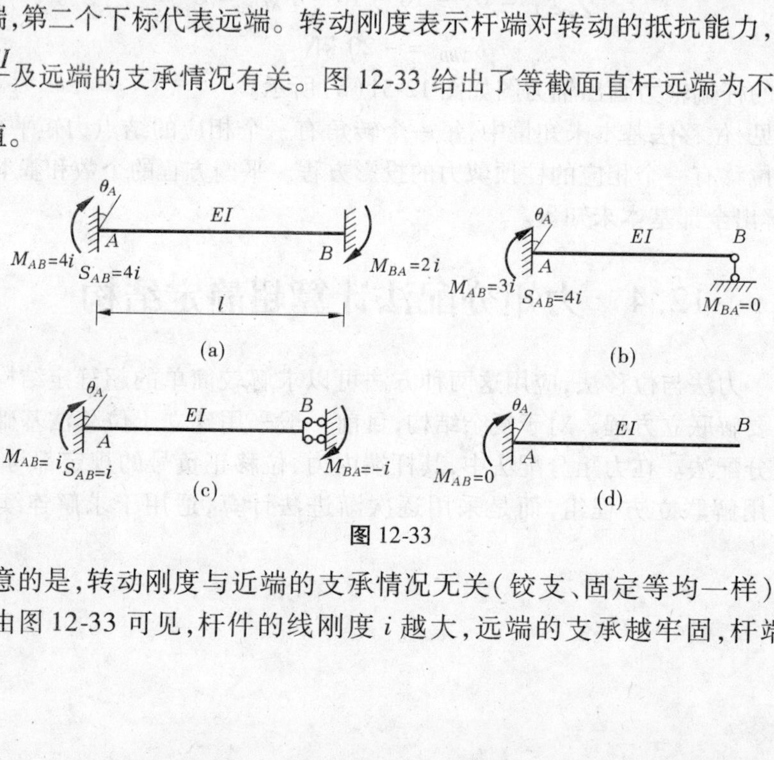

图 12-33

需要注意的是，转动刚度与近端的支承情况无关(铰支、固定等均一样)，但近端不能有线位移。由图 12-33 可见，杆件的线刚度 i 越大，远端的支承越牢固，杆端的转动刚度

也就越大。

12.4.1.2　**分配系数与分配弯矩**

如图12-34(a)所示刚架由杆 BA、CA 和 DA 在 A 点刚结而成,设有外力偶 M 作用于结点 A,使结点 A 发生转角 θ_A,各杆发生图中虚线所示的变形。由刚结点的特点,各杆 A 端均发生转角 θ_A。

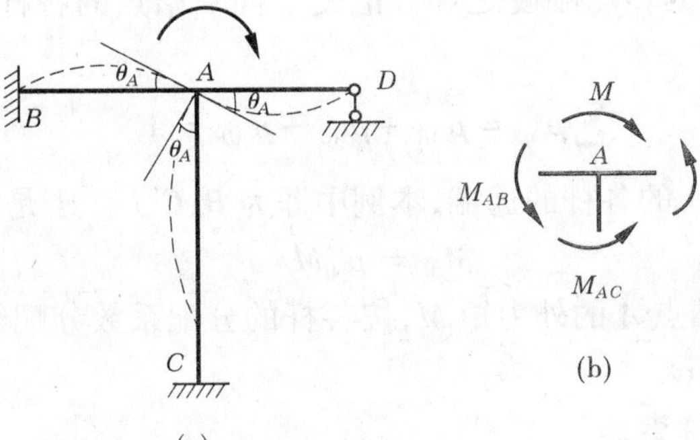

图 12-34

由各杆的转动刚度定义可知,当 $\theta_A=1$ 时,近端弯矩分别为 $4i_{AB}$、$4i_{AC}$ 和 $3i_{AD}$,则

$$\left.\begin{aligned} M_{AB} &= S_{AB}\theta_A = 4i_{AB}\theta_A \\ M_{AC} &= S_{AC}\theta_A = 4i_{AC}\theta_A \\ M_{AD} &= S_{AD}\theta_A = 3i_{AD}\theta_A \end{aligned}\right\} \tag{a}$$

现将结点 A 取作隔离体如图12-34(b)所示,由平衡条件,有

$$\sum M_A = M_{AB} + M_{AC} + M_{AD} - M = 0$$

即

$$M = M_{AB} + M_{AC} + M_{AD} = S_{AB}\theta_A + S_{AC}\theta_A + S_{AD}\theta_A$$

由以上可得

$$\theta_A = \frac{M}{S_{AB}+S_{AC}+S_{AD}} = \frac{M}{\sum\limits_A S_{Aj}}$$

其中 $\sum\limits_A S_{Aj}$ 为汇交于结点 A 的各杆件在 A 端的转动刚度之和。

将 θ_A 值代入式(a),得

$$\left.\begin{aligned} M_{AB} &= \frac{S_{AB}}{\sum\limits_A S_{Aj}}M \\ M_{AC} &= \frac{S_{AC}}{\sum\limits_A S_{Aj}}M \\ M_{AD} &= \frac{S_{AD}}{\sum\limits_A S_{Aj}}M \end{aligned}\right\} \tag{12-8}$$

式(12-8)表明,各杆近端产生的弯矩与该杆端的转动刚度成正比,转动刚度越大,则所

产生的弯矩越大。

设

$$\mu_{Aj}=\frac{S_{Aj}}{\sum_{A}S_{Aj}}$$

μ_{Aj}称为各杆件在近端的**分配系数**。上式表明，杆 Aj 在 A 端的分配系数等于杆 A 端的转动刚度除以结点 A 上各杆 A 端的转动刚度之和。汇交于同一结点的各杆的分配系数之和应等1，即

$$\sum_{A}\mu_{Aj}=\mu_{AB}+\mu_{AC}+\mu_{AD}=1$$

其中下标 j 为汇交于结点 A 的各杆的远端，本例中即为 B、C、D。于是式(12-8)可写成

$$M_{Aj}^{d}=\mu_{Aj}M \tag{12-9}$$

由上述可见，作用于结点 A 的外力矩 M，按各杆的分配系数分配给各杆的近端。因而，杆端弯矩 M_{Aj}^{d}称为分配弯矩。

12.4.1.3　**传递系数和传递弯矩**

在图 12-34(a)中，外力偶 M 作用于结点 A，使结点 A 发生转角 θ_A，近端产生弯矩，同时也使各杆远端产生弯矩，由表 12-1 可得这些杆端弯矩为

$$\begin{aligned}M_{AB}&=4i_{AB}\theta_A & M_{BA}&=2i_{AB}\theta_A\\ M_{AC}&=4i_{AC}\theta_A & M_{CA}&=2i_{AC}\theta_A\\ M_{AD}&=3i_{AD}\theta_A & M_{DA}&=0\end{aligned}$$

各杆远端弯矩与近端弯矩的比值称为由近端向远端的**传递系数**，并用 C_{Aj}表示。将远端弯距称为**传递弯矩**。例如，对杆 AB 而言，其传递系数和传递弯矩分别为

$$C_{AB}=\frac{M_{BA}}{M_{AB}}=\frac{1}{2},\quad M_{BA}=C_{AB}M_{AB}=\frac{1}{2}(4i_{AB}\theta_A)=2i_{AB}\theta_A$$

也就是说，传递弯矩按下式计算

$$M_{jA}^{C}=C_{Aj}M_{Aj}^{d}$$

式中：M_{jA}^{C}表示远端的弯矩(传递弯矩)。该式表明，**传递弯矩等于分配弯矩乘以传递系数。**

对于等截面杆来说，传递系数 C_{Aj}随远端的支承情况而有不同，数值如下

远端固定　　$C=\frac{1}{2}$

远端铰支　　$C=0$

远端滑动　　$C=-1$

由前述可知，只有一个刚结点且刚结点只能转动不能移动的结构，在刚结点上受一外力偶 m 作用，其解算过程分为两步：首先，按各杆的分配系数求出各杆的近端弯矩(分配弯矩)，这一步称为分配过程；其次，将近端弯矩乘以传递系数便得到远端弯矩(传递弯矩)，这一步称为传递过程。经过分配和传递便得到各杆的杆端弯矩，这种求解方法就称为力矩分配法。转动刚度和传递系数见表 12-2。

在推导分配系数的过程中是以结点转角位移 θ_A 为基本未知量，先求出 θ_A，然后根据 θ_A 求出杆端弯矩，所以说力矩分配法是基于位移法原理的。

表 12-2　转动刚度和传递系数

远端支承情况	转动刚度 S	传递系数 C
固定	$4i$	1/2
铰支	$3i$	0
滑动	i	-1
自由或轴向支杆	0	

12.4.2　力矩分配法的基本原理

现以图 12-35(a)所示的单结点连续梁为例说明力矩分配法的基本原理。此连续梁无侧移，只有一个刚结点。在荷载的作用下，其变形情况如图 12-35(a)中虚线所示，刚结点 B 转动了一个角度 θ_B，在结点 B 处，AB 杆 B 端的杆端弯矩为 M_{BA}，BC 杆 B 端的弯矩为 M_{BC}，取结点 B 为隔离体如图 12-35(d)所示，由结点的平衡条件可知杆端弯矩 M_{BA} 和 M_{BC} 应是平衡的，即

$$M_{BA} + M_{BC} = 0$$

用力矩分配法计算连续梁时，计算步骤如下：

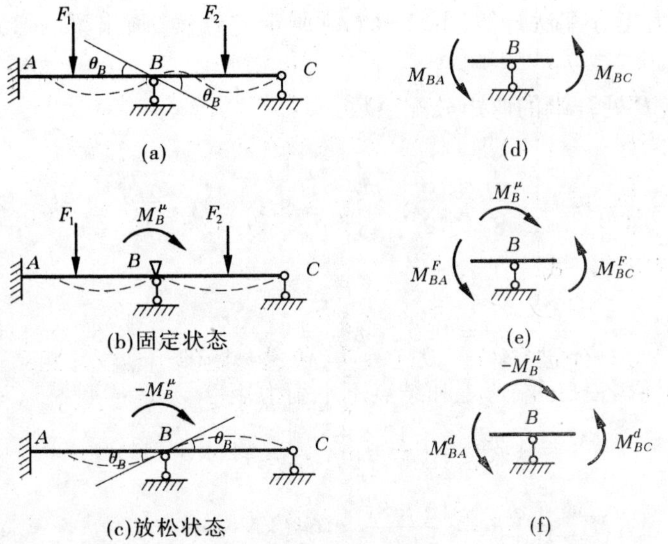

图 12-35

(1)固定结点，计算固端弯矩及结点的不平衡力矩。

在刚结点 B 处附加控制转动的刚臂(见图 12-35(b))，将结点 B 固定起来不能转动，此称为**固定状态**。这时，AB 杆成为两端固定的单跨超静定梁，BC 杆成为一端固定一端铰支的超静定梁，在荷载的作用下，AB 杆的杆端弯矩只有固端弯矩 M_{BA}^F，而 BC 杆有杆端弯矩 $M_{BC}^F \neq 0$。此时，在附加刚臂中产生了作用于刚结点 B 的约束力矩，用 M_B^μ 表示，并规定顺时针转向为正，反之为负。取结点 B 为分离体如图 12-35(e)所示，由平衡条件 $\sum M_B = 0$ 得

$$M_B^{\mu} = M_{BA}^F + M_{BC}^F$$

此式表明，结点固定时附加刚臂上的约束力矩，等于汇交于该结点处各杆端固端弯矩的代数和，它等于各固端弯矩所不能平衡的差额，故刚臂上的约束力矩又称为结点上的不平衡力矩。

(2)放松结点，计算分配弯矩和传递弯矩。

连续梁本来在结点 B 处并没有约束，亦无约束力矩 M_B^{μ}。因此，为了使结构还原为原结构，必须消除附加刚臂对结点 B 的约束作用，即放松约束使结点 B 转动 θ_B 角，相当于再在结点 B 处施加一个与不平衡力矩 M_B^{μ} 大小相等、方向相反的反向力矩（$-M_B^{\mu}$），如图 12-35(c)所示，此称为**放松状态**。此时，由于 $-M_B^{\mu}$ 的作用，结点 B 处各杆近端产生分配力矩 M_{BA}^d 和 M_{BC}^d，远端产生传递弯矩 $M_{AB}^C \cdot M_{CB}^C$（$M_{CB}^C=0$）。

(3)叠加计算杆端的最后弯矩。

可以看出，图 12-35(a)所示连续梁的情况等于图 12-35(b)所示的固定状态和图 12-35(c)所示的放松状态的叠加。因此，将固定结点时产生的杆端弯矩（固端弯矩）与放松结点时产生的杆端弯矩（分配弯矩或传递弯矩）相叠加，即得到杆端的最后弯矩

$$M_{AB} = M_{AB}^F + M_{AB}^C \qquad M_{BA} = M_{BA}^F + M_{BA}^d$$

$$M_{BC} = M_{BC}^F + M_{BC}^d \qquad M_{CB} = M_{CB}^F + M_{CB}^C$$

实际利用力矩分配法计算时，常列表进行。

【例 12-8】 试用力矩分配法计算图 12-36(a)所示连续梁，画出梁的弯矩图。$EI=$ 常数。

解 (1)计算结点 B 处杆端的弯矩分配系数：

转动刚度

$$S_{BA} = 4i_{BA} = 4 \cdot \frac{EI}{8} = \frac{EI}{2}, \quad S_{BC} = 3i_{BC} = 3 \cdot \frac{2EI}{12} = \frac{EI}{2}$$

分配系数

$$\mu_{BA} = \frac{S_{BA}}{S_{BA}+S_{BC}} = 0.5, \quad \mu_{BC} = \frac{S_{BC}}{S_{BA}+S_{BC}} = 0.5$$

(2)固定结点 B，计算各杆固端弯矩和结点不平衡力矩

$$M_{AB}^F = -\frac{ql^2}{12} = -\frac{12\times 8^2}{12} = -64(\text{kN}\cdot\text{m})$$

$$M_{BA}^F = \frac{ql^2}{12} = \frac{12\times 8^2}{12} = 64(\text{kN}\cdot\text{m})$$

$$M_{BC}^F = -\frac{3Fl}{16} = -\frac{3\times 80\times 12}{16} = -180(\text{kN}\cdot\text{m})$$

$$M_{CB}^F = 0$$

结点不平衡力矩等于汇交于结点 B 的各杆固端弯矩的代数和，即

$$M_B^{\mu} = M_{BA}^F + M_{BC}^F = 64 - 180 = -116(\text{kN}\cdot\text{m})$$

(3)放松结点 B，计算分配弯矩和传递弯矩。

将结点不平衡力矩反号后乘以分配系数，得汇交于结点 B 的各杆端分配弯矩

$$M_{BA}^d = \mu_{BA}(-M_B^{\mu}) = 0.5\times 116 = 58(\text{kN}\cdot\text{m})$$

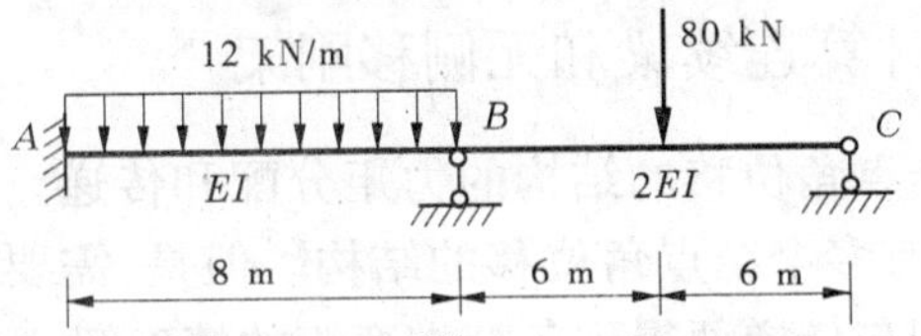

(a)

分配系数		0.5	0.5	
固端弯矩	−64	64	−180	0
分配弯矩	29 ←	58	58	0
传递弯矩				
最终弯矩	−35	122	−122	0

(b)

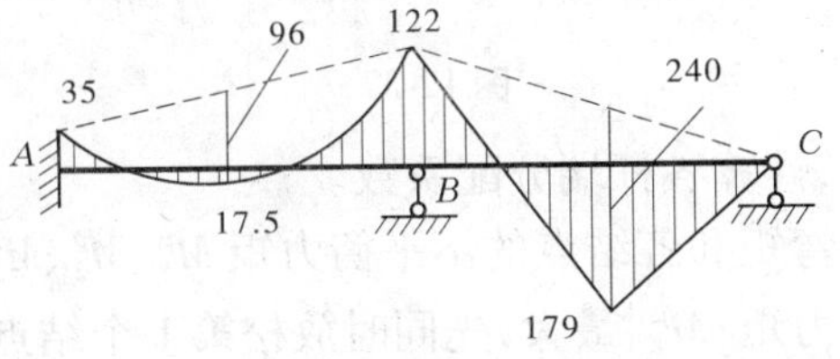

(c) M图(kN · m)

图 12-36

$$M_{BC}^{d} = \mu_{BC}(-M_{B}^{\mu}) = 0.5 \times 116 = 58(\text{kN} \cdot \text{m})$$

杆 BA 远端固定,传递系数 $C_{BA} = \frac{1}{2}$,杆 BC 远端铰支,传递系数 $C_{BC} = 0$。将分配弯矩乘以传递系数得到各杆远端的传递弯矩

$$M_{AB}^{C} = C_{BA} M_{BA}^{d} = \frac{1}{2} \times 58 = 29(\text{kN} \cdot \text{m})$$

$$M_{CB}^{C} = C_{BC} M_{BC}^{d} = 0$$

(4)计算各杆段的最后弯矩,并画弯矩图。

将各杆的固端弯矩与分配弯矩(对近端)或传递弯矩(对远端)相叠加,得到杆端的最后弯矩

$$M_{AB} = M_{AB}^{F} + M_{AB}^{C} = -64 + 29 = -35(\text{kN} \cdot \text{m})$$

$$M_{BA} = M_{BA}^{F} + M_{BA}^{d} = 64 + 58 = 122(\text{kN} \cdot \text{m})$$

$$M_{BC} = M_{BC}^{F} + M_{BC}^{d} = -180 + 58 = -122(\text{kN} \cdot \text{m})$$

$$M_{CB} = M_{CB}^{F} + M_{CB}^{C} = 0$$

在实际计算中常列表进行(见图 12-36(b)),表中分配弯矩下面画一横线,表示该结点不平衡力矩分配完毕,结点已经平衡。箭头表示分配弯矩由近端至远端的传递方向。根据求得的杆端弯矩及杆段上的荷载画出弯矩图如图 12-36(c)所示。

12.4.3 用力矩分配法计算连续梁和无侧移刚架

上面介绍了只有一个结点角位移的结构的力矩分配和传递。利用上述方法,结合逐次渐近的办法,便可推广到具有多个结点角位移的结构。但是,需要注意,一个结点的力矩分配只需进行一次力矩的分配与传递便得到各杆端弯矩的精确解。而对于具有多个结点角位移的结构,需首先将所有结点固定,求出各杆固端弯矩;然后轮流放松各结点,放松结点时要注意,当有两个结点角位移时,先放松不平衡力矩的绝对值较大者,其他结点仍暂时固定;当有三个以上结点角位移时,同时放松不平衡力矩的绝对值较大者和与其相隔一个结点的结点,其他结点仍暂时固定,这样把各结点的不平衡力矩轮流地进行分配与传递,直到所有结点都近似处于平衡状态。如图 12-37 所示连续梁有三个结点未知角位移。这时,用力矩分配法求解的步骤如下:

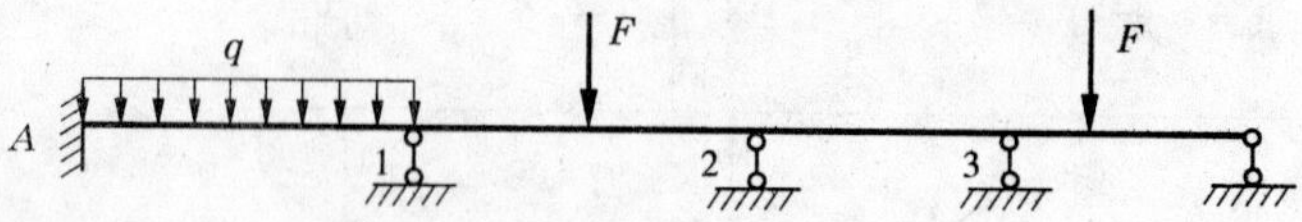

图 12-37

(1)将各结点同时固定,计算各杆端分配系数。

(2)计算各杆端的固端弯矩和各结点的不平衡力矩 M_1^μ、M_2^μ、M_3^μ。

(3)如果结点 1 不平衡力矩 $|M_1^\mu|$ 最大,先同时放松第 1 个结点和第 3 个结点,其他结点暂时固定。求结点 1 和结点 3 上各杆端的分配弯矩。

(4)再放松第 2 个结点,其他结点暂时固定。求结点 2 上各杆端的分配弯矩。这时需要注意结点 2 的不平衡力矩已不是 M_2^μ,而应加上结点 1 进行力矩分配时传递到 12 杆 2 端的传递弯矩和结点 3 进行力矩分配时传递到 23 杆 2 端的传递弯矩,即

$$M_2^{(\mu)} = M_2^\mu + M_{21}^C + M_{23}^C$$

各结点轮流完成一次力矩分配之后,结点 1、3 又都处于不平衡状态。这样再重复(3)、(4)步,直到传递力矩按精度要求可以略去时,即可停止计算。最后,将各步骤所得的杆端弯矩叠加,即得所求杆端的最终弯矩。

【例 12-9】 用力矩分配法计算图 12-38(a)所示连续梁的各杆端弯矩,并绘制弯矩图。已知 EI = 常量。

解 (1)悬臂杆 DE 是静定部分,可将 DE 部分截去,以切口截面上的剪力和弯矩作为外力作用于结点 D 上。DE 部分的内力图按悬臂梁绘出。

(2)计算分配系数。

取刚度的相对值进行计算,令 $EI=6$,各杆线刚度分别为 $i_{AB}=i_{BC}=i_{CD}=1$。

①B 结点。

转动刚度:$S_{BA} = 3i_{AB} = 3$, $S_{BC} = 4i_{BC} = 4$

$$\sum_B S = S_{BA} + S_{BC} = 7$$

分配系数: $$\mu_{BA} = \frac{S_{BA}}{\sum_B S} = \frac{3}{7},\quad \mu_{BC} = \frac{S_{BC}}{\sum_B S} = \frac{4}{7}$$

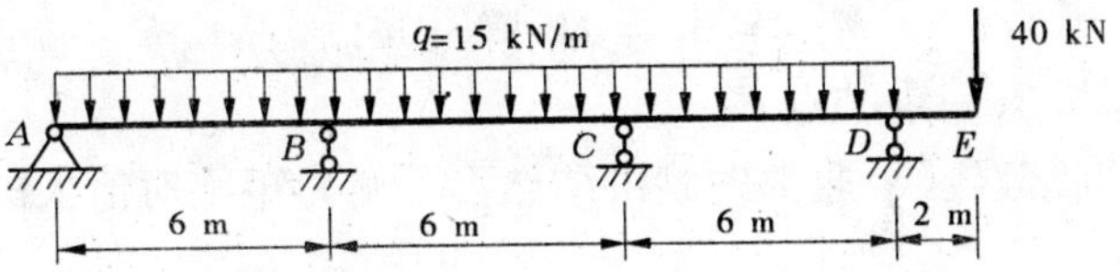

(a)

杆端	AB	BA	BC	CB	CD	DC
S_{ij}		$3i$	$4i$	$4i$	$3i$	
μ_{ij}		3/7	4/7	4/7	3/7	
M_{ij}^F		67.5	-45	45	-27.5	80
分配与传递		-9.64	-12.86 →	-6.43		
			-3.17 ←	-6.33	-4.74	
分配与传递		1.36	1.81 →	0.91		
				-0.51	-0.39	
最后弯矩		59.22	-59.22	32.63	-32.63	80

(b)

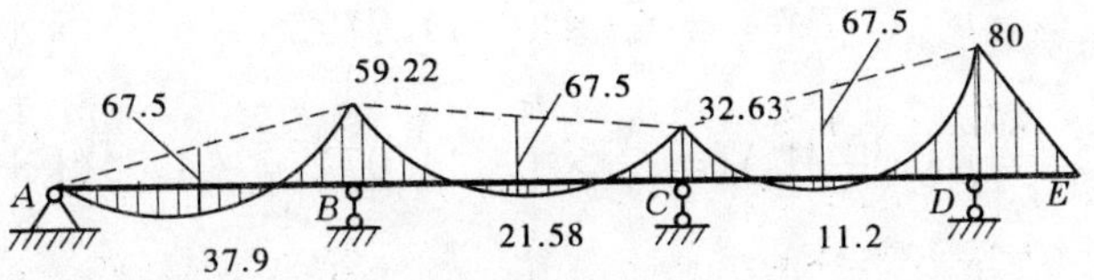

(c) M 图(kN · m)

图 12-38

②C 结点。

转动刚度： $$S_{CB}=4i_{CB}=4,\quad S_{CD}=3i_{CD}=3$$

$$\sum_C S=S_{CB}+S_{CD}=7$$

分配系数： $$\mu_{CB}=\frac{S_{CB}}{\sum_C S}=\frac{4}{7},\quad \mu_{CD}=\frac{S_{CD}}{\sum_C S}=\frac{3}{7}$$

(3)计算固端弯矩。

$$M_{BA}^F=\frac{ql^2}{8}=\frac{15\times 6^2}{8}=67.5(\text{kN}\cdot\text{m})$$

$$M_{BC}^F=-\frac{ql^2}{12}=-\frac{15\times 6^2}{12}=-45(\text{kN}\cdot\text{m})$$

$$M_{CB}^F=\frac{ql^2}{12}=\frac{15\times 6^2}{12}=45(\text{kN}\cdot\text{m})$$

$$M_{CD}^F=-\frac{ql^2}{8}+\frac{M}{2}=-\frac{15\times 6^2}{8}+\frac{80}{2}=-27.5(\text{kN}\cdot\text{m})$$

$$M_{DC}^{F} = M = 80\ \text{kN} \cdot \text{m}$$

(4)放松结点 B,固定结点 C。

为了使计算收敛较快,通常先放松结点不平衡力矩绝对值大的结点,即 B 结点。

分配弯矩:

$$M_{BA}^{d} = \mu_{BA}(-M_{B}^{F}) = \frac{3}{7} \times (-67.5 + 45) = -9.64(\text{kN} \cdot \text{m})$$

$$M_{BC}^{d} = \mu_{BC}(-M_{B}^{F}) = \frac{4}{7} \times (-67.5 + 45) = -12.86(\text{kN} \cdot \text{m})$$

传递弯矩:

$$M_{AB}^{C} = 0$$

$$M_{CB}^{C} = \frac{1}{2} \times (-12.86) = -6.43(\text{kN} \cdot \text{m})$$

结点 B 下面的横线说明 B 结点暂时平衡。再放松该结点时,只需考虑放松其他结点时的传递弯矩(横线以下)产生的结点不平衡力矩,横线以上部分已经平衡。

(5)放松结点 C,固定结点 B。

在计算结点 C 的不平衡力矩时,还要考虑放松 B 结点时的传递弯矩 M_{CB}^{C},其值为

$$M_{C}^{\mu} = 45 - 27.5 - 6.43 = 11.07(\text{kN} \cdot \text{m})$$

分配弯矩:

$$M_{CB}^{d} = \mu_{CB}(-M_{C}^{\mu}) = \frac{4}{7} \times (-11.07) = -6.33(\text{kN} \cdot \text{m})$$

$$M_{CD}^{d} = \mu_{CD}(-M_{C}^{\mu}) = \frac{3}{7} \times (-11.07) = -4.74(\text{kN} \cdot \text{m})$$

传递弯矩:

$$M_{DC}^{C} = 0$$

$$M_{BC}^{C} = \frac{1}{2} \times (-6.33) = -3.17(\text{kN} \cdot \text{m})$$

结点 C 下面的横线说明 C 结点又暂时平衡。而结点 B 又由于传递弯矩 M_{BC}^{C} 产生不平衡力矩

$$M_{B}^{\mu} = -3.17(\text{kN} \cdot \text{m})$$

至此进行了第一轮分配、传递。.

还要进行第二轮循环,因为在放松结点 C 的过程中,传递弯矩又引起结点 B 的不平衡力矩,重新固定结点 C,放松结点 B 进行分配与传递(计算过程见图 12-38(b)中第 7 行)。在放松结点 B 的过程中,又引起结点 C 的不平衡力矩。需要再固定结点 B,放松结点 C,进行分配与传递(计算过程见图 12-38(b)第 8 行)。

这样依次轮流放松结点,分配、传递,经过几个循环的计算,直到传递弯矩的数值按计算精度要求可以略去不计时,可以不再传递,停止运算。

(6)最后杆端弯矩。

最后将固端弯矩与历次放松结点时产生的杆端弯矩(分配弯矩或传递弯矩)相叠加,即得到原结构各杆端的最后弯矩(见图 12-38(b)中最后一行),各杆杆端最后弯矩下划双

横线。

根据各杆的杆端弯矩和杆段上的荷载绘出弯矩图如图 12-38(c)所示。

【例 12-10】 用力矩分配法计算如图 12-39(a)所示刚架的各杆端弯矩,并绘制弯矩图。

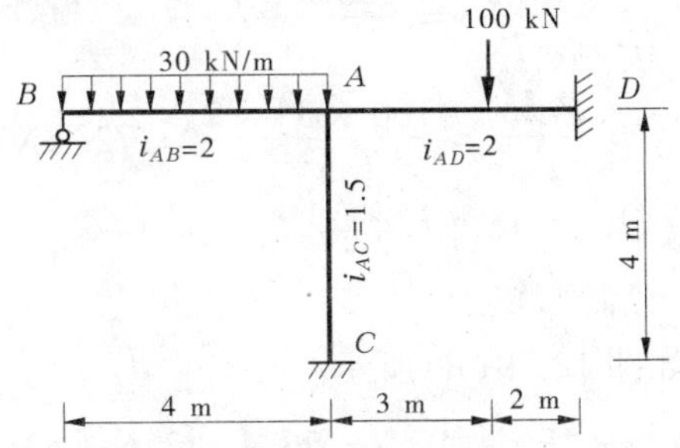

(a)

结点	B	A			D	C
杆端	BA	AB	AC	AD	DA	CA
分配系数	铰支	0.3	0.3	0.4	固端	固端
固端弯矩	0	60	0	−48	72	0
分配弯矩与传递弯矩	0	−3.6	−3.6	−4.8	−2.4	−1.8
最后弯矩	0	56.4	−3.6	−52.8	69.6	−1.8

(b)杆端弯矩的计算表格

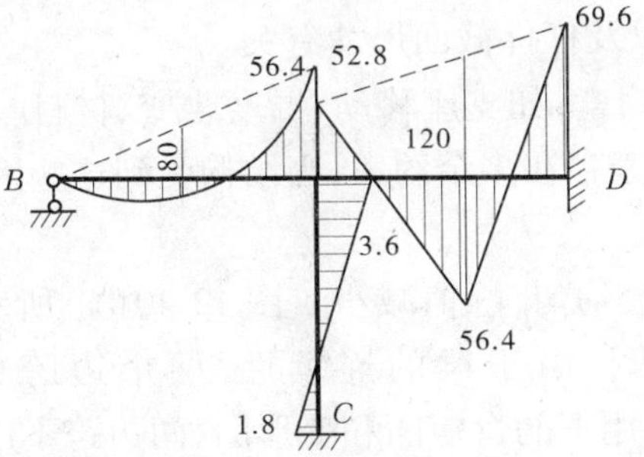

(c) M图(kN · m)

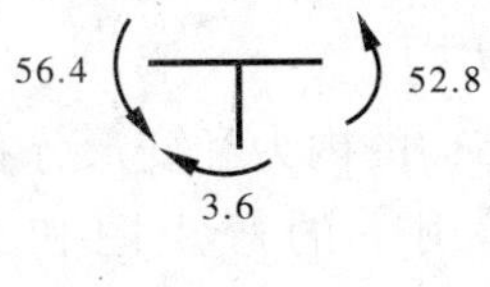

(d)

图 12-39

解 (1)计算分配系数。

该刚架只有结点 A 角位移,没有线位移,属于无侧移刚架。

$$\mu_{AB}=\frac{S_{AB}}{S_{AB}+S_{AD}+S_{AC}}=\frac{3\times 2}{3\times 2+4\times 2+4\times 1.5}=0.3$$

$$\mu_{AD}=\frac{S_{AD}}{S_{AB}+S_{AD}+S_{AC}}=\frac{4\times 2}{3\times 2+4\times 2+4\times 1.5}=0.4$$

$$\mu_{AC}=\frac{S_{AC}}{S_{AB}+S_{AD}+S_{AC}}=\frac{4\times 1.5}{3\times 2+4\times 2+4\times 1.5}=0.3$$

(2)计算固端弯矩

$$M_{AB}^{F} = \frac{ql^2}{8} = \frac{30 \times 4^2}{8} = 60(\mathrm{kN \cdot m})$$

$$M_{AD}^{F} = -\frac{Fab^2}{l^2} = \frac{100 \times 3 \times 2^2}{5^2} = -48(\mathrm{kN \cdot m})$$

$$M_{DA}^{F} = \frac{Fa^2b}{l^2} = \frac{100 \times 3^2 \times 2}{5^2} = 72(\mathrm{kN \cdot m})$$

(3)力矩分配与传递过程如图12-39(b)所示。

(4)计算杆端的最后弯矩,绘制弯矩图。

校核A结点的平衡条件,如图12-39(d)所示。

$$\sum M_A = M_{AB} + M_{AD} + M_{AC} = 56.4 - 3.6 - 52.8 = 0$$

根据杆端弯矩与结构上的荷载绘出刚架的弯矩图如图12-39(c)所示。

12.5 超静定结构的特性

与静定结构相比,超静定结构具有以下重要特性。了解这些特性,有助于我们更好地应用它们。

(1)超静定结构由于具有多余约束,在多余约束遭到破坏后,仍能维持其几何不变性:而静定结构在任一约束被破坏后,便立即成为几何可变体系而丧失了承载能力。

(2)静定结构的内力只用静力平衡条件即可确定,其值与结构的材料性质以及杆件截面尺寸无关。超静定结构的内力单凭平衡条件则无法全部确定,还必须考虑位移条件。所以,超静定结构的内力与结构的材料性质以及杆件截面尺寸有关。

(3)在静定结构中,除荷载作用,其他因素,如支座移动、温度改变、材料收缩、制造误差等,都不会引起内力。在超静定结构中,由于存在多余约束,当结构受到这些因素作用时,通常都可能产生内力。

(4)超静定结构的内力和变形分布比较均匀,峰值减小。图12-40(a)所示为一三跨连续梁在荷载P作用下的弯矩图和变形图,由于梁的连续性,两个边跨也产生内力。图12-40(b)所示为一多跨静定梁在荷载作用下的弯矩图和变形图,两边跨不产生内力。

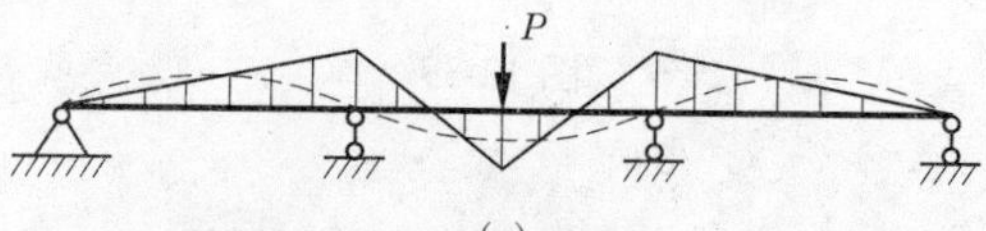

(a)

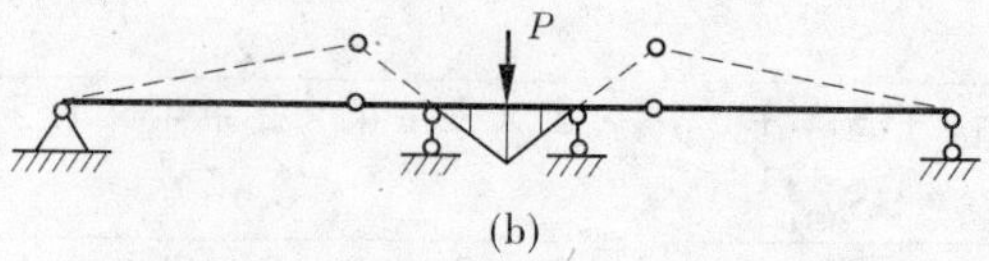

(b)

图12-40

小　结

1. 力法。

(1)用力法解超静定结构的基本思路。

去掉超静定结构的多余约束,并用多余未知力代替,使其变为静定的基本结构,然后根据基本结构在荷载和多余未知力共同作用下,使多余未知力处的位移条件符合原结构在该处的位移条件,建立力法典型方程,从而解出多余未知力。最后按静定结构的方法绘出原结构的内力图。

(2)力法的基本原理。

选取多余未知力作为力法基本未知量,根据所选取的基本结构(静定结构)与原结构(超静定结构)的位移条件建立力法的典型方程,然后求解出多余未知力。

(3)力法的典型方程。

力法的典型方程左边表示基本结构在各种因素作用下沿多余未知力方向所产生的位移总和,右边表示原结构在相应多余未知力方向上的位移。

在典型方程中,主系数恒为正,副系数既可为正,可为负,也可为零。

(4)力法计算的步骤。

①选取基本结构。确定超静定次数,去掉多余联系,用相应的多余未知力来代替,得到一个静定的几何不变体。

②建立力法典型方程。根据基本结构在荷载和多余未知力共同作用下,在多余未知力方向上的位移与原结构一致的条件建立力法典型方程。

③计算系数项和自由项。首先分别作出基本结构在荷载和单位多余未知力单独作用时的弯矩图,然后用图乘法分别计算系数项和自由项。

④求多余未知力。将系数项和自由项代入典型方程,求解多余未知力。

⑤作内力图。一种方法是采用叠加法先作出弯矩图,然后根据弯矩图作剪力图,根据剪力图作轴力图;另一种方法是将荷载和求出的多余未知力加在基本结构上,按作静定结构内力图的方法作内力图。

(5)利用对称性简化力法计算。对于对称结构,可选取对称的基本结构进行计算,这样可将非对称荷载分解成对称荷载和反对称荷载,直接利用简化结论进行简化。

对称结构在对称荷载作用下,反对称力等于零,只有对称力,结构的内力和变形也是对称的。

对称结构在反对称荷载作用下,对称力等于零,只有反对称力,结构的内力和变形也是反对称的。

(6)支座移动时超静定结构的内力计算。这时,力法典型方程中的自由项应采用下式计算

$$\Delta_{1C} = -\sum \overline{R}C$$

其余与荷载作用完全相同。

(7)超静定结构的位移计算:可用求得的最后弯矩图与任意选取的基本结构的单位弯矩图按图乘法计算。为了使计算简便,尽可能选取单位弯矩图中简便的或者单位弯矩图中

弯矩等于零的杆件较多者。

2. 位移法

(1)位移法是结构分析的基本方法。不论采用位移法的典型方程还是直接利用结点或截面的平衡条件建立方程,它都是以单个杆件作为计算单元的,因此必须熟练掌握三种单跨超静定梁的在各种荷载作用下的杆端力和三种单跨超静定梁的转角位移方程。

(2)位移法以刚结点的转角和独立的结点线位移作为基本未知量。其未知量的数目与超静定次数无关。对刚结点的转角较容易判断,但对独立的结点线位移应采用铰化结点法来判定。

(3)位移法的解题步骤。

①确定基本未知量;

②建立各杆的转角位移方程

③建立位移法的基本方程;

④解方程求出基本未知量;

⑤计算各杆的杆端弯矩,作弯矩图;

⑥截取各杆为隔离体,根据静力平衡条件求出各杆的杆端剪力,作剪力图;

⑦截取各结点为隔离体,根据静力平衡条件求出各杆的杆端轴力,作轴力图。

3. 力矩分配法。

力矩分配法采用了固定—放松—传递重复运算过程,在计算过程中要准确地算出固端弯矩、分配系数和传递系数。因为如果计算有错误,就等于改变了问题的已知条件,于是算出的结果就没有意义。主要抓住以下三个环节:

(1)根据各杆的固端弯矩求出结点的不平衡力矩。

(2)根据结点的各杆端力矩分配系数,求出杆端的分配弯矩。

(3)根据传递系数,求出传递弯矩。

思考题

12-1　什么是力法的基本结构与基本未知量?怎样选择未知量?

12-2　力法方程的物理意义是什么?

12-3　举例说明力法解超静定结构的步骤。

12-4　怎样利用结构的对称性简化计算?

12-5　什么是位移法的基本未知量?怎样确定位移法的未知量?

12-6　为什么端支座处的转角可以不计入基本未知量?

12-7　固端弯矩是什么?等截面直杆的转角位移方程是什么?

12-8　位移法和力矩分配法中的杆端弯矩的正负号是如何规定的?

12-9　如何计算约束力矩?为什么要将约束力矩变号后才进行分配?

12-10　什么是转动刚度?

12-11　什么是传递系数?如何确定传递系数?

12-12　用力矩分配法计算多结点的连续梁时应注意什么?

12-13　力矩分配法适用的条件是什么?

习　题

12-1　确定图 12-41 所示结构的超静定次数。

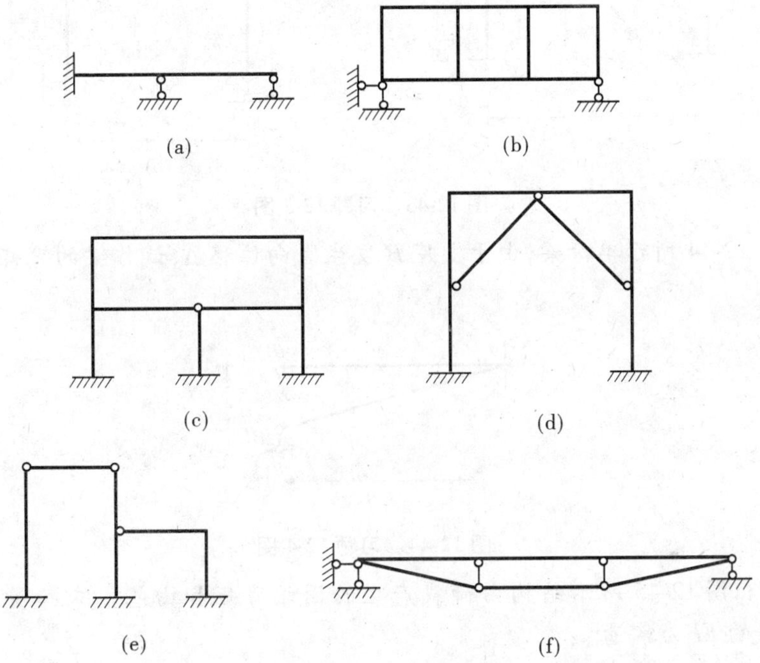

图 12-41　习题 12-1 图

12-2　试用力法计算图 12-42 所示结构的内力，并作内力图。

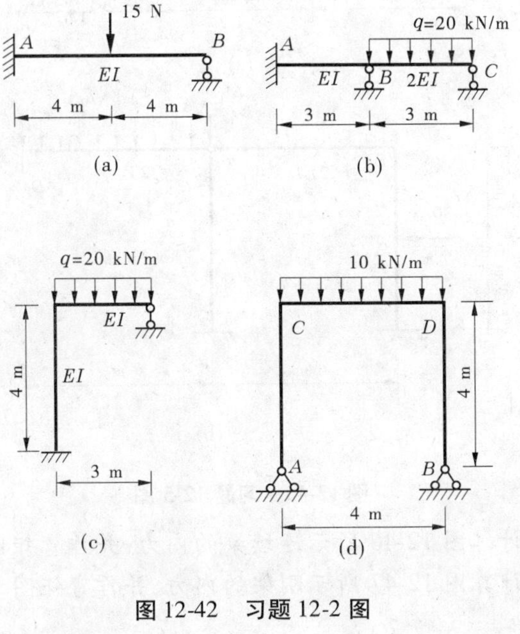

图 12-42　习题 12-2 图

12-3　利用力法作图 12-43 所示对称结构的内力图。

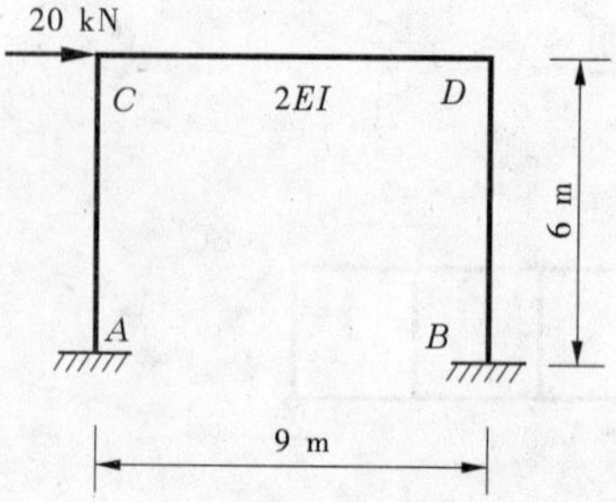

(a)

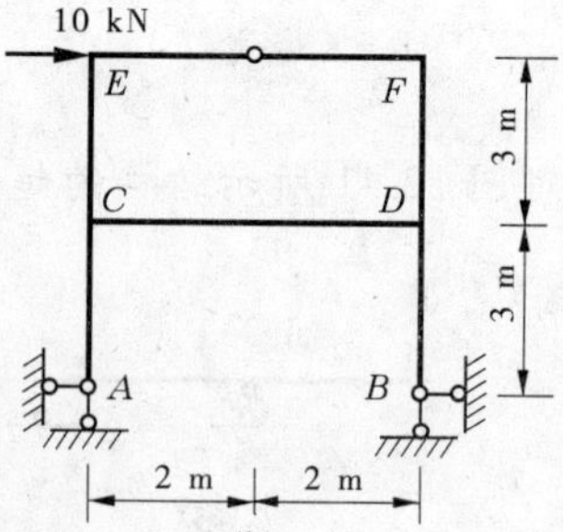

(b)

图 12-43　习题 12-3 图

12-4　图 12-44 所示单跨梁，由于支座 B 发生竖向位移 Δ，试作梁的弯矩图。已知梁的 EI 为常量。

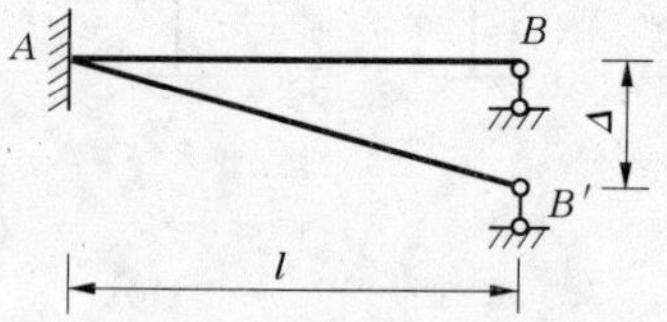

图 12-44　习题 12-4 图

12-5　写出图 12-45 所示结构由荷载产生的固端弯矩和由基本未知量产生的杆端弯矩。已知各杆的 EI 为常量。

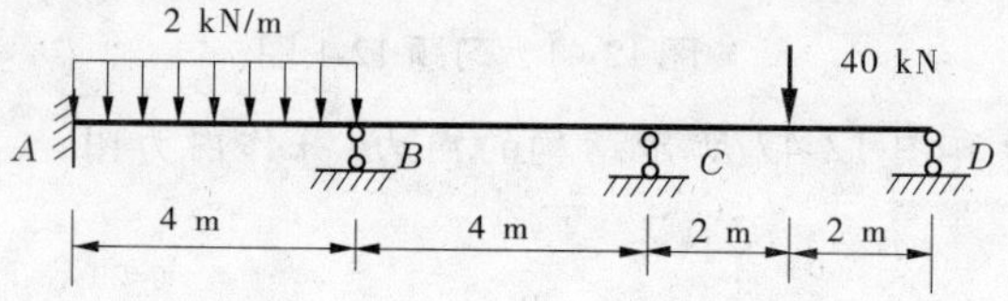

(a)

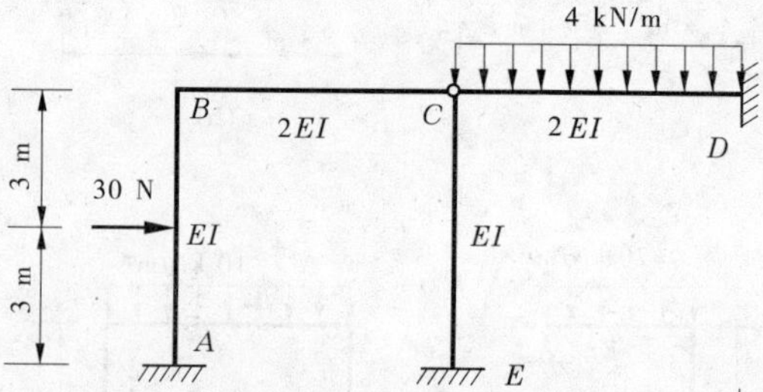

(b)

图 12-45　习题 12-5 图

12-6　试用位移法计算图 12-46 所示连续梁的内力，并作弯矩图。

12-7　试用位移法计算图 12-47 所示刚架的内力，并作弯矩图。

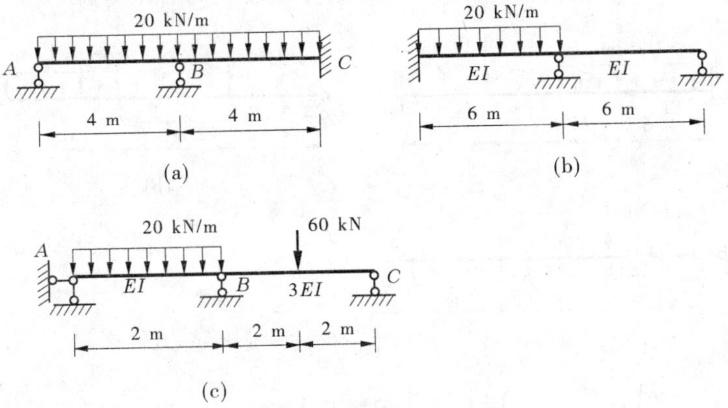

图 12-46　习题 12-6 图

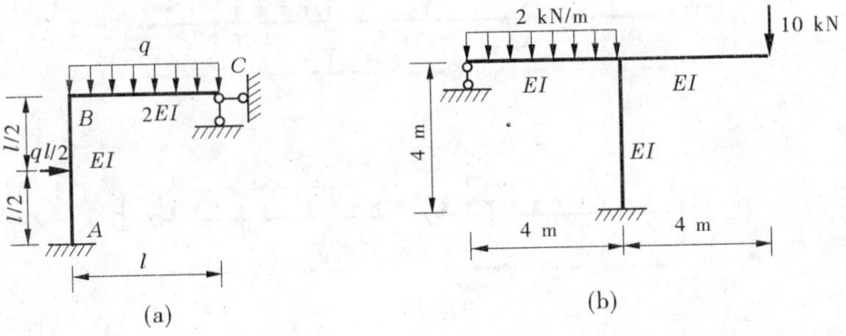

图 12-47　习题 12-7 图

12-8　试用位移法计算图 12-48 所示连续梁的内力，并作弯矩图。已知 C 支座下沉 $\Delta_C = 1$ cm，各杆 $EI = 1.4 \times 10^5$ kN · m^2。

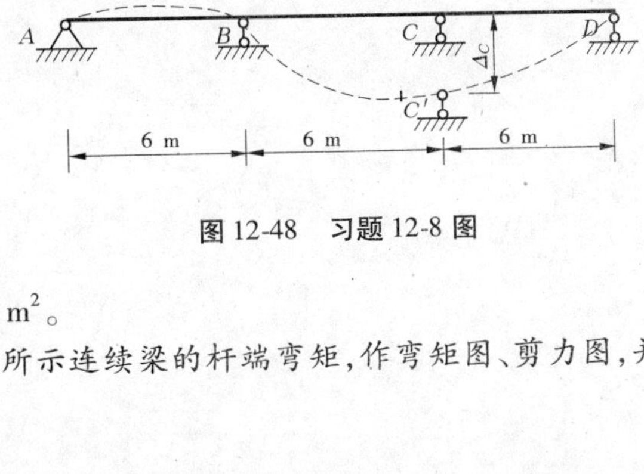

图 12-48　习题 12-8 图

12-9　试用位移法计算图 12-49 所示刚架的内力，并作弯矩图。已知 B 支座下沉 $\Delta_B = 0.5$ cm，各杆 $EI = 3 \times 10^5$ kN · m^2。

12-10　试用力矩分配法计算图 12-50 所示连续梁的杆端弯矩，作弯矩图、剪力图，并求支座反力。

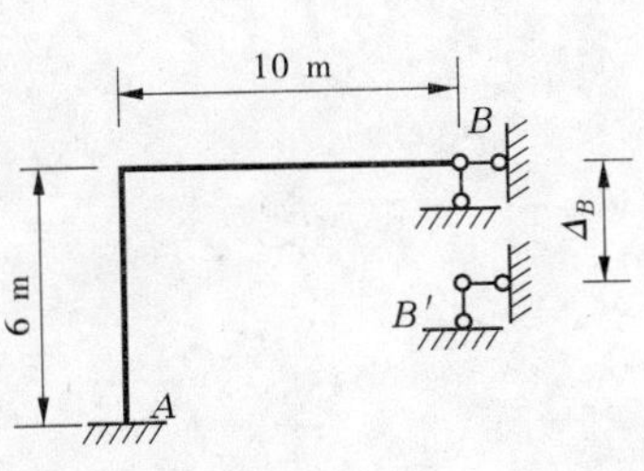

图 12-49　习题 12-9 图

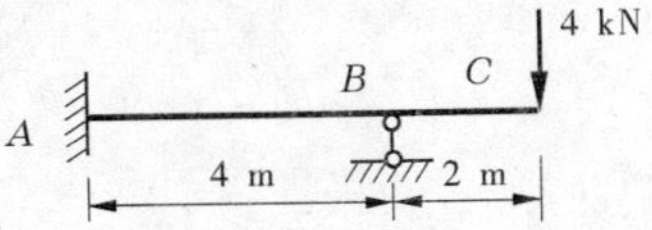

图 12-50　习题 12-10 图

12-11　试用力矩分配法计算图 12-51 所示两跨连续梁的杆端弯矩。

12-12　试用力矩分配法计算图 12-52 所示多跨连续梁的杆端弯矩。

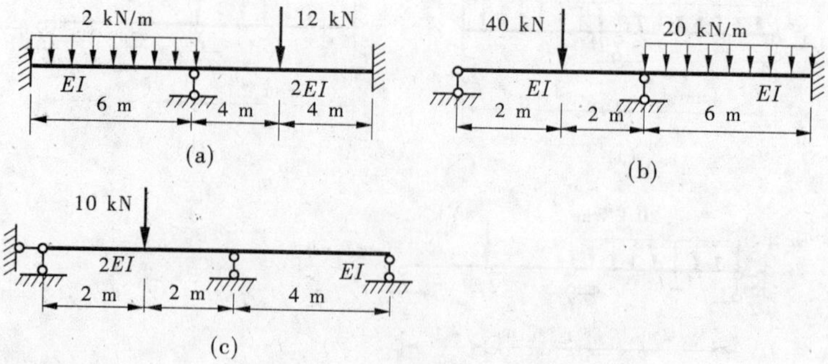

图 12-51　习题 12-11 图

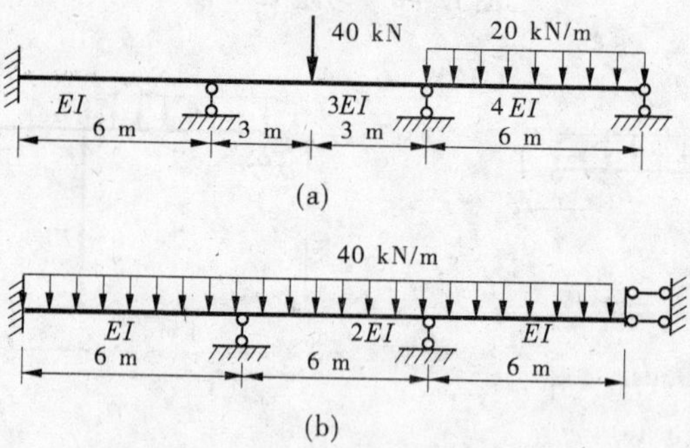

图 12-52　习题 12-12 图

附录　常用型钢规格表

附表 1　普通工字钢

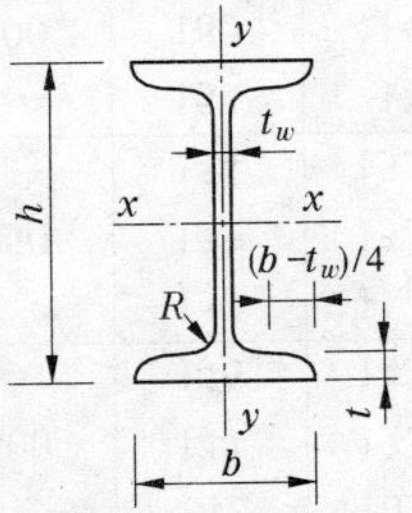

符号：h—高度；
b—宽度；
t_w—腹板厚度；
t—翼缘平均厚度；

I—惯性矩；
W—截面模量；
i—回转半径；
S_x—半截面的面积矩

长度：
型号 10 ~ 18，长 5 ~ 19 m；
型号 20 ~ 63，长 6 ~ 19 m

型号		尺寸(mm)					截面面积	理论质量	x—x 轴				y—y 轴		
		h (mm)	b (mm)	t_w (mm)	t (mm)	R (mm)	(cm^2)	(kg/m)	I_x (cm^4)	W_x (cm^3)	i_x (cm)	I_x/S_x (cm)	I_y (cm^4)	W_y (cm^3)	i_y (cm)
10		100	68	4.5	7.6	6.5	14.3	11.2	245	49	4.14	8.69	33	9.6	1.51
12.6		126	74	5	8.4	7	18.1	14.2	488	77	5.19	11	47	12.7	1.61
14		140	80	5.5	9.1	7.5	21.5	16.9	712	102	5.75	12.2	64	16.1	1.73
16		160	88	6	9.9	8	26.1	20.5	1 127	141	6.57	13.9	93	21.1	1.89
18		180	94	6.5	10.7	8.5	30.7	24.1	1 699	185	7.37	15.4	123	26.2	2.00
20	a	200	100	7	11.4	9	35.5	27.9	2 369	237	8.16	17.4	158	31.6	2.11
	b		102	9			39.5	31.1	2 502	250	7.95	17.1	169	33.1	2.07
22	a	220	110	7.5	12.3	9.5	42.1	33	3 406	310	8.99	19.2	226	41.1	2.32
	b		112	9.5			46.5	36.5	3 583	326	8.78	18.9	240	42.9	2.27

续附表 1

型号		尺寸(mm)					截面面积	理论质量	x—x 轴				y—y 轴		
		h (mm)	b (mm)	t_w (mm)	t (mm)	R (mm)	(cm^2)	(kg/m)	I_x (cm^4)	W_x (cm^3)	i_x (cm)	I_x/S_x (cm)	I_y (cm^4)	W_y (cm^3)	i_y (cm)
25	a	250	116	8	13	10	48.5	38.1	5 017	401	10.2	21.7	280	48.4	2.4
	b		118	10			53.5	42	5 278	422	9.93	21.4	297	50.4	2.36
28	a	280	122	8.5	13.7	10.5	55.4	43.5	7 115	508	11.3	24.3	344	56.4	2.49
	b		124	10.5			61	47.9	7 481	534	11.1	24	364	58.7	2.44
32	a	320	130	9.5	15	11.5	67.1	52.7	11 080	692	12.8	27.7	459	70.6	2.62
	b		132	11.5			73.5	57.7	11 626	727	12.6	27.3	484	73.3	2.57
	c		134	13.5			79.9	62.7	12 173	761	12.3	26.9	510	76.1	2.53
36	a	360	136	10	15.8	12	76.4	60	15 796	878	14.4	31	555	81.6	2.69
	b		138	12			83.6	65.6	16 574	921	14.1	30.6	584	84.6	2.64
	c		140	14			90.8	71.3	17 351	964	13.8	30.2	614	87.7	2.6
40	a	400	142	10.5	16.5	12.5	86.1	67.6	21 714	1 086	15.9	34.4	660	92.9	2.77
	b		144	12.5			94.1	73.8	22 781	1 139	15.6	33.9	693	96.2	2.71
	c		146	14.5			102	80.1	23 847	1 192	15.3	33.5	727	99.7	2.67
45	a	450	150	11.5	18	13.5	102	80.4	32 241	1 433	17.7	38.5	855	114	2.89
	b		152	13.5			111	87.4	33 759	1 500	17.4	38.1	895	118	2.84
	c		154	15.5			120	94.5	35 278	1 568	17.1	37.6	938	122	2.79
50	a	500	158	12	20	14	119	93.6	46 472	1 859	19.7	42.9	1 122	142	3.07
	b		160	14			129	101	48 556	1 942	19.4	42.3	1 171	146	3.01
	c		162	16			139	109	50 639	2 026	19.1	41.9	1 224	151	2.96
56	a	560	166	12.5	21	14.5	135	106	65 576	2 342	22	47.9	1 366	165	3.18
	b		168	14.5			147	115	68 503	2 447	21.6	47.3	1 424	170	3.12
	c		170	16.5			158	124	71 430	2 551	21.3	46.8	1 485	175	3.07
63	a	630	176	13	22	15	155	122	94 004	2 984	24.7	53.8	1 702	194	3.32
	b		178	15			167	131	98 171	3 117	24.2	53.2	1 771	199	3.25
	c		780	17			180	141	102 339	3 249	23.9	52.6	1 842	205	3.2

附表 2　H 型钢

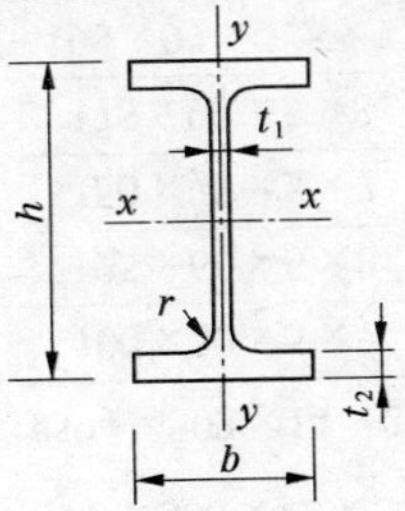

符号：h—高度；
b—宽度；
t_1—腹板厚度；
t_2—翼缘厚度；
I—惯性矩；
W—截面模量；
i—回转半径；
S_x—半截面的面积矩

类别	H 型钢规格 ($h \times b \times t_1 \times t_2$)	截面面积 A (cm^2)	质量 q (kg/m)	x—x 轴			y—y 轴		
				I_x (cm^4)	W_x (cm^3)	i_x (cm)	I_y (cm^4)	W_y (cm^3)	i_y (cm)
HW	100×100×6×8	21.9	17.22	383	76 576.5	4.18	134	26.7	2.47
	125×125×6.5×9	30.31	23.8	847	136	5.29	294	47	3.11
	150×150×7×10	40.55	31.9	1 660	221	6.39	564	75.1	3.73
	175×175×7.5×11	51.43	40.3	2 900	331	7.5	984	112	4.37
	200×200×8×12	64.28	50.5	4 770	477	8.61	1 600	160	4.99
	#200×204×12×12	72.28	56.7	5 030	503	8.35	1 700	167	4.85
	250×250×9×14	92.18	72.4	10 800	867	10.8	3 650	292	6.29
	#250×255×14×14	104.7	82.2	11 500	919	10.5	3 880	304	6.09
	#294×302×12×12	108.3	85	17 000	1 160	12.5	5 520	365	7.14
	300×300×10×15	120.4	94.5	20 500	1 370	13.1	6 760	450	7.49
	300×305×15×15	135.4	106	21 600	1 440	12.6	7 100	466	7.24
	#344×348×10×16	146	115	33 300	1 940	15.1	11 200	646	8.78
	350×350×12×19	173.9	137	40 300	2 300	15.2	13 600	776	8.84
	#388×402×15×15	179.2	141	49 200	2 540	16.6	16 300	809	9.52
	#394×398×11×18	187.6	147	56 400	2 860	17.3	18 900	951	10
	400×400×13×21	219.5	172	66 900	3 340	17.5	22 400	1 120	10.1
	#400×408×21×21	251.5	197	71 100	3 560	16.8	23 800	1 170	9.73

续附表 2

类别	H 型钢规格 ($h \times b \times t_1 \times t_2$)	截面面积 A (cm^2)	质量 q (kg/m)	x—x 轴			y—y 轴		
				I_x (cm^4)	W_x (cm^3)	i_x (cm)	I_y (cm^4)	W_y (cm^3)	i_y (cm)
HW	#414 × 405 × 18 × 28	296.2	233	93 000	4 490	17.7	31 000	1 530	10.2
	#428 × 407 × 20 × 35	361.4	284	119 000	5 580	18.2	39 400	1 930	10.4
HM	148 × 100 × 6 × 9	27.25	21.4	1 040	140	6.17	151	30.2	2.35
	194 × 150 × 6 × 9	39.76	31.2	2 740	283	8.3	508	67.7	3.57
	244 × 175 × 7 × 11	56.24	44.1	6 120	502	10.4	985	113	4.18
	294 × 200 × 8 × 12	73.03	57.3	11 400	779	12.5	1 600	160	4.69
	340 × 250 × 9 × 14	101.5	79.7	21 700	1 280	14.6	3 650	292	6
	390 × 300 × 10 × 16	136.7	107	38 900	2 000	16.9	7 210	481	7.26
	440 × 300 × 11 × 18	157.4	124	56 100	2 550	18.9	8 110	541	7.18
	482 × 300 × 11 × 15	146.4	115	60 800	2 520	20.4	6 770	451	6.8
	488 × 300 × 11 × 18	164.4	129	71 400	2 930	20.8	8 120	541	7.03
	582 × 300 × 12 × 17	174.5	137	103 000	3 530	24.3	7 670	511	6.63
	588 × 300 × 12 × 20	192.5	151	118000	4020	24.8	9 020	601	6.85
	#594 × 302 × 14 × 23	222.4	175	137 000	4 620	24.9	10 600	701	6.9
HN	100 × 50 × 5 × 7	12.16	9.54	192	38.5	3.98	14.9	5.96	1.11
	125 × 60 × 6 × 8	17.01	13.3	417	66.8	4.95	29.3	9.75	1.31
	150 × 75 × 5 × 7	18.16	14.3	679	90.6	6.12	49.6	13.2	1.65
	175 × 90 × 5 × 8	23.21	18.2	1220	140	7.26	97.6	21.7	2.05
	198 × 99 × 4.5 × 7	23.59	18.5	1 610	163	8.27	114	23	2.2
	200 × 100 × 5.5 × 8	27.57	21.7	1 880	188	8.25	134	26.8	2.21

续附表 2

类别	H 型钢规格 ($h \times b \times t_1 \times t_2$)	截面面积 A (cm^2)	质量 q (kg/m)	x—x 轴 I_x (cm^4)	W_x (cm^3)	i_x (cm)	y—y 轴 I_y (cm^4)	W_y (cm^3)	i_y (cm)
HN	248×124×5×8	32.89	25.8	3560	287	10.4	255	41.1	2.78
	250×125×6×9	37.87	29.7	4 080	326	10.4	294	47	2.79
	298×149×5.5×8	41.55	32.6	6 460	433	12.4	443	59.4	3.26
	300×150×6.5×9	47.53	37.3	7 350	490	12.4	508	67.7	3.27
	346×174×6×9	53.19	41.8	11 200	649	14.5	792	91	3.86
	350×175×7×11	63.66	50	13 700	782	14.7	985	113	3.93
	#400×150×8×13	71.12	55.8	18 800	942	16.3	734	97.9	3.21
	396×199×7×11	72.16	56.7	20 000	1010	16.7	1 450	145	4.48
	400×200×8×13	84.12	66	23 700	1190	16.8	1 740	174	4.54
	#450×150×9×14	83.41	65.5	27 100	1 200	18	793	106	3.08
	446×199×8×12	84.95	66.7	29 000	1 300	18.5	1 580	159	4.31
	450×200×9×14	97.41	76.5	33 700	1 500	18.6	1 870	187	4.38
	#500×150×10×16	98.23	77.1	38 500	1 540	19.8	907	121	3.04
	496×199×9×14	101.3	79.5	41 900	1 690	20.3	1 840	185	4.27
	500×200×10×16	114.2	89.6	47 800	1 910	20.5	2 140	214	4.33
	#506×201×11×19	131.3	103	56 500	2 230	20.8	2 580	257	4.43
	596×199×10×15	121.2	95.1	69 300	2 330	23.9	1 980	199	4.04
	600×200×11×17	135.2	106	78 200	2 610	24.1	2 280	228	4.11
	#606×201×12×20	153.3	120	91 000	3 000	24.4	2 720	271	4.21
	#692×300×13×20	211.5	166	172 000	4 980	28.6	9 020	602	6.53
	700×300×13×24	235.5	185	201 000	5 760	29.3	10 800	722	6.78

注："#"表示的规格为非常用规格。

附表 3　普通槽钢

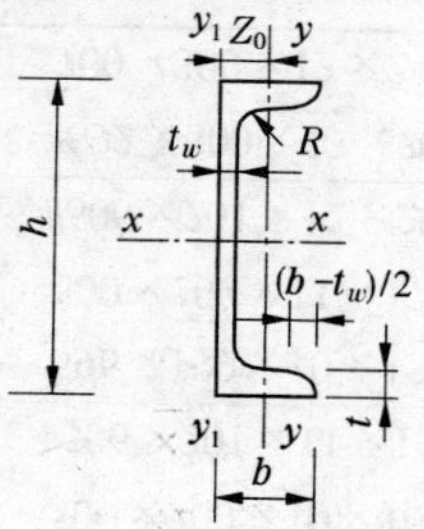

符号：h—高度；
b—宽度；
t_w—腹板厚度；
t—翼缘平均厚度；

I—惯性矩；
W—截面模量；
i—回转半径；
S_x—半截面的面积矩；
W_y—对应翼缘肢尖

长度：
型号 5～8，长 5～12 m；
型号 10～18，长 5～19 m；
型号 20～40，长 6～19 m

型号		尺寸(mm)					截面面积	理论质量	x—x 轴			y—y 轴			y_1—y_1 轴	Z_0
		h	b	t_w	t	R	(cm^2)	(kg/m)	I_x (cm^4)	W_x (cm^3)	i_x (cm)	I_y (cm^4)	W_y (cm^3)	i_y (cm)	I_{y1} (cm^4)	(cm)
5		50	37	4.5	7	7	6.92	5.44	26	10.4	1.94	8.3	3.5	1.1	20.9	1.35
6.3		63	40	4.8	7.5	7.5	8.45	6.63	51	16.3	2.46	11.9	4.6	1.19	28.3	1.39
8		80	43	5	8	8	10.24	8.04	101	25.3	3.14	16.6	5.8	1.27	37.4	1.42
10		100	48	5.3	8.5	8.5	12.74	10	198	39.7	3.94	25.6	7.8	1.42	54.9	1.52
12.6		126	53	5.5	9	9	15.69	12.31	389	61.7	4.98	38	10.3	1.56	77.8	1.59
14	a	140	58	6	9.5	9.5	18.51	14.53	564	80.5	5.52	53.2	13	1.7	107.2	1.71
	b		60	8	9.5	9.5	21.31	16.73	609	87.1	5.35	61.2	14.1	1.69	120.6	1.67
16	a	160	63	6.5	10	10	21.95	17.23	866	108.3	6.28	73.4	16.3	1.83	144.1	1.79
	b		65	8.5	10	10	25.15	19.75	935	116.8	6.1	83.4	17.6	1.82	160.8	1.75
18	a	180	68	7	10.5	10.5	25.69	20.17	1 273	141.4	7.04	98.6	20	1.96	189.7	1.88
	b		70	9	10.5	10.5	29.29	22.99	1 370	152.2	6.84	111	21.5	1.95	210.1	1.84
20	a	200	73	7	11	11	28.83	22.63	1 780	178	7.86	128	24.2	2.11	244	2.01
	b		75	9	11	11	32.83	25.77	1 914	191.4	7.64	143.6	25.9	2.09	268.4	1.95

续附表 3

型号		尺寸(mm)					截面面积	理论质量	x—x 轴			y—y 轴			y_1—y_1 轴	Z_0
		h	b	t_w	t	R	(cm^2)	(kg/m)	I_x (cm^4)	W_x (cm^3)	i_x (cm)	I_y (cm^4)	W_y (cm^3)	i_y (cm)	I_{y1} (cm^4)	(cm)
22	a	220	77	7	11.5	11.5	31.84	24.99	2 394	217.6	8.67	157.8	28.2	2.23	298.2	2.1
	b		79	9	11.5	11.5	36.24	28.45	2 571	233.8	8.42	176.5	30.1	2.21	326.3	2.03
25	a	250	78	7	12	12	34.91	27.4	3 359	268.7	9.81	175.9	30.7	2.24	324.8	2.07
	b		80	9	12	12	39.91	31.33	3 619	289.6	9.52	196.4	32.7	2.22	355.1	1.99
	c		82	11	12	12	44.91	35.25	3 880	310.4	9.3	215.9	34.6	2.19	388.6	1.96
28	a	280	82	7.5	12.5	12.5	40.02	31.42	4 753	339.5	10.9	217.9	35.7	2.33	393.3	2.09
	b		84	9.5	12.5	12.5	45.62	35.81	5 118	365.6	10.59	241.5	37.9	2.3	428.5	2.02
	c		86	11.5	12.5	12.5	51.22	40.21	5 484	391.7	10.35	264.1	40	2.27	467.3	1.99
32	a	320	88	8	14	14	48.5	38.07	7 511	469.4	12.44	304.7	46.4	2.51	547.5	2.24
	b		90	10	14	14	54.9	43.1	8 057	503.5	12.11	335.6	49.1	2.47	592.9	2.16
	c		92	12	14	14	61.3	48.12	8 603	537.7	11.85	365	51.6	2.44	642.7	2.13
36	a	360	96	9	16	16	60.89	47.8	11 874	659.7	13.96	455	63.6	2.73	818.5	2.44
	b		98	11	16	16	68.09	53.45	12 652	702.9	13.63	496.7	66.9	2.7	880.5	2.37
	c		100	13	16	16	75.29	59.1	13 429	746.1	13.36	536.6	70	2.67	948	2.34
40	a	400	100	10.5	18	18	75.04	58.91	17 578	878.9	15.3	592	78.8	2.81	1 057.9	2.49
	b		102	12.5	18	18	83.04	65.19	18 644	932.2	14.98	640.6	82.6	2.78	1 135.8	2.44
	c		104	14.5	18	18	91.04	71.47	19 711	985.6	14.71	687.8	86.2	2.75	1 220.3	2.42

附表 4　等边角钢

单角钢

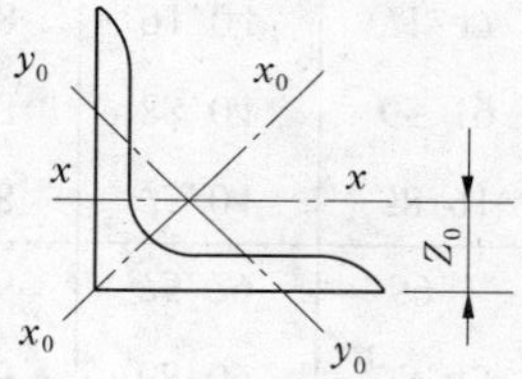

双角钢

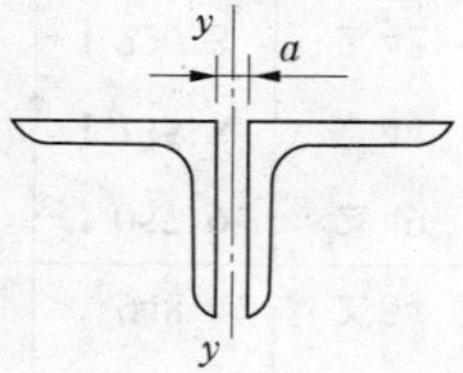

型号		圆角 R	重心矩 Z_0	截面面积 A	质量	惯性矩 I_x	截面模量 W_{xmax}	截面模量 W_{xmin}	回转半径 i_x	回转半径 i_{x0}	回转半径 i_{y0}	i_y，当 a 为下列数值 6 mm	8 mm	10 mm	12 mm	14 mm
		mm	mm	cm^2	kg/m	cm^4	cm^3	cm^3	cm	cm	cm	cm	cm	cm	cm	cm
20 ×	3	3.5	6	1.13	0.89	0.40	0.66	0.29	0.59	0.75	0.39	1.08	1.17	1.25	1.34	1.43
	4		6.4	1.46	1.15	0.50	0.78	0.36	0.58	0.73	0.38	1.11	1.19	1.28	1.37	1.46
L25 ×	3	3.5	7.3	1.43	1.12	0.82	1.12	0.46	0.76	0.95	0.49	1.27	1.36	1.44	1.53	1.61
	4		7.6	1.86	1.46	1.03	1.34	0.59	0.74	0.93	0.48	1.30	1.38	1.47	1.55	1.64
L30 ×	3	4.5	8.5	1.75	1.37	1.46	1.72	0.68	0.91	1.15	0.59	1.47	1.55	1.63	1.71	1.8
	4		8.9	2.28	1.79	1.84	2.08	0.87	0.90	1.13	0.58	1.49	1.57	1.65	1.74	1.82
L36 ×	3	4.5	10	2.11	1.66	2.58	2.59	0.99	1.11	1.39	0.71	1.70	1.78	1.86	1.94	2.03
	4		10.4	2.76	2.16	3.29	3.18	1.28	1.09	1.38	0.70	1.73	1.8	1.89	1.97	2.05
	5		10.7	2.38	2.65	3.95	3.68	1.56	1.08	1.36	0.70	1.75	1.83	1.91	1.99	2.08
L40 ×	3	5	10.9	2.36	1.85	3.59	3.28	1.23	1.23	1.55	0.79	1.86	1.94	2.01	2.09	2.18
	4		11.3	3.09	2.42	4.60	4.05	1.60	1.22	1.54	0.79	1.88	1.96	2.04	2.12	2.2
	5		11.7	3.79	2.98	5.53	4.72	1.96	1.21	1.52	0.78	1.90	1.98	2.06	2.14	2.23
L45 ×	3	5	12.2	2.66	2.09	5.17	4.25	1.58	1.39	1.76	0.90	2.06	2.14	2.21	2.29	2.37
	4		12.6	3.49	2.74	6.65	5.29	2.05	1.38	1.74	0.89	2.08	2.16	2.24	2.32	2.4
	5		13	4.29	3.37	8.04	6.20	2.51	1.37	1.72	0.88	2.10	2.18	2.26	2.34	2.42
	6		13.3	5.08	3.99	9.33	6.99	2.95	1.36	1.71	0.88	2.12	2.2	2.28	2.36	2.44

续附表 4

型号		圆角 R	重心矩 Z_0	截面面积 A	质量	惯性矩 I_x	截面模量 W_{xmax}	截面模量 W_{xmin}	回转半径 i_x	回转半径 i_{x0}	回转半径 i_{y0}	i_y，当 a 为下列数值 6 mm	8 mm	10 mm	12 mm	14 mm
		mm	mm	cm^2	kg/m	cm^4	cm^3	cm^3	cm	cm	cm	cm	cm	cm	cm	cm
L50 ×	3	5.5	13.4	2.97	2.33	7.18	5.36	1.96	1.55	1.96	1.00	2.26	2.33	2.41	2.48	2.56
	4		13.8	3.90	3.06	9.26	6.70	2.56	1.54	1.94	0.99	2.28	2.36	2.43	2.51	2.59
	5		14.2	4.80	3.77	11.21	7.90	3.13	1.53	1.92	0.98	2.30	2.38	2.45	2.53	2.61
	6		14.6	5.69	4.46	13.05	8.95	3.68	1.51	1.91	0.98	2.32	2.4	2.48	2.56	2.64
L56 ×	3	6	14.8	3.34	2.62	10.19	6.86	2.48	1.75	2.2	1.13	2.50	2.57	2.64	2.72	2.8
	4		15.3	4.39	3.45	13.18	8.63	3.24	1.73	2.18	1.11	2.52	2.59	2.67	2.74	2.82
	5		15.7	5.42	4.25	16.02	10.22	3.97	1.72	2.17	1.10	2.54	2.61	2.69	2.77	2.85
	8		16.8	8.37	6.57	23.63	14.06	6.03	1.68	2.11	1.09	2.60	2.67	2.75	2.83	2.91
L63 ×	4	7	17	4.98	3.91	19.03	11.22	4.13	1.96	2.46	1.26	2.79	2.87	2.94	3.02	3.09
	5		17.4	6.14	4.82	23.17	13.33	5.08	1.94	2.45	1.25	2.82	2.89	2.96	3.04	3.12
	6		17.8	7.29	5.72	27.12	15.26	6.00	1.93	2.43	1.24	2.83	2.91	2.98	3.06	3.14
	8		18.5	9.51	7.47	34.45	18.59	7.75	1.90	2.39	1.23	2.87	2.95	3.03	3.1	3.18
	10		19.3	11.66	9.15	41.09	21.34	9.39	1.88	2.36	1.22	2.91	2.99	3.07	3.15	3.23
L70 ×	4	8	18.6	5.57	4.37	26.39	14.16	5.14	2.18	2.74	1.4	3.07	3.14	3.21	3.29	3.36
	5		19.1	6.88	5.40	32.21	16.89	6.32	2.16	2.73	1.39	3.09	3.16	3.24	3.31	3.39
	6		19.5	8.16	6.41	37.77	19.39	7.48	2.15	2.71	1.38	3.11	3.18	3.26	3.33	3.41
	7		19.9	9.42	7.40	43.09	21.68	8.59	2.14	2.69	1.38	3.13	3.2	3.28	3.36	3.43
	8		20.3	10.67	8.37	48.17	23.79	9.68	2.13	2.68	1.37	3.15	3.22	3.30	3.38	3.46
L75 ×	5	9	20.3	7.41	5.82	39.96	19.73	7.30	2.32	2.92	1.5	3.29	3.36	3.43	3.5	3.58
	6		20.7	8.80	6.91	46.91	22.69	8.63	2.31	2.91	1.49	3.31	3.38	3.45	3.53	3.6
	7		21.1	10.16	7.98	53.57	25.42	9.93	2.30	2.89	1.48	3.33	3.4	3.47	3.55	3.63
	8		21.5	11.50	9.03	59.96	27.93	11.2	2.28	2.87	1.47	3.35	3.42	3.50	3.57	3.65
	10		22.2	14.13	11.09	71.98	32.40	13.64	2.26	2.84	1.46	3.38	3.46	3.54	3.61	3.69

续附表 4

型号		圆角	重心矩	截面面积	质量	惯性矩	截面模量		回转半径			i_y，当 a 为下列数值				
		R	Z_0	A		I_x	W_{xmax}	W_{xmin}	i_x	i_{x0}	i_{y0}	6 mm	8 mm	10 mm	12 mm	14 mm
		mm		cm^2	kg/m	cm^4	cm^3		cm			cm				
L80 ×	5	9	21.5	7.91	6.21	48.79	22.70	8.34	2.48	3.13	1.6	3.49	3.56	3.63	3.71	3.78
	6		21.9	9.40	7.38	57.35	26.16	9.87	2.47	3.11	1.59	3.51	3.58	3.65	3.73	3.8
	7		22.3	10.86	8.53	65.58	29.38	11.37	2.46	3.1	1.58	3.53	3.60	3.67	3.75	3.83
	8		22.7	12.30	9.66	73.50	32.36	12.83	2.44	3.08	1.57	3.55	3.62	3.70	3.77	3.85
	10		23.5	15.13	11.87	88.43	37.68	15.64	2.42	3.04	1.56	3.58	3.66	3.74	3.81	3.89
L90 ×	6	10	24.4	10.64	8.35	82.77	33.99	12.61	2.79	3.51	1.8	3.91	3.98	4.05	4.12	4.2
	7		24.8	12.3	9.66	94.83	38.28	14.54	2.78	3.5	1.78	3.93	4	4.07	4.14	4.22
	8		25.2	13.94	10.95	106.5	42.3	16.42	2.76	3.48	1.78	3.95	4.02	4.09	4.17	4.24
	10		25.9	17.17	13.48	128.6	49.57	20.07	2.74	3.45	1.76	3.98	4.06	4.13	4.21	4.28
	12		26.7	20.31	15.94	149.2	55.93	23.57	2.71	3.41	1.75	4.02	4.09	4.17	4.25	4.32
L100 ×	6	12	26.7	11.93	9.37	115	43.04	15.68	3.1	3.91	2	4.3	4.37	4.44	4.51	4.58
	7		27.1	13.8	10.83	131	48.57	18.1	3.09	3.89	1.99	4.32	4.39	4.46	4.53	4.61
	8		27.6	15.64	12.28	148.2	53.78	20.47	3.08	3.88	1.98	4.34	4.41	4.48	4.55	4.63
	10		28.4	19.26	15.12	179.5	63.29	25.06	3.05	3.84	1.96	4.38	4.45	4.52	4.6	4.67
	12		29.1	22.8	17.9	208.9	71.72	29.47	3.03	3.81	1.95	4.41	4.49	4.56	4.64	4.71
	14		29.9	26.26	20.61	236.5	79.19	33.73	3	3.77	1.94	4.45	4.53	4.6	4.68	4.75
	16		30.6	29.63	23.26	262.5	85.81	37.82	2.98	3.74	1.93	4.49	4.56	4.64	4.72	4.8
L110 ×	7	12	29.6	15.2	11.93	177.2	59.78	22.05	3.41	4.3	2.2	4.72	4.79	4.86	4.94	5.01
	8		30.1	17.24	13.53	199.5	66.36	24.95	3.4	4.28	2.19	4.74	4.81	4.88	4.96	5.03
	10		30.9	21.26	16.69	242.2	78.48	30.6	3.38	4.25	2.17	4.78	4.85	4.92	5	5.07
	12		31.6	25.2	19.78	282.6	89.34	36.05	3.35	4.22	2.15	4.82	4.89	4.96	5.04	5.11
	14		32.4	29.06	22.81	320.7	99.07	41.31	3.32	4.18	2.14	4.85	4.93	5	5.08	5.15

续附表 4

型号		圆角 R	重心矩 Z_0	截面面积 A	质量	惯性矩 I_x	截面模量 W_{xmax}	截面模量 W_{xmin}	回转半径 i_x	回转半径 i_{x0}	回转半径 i_{y0}	i_y,当 a 为下列数值 6 mm	8 mm	10 mm	12 mm	14 mm
		mm	mm	cm^2	kg/m	cm^4	cm^3	cm^3	cm	cm	cm	cm	cm	cm	cm	cm
L125 ×	8	14	33.7	19.75	15.5	297	88.2	32.52	3.88	4.88	2.5	5.34	5.41	5.48	5.55	5.62
	10		34.5	24.37	19.13	361.7	104.8	39.97	3.85	4.85	2.48	5.38	5.45	5.52	5.59	5.66
	12		35.3	28.91	22.7	423.2	119.9	47.17	3.83	4.82	2.46	5.41	5.48	5.56	5.63	5.7
	14		36.1	33.37	26.19	481.7	133.6	54.16	3.8	4.78	2.45	5.45	5.52	5.59	5.67	5.74
L140 ×	10	14	38.2	27.37	21.49	514.7	134.6	50.58	4.34	5.46	2.78	5.98	6.05	6.12	6.2	6.27
	12		39	32.51	25.52	603.7	154.6	59.8	4.31	5.43	2.77	6.02	6.09	6.16	6.23	6.31
	14		39.8	37.57	29.49	688.8	173	68.75	4.28	5.4	2.75	6.06	6.13	6.2	6.27	6.34
	16		40.6	42.54	33.39	770.2	189.9	77.46	4.26	5.36	2.74	6.09	6.16	6.23	6.31	6.38
L160 ×	10	16	43.1	31.5	24.73	779.5	180.8	66.7	4.97	6.27	3.2	6.78	6.85	6.92	6.99	7.06
	12		43.9	37.44	29.39	916.6	208.6	78.98	4.95	6.24	3.18	6.82	6.89	6.96	7.03	7.1
	14		44.7	43.3	33.99	1 048	234.4	90.95	4.92	6.2	3.16	6.86	6.93	7	7.07	7.14
	16		45.5	49.07	38.52	1 175	258.3	102.6	4.89	6.17	3.14	6.89	6.96	7.03	7.1	7.18
L180 ×	12	16	48.9	42.24	33.16	1 321	270	100.8	5.59	7.05	3.58	7.63	7.7	7.77	7.84	7.91
	14		49.7	48.9	38.38	1 514	304.6	116.3	5.57	7.02	3.57	7.67	7.74	7.81	7.88	7.95
	16		50.5	55.47	43.54	1 701	336.9	131.4	5.54	6.98	3.55	7.7	7.77	7.84	7.91	7.98
	18		51.3	61.95	48.63	1 881	367.1	146.1	5.51	6.94	3.53	7.73	7.8	7.87	7.95	8.02
L200 ×	14	18	54.6	54.64	42.89	2 104	385.1	144.7	6.2	7.82	3.98	8.47	8.54	8.61	8.67	8.75
	16		55.4	62.01	48.68	2 366	427	163.7	6.18	7.79	3.96	8.5	8.57	8.64	8.71	8.78
	18		56.2	69.3	54.4	2 621	466.5	182.2	6.15	7.75	3.94	8.53	8.6	8.67	8.75	8.82
	20		56.9	76.5	60.06	2 867	503.6	200.4	6.12	7.72	3.93	8.57	8.64	8.71	8.78	8.85
	24		58.4	90.66	71.17	3 338	571.5	235.8	6.07	7.64	3.9	8.63	8.71	8.78	8.85	8.92

附表 5 不等边角钢

角钢型号 $B \times b \times t$		单角钢								双角钢							
		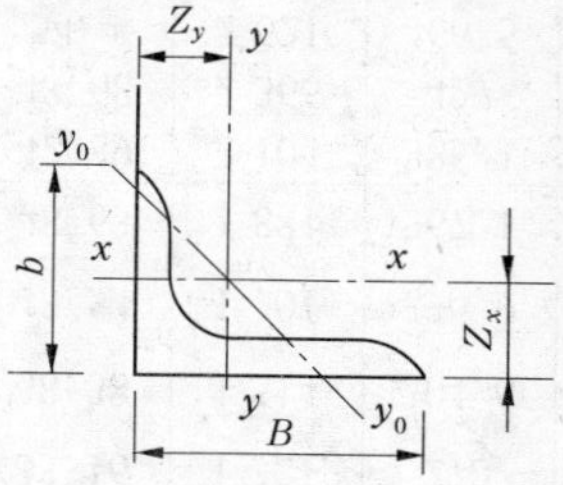								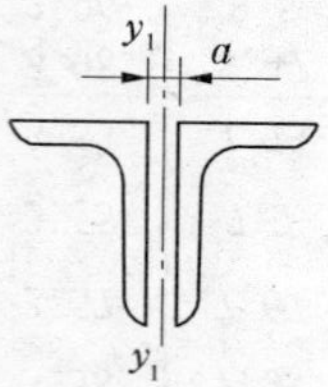				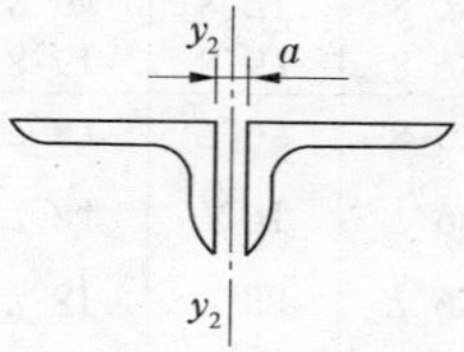			
		圆角	重心矩		截面面积	质量	回转半径			i_y，当 a 为下列数值				i_y，当 a 为下列数值			
		R	Z_x	Z_y	A		i_x	i_y	i_{y0}	6 mm	8 mm	10 mm	12 mm	6 mm	8 mm	10 mm	12 mm
		mm			cm^2	kg/m	cm			cm				cm			
L25 × 16 ×	3	3.5	4.2	8.6	1.16	0.91	0.44	0.78	0.34	0.84	0.93	1.02	1.11	1.4	1.48	1.57	1.65
	4		4.6	9.0	1.50	1.18	0.43	0.77	0.34	0.87	0.96	1.05	1.14	1.42	1.51	1.6	1.68
L32 × 20 ×	3	3.5	4.9	10.8	1.49	1.17	0.55	1.01	0.43	0.97	1.05	1.14	1.23	1.71	1.79	1.88	1.96
	4		5.3	11.2	1.94	1.52	0.54	1	0.43	0.99	1.08	1.16	1.25	1.74	1.82	1.9	1.99
L40 × 25 ×	3	4	5.9	13.2	1.89	1.48	0.7	1.28	0.54	1.13	1.21	1.3	1.38	2.07	2.14	2.23	2.31
	4		6.3	13.7	2.47	1.94	0.69	1.26	0.54	1.16	1.24	1.32	1.41	2.09	2.17	2.25	2.34
L45 × 28 ×	3	5	6.4	14.7	2.15	1.69	0.79	1.44	0.61	1.23	1.31	1.39	1.47	2.28	2.36	2.44	2.52
	4		6.8	15.1	2.81	2.2	0.78	1.43	0.6	1.25	1.33	1.41	1.5	2.31	2.39	2.47	2.55
L50 × 32 ×	3	5.5	7.3	16	2.43	1.91	0.91	1.6	0.7	1.38	1.45	1.53	1.61	2.49	2.56	2.64	2.72
	4		7.7	16.5	3.18	2.49	0.9	1.59	0.69	1.4	1.47	1.55	1.64	2.51	2.59	2.67	2.75
L56 × 36 ×	3	6	8.0	17.8	2.74	2.15	1.03	1.8	0.79	1.51	1.59	1.66	1.74	2.75	2.82	2.9	2.98
	4		8.5	18.2	3.59	2.82	1.02	1.79	0.78	1.53	1.61	1.69	1.77	2.77	2.85	2.93	3.01
	5		8.8	18.7	4.42	3.47	1.01	1.77	0.78	1.56	1.63	1.71	1.79	2.8	2.88	2.96	3.04

续附表 5

角钢型号 $B\times b\times t$		圆角 R	重心矩 Z_x	Z_y	截面面积 A	质量	回转半径 i_x	i_y	i_{y0}	i_y，当 a 为下列数值 6 mm	8 mm	10 mm	12 mm	i_y，当 a 为下列数值 6 mm	8 mm	10 mm	12 mm
			mm		cm^2	kg/m	cm			cm				cm			
L63×40×	4	7	9.2	20.4	4.06	3.19	1.14	2.02	0.88	1.66	1.74	1.81	1.89	3.09	3.16	3.24	3.32
	5		9.5	20.8	4.99	3.92	1.12	2	0.87	1.68	1.76	1.84	1.92	3.11	3.19	3.27	3.35
	6		9.9	21.2	5.91	4.64	1.11	1.99	0.86	1.71	1.78	1.86	1.94	3.13	3.21	3.29	3.37
	7		10.3	21.6	6.8	5.34	1.1	1.96	0.86	1.73	1.8	1.88	1.97	3.15	3.23	3.3	3.39
L70×45×	4	7.5	10.2	22.3	4.55	3.57	1.29	2.25	0.99	1.84	1.91	1.99	2.07	3.39	3.46	3.54	3.62
	5		10.6	22.8	5.61	4.4	1.28	2.23	0.98	1.86	1.94	2.01	2.09	3.41	3.49	3.57	3.64
	6		11.0	23.2	6.64	5.22	1.26	2.22	0.97	1.88	1.96	2.04	2.11	3.44	3.51	3.59	3.67
	7		11.3	23.6	7.66	6.01	1.25	2.2	0.97	1.9	1.98	2.06	2.14	3.46	3.54	3.61	3.69
L75×50×	5	8	11.7	24.0	6.13	4.81	1.43	2.39	1.09	2.06	2.13	2.2	2.28	3.6	3.68	3.76	3.83
	6		12.1	24.4	7.26	5.7	1.42	2.38	1.08	2.08	2.15	2.23	2.3	3.63	3.7	3.78	3.86
	8		12.9	25.2	9.47	7.43	1.4	2.35	1.07	2.12	2.19	2.27	2.35	3.67	3.75	3.83	3.91
	10		13.6	26.0	11.6	9.1	1.38	2.33	1.06	2.16	2.24	2.31	2.4	3.71	3.79	3.87	3.96
L80×50×	5	8	11.4	26.0	6.38	5	1.42	2.57	1.1	2.02	2.09	2.17	2.24	3.88	3.95	4.03	4.1
	6		11.8	26.5	7.56	5.93	1.41	2.55	1.09	2.04	2.11	2.19	2.27	3.9	3.98	4.05	4.13
	7		12.1	26.9	8.72	6.85	1.39	2.54	1.08	2.06	2.13	2.21	2.29	3.92	4	4.08	4.16
	8		12.5	27.3	9.87	7.75	1.38	2.52	1.07	2.08	2.15	2.23	2.31	3.94	4.02	4.1	4.18
L90×56×	5	9	12.5	29.1	7.21	5.66	1.59	2.9	1.23	2.22	2.29	2.36	2.44	4.32	4.39	4.47	4.55
	6		12.9	29.5	8.56	6.72	1.58	2.88	1.22	2.24	2.31	2.39	2.46	4.34	4.42	4.5	4.57
	7		13.3	30.0	9.88	7.76	1.57	2.87	1.22	2.26	2.33	2.41	2.49	4.37	4.44	4.52	4.6
	8		13.6	30.4	11.2	8.78	1.56	2.85	1.21	2.28	2.35	2.43	2.51	4.39	4.47	4.54	4.62

续附表 5

角钢型号 $B \times b \times t$		圆角 R	重心矩 Z_x	重心矩 Z_y	截面面积 A	质量	回转半径 i_x	回转半径 i_y	回转半径 i_{y0}	i_y,当 a 为下列数值 6 mm	8 mm	10 mm	12 mm	i_y,当 a 为下列数值 6 mm	8 mm	10 mm	12 mm
			mm		cm^2	kg/m	cm			cm				cm			
L100×63×	6	10	14.3	32.4	9.62	7.55	1.79	3.21	1.38	2.49	2.56	2.63	2.71	4.77	4.85	4.92	5
	7		14.7	32.8	11.1	8.72	1.78	3.2	1.37	2.51	2.58	2.65	2.73	4.8	4.87	4.95	5.03
	8		15	33.2	12.6	9.88	1.77	3.18	1.37	2.53	2.6	2.67	2.75	4.82	4.9	4.97	5.05
	10		15.8	34	15.5	12.1	1.75	3.15	1.35	2.57	2.64	2.72	2.79	4.86	4.94	5.02	5.1
L100×80×	6	10	19.7	29.5	10.6	8.35	2.4	3.17	1.73	3.31	3.38	3.45	3.52	4.54	4.62	4.69	4.76
	7		20.1	30	12.3	9.66	2.39	3.16	1.71	3.32	3.39	3.47	3.54	4.57	4.64	4.71	4.79
	8		20.5	30.4	13.9	10.9	2.37	3.15	1.71	3.34	3.41	3.49	3.56	4.59	4.66	4.73	4.81
	10		21.3	31.2	17.2	13.5	2.35	3.12	1.69	3.38	3.45	3.53	3.6	4.63	4.7	4.78	4.85
L110×70×	6	10	15.7	35.3	10.6	8.35	2.01	3.54	1.54	2.74	2.81	2.88	2.96	5.21	5.29	5.36	5.44
	7		16.1	35.7	12.3	9.66	2	3.53	1.53	2.76	2.83	2.9	2.98	5.24	5.31	5.39	5.46
	8		16.5	36.2	13.9	10.9	1.98	3.51	1.53	2.78	2.85	2.92	3	5.26	5.34	5.41	5.49
	10		17.2	37	17.2	13.5	1.96	3.48	1.51	2.82	2.89	2.96	3.04	5.3	5.38	5.46	5.53
L125×80×	7	11	18	40.1	14.1	11.1	2.3	4.02	1.76	3.11	3.18	3.25	3.33	5.9	5.97	6.04	6.12
	8		18.4	40.6	16	12.6	2.29	4.01	1.75	3.13	3.2	3.27	3.35	5.92	5.99	6.07	6.14
	10		19.2	41.4	19.7	15.5	2.26	3.98	1.74	3.17	3.24	3.31	3.39	5.96	6.04	6.11	6.19
	12		20	42.2	23.4	18.3	2.24	3.95	1.72	3.21	3.28	3.35	3.43	6	6.08	6.16	6.23

续附表 5

角钢型号 $B\times b\times t$		圆角 R	重心矩 Z_x	重心矩 Z_y	截面面积 A	质量	回转半径 i_x	回转半径 i_y	回转半径 i_{y0}	i_y，当 a 为下列数值 6 mm	8 mm	10 mm	12 mm	i_y，当 a 为下列数值 6 mm	8 mm	10 mm	12 mm
			mm		cm^2	kg/m	cm			cm				cm			
L140 × 90 ×	8	12	20.4	45	18	14.2	2.59	4.5	1.98	3.49	3.56	3.63	3.7	6.58	6.65	6.73	6.8
	10		21.2	45.8	22.3	17.5	2.56	4.47	1.96	3.52	3.59	3.66	3.73	6.62	6.7	6.77	6.85
	12		21.9	46.6	26.4	20.7	2.54	4.44	1.95	3.56	3.63	3.7	3.77	6.66	6.74	6.81	6.89
	14		22.7	47.4	30.5	23.9	2.51	4.42	1.94	3.59	3.66	3.74	3.81	6.7	6.78	6.86	6.93
L160 × 100 ×	10	13	22.8	52.4	25.3	19.9	2.85	5.14	2.19	3.84	3.91	3.98	4.05	7.55	7.63	7.7	7.78
	12		23.6	53.2	30.1	23.6	2.82	5.11	2.18	3.87	3.94	4.01	4.09	7.6	7.67	7.75	7.82
	14		24.3	54	34.7	27.2	2.8	5.08	2.16	3.91	3.98	4.05	4.12	7.64	7.71	7.79	7.86
	16		25.1	54.8	39.3	30.8	2.77	5.05	2.15	3.94	4.02	4.09	4.16	7.68	7.75	7.83	7.9
L180 × 110 ×	10	14	24.4	58.9	28.4	22.3	3.13	8.56	5.78	2.42	4.16	4.23	4.3	4.36	8.49	8.72	8.71
	12		25.2	59.8	33.7	26.5	3.1	8.6	5.75	2.4	4.19	4.33	4.33	4.4	8.53	8.76	8.75
	14		25.9	60.6	39	30.6	3.08	8.64	5.72	2.39	4.23	4.26	4.37	4.44	8.57	8.63	8.79
	16		26.7	61.4	44.1	34.6	3.05	8.68	5.81	2.37	4.26	4.3	4.4	4.47	8.61	8.68	8.84
L200 × 125 ×	12	14	28.3	65.4	37.9	29.8	3.57	6.44	2.75	4.75	4.82	4.88	4.95	9.39	9.47	9.54	9.62
	14		29.1	66.2	43.9	34.4	3.54	6.41	2.73	4.78	4.85	4.92	4.99	9.43	9.51	9.58	9.66
	16		29.9	67.8	49.7	39	3.52	6.38	2.71	4.81	4.88	4.95	5.02	9.47	9.55	9.62	9.7
	18		30.6	67	55.5	43.6	3.49	6.35	2.7	4.85	4.92	4.99	5.06	9.51	9.59	9.66	9.74

注：一个角钢的惯性矩 $I_x=Ai_x^2$，$I_y=Ai_y^2$；一个角钢的截面模量 $W_{xmax}=I_x/Z_x$，$W_{xmin}=I_x/(b-Z_x)$；$W_{ymax}=I_yZ_y$，$W_{xmin}=I_y(b-Z_y)$。

参考文献

[1] 范继昭.建筑力学[M].北京:高等教育出版社,2003.
[2] 胡兴国.建筑力学[M].武汉:武汉理工大学出版社,2004.
[3] 金舜卿.建筑力学[M].武汉:武汉理工大学出版社,2011.
[4] 孔七一.工程力学[M].北京:人民交通出版社,2008.
[5] 徐猛勇,叶晟.建筑力学[M].北京:中国建材工业出版社,2012.
[6] 石立安.建筑力学[M].北京:北京大学出版社,2009.
[7] 原方.工程力学[M].北京:清华大学出版社,2006.
[8] 胡少伟.工程力学[M].郑州:黄河水利出版社,2009.
[9] 孟凡深.工程力学[M].郑州:黄河水利出版社,2009.
[10] 刘鸿文.材料力学[M].4版.北京:高等教育出版社,2004.
[11] 马景善.土木工程实用力学[M].北京:北京大学出版社,2010.
[12] 王渊辉,耿建生.建筑力学[M].大连:大连理工大学出版社,2009.
[13] 杨星钊.建筑力学与结构[M].北京:光明日报出版社,2009.
[14] 于英.建筑力学[M].2版.北京:中国建筑工业出版社,2007.
[15] 高健,高丽荣.建筑力学[M].郑州:黄河水利出版社,2009.